畜禽标准化
规模养殖

姚继广　主编

中国农业科学技术出版社

图书在版编目（CIP）数据

畜禽标准化规模养殖／姚继广主编．—北京：中国农业科学技术出版社，2011.10（2024.7重印
ISBN 978－7－5116－0599－3

Ⅰ.①畜…　Ⅱ.①姚…　Ⅲ.①畜禽－饲养管理　Ⅳ.①S815

中国版本图书馆 CIP 数据核字（2011）第151618号

责任编辑　贺可香
责任校对　贾晓红　范　潇

出 版 者　中国农业科学技术出版社
北京市中关村南大街12号　邮编：100081
电　　话　(010)82109704(发行部)　(010)82106638(编辑室)
(010)82109709(读者服务部)
传　　真　(010)82109709
网　　址　http://www.castp.cn
经 销 者　各地新华书店
印 刷 者　北京建宏印刷有限公司
开　　本　787 mm×1 092 mm　1/16
印　　张　24　　彩插　8
字　　数　600千字
版　　次　2011年10月第1版　2024年7月第5次印刷
定　　价　76.00元

奶牛养殖小区

奶牛养殖小区牛舍

奶牛舍内部结构

奶牛标准化养殖小区挤奶厅

挤奶设备

奶牛舍运动场

肉牛标准化养殖小区

肉牛标准化养殖小区牛舍

肉牛标准化养殖小区牛舍内部结构

肉羊标准化养殖小区

肉羊标准化养殖小区羊舍

肉羊标准化养殖小区羊舍内部结构

绒山羊标准化养殖小区

绒山羊标准化养殖小区羊舍

绒山羊养殖

生猪标准化养殖小区

生猪标准化养殖小区育肥猪舍

生猪标准化养殖小区母猪舍

蛋鸡标准化养殖小区

阶梯型笼养蛋鸡舍

H型笼养蛋鸡舍

肉鸡标准化养殖小区

肉鸡标准化养殖小区密闭网养肉鸡舍

肉鸡标准化养殖小区网养肉鸡舍

《畜禽标准化规模养殖》
编辑委员会

主　　编　姚继广

副 主 编　杜海梅　赵葆田

编　　委　杨子森　王仲兵　谢　卓　赵美清　陈续卿

编写人员　杨效民　张建新　任有蛇　张春香　李清宏　王旭贞
郑永田　李　宝　周恩芳　高新中　杨惠清　刘晓妮
师周戈　焦光月　刘　旗　邢亚亮　赵宇琼　李　鹏
赵兴财　石　磊

摄　　影　赵葆田　史民康

前　言

党中央国务院把标准化规模养殖作为推进现代畜牧业发展的战略举措，作为加快转变畜牧业发展方式的重要突破口，这既是对当代我国畜牧业发展规律的深刻认识和准确把握，也是对加快发展现代畜牧业作出的科学决策，不仅为我们的工作指明了方向，也为新时期实现畜牧业又好又快发展提供了难得的历史机遇。

我国畜牧业正处在由传统畜牧业向现代畜牧业转型的关键时期，各种矛盾和问题集中反映在现阶段生产方式落后上，不仅是分散的小生产不适应，一些低水平规模饲养同样不能避免存在质量安全隐患和重大动物疫病风险，不能解决日益加重的环境污染问题，也不能有效保障畜产品的有效供给。为此，国家实施畜禽养殖标准化示范创建工程，就是要以转变发展方式、提高综合生产能力、发展现代畜牧业为核心，以高产、优质、高效、生态、安全为目标，旨在通过在生猪、奶牛、蛋鸡、肉鸡、肉牛和肉羊优势区域开展畜禽养殖标准化示范创建，引领、带动全国畜禽规模养殖加快向标准化发展，从而提升产业整体生产力水平，提高主要畜产品的综合生产能力和有效供给保障能力。

近几年的实践表明，建设畜禽标准化养殖园区（小区），发展标准化规模养殖，有利于促进畜牧业生产方式转变；有利于农村生态环境改善和促进新农村建设及养殖业增效、农民增收；有利于提高畜牧业生产效率和畜产品综合生产能力；有利于提升畜产品质量安全水平和畜产品市场竞争力；有利于提升畜牧产业整体素质和科学技术水平。

为规范畜禽标准化养殖园区（小区）建设，特组织有关专家编写了奶牛、肉牛、肉羊、绒山羊、生猪、商品蛋鸡和商品肉鸡七个畜（禽）种的标准化养殖园区（小区）建设方案，期望能对规模养殖者有所启迪，由于该书以可操作性、实用性为主，书中内容不可避免有较多的不足之处，希望广大同行、养殖户朋友们提出宝贵意见。以加速推进畜禽标准化养殖进程。

编　者

2011 年 6 月

目　　录

第一章　奶牛标准化规模养殖

一、奶牛标准化养殖园区（小区）基础设施建设

（一）场址选择

奶牛标准化养殖园区（小区）建设用地要符合环境保护要求和动物防疫条例，符合新农村建设发展规划，经当地环保部门和畜牧兽医行政管理部门审批合格后，方可建设。

1. 自然条件

地形：空旷、开阔，可利用面积充分，便于各类建筑物的科学布局和合理配置。

地势：高燥平坦，向阳背风，高于历史最高洪水警戒线，应稍有坡度，便于污水汇集处理和排放利用。

水源：水源充足，水质良好，符合 NY/5027—2001《无公害食品　畜禽饮用水水质》（附件 1）要求，取用方便，便于防护。

土质：以沙壤土最为理想，沙土类、黏土类和盐碱地要根据土质特性和生产要求采取相应措施。

2. 周边环境条件

奶牛标准化养殖园区（小区）应选择位于居民生活区的下风向，与居民集中生活区、居民饮用水源地以及学校、医院的直线距离应大于 1km。

园区（小区）周围 1km 以内不得有皮革厂、动物屠宰场、垃圾处理场、化工厂、动物医院等污染源。

园区（小区）需要修建专门的道路与主要公路干线相连，园区（小区）距离主要交通干线应在 1 000m以上，距离乡村公路应在 300m 以上。保证防疫间距，交通便利，且周边具备足够的草料基地，以便饲草收获以及粪污资源化利用等物料运送便捷。

园区（小区）建设地要求距村镇电网较近，电力资源供应充分，且架设方便。

园区（小区）建设地址要求周边饲草、饲料资源丰富、运输方便，饲草供应半径应在 5km 以内，且周边可饲用农作物秸秆资源丰富。

（二）奶牛标准化养殖园区（小区）建设用地及主要设施

建设用地应在满足生产工艺条件下，要节约用地，尽量用沙荒地、废弃地，少占或不占耕地。园区（小区）建设规模以园区（小区）养殖规模而定。

1. 奶牛标准化养殖园区（小区）内功能区的划分及布局

（1）功能区的划分

生产区：主要为各类圈舍建筑。位于园区（小区）核心地带。

辅助生产区：主要包括挤奶厅建筑以及饲草、饲料加工与贮存（如草料库、青贮窖等）。草料加工与存贮设施，建于牛舍附近，以草料的存入与取用方便为原则；公共挤奶厅建于生产区附近，以便于奶牛进站挤奶以及鲜奶外运为原则。

管理区：包括管理办公室、门卫、消毒池、技术培训室、人工授精室等。设置于园区（小区）的上风向。

隔离区：主要为兽医室、隔离圈舍、病死牛处理场、粪便处理场等。建于园区（小区）的下风向，与生产区保持一定的距离。

（2）奶牛标准化养殖园区（小区）内主要建筑布局与要求

奶牛标准化养殖园区（小区）内部布局要科学、合理。遵循两个原则：一要符合生产最佳，经济实用；二要符合防疫、防火安全。

奶牛标准化养殖园区（小区）内部布局要求生活管理区在上风向，依次是辅助生产区、生产区和隔离区。

奶牛标准化养殖园区（小区）内应设有净道和污道。净道供人员行走和运送健康牛及饲料；污道供运输粪便和病、死畜禽等污染物。净道作为养殖园区（小区）的主干道，宽度不小于4m，污道宽度不小于3m。

奶牛标准化养殖园区（小区）应有一定的绿化面积，建设绿化带，改善奶牛标准化养殖园区（小区）环境，减轻污染；道路两旁以及空地植树、种草，绿化区域占到园区（小区）总面积30%以上。

奶牛标准化养殖园区（小区）建设的总体布局见附图1－1。

2. 奶牛标准化养殖园区（小区）内主要建设内容

以养殖规模确定建筑规模。可以以标准化养殖园区（小区）等模式进行建设。

奶牛标准化养殖园区（小区）以户为单元入驻，圈舍设计可为综合型牛舍，即成母牛为主体，同时兼养育成牛和犊牛。以养殖户为单元，建设牛舍一栋。一个标准化养殖园区（小区）根据养殖需要可建设10栋或10栋以上的奶牛舍。

奶牛标准化养殖园区（小区）可按各类牛群设计建设奶牛舍。

奶牛标准化养殖园区（小区）奶牛的饲养规模：成年奶牛200头，年存栏奶牛310头，即每个奶牛养殖单元户饲养成年母牛20头，年存栏奶牛31头。

存栏300头左右的奶牛标准化养殖园区（小区）占地面积31亩左右，其中，牛舍建筑面积约2 400m^2。

（1）牛舍与运动场

奶牛舍：原则上坐北朝南，通风向阳。要求舍内温度、湿度、气流和光照满足奶牛生产需求。按成母牛 20 头的饲养规模，牛舍可设计为单列式牛舍；若奶牛标准化养殖园区（小区）养殖规模较大，可以建设双列式奶牛舍（附图 1－4、附图 1－5），牛舍靠净道侧延长一间，作为饲料预制间、更衣室和饲养员值班室。机械化喂料、清粪可以建设自由卧床 27～30m 跨牛舍（附图 1－6、附图 1－7）。

建设规模：奶牛标准化养殖园区（小区）以一个生产单元为模式，牛舍内的存栏牛为 31 头，其中：成母牛 20 头、育成牛 8 头、犊牛 3 头。

奶牛舍建筑面积：单列式（包括饲料预制间、值班室），一般牛舍内长 36.5m，宽 6.5m，檐高大于 3m，建筑面积 237m^2 左右。园区（小区）容纳 10 户，建牛舍 10 栋，总建筑面积 2 370m^2。

牛舍长 36.5m（草料预制间长 3.5m，牛舍 33.0m），槽位宽度：成母牛 1.1m、育成牛 1.0m，犊牛散栏饲养，占位 3.0m；跨度 6.0m，其中，饲喂走道 1.8m、饲槽宽度 0.76m、牛床 2.0m、粪尿沟 0.4m，清粪走道 0.8m。

一个养殖单元牛舍建筑面积为 237m^2（附图 1－2）。

奶牛标准化养殖园区（小区），因养殖规模较大，一般建设双列式奶牛舍，其跨度一般不小于 12m；钟式奶牛舍跨度一般不小于 27m。

饲槽建设：为更有效地利用牛舍建筑面积，舍内设立就地饲槽。槽底低于饲喂通道 5～10cm，高于牛床 5～10cm，颈颊栏杆下部建设槽内沿，沿高 15～20cm；创造条件在两牛之间、栏杆下部安装碗式自动饮水器一部。

采用 TMR 饲喂设施的牛舍应修建就地饲槽。

运动场：运动场建于牛舍向阳面，即紧靠牛舍南侧，长度与牛舍饲养区对应为 32.4m，宽度为 15m，面积为 486m^2。运动场周边设立围栏。

运动场建设要求：靠牛舍侧以滚砖（垃圾砖亦可）硬化一半，另一半以沙土夯实即可。运动场要求有一定坡度，方便污水排入下水道。要求靠牛舍侧高，远牛舍侧低，中央高，四周低。运动场内设立饮水槽、补饲槽和凉棚。运动场周边建造围栏。

围栏建设：围栏建设可就地取材，而为坚固耐用，多采用钢管建设。立柱间距 3m，立柱高度以地平以上计算 1.3～1.5m，设横梁 3～4 根。

凉棚建设：凉棚建于运动场中央，根据地形建造，高度 3m 左右，面积不小于 65m^2（附图 1－2）。

饮水槽建设：在运动场近水源侧的向阳处建设饮水槽，长 2～3m、宽0.7～0.8m、高 0.6～0.7m，槽内深 0.4～0.5m。尽可能创造条件在运动场安装自动恒温饮水器一部。

补饲槽建设：补饲槽建于凉棚下或净道侧围栏旁，长 4～6m、宽 0.8～0.9m、内缘高 0.6m、外缘高 0.8m，槽深 0.3～0.5m。

（2）挤奶厅及其附属设施

按照奶牛标准化养殖园区（小区）养殖规模，建设 2×8 位挤奶厅一座。实现机械化挤奶，用于提高原奶品质。挤奶厅建设于园区（小区）牛舍附近或园区（小区）内，要求一方面便于泌乳牛就近进站挤奶，另一方面与场外道路相连，便于鲜奶运送销售（附图 1－1）。

挤奶厅建筑包括待挤区、挤奶间以及附属用房等，361m^2 左右，其中，长 38m，宽 9.5m（附图 1－9）。

待挤区：建筑面积 76m^2 左右，跨度与挤奶间同宽，为 9.5m，长 8.0m。要求地面易清洁、防滑、光线充足，通风良好，呈 1%～1.5% 坡度，由低到高至挤奶间入口（附图 1－9）。

挤奶间：建筑面积约 200m^2，跨度为 9.5m 左右，长 21m 左右，沿墙高不低于 2.5m。挤奶作业坑道深 0.8m、宽 2.3m、长 15.5m。采用鱼骨式挤奶台，配套安装 2×8 位自动脱杯、电子计量挤奶机组。科学配置粪尿排污系统（附图 1－9）。

附属用房与设施：在挤奶间的一端设立机房、牛奶预存制冷间、更衣室、卫生间、办公室等。建筑面积 90m^2 左右，其中长 9.3m、宽 9.5m。并配套安装容积 5.0t 以上直冷式贮奶罐一台，热水供应系统一套等（附图 1－9）。

（3） 青贮窖

青贮窖设于方便原料运送、存贮加工以及便于取用的高燥处。青贮窖设计为长方形，内视为倒梯形。每单元一窖，半地下式，窖深（高）3m 以上，容积 486m^3（一般窖长 27m、宽 6m、深 3m）（附图 1－11）。

一般一头成母牛年需青贮饲料 10～12m^3。

（4） 干草棚

干草棚建于牛舍附近背风高燥处，位置以青干草的运入和取用方便为原则。建设半开放式，檐高 3.3m 以上，建筑面积约 330m^2，其中长约 40m、宽约 8m（附图 1－12）。

（5） 管理室

建于园区（小区）的上风向，用于园区（小区）管理和养殖技术培训，建筑面积 130m^2 左右，其中长约 20m、宽约 6m（附图 1－13）。

（6） 饲料加工间

饲料加工间，建于园区（小区）内或园区（小区）附近方便车辆通行处，内部设立原料库、成品库以及饲料加工车间。建筑面积 260m^2 左右（附图 1－14、附图 1－15）。

（7） 人工授精室

人工授精室建于牛舍附近，建筑面积 70m^2 左右，内设精液贮存、仪器消毒间和输精室，输精室设立配种架（附图 1－16）。

（8） 隔离牛舍

隔离治疗舍（兼兽医室），距牛舍直线距离 50m 以上，有条件的地方亦可建在园区（小区）外的下风向区。建筑面积 100m^2 左右，内设兽医值班室、药品器械间、处置间以及病牛床。处置间设立六柱栏（附图 1－17、附图 1－18）。

（9） 堆粪场

堆粪场及化粪池设于园区（小区）下风向，距牛舍直线距离 50m 以上。亦可设于园区（小区）以外。堆粪场面积约为 400m^2。

（10） 消毒间、消毒池

生产区入口建设消毒间和消毒池。紫外消毒间建于园区（小区）出入口，建于道路的一侧，面积 12m^2 左右，内部设立紫外消毒装置和消毒池。大门口设立消毒池，与道路同宽，约 4m，长 6m 以上，深 8～10cm（附图 1－19）。

(11) 饮水设施

奶牛饮水设施建于运动场，采食前后运动场自由饮水。根据水源位置，饮水槽建于靠近水源侧围栏旁，水槽底部设排水阀门，便于清洗和更新饮水。有条件的养殖户，可在运动场设立箱式恒温自动饮水器一部以及舍内碗式饮水器 10 台套（参见饲槽建设和饮水槽建设），以保证奶牛随时饮用清洁饮水，并节约水源。牛舍内设自来水龙头，方便饲料浸泡及犊牛饮水。

(12) 电力配套设施

牛舍内外部设照明电源，饲料加工间、挤奶厅和青贮窖附近要求架设三相动力电源。奶牛标准化养殖园区（小区）电力负荷为二级，同时，应创造条件设立备用发电机组。

(13) 消防设施

园区（小区）内设立经济合理、安全可靠的消防设施。牛舍间防火间距为 12m 以上，草棚、草垛与牛舍以及其他建筑物的间距大于 50m，且不在同一主导风向上。草料库、加工间 20m 以内分别设立消火栓，消防用水采用生产、生活、消防合一的给水系统，消防设施和设置符合现行防火规范的要求。

二、奶牛标准化养殖园区（小区）的生产技术要点及参数

1. 养殖规模及牛群结构

合理的奶牛群结构：成母牛 60% ~65% 、育成牛 30% ~25% 、犊牛 10% 。

2. 园区（小区）奶牛生产技术要点

奶牛标准化养殖园区（小区）一律采用一日三次均衡饲喂的饲养制度。并创造条件争取应用 TMR 日粮、自由采食的饲养方式。

奶牛标准化养殖园区（小区）在不具备 TMR 饲养条件时，一律采用先粗后精、先干后青，即粗—精—粗的饲喂方案。

根据不同生产阶段及生产水平，按照饲养标准，确定日粮精饲料供给量。即：精饲料定量供给，粗饲料自由采食，直到吃饱为止。

配合精饲料的供给量，根据个体生长、生产情况而定。原则上每头荷斯坦泌乳牛每日供给维持精饲料 3.0 ~3.5kg，然后按每产 3kg 鲜奶增加 1kg 精料计算精饲料供给量。另外在此基础上，头胎牛增加 20% 、二胎牛增加 10% ，以满足体重继续增长的需要。

粗饲料供给量：

泌乳高峰期，头日供给优质苜蓿干草 2.0kg、羊草 2.0kg、秸秆类干草 3.0kg、玉米秸秆青贮 20 ~25kg。

泌乳中后期，头日供给优质苜蓿干草 1.0kg、羊草 1.0kg、玉米秸秆或谷草4 ~5kg、玉米秸秆青贮 20 ~25kg。

原则上，除苜蓿干草、羊草等价格较高的优质牧草根据不同牛群生产需要定量供应外，其他常用粗饲料以少添勤喂、自由采食的形式，满足供应。

奶牛标准化养殖园区（小区），要创造条件，力争全年饲草料供给均衡稳定。

配合日粮时，各类饲草料的最大应用量为：青干草 10kg,、青贮饲料 25kg，优质青草或青刈饲料 50kg，糟渣类 10kg（白酒糟不超过 5kg），块根块茎及瓜果类 10kg，玉米 5kg，大麦 4kg，燕麦 4kg，豆饼 4kg，小麦麸 3kg，豆类 1kg。

不同泌乳阶段奶牛日粮蛋白质部分营养需要与供应范围列于表 1－1。

表 1－1　不同泌乳阶段奶牛日粮蛋白质营养供给量参考

粗蛋白 \ 泌乳阶段	泌乳初期	泌乳中期	泌乳后期
日粮粗蛋白（CP% DM）	17～18	16～17	15～16
可溶性蛋白（SP% CP）	30～34	32～36	32～38
降解蛋白（RDP% CP）	62～66	62～66	62～66
非降解蛋白（UDP% CP）	34～38	34～38	34～38

不同生产阶段奶牛日粮供给量与精粗饲料比例要求列于表 1－2。

表 1－2　不同生产阶段奶牛日粮配制与供给参考表

生产阶段		日粮干物质供给量占体重（%）	日粮营养浓度即每千克含				精粗饲料比例（精料：粗料）	日粮粗纤维含量（%）
			奶牛能量单位（NND）	粗蛋白质含量（%）	钙（%）	磷（%）		
干奶期		2.0～2.5	1.75	11～12	0.60	0.30	25：75	≥20
围产期	分娩前	2.0～3.0	2.00	13	0.30	0.30	40：60	≥23
	分娩后				0.60	0.30		
泌乳盛期		3.0～3.5	2.40	16～18	0.70	0.45	逐渐过渡为 60：40	≥15
泌乳中期		3.0～3.2	2.13	13	0.45	0.40	40：60	≥17.5
泌乳后期		3.0～3.2	2.00	12	0.45	0.35	30：70	≥20

提供充足的生产饮用水，饮水质量达到 NY/5027—2001《无公害食品　畜禽饮用水水质》（附件 1）的规定。经常清理、消毒饮水设施，避免细菌孳生。积极创造条件，应用恒温自动饮水设施，饮水温度常年保持在 10～16℃。

3. 园区（小区）奶牛生产日粮组成参考

园区（小区）奶牛生产日粮组成参考见表 1－3 至表 1－6。

表 1－3　犊牛培育日粮方案

日龄	牛奶（kg）	混合精料（kg）	优质干草	优质青贮饲料（kg）
0～30	6.0	0～0.1	自由采食	
31～60	5.0	0.1～0.2	自由采食	
61～90	3.0	0.2～0.6	自由采食	0.1～1.0
91～120		0.6～1.5	自由采食	1.0～3.5
121～180		1.5～2.0	自由采食	3.5～6

表 1－4　育成牛日粮组成方案

生产阶段 日粮组分	月龄		妊娠期		
	7～12	13～初配	0～180	180～220	220 至初产
混合精饲料	2.0	3.0	3.0	3.5～4.5	3.5
优质青贮料	6.0	10.0	15.0	18.0	15.0
优质干草	自由采食	自由采食	自由采食	自由采食	自由采食

表 1－5　围产后期日粮组成方案

产后日数（日）	混合精料（kg）	优质青贮（kg）	优质青干草（kg）	糟渣类饲料（kg）	饼粕（kg）
0～3	≤3.5	≤10	2.5	2.0	1.0
4～6	4～6	10～15	3.5	5.0	1.0
7～10	6～8	10～15	3.5	6.0	1.0
11～15	8	15	3.5	7.0	1.0

表 1－6　泌乳牛日粮组成方案

泌乳月份	混合精饲料（kg）	优质青贮料（kg）	青干草（kg）	糟渣类（kg）	胡萝卜类（kg）
1	≤10	15～18	≥3.0	5.0	3～4
2	10～13	18～20	≥3.5	5.5	4～5
3	12～14	20～22	≥3.5	6.0	4～5
4	11～13	20～22	≥4.0	7.0	3～4
5	10～11	20～22	≥4.0	7.0	3
6 及以上	6～10	18～20	≥4.0	7.0	

4. 奶牛标准化养殖园区（小区）生产技术参数

以成母牛年产鲜奶 6 000kg计算饲草、饲料消耗量。

（1）粗饲料

青贮饲草：成母牛每年需 12.5t，每个养殖单元（户）每年需 312.5t，养殖园区（小区）每年需青贮饲草总量 3 125t。

青干草：成母牛每年需 1.1t，每个养殖单元（户）每年需 27.5t，园区（小区）每年需青干草总量 275t。

块根块茎类：每头成母牛年需 1.5t，每个养殖单元（户）每年需 30t，园区（小区）每年需青干草总量 300t。

糟渣类：每头成母牛年需 2.0t，每个养殖单元（户）每年需 40t，园区（小区）每年需青干草总量 400t。

青刈饲料：季节性供给，维生素含量丰富，适口性好，有条件者，每头成母牛消耗青刈饲料1亩计算，每户种植青刈饲料20亩（1亩=667m^2；15亩=1hm^2。全书同），园区（小区）年需种植青刈饲料200亩。由于水分含量大，营养浓度相对较低，轻泻性强，生产季节每头成母牛日限量供给30kg。

（2）精饲料

每一头成母牛每年需配合饲料3.65t。每一个养殖单元户所饲养的成母牛、育成牛、犊牛每年需配合饲料91.25t，园区（小区）每年需配合饲料总量912.5t。

（3）水

每个养殖单元（户）每年需水1 000t，园区（小区）每年需水总量为10 000t。

（4）排粪量

每个养殖单元每年产生鲜粪量约383.25t，园区（小区）每年产生鲜粪量3 832.5t，折合干粪量76.65t；小区每年产干粪766.5t。

5. 人工种草

每个养殖单元（户）应配备足够的优质牧草生产基地。原则上每头奶牛配套建设饲草料生产基地（包括青刈饲料生产）2～3亩。

6. 机械设备

每单元户1台铡草机或揉搓机。配合饲料机组1套（时产0.5t）。

奶牛标准化养殖园区（小区）共用设备：大型铡草机（配套动力15kW）3台，2×8位电子计量、自动脱被挤奶机组一台套、5t以上直冷式贮奶罐一台、5t奶罐车一台套等，园区（小区）养殖户共用。

三、奶牛标准化养殖园区（小区）管理

（一）机构设置与人员管理

1. 机构设置

奶牛标准化养殖园区（小区）由组建单位（乡政府、村委会、养牛合作社、协会、经济合作组织或企业、大户），协调所有投资方，成立园区（小区）管理委员会，推选政治素质高、业务能力强的人员从事园区（小区）生产专职或兼职管理工作。负责协调农户入区养殖，并制定和落实维护园区（小区）正常生产的规章制度。同时，负责奶牛标准化养殖园区（小区）的挤奶厅作业、饲料加工车间运营以及人工授精、兽医防疫、技术培训、档案管理、门卫、消防等公共设施的正常运行，维护奶牛标准化养殖园区（小区）安全、高效生产。

2. 人员管理

（1）进入奶牛标准化养殖园区（小区）的工作人员必须经卫生部门体检合格；患有人畜共患病、顽固性皮肤疾病等有碍食品卫生疾病的人员不得进入园区（小区）从业；奶牛标准化养殖园区（小区）的工作人员要建立健康档案，定期对园区（小区）从事奶

牛生产的工作人员进行健康检查。

（2）饲养员上岗应穿着工作服、鞋、帽，并定期清洗消毒。

（3）奶牛标准化养殖园区（小区）的从业人员必须经严格消毒后方可进入生产区工作。

（4）未经许可，奶牛标准化养殖园区（小区）谢绝外来人员参观。

（二）共用机构管理

奶牛标准化养殖园区（小区）的共用机构包括挤奶车间以及人工授精室、兽医防疫室等，实行专人负责、统一管理。

1. 挤奶车间运营与管理

由专人负责，工作内容与员工要求如下。

（1）严格遵守奶牛标准化养殖园区（小区）各项规章制度，服从奶牛标准化养殖园区（小区）管理委员会统一领导。

（2）上岗技术人员要熟悉奶牛生产基本知识，掌握挤奶机的工作原理和基本操作技巧。

（3）严格机械挤奶操作程序，坚守岗位，保证牛奶产量稳定，优质。

（4）注意观察奶牛精神状况以及产奶量变化，发现异常及时向畜主或兽医汇报。

（5）上岗技术人员要按程序清洗消毒设备、清扫地面、擦洗墙壁，保持挤奶厅干净卫生。

（6）精心保养机械设备，确保设备正常工作。

2. 人工授精技术管理

奶牛标准化养殖园区（小区）设立专职人工授精技术员，工作内容与要求如下。

（1）严格遵守奶牛标准化养殖园区（小区）各项规章制度，服从奶牛标准化养殖园区（小区）管理委员会统一领导。

（2）严格执行该奶牛标准养殖园区（小区）奶牛选育目标和繁育计划，建立、健全奶牛标准养殖园区（小区）配种档案。

（3）负责奶牛发情观察、发情鉴定、人工授精、妊娠诊断、繁殖疾病的治疗以及产后监控。

（4）做好发情鉴定，适时进行人工授精，严格执行人工授精操作规程以及 GB 4143—84《牛冷冻精液》（附录 1－6）。

（5）坚持产后监控，加强产科病防治，促进产后恢复进程。

（6）严格器械消毒程序，保持人工授精室清洁卫生，药品器械摆放整齐。

3. 兽医工作技术管理

奶牛标准化养殖园区（小区）设立专职兽医，由具有治疗经验、掌握卫生防疫基本知识和技能的人员承担。工作内容与要求如下。

（1）严格遵守奶牛标准化养殖园区（小区）各项规章制度，服从园区（小区）管理委员会统一领导。

（2）严格执行 NY/5047—2001《无公害食品　奶牛饲养兽医防疫准则》（附录1－4）和 NY/5030—2006《无公害食品　畜禽饲养兽药使用准则》（附件7）。

（3）做好常见病、多发病的监测、预防和治疗工作，隐性乳房炎每月监测 1～2 次；酮病产后 10～12 检测；常年修蹄护蹄，春秋两季集中修剪。

（4）发现疑难病症及时会诊，规范化填写病历和处方。

（5）做好春秋两季布病、结核、副结核病的检疫，以及五号病等的免疫接种工作。

（6）严格药品使用规定，遵守药品管理制度，杜绝药品的丢失和浪费。

（7）严格器械消毒工作，一牛一针，用后及时消毒。

（8）及时进行环境消毒，做好消毒药物的配置和使用；做好奶牛的保健工作，降低发病率。

（9）搞好环境卫生，保持室内外清洁，药品器械摆放整齐，取用方便。

（三）生产技术管理

1. 生产管理

（1）奶牛标准化养殖园区（小区）的饲养管理严格执行 NY/T 5049—2001《无公害食品　奶牛饲养管理准则》（附录 1－2）、NY/5027—2001《无公害食品　畜禽饮用水水质》（附件 1）和 NY/5048—2001《无公害食品　奶牛饲养饲料使用准则》（附录 1－3）禁止使用农药、微生物污染及发霉变质、结块的饲料、饲草。

（2）严格执行国家农业部“关于禁止在反刍动物饲料中添加和使用动物性饲料的通知”，严格执行国家《饲料和饲料添加剂管理条例》和 GB 13078—2001《饲料卫生标准》。禁止使用动物源性饲料。

（3）奶牛标准化养殖园区（小区）及入驻奶牛标准化养殖园区（小区）的养殖户应建立健全奶牛养殖档案，记录品种、数量、配种、产犊、奶牛来源及进出场时间；饲料、饲料添加剂、兽药等投入品的来源、名称、使用对象及用量。

（4）按照农业部《畜禽标识和养殖档案管理办法》（农业部令第 67 号，2006）（附件 5）、《牲畜耳标技术规范》（附件 6）的要求，对奶牛标准化养殖园区（小区）内所有的奶牛实行标识管理。

2. 奶牛繁殖生产技术管理

奶牛通过园区（小区）集中饲养，统一繁育管理，普及产科病防治技术，提高人工授精技术水平，准确发情鉴定，适时人工授精，早期妊娠诊断，科学孕期管理，挖掘繁殖生产潜力，力争达到如下母牛繁殖指标。

（1）年总受胎率≥95%。

（2）情期受胎率≥60%，其中，青年牛一次配种的情期受胎率≥70%。

（3）成母牛产犊间隔控制在 400d 以内。

（4）空怀半年以上个体控制在 10% 以内。

（5）年流产率≤6%。

（6）年总繁殖产犊率≥85%。

3. 泌乳奶牛生产技术管理

泌乳牛群是实现园区（小区）奶牛生产经济效益的核心群体，应用相应的技术管理措施，充分发挥奶牛的泌乳潜力。

（1）科学配置日粮，严格分阶段饲养。园区（小区）成母牛饲养管理分为干奶期前期（停奶至产前15d）、干奶后期（产前15d至分娩）、泌乳初期（分娩至产后15d）、泌乳盛期（产后16～100d）、泌乳中期（产后101～200d）、泌乳后期（产后201天至停奶）6个阶段，配置相应日粮，严格规范管理。

（2）保证充足的采食时间。采取程序饲喂与运动场补饲相结合的方式，延长园区（小区）奶牛的采食时间。

（3）保证充足的饮水，创造条件安装自动恒温饮水器，是奶牛随时饮用到恒温的清洁饮水。

（4）控制日粮水分含量，优化日粮营养浓度。泌乳牛日粮总干物质调整在50%～75%。

（5）建立稳定的优质青粗饲料供应体系，每头成年奶牛年供应相当于4 500kg的优质青粗饲料。科学存贮青粗饲料，保证全年稳定、均衡供应。

4. 奶牛生产档案记录管理

严格执行农业部《畜禽标识和养殖档案管理办法》相关规定，建档立案，做好各项记录。

园区（小区）奶牛生产，按照中国奶牛协会发布的中国荷斯坦奶牛统一编号的实施办法（试行），进行编号标识，并严格执行如下档案记录管理。

（1）牛群资料：包括奶牛谱系档案、死亡、淘汰、出售记录，牛群周转与产奶记录。

（2）牛奶生产资料：包括次、日产奶量记录以及牛奶产销存台账等。

（3）奶牛繁殖资料：包括发情记录表、配种记录表、妊娠检查记录表、产犊记录表、流产记录表以及产后监控情况记录等。

（4）奶牛疾病与预防资料：包括奶牛免疫记录表、疾病诊断与治疗记录表、隐性乳房炎监测记录以及牛舍环境消毒记录等。

（5）技术管理资料：包括体尺、体重测量记录表、生产性能登记表、饲草料来源与消耗表、饲料添加剂、兽药等投入品的来源、名称、使用对象及用量以及应用效果记录等。

（四）环境管理

1. 奶牛标准化养殖园区（小区）环境管理严格执行NY/T 1167—2006《畜禽场环境质量及卫生控制规范》（附件2）。

2. 园区（小区）内净道和污道要严格分开，且不得交叉。

3. 奶牛标准化养殖园区（小区）内的粪便应执行 NY/T 1168－2006《畜禽粪便无害化处理技术规范》（附件 9），采用干清粪工艺，日产日清，及时运送到贮存场所或处理场所处理，排放要达到 GB/18596—2001《畜禽养殖业污染物排放标准》（附件 8）的要求。粪便不得随地堆集，污水不得随意排放。

4. 园区（小区）内要定期杀虫、灭鼠，保持区内洁净，以减轻昆虫和鼠类等对牛群的危害。

（五）疫病防控

1. 所有进出奶牛标准化养殖园区（小区）的人员必须经过消毒通道，严格消毒后方可进入园区（小区）；进入园区（小区）的车辆必须经过园区（小区）大门的消毒池或喷雾消毒设施进行消毒。

2. 奶牛标准化养殖园区（小区）内的牛群免疫严格执行 NY/5047—2001《无公害食品　奶牛饲养兽医防疫准则》（附录 1－4）的防疫程序进行免疫和疫病监控，发现疫病及时上报当地畜牧兽医行政主管部门，并按有关规定及时处理。

3. 奶牛标准化养殖园区（小区）内的奶牛使用药物时，严格执行 NY 5030—2006《无公害食品　畜禽饲养兽药使用准则》（附件 7）的规定。泌乳牛在通常情况下禁止使用任何药物，必须用药时，在药物残留期间生产的牛奶不能作为商品奶出售，牛奶在上市前按规定停药。

4. 奶牛标准化养殖园区（小区）禁止饲养其他畜禽，并禁止其他畜禽以及宠物进入园区（小区）。

5. 奶牛标准化养殖园区（小区）内的养殖户购入或调出的奶牛必须向奶牛标准化养殖园区（小区）申报审批，并执行 GB 16549—1996《畜禽产地检疫规范》（附件 3）和 GB 16567—1996《种畜禽调运检疫技术规范》（附件 4），同时出据检疫合格证，所购入的奶牛需隔离观察 30 天以上，确定为健康，经过消毒后方可进入园区（小区）生产区。

6. 定期对牛舍、运动场、道路、器具和周围环境进行清扫和消毒；隔离观察区在使用前后必须清扫和消毒。

7. 奶牛标准化养殖园区（小区）内病奶牛因传染病和其他需要处死的病牛，应在指定地点进行扑杀，严格按照 GB 16548—2006《病害动物和病害动物产品生物安全处理规程》（附件 10）的要求进行处理，不得在园区（小区）内、外随意丢弃。

8. 病死动物严格按规定进行无害化处理，禁止出售病死牛体或作为食品进行加工。

四、园区（小区）奶牛饲养日粮参考配方

1. 哺乳期犊牛补料配方参考

具体见表 1－7。

表 1－7　哺乳期犊牛补料配方参考

成分	含量	成分	含量
玉米（%）	50～55	食盐（%）	1
豆饼（%）	25～30	矿物质元素（%）	1
麸皮（%）	10～15	磷酸氢钙（%）	1～2
糖蜜（%）	3～5	维生素 A（μg/kg）	1 320
酵母粉（%）	2～3	维生素 D（μg/kg）	174

2. 6 月龄犊牛精料补充料参考配方

3. 7～12 月龄牛的精饲料参考配方

具体见表 1－8 至表 1－12。

表 1－8　7～12 月龄牛的精饲料参考配方 1

成分	含量（%）	成分	含量（%）
玉米	50～55	饲用酵母	3～5
豆粕（饼）	30～35	磷酸氢钙	1～2
麸皮	5～10	食盐	

表 1－9　7～12 月龄牛的精饲料参考配方 2

成分	含量（%）	成分	含量（%）
玉米	48	食盐	1
豆粕（饼）	25	磷酸氢钙	1
棉粕（饼）	10	石粉	1
麸皮	10	添加剂	2
饲用酵母	2		

表 1－10　7～12 月龄牛的精饲料参考配方 3

成分	含量（%）	成分	含量（%）
玉米	50	食盐	1
豆粕（饼）	10	磷酸氢钙	1
棉粕（饼）	10	石粉	1
葵花籽饼	10	饲用酵母	5
麸皮	12		

4. 7～12 月龄牛日粮组成参考

7～8 月龄：精料 2.0kg、玉米青贮 10kg、青干草 1.0kg；
9～10 月龄：精料 2.3kg、玉米青贮 11kg、青干草 1.5kg；
11～12 月龄：精料 2.5kg、玉米青贮 12kg、青干草 2.0kg、甜菜渣 1.0kg。

5. 12～18 月龄牛的精饲料参考配方

具体见表 1－11 至表 1－12。

表 1－11　12～18 月龄牛的精饲料参考配方 1

成分	含量（%）	成分	含量（%）
玉米	47	麸皮	22
豆粕（饼）	13	食盐	1
棉粕（饼）	7	磷酸氢钙	1
葵花籽饼	8	石粉	1

表 1－12　12～18 月龄牛的精饲料参考配方 2

成分	含量（%）	成分	含量（%）
玉米	48	食盐	1
豆粕（饼）	15	磷酸氢钙	1
棉粕（饼）	5	石粉	1
麸皮	22	添加剂	2
饲用酵母	5		

6. 12～18 月龄牛日粮组成参考

13～14 月龄：精料 2.5kg、玉米青贮 13kg、青干草 2.5kg、糟渣类 2.5kg；
15～16 月龄：精料 2.5kg、玉米青贮 13.5kg、青干草 3.0kg、糟渣类 3.5kg；
17～18 月龄：精料 2.5kg、玉米青贮 14kg、青干草 3.5kg、糟渣类 4.0kg。

7. 青年母牛精饲料配方参考

具体见表 1－13。

表 1－13　青年母牛精饲料配方参考

项目	玉米（%）	豆饼、胡麻粕（%）	麸皮（%）	石粉（%）	食盐（%）	磷酸氢钙（%）	添加剂（%）
配方 1	46	16.5	33	2.5	2.0		
配方 2	48	23	25	0.5	1.5	1.5	0.5
配方 3	48	22	25	1.0	1.0	1.0	2.0

8. 青年母牛饲养方案参考

具体见表 1－14。

表 1－14　青年母牛精饲料配方参考　［单位：kg/（头·日）］

月龄	精料量	青干草	玉米青贮	糟渣类
19	2.5	3.0	15	5.0
20	2.5	3.0	16	5.0
21	3.0	4.0	14	4.5
22	3.5	4.5	12	3.5
23	4.0	5.0	10	3.5
24	4.5	5.5	8	3.5

9. 分娩牛饮用麸皮水的配制参考

具体见表 1－15。

表 1－15　分娩牛饮用麸皮水的配制参考

成分	用量（kg）	成分	用量（kg）
麸皮	1～2	碳酸钙	0.05～0.10
食盐	0.10～0.15	温水	15.0～20.0
混合均匀，喂时温度调到 35～40℃			

10. 分娩后饮用益母草、红糖水的配制参考

具体见表 1－16。

表 1－16　分娩后饮用益母草、红糖水的配制参考

成分	用量（kg）	备注
益母草	0.25～0.50	煎制成水剂
水	1.5～2.0	
红糖	1.00	与益母草水剂混合
水	3.00	混匀凉至40℃饮服。每天一剂，连饮3d

11. 围产后期典型日粮配方参考

具体见表1－17。

表 1－17　围产后期典型日粮配方参考

日粮组成	用量(kg)	营养水平	含量	矿物质	含量(%)	微量元素	含量(mg/kg)
玉米青贮（普通）	36.44	中型洗涤纤维（NDF）（%）	31.6	钙	0.74	钴	0.11
玉米籽实（蒸汽压扁）	18.29	粗饲料（NDF）（%）	23.7	磷	0.38	铜	16.0
螺旋压榨饼（大豆）	7.65	酸性洗涤纤维（ADF）（%）	21.0	镁	0.27	碘	0.88
大豆粕（浸提、CP48%）	3.55	非纤维性碳水化合物（NFC）（%）	41.4	氯	0.36	铁	19.0
干豆科牧草（未熟）	20.17	无折扣总可消化养分（tDN）（%）	71.0	钾	1.19	锰	21.0
棉籽（整粒、未脱绒）	8.41	泌乳净能（NEL）（MJ/kg）（按DMI计）	7.32	钠	0.34	硒	0.3
脂肪酸钙	0.65	粗蛋白质（%）	17.4	硫	0.20	锌	65.0
碳酸钙	0.56	干物质采食量（kg/d）	13.5				
磷酸二氢钠（含一个结晶水）	0.40	维生素A（mg/kg）	22.5				
食盐	0.70	维生素D（mg/kg）	12.2				
维生素—矿物质添加剂	3.18	维生素E（mg/kg）	13.6				

12. 泌乳盛期奶牛日粮配方参考

（1）体重600kg、日产奶25kg的奶牛

混合精饲料配方：玉米48%、豆饼25%、麸皮22.1%、磷酸氢钙2.9%、食盐2.0%。

日粮组成：整株玉米青贮18kg、青干草4kg、胡萝卜3kg、混合料11kg。

（2）体重600kg、日产奶20kg的奶牛

混合精饲料配方：玉米47.2%、胡麻饼28.3%、麸皮18.9%、磷酸氢钙3.3%、食盐2.3%。

日粮组成：整株玉米青贮18kg、青干草4kg、胡萝卜3kg、混合料9.0kg。

（3）体重600kg、日产奶15kg的奶牛

混合精饲料配方：玉米53%、胡麻饼24%、麸皮19%、磷酸氢钙2.0%、食盐2.0%

日粮组成：整株玉米青贮16kg、青干草5kg、胡萝卜3kg、混合料8.5kg。

13. 泌乳中期奶牛日粮配方参考

（1）体重600kg、日产奶25kg的奶牛

混合精饲料配方：玉米50%、胡麻饼或棉籽粕20%、麸皮12%、玉米蛋白10%、酵母饲料5%、磷酸氢钙1.6%、碳酸钙0.4%、食盐1.5%、添加剂1%。

日粮组成：玉米青贮20%、青干草4kg、糟渣类8kg、混合精饲料11kg。

（2）体重600kg、日产奶20kg的奶牛

混合精饲料配方：玉米47.2%、胡麻饼28.3%、麸皮18.9%、磷酸氢钙3.3%、食盐2.3%。

日粮组成：整株玉米青贮18kg、青干草4kg、胡萝卜3kg、混合料9.0kg。

（3）体重为600kg、日产奶20kg，乳脂率为3.5%的奶牛

日粮组成：玉米青贮16.0kg，苜蓿干草4.0kg，玉米6.0kg，小麦麸1.6kg，豆饼1.2kg，棉籽饼0.8kg，磷酸氢钙0.15kg。

（4）体重为600kg、日产奶17.5kg，乳脂率为3.5%的奶牛

日粮组成：玉米秸8.0kg，玉米3.28kg，小麦麸0.94kg，菜粕0.47kg，棉籽饼1.13kg，胡麻饼0.92kg，脱毒蓖麻饼0.47kg，磷酸氢钙0.34kg，石粉0.009kg，食盐0.078kg，小苏打0.078kg，添加剂0.061kg。

14. 泌乳后期日粮配方参考

（1）泌乳期产奶8 000kg高产奶牛日粮配方参考

混合精饲料配方：玉米48%、豆粕10%、胡麻饼5%、棉籽饼5%、花生饼4%、葵花饼4%、麸皮20%、磷酸氢钙1.5%、碳酸钙0.5%、食盐1.0%、添加剂1.0%。

日粮组成：玉米青贮20kg、青干草4.5kg、混合精饲料10～12kg、糟渣类5kg。

（2）泌乳期产奶量7 000kg高产奶牛日粮配方参考

混合精料配方：玉米50%、豆粕10%、胡麻饼5%、棉籽饼5%、葵花饼5%、麸皮21%、磷酸氢钙1.5%、碳酸钙0.5%、食盐1.0%、添加剂1.0%。

日粮组成：玉米青贮20kg、青干草4.0kg、混合精饲料9～10kg、糟渣类5kg。

（3）泌乳期产奶量6 000kg高产奶牛

混合精料配方：玉米50%、豆粕10%、胡麻饼5%、棉籽饼5%、葵花饼3%、麸皮23%、磷酸氢钙1.5%、碳酸钙0.5%、食盐1.0%、添加剂1.0%。

日粮组成：玉米青贮20kg、青干草4.0kg、混合精饲料8～9kg、糟渣类4kg。

15. 干乳期奶牛日粮配方参考

（1）体重600kg、泌乳期产奶6 000kg的奶牛

混合精料组成：玉米60%、胡麻饼5%、棉籽饼5%、葵花饼5%、麸皮22%、磷酸氢钙1.0%、碳酸钙0.5%、食盐1.5%。

日粮组成：玉米青贮22kg、青干草3.0kg、混合精饲料3.5kg、糟渣类3.5kg。

（2）体重600kg、泌乳期产奶5 500kg的奶牛

混合精料组成：玉米50%、饼粕类32%、麸皮15%、磷酸氢钙1.6%、碳酸钙

0.4%、食盐1.0%。

日粮组成：玉米青贮18kg、青干草3.5kg、混合精饲料3.0kg、糟渣类3.5kg。

（3）体重550kg、泌乳期产奶6 000kg的奶牛

混合精料组成：玉米44%、胡麻饼10%、棉籽饼6%、麸皮37%、磷酸氢钙0.5%、碳酸钙1.5%、食盐10%。

日粮组成：玉米青贮17kg、青干草2.5kg、混合精饲料3.0kg、糟渣类2.5kg。

奶牛标准化养殖园区（小区）建设图

建筑设计总说明

一、设计依据

1. 标准化养殖园区（小区）建设规划
2. 奶牛养殖生产技术参数
3. 国家现行建筑设计规范、规定和标准

二、工程概况

1. 本设计为标准化奶牛养殖园区（小区）规划方案。
2. 小区占地面积20944m²，折合占地31.42亩，总建筑面积3981.40m²，建筑系数18.5%。
3. 本工程为三类建筑，建筑物耐火等级为三级，火灾危险程度为一般。
4. 工程抗震设防烈度根据我国主要城镇抗震设防烈度确定，施工时建筑物须进行抗震设防。

三、设计说明

1. 本设计为建筑规划方案，不做为施工图指导施工。
2. 本设计未配套水、暖、电、电话等公共设施，建设方可根据养殖园区（小区）的实际情况配套其它公共设施。
3. 本设计单体结构方案为参考方案，建设方须进行施工图设计确定结构设计方案，并遵守国家现行规范、规定，特别是强制性规范。
4. 干草棚及干草堆放处注意防火，须配备2~4个灭火器或设计消防栓。
5. 工程做法未作说明，建设方可本着经济、适用、美观的原则选择工程做法。
6. 其它图中未说明的部分可依据施工图设计或遵守国家现行规范、规定和标准。

四、采用标准

1. 《建筑设计资料集》、《05系列建筑标准设计图集》
2. 《村镇规划卫生标准》GB18055、《建筑设计防火规范》GB50016。

图纸目录

序号	图别图号	图名	备注
1	附图1-1	总平面布置图、建筑物明细表、技术经济指标	
2	附图1-2、附图1-3	单列式奶牛舍平立剖面图	
3	附图1-4、附图1-5	12米跨双列式奶牛舍平立剖面图	
4	附图1-6、附图1-7、附图1-8	27米跨双列式奶牛舍平立剖面图	
5	附图1 9、附图1 10	挤奶厅平立剖面图	
6	附图1-11	青贮窖平面、剖面图	
7	附图1-12	干草棚平立剖面图	
8	附图1-13	培训室、办公室、门房平立剖面图	
9	附图1-14、附图1-15	饲料加工间平立剖面图	
10	附图1 16	人工授精室平立剖面图	
11	附图1-17、附图1-18	隔离牛舍平立剖面图	
12	附图1-19	紫外消毒间平面剖面图	

功能分区示意图

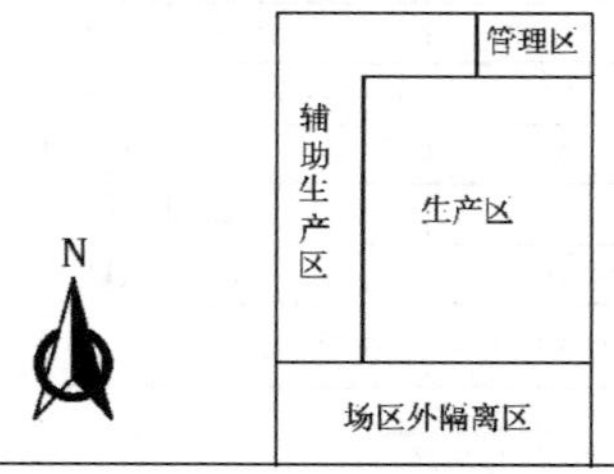

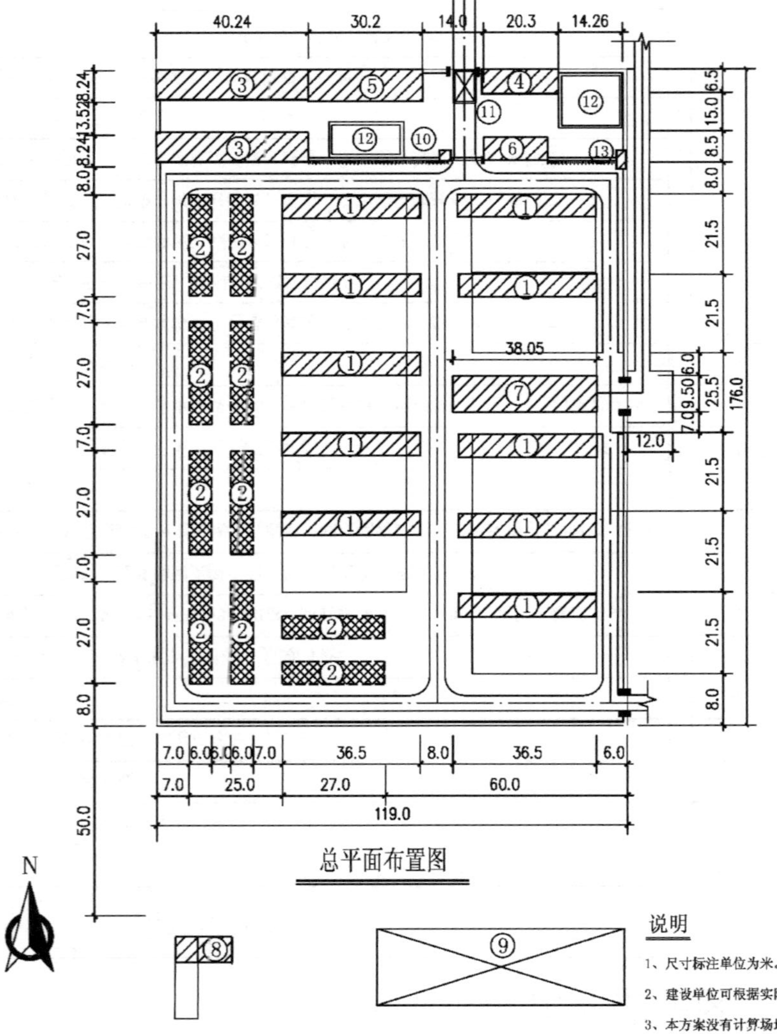

总平面布置图

建筑物明细表

序号	工程名称	建筑面积(m²)	备注
①	牛舍	36.5X6.5X10=2372.5	运动场32.4X15X10=4860m², 凉棚86.4m²
②	青贮窖		27X6X3X10=4860m³
③	干草棚	663.16	
④	培训室、办公室、门房	131.95	
⑤	饲料加工间	256.7	
⑥	人工授精室	67.6	
⑦	挤奶厅	361.48	
⑧	隔离牛舍	100.75	运动场45.0m³, 场区下风向50米的位置处
⑨	堆粪场		400
⑩	紫外消毒间	12.25	
⑪	消毒池		24.0
⑫	晒场		200
⑬	旱厕	15.0	
	合计	总建筑面积3981.40m², 不包括隔离牛舍的建筑面积3880.65m²	

技术经济指标列表

序号	技术经济指标	数量(m²)	序号	技术经济指标	数量(m)
1	占地面积	20944m² 折合31.42亩	5	围墙	487.66
2	总建筑面积	3981.40	6	矮花墙	61.86
3	不包括隔离牛舍	3880.65	7	建筑系数(%)	18.5
4	道路	2900	8		

图例

- 建筑物
- 青贮窖
- 围墙
- 矮花墙
- 道路

说明

1、尺寸标注单位为米。

2、建设单位可根据实际情况配套配电室、水泵房等公共设施。

3、本方案没有计算场地利用系数，场地利用系数等于建筑面积+构筑物面积+晒场等与占地面积的比。

4、隔离牛舍和堆粪场应位于小区的下风向50米以外。

附图1-1

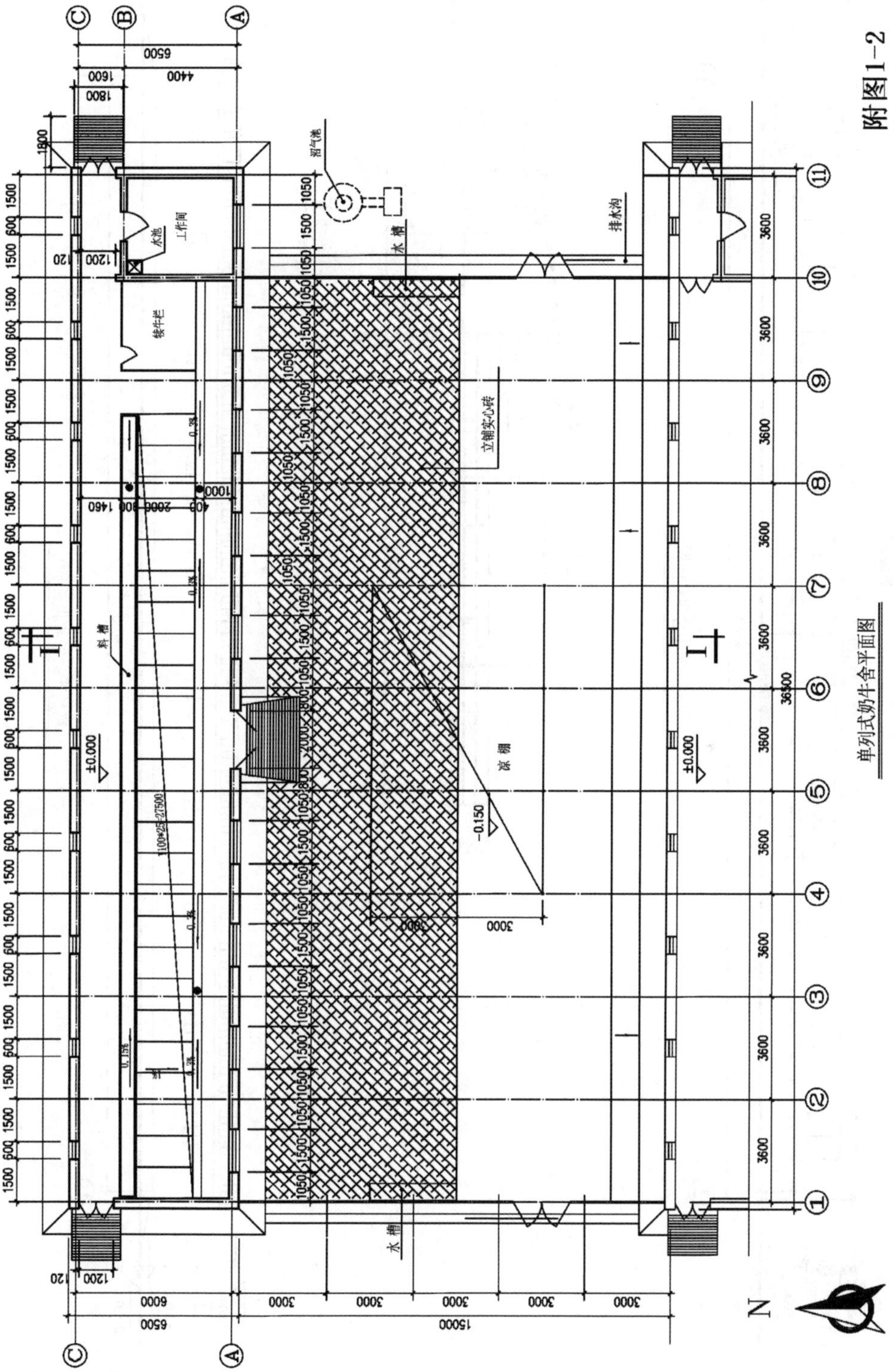

单列式奶牛舍平面图

附图1-2

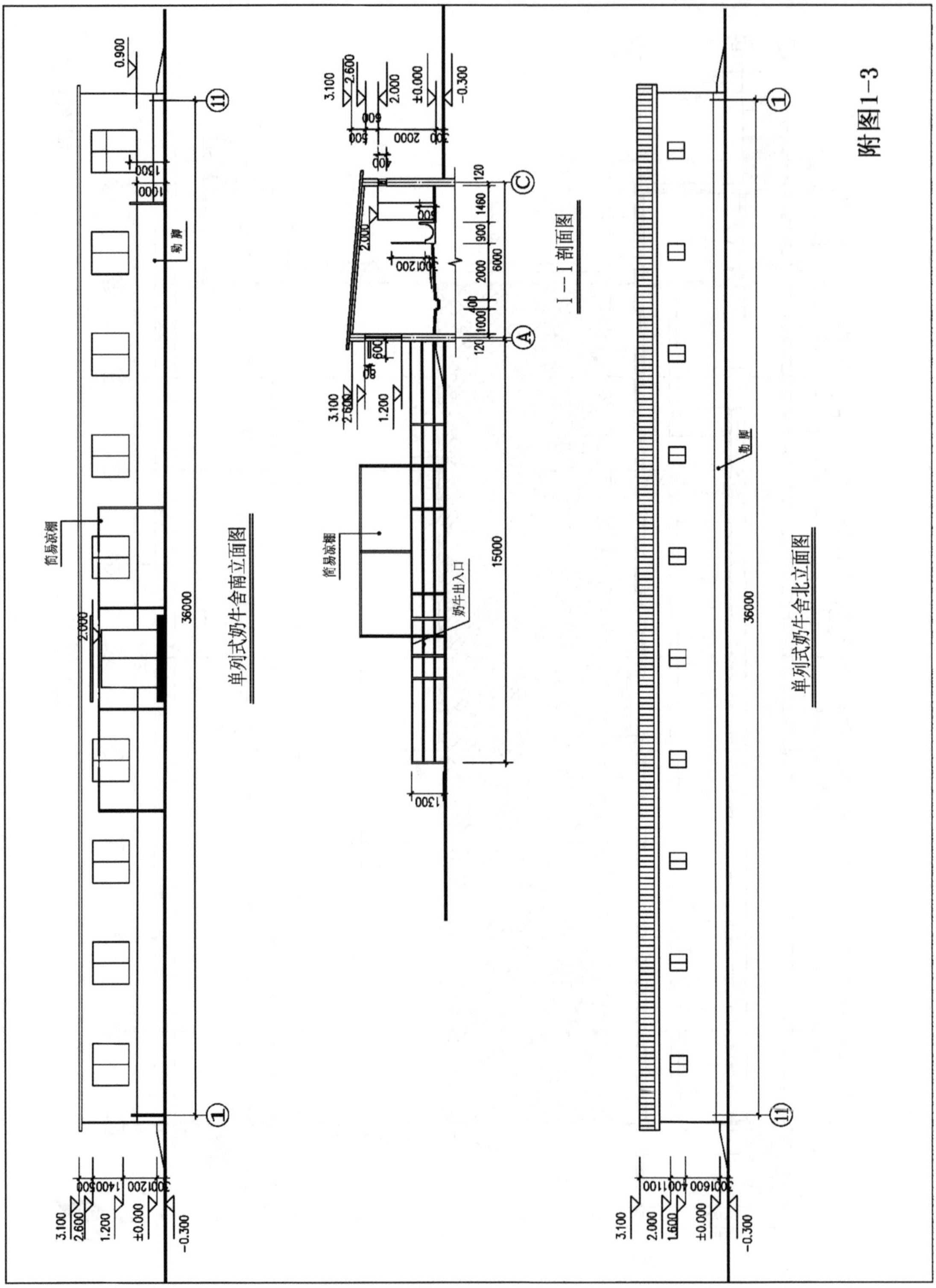
单列式奶牛舍南立面图
简易凉棚
勒脚
36000
I—I剖面图
简易凉棚
奶牛出入口
15000
单列式奶牛舍北立面图
勒脚
36000

附图1-3

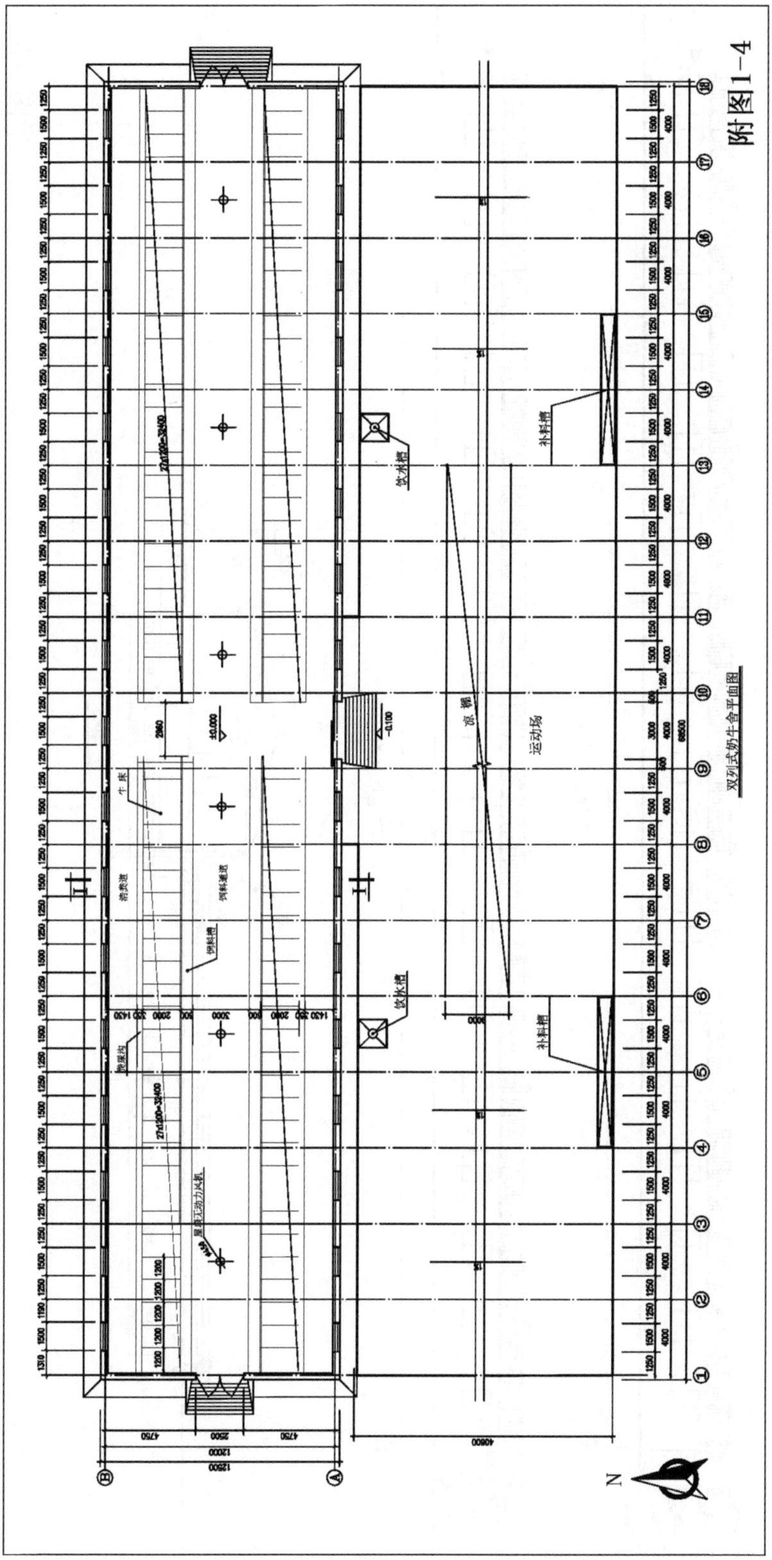

附图1-4

双列式奶牛舍平面图

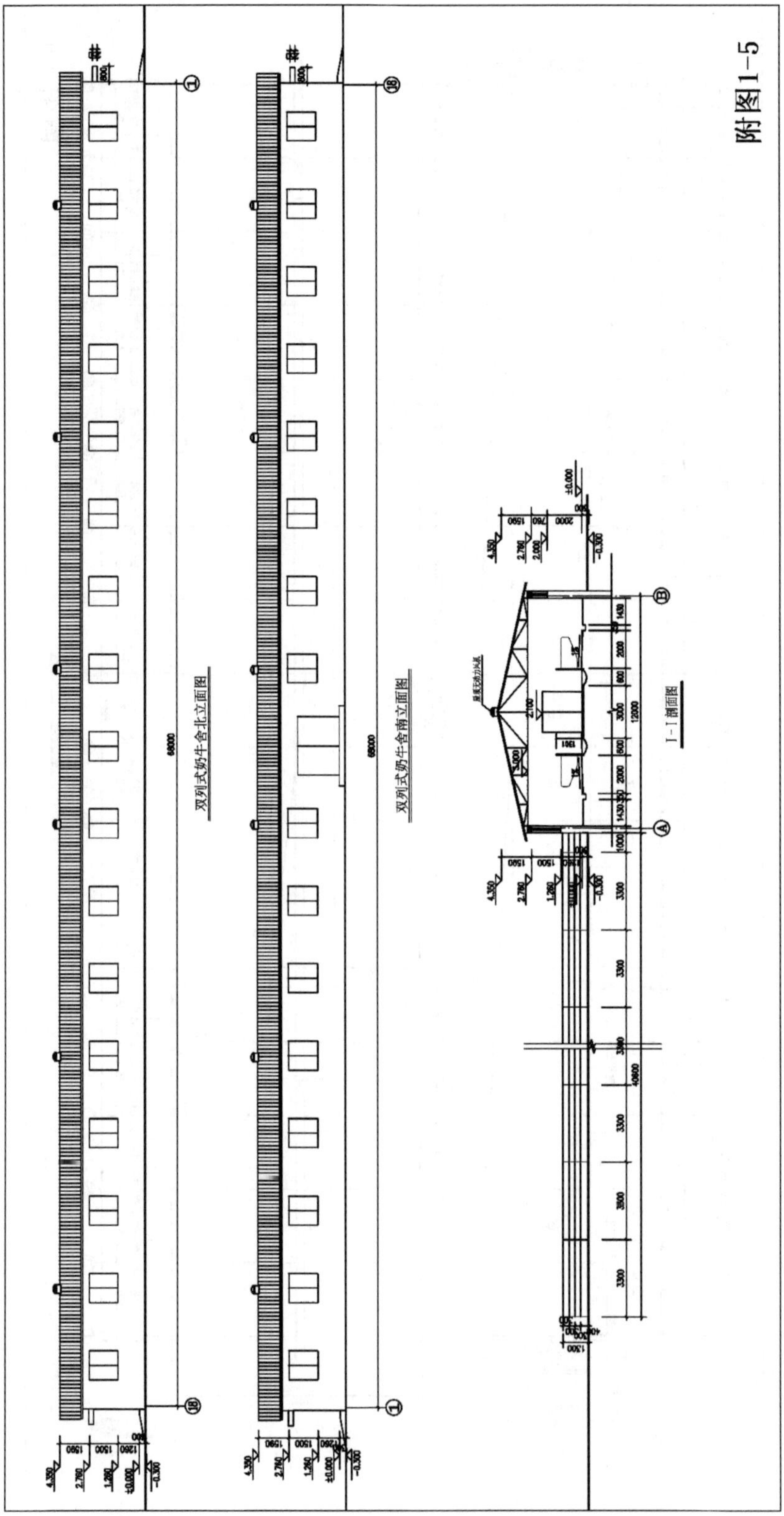

附图1-5

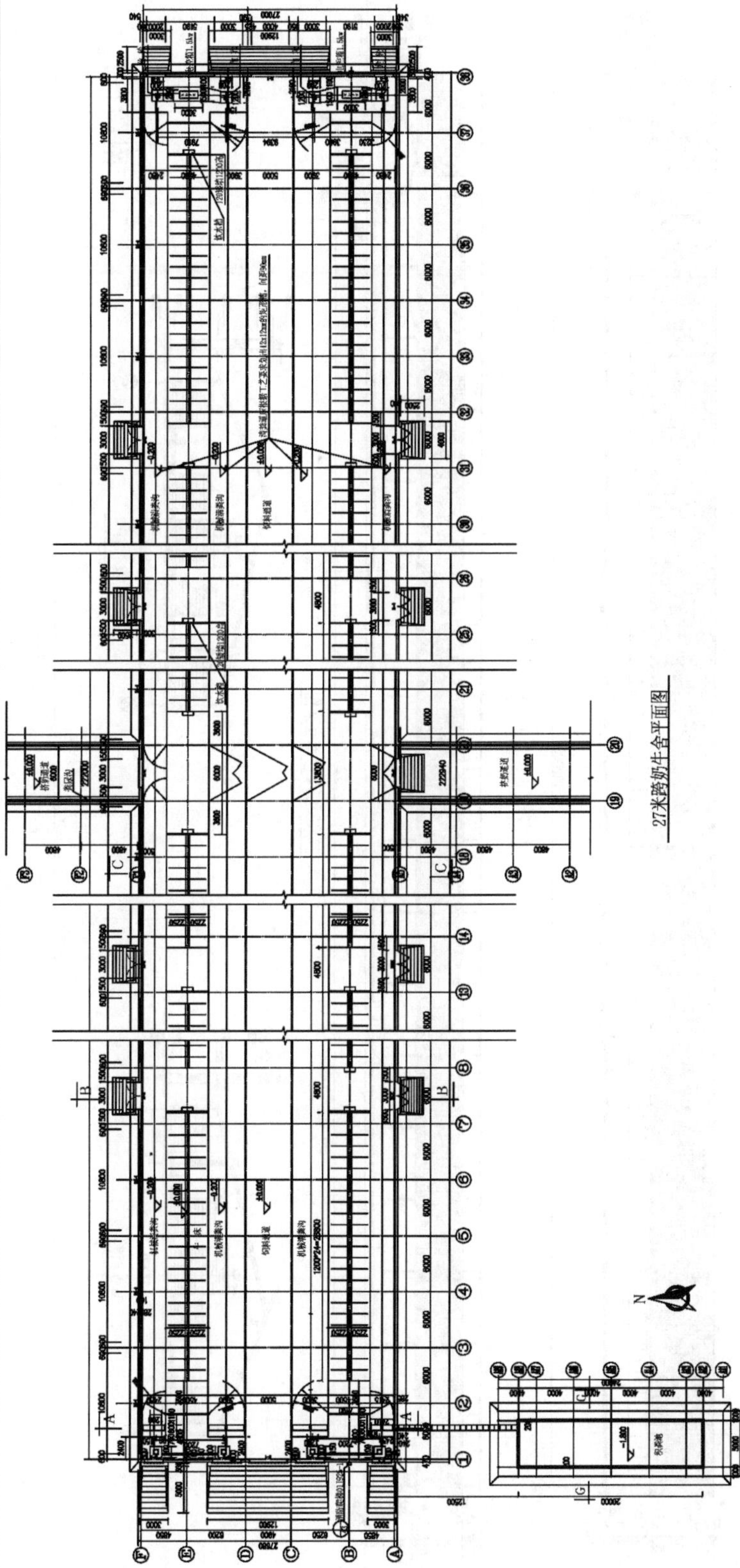

27米跨奶牛舍平面图

挤奶牛舍储粪池平面图

附图1-6

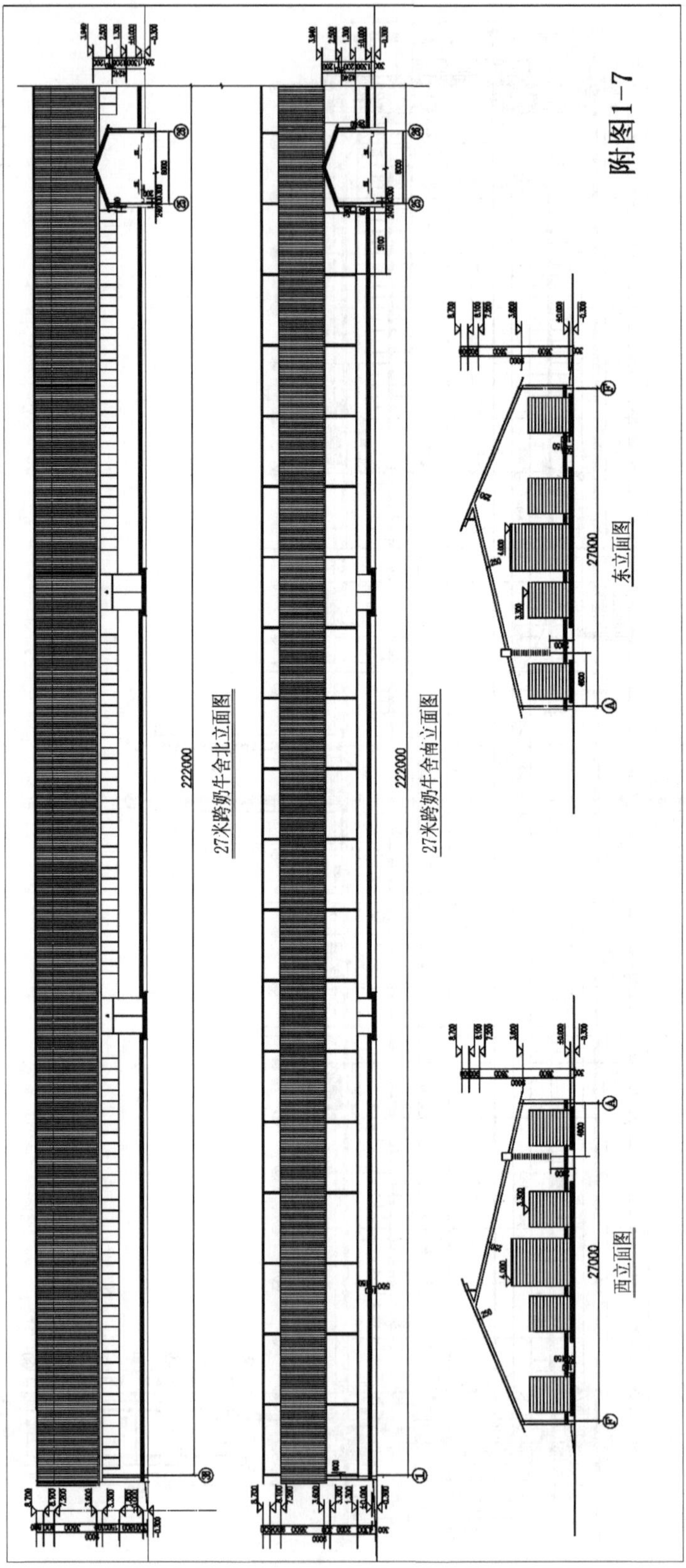
222000
27米跨奶牛舍北立面图
222000
27米跨奶牛舍南立面图
27000
东立面图
27000
西立面图

附图1-7

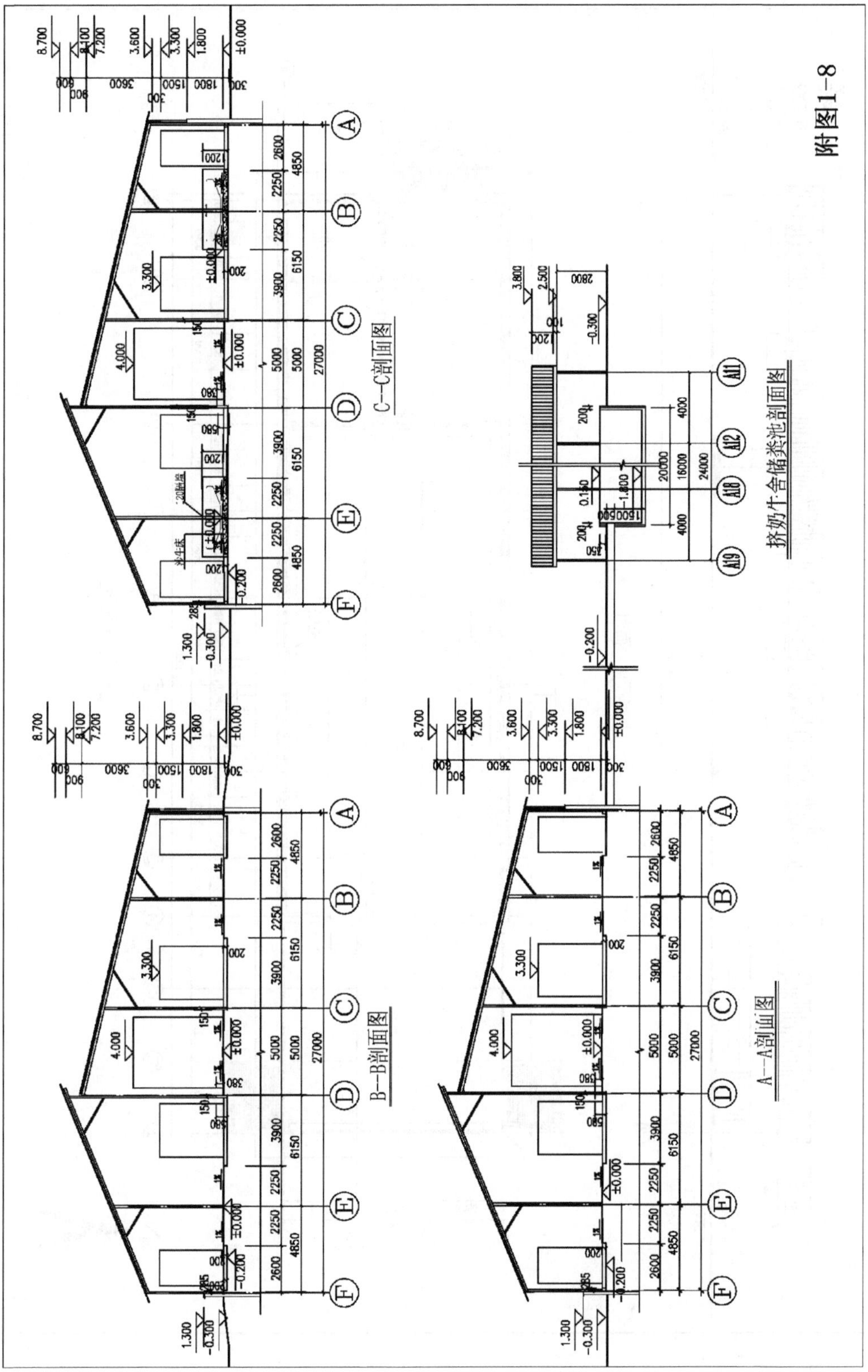

附图1-8

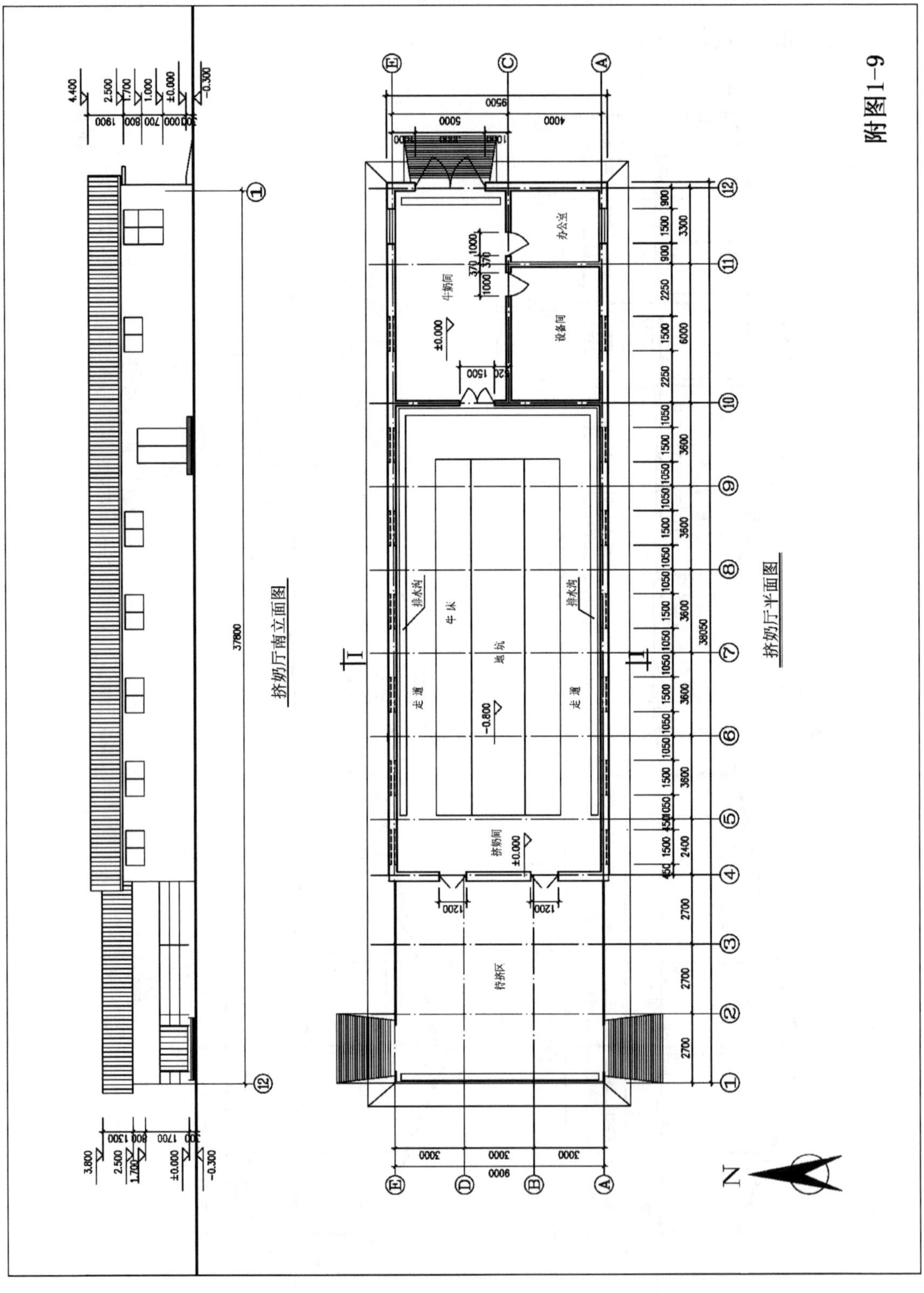
挤奶厅南立面图
挤奶厅平面图
牛奶间
设备间
办公室
挤奶间
待挤区
走道
地坑
牛床
排水沟
37800
38050
9000
9500

附图1-9

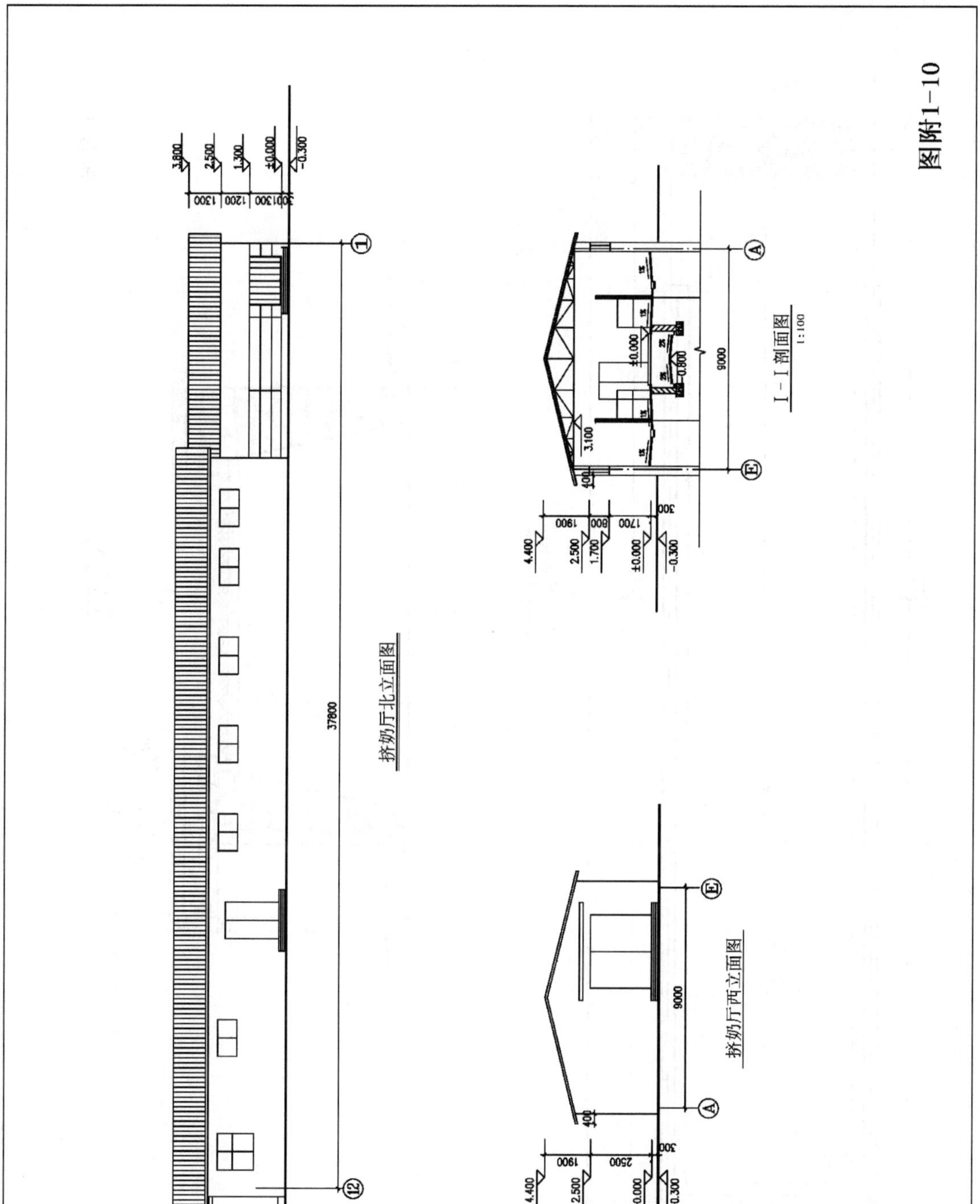

图附1-10

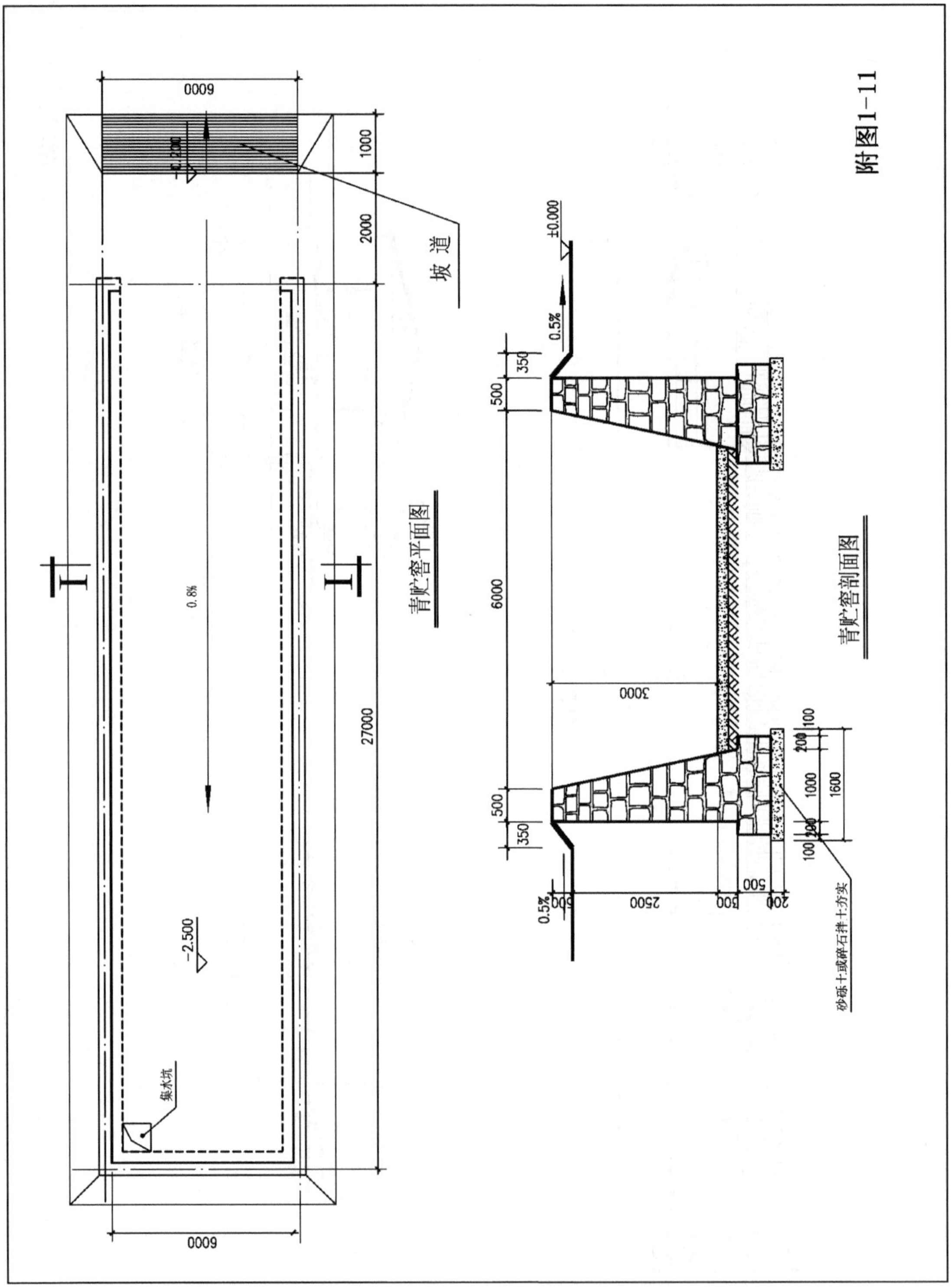
6000
1000
2000
27000
坡道
-2.500
0.8%
集水坑
青贮窖平面图
±0.000
0.5%
350
500
6000
3000
2500
青贮窖剖面图
1600
砂砾土或碎石拌土夯实

附图1-11

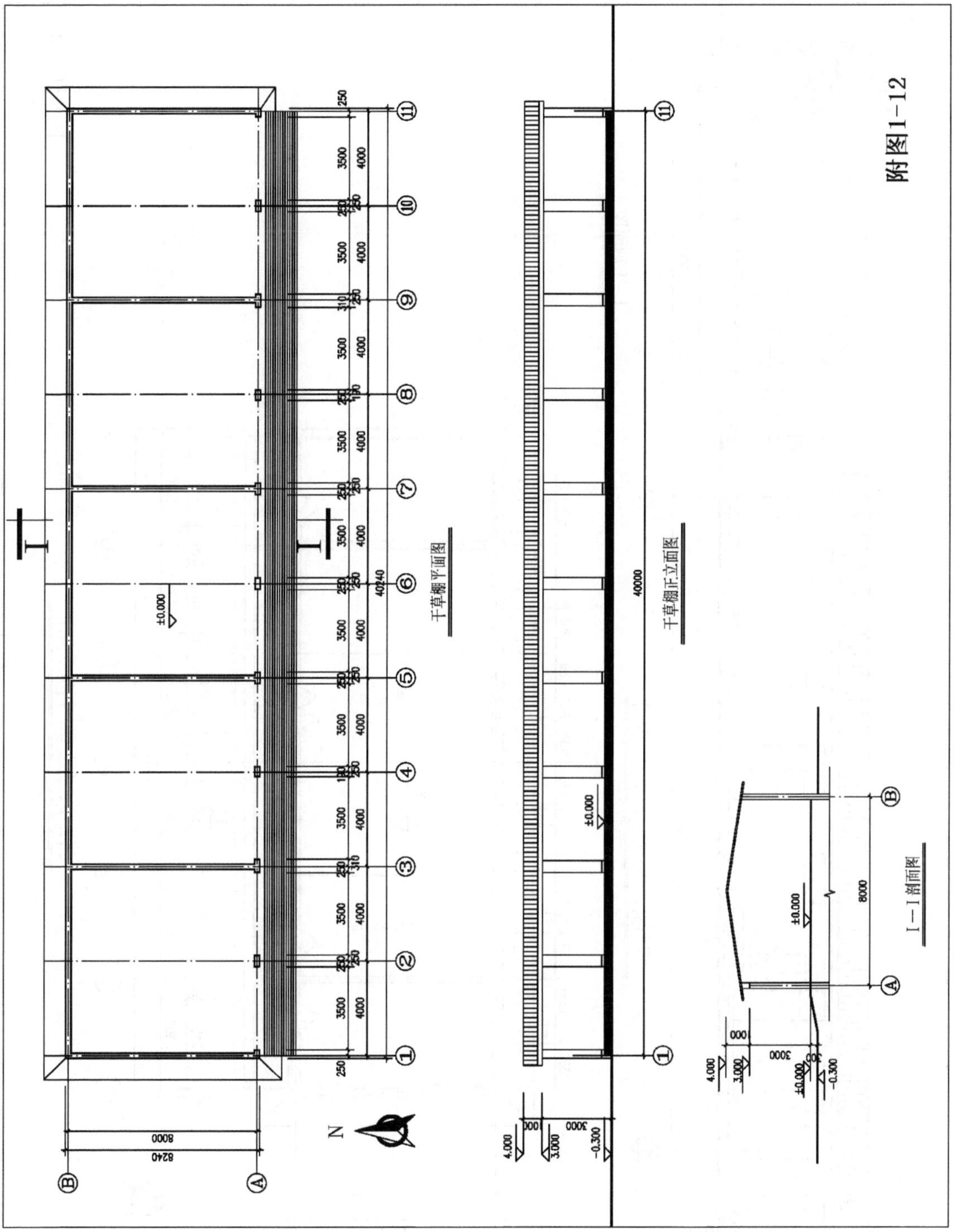
干草棚平面图
干草棚正立面图
I—I剖面图
40240
40000
8240
8000
±0.000
4.000
3.000
-0.300

附图1-12

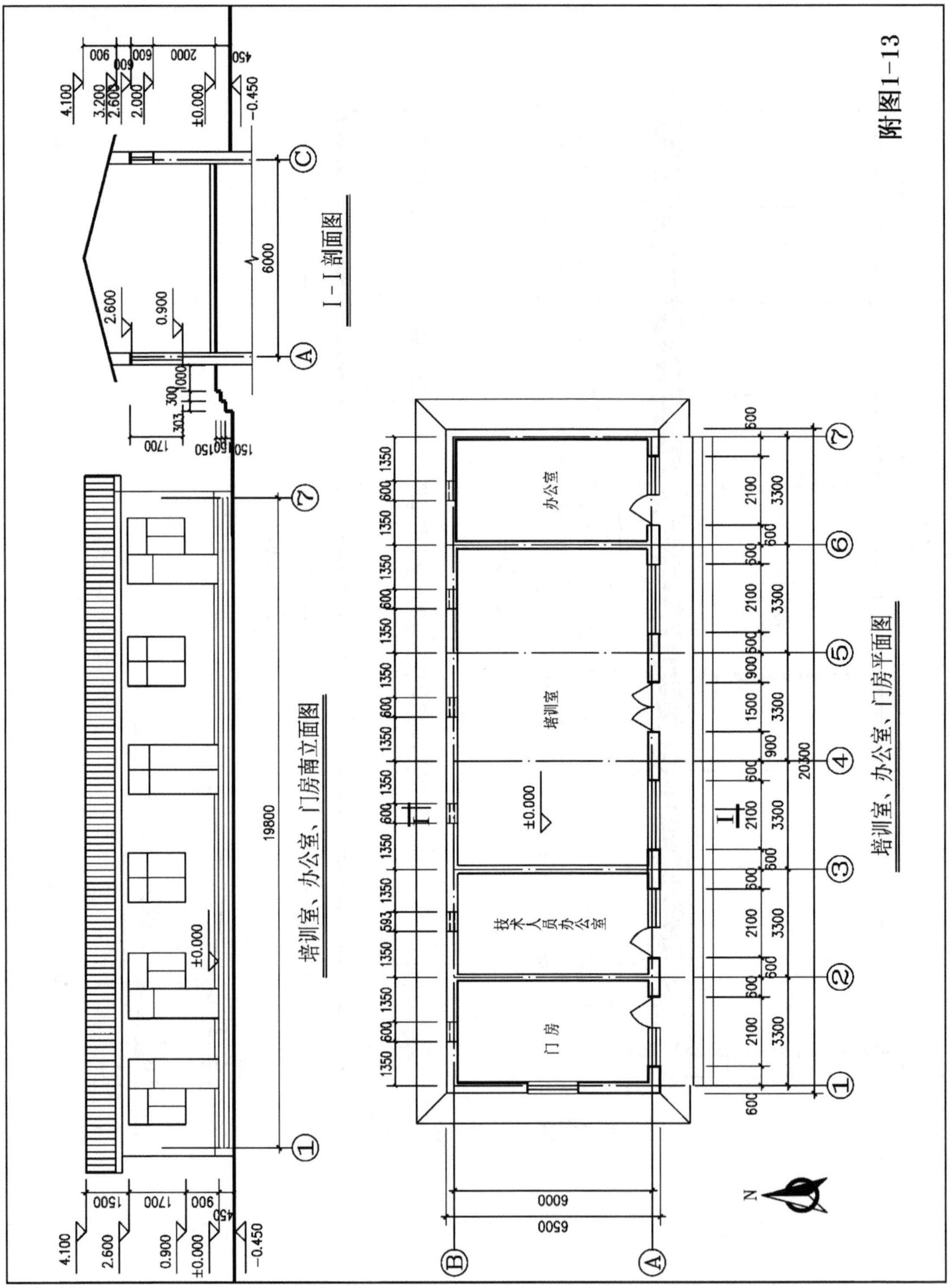
I－I 剖面图
培训室、办公室、门房南立面图
培训室、办公室、门房平面图
办公室
培训室
技术人员办公室
门房
19800
20300
6000
6500

附图1－13

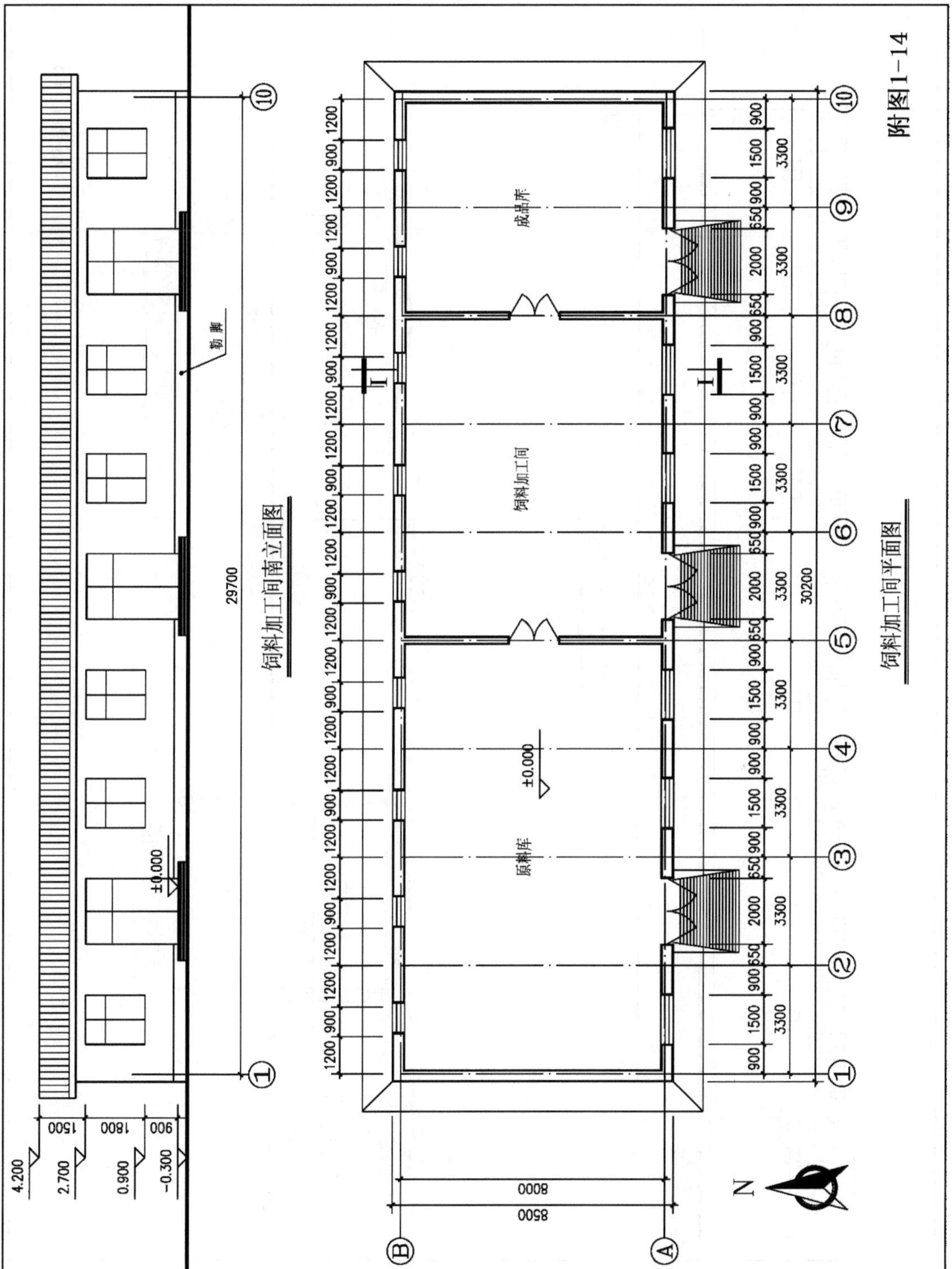
饲料加工间南立面图
勒脚
29700
4.200
2.700
0.900
-0.300
±0.000
饲料加工间平面图
成品库
饲料加工间
原料库
±0.000
30200
8000
8500
N

附图1-14

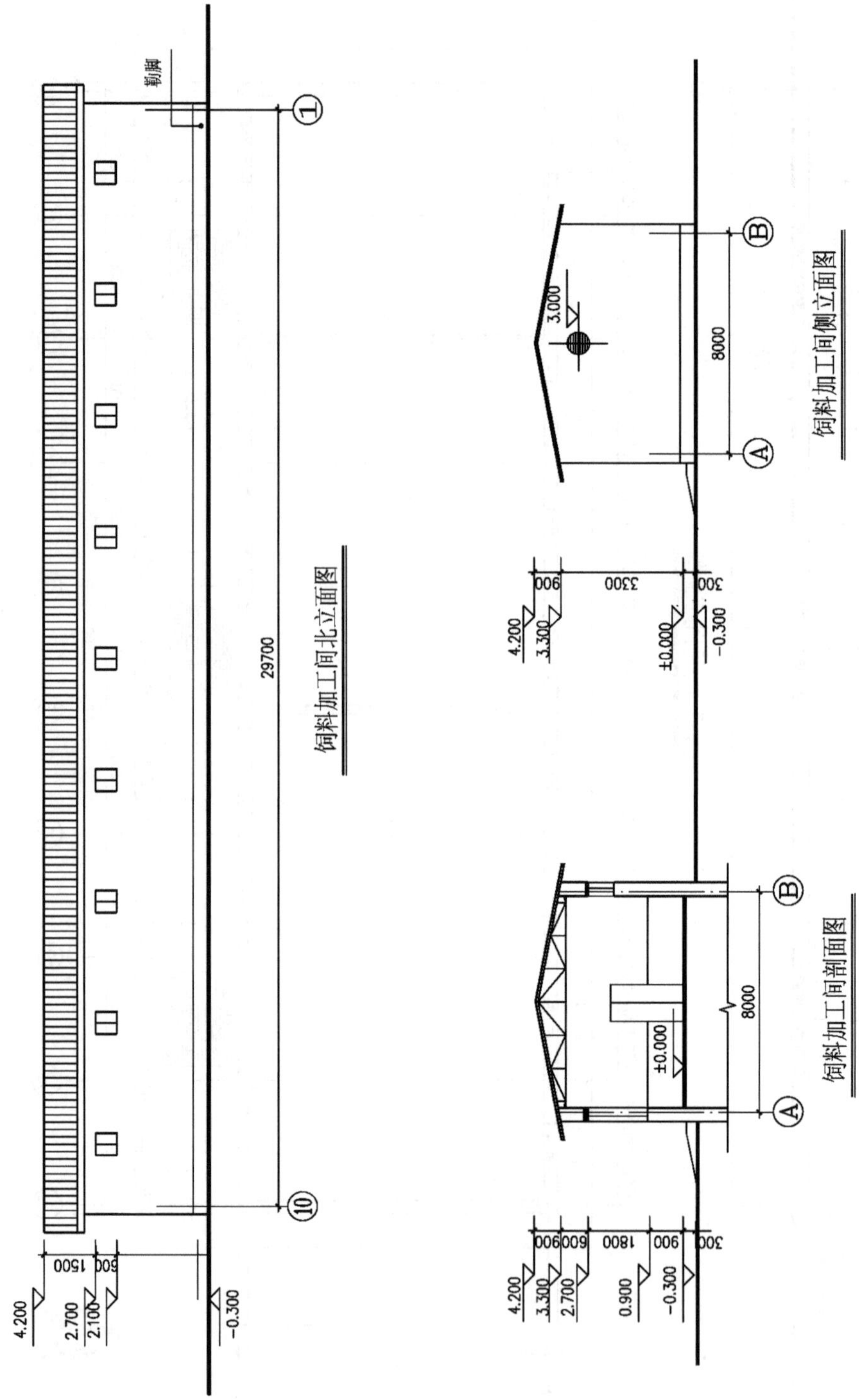
勒脚
29700
饲料加工间北立面图
4.200
2.700
2.100
-0.300
1500
600
8000
3.000
饲料加工间侧立面图
3300
900
300
3.300
±0.000
饲料加工间剖面图
0.900
1800

附图1-15

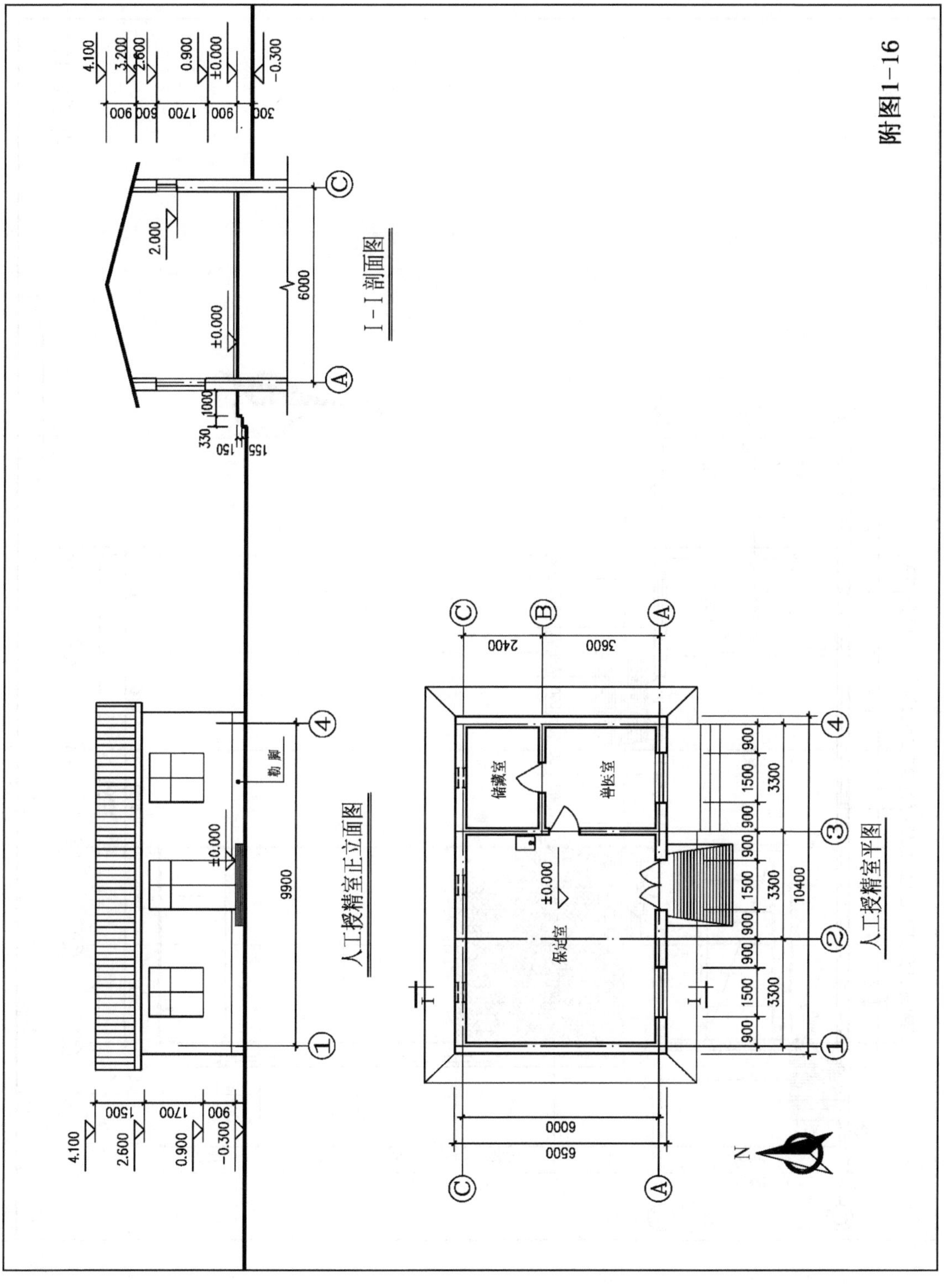
I－I剖面图
人工授精室正立面图
人工授精室平面图
储藏室
兽医室
保定室
勒脚
±0.000
4.100
3.200
2.600
2.000
0.900
−0.300
6000
9900
10400
6500
3600
2400
3300
1500
900
1700
N

附图1-16

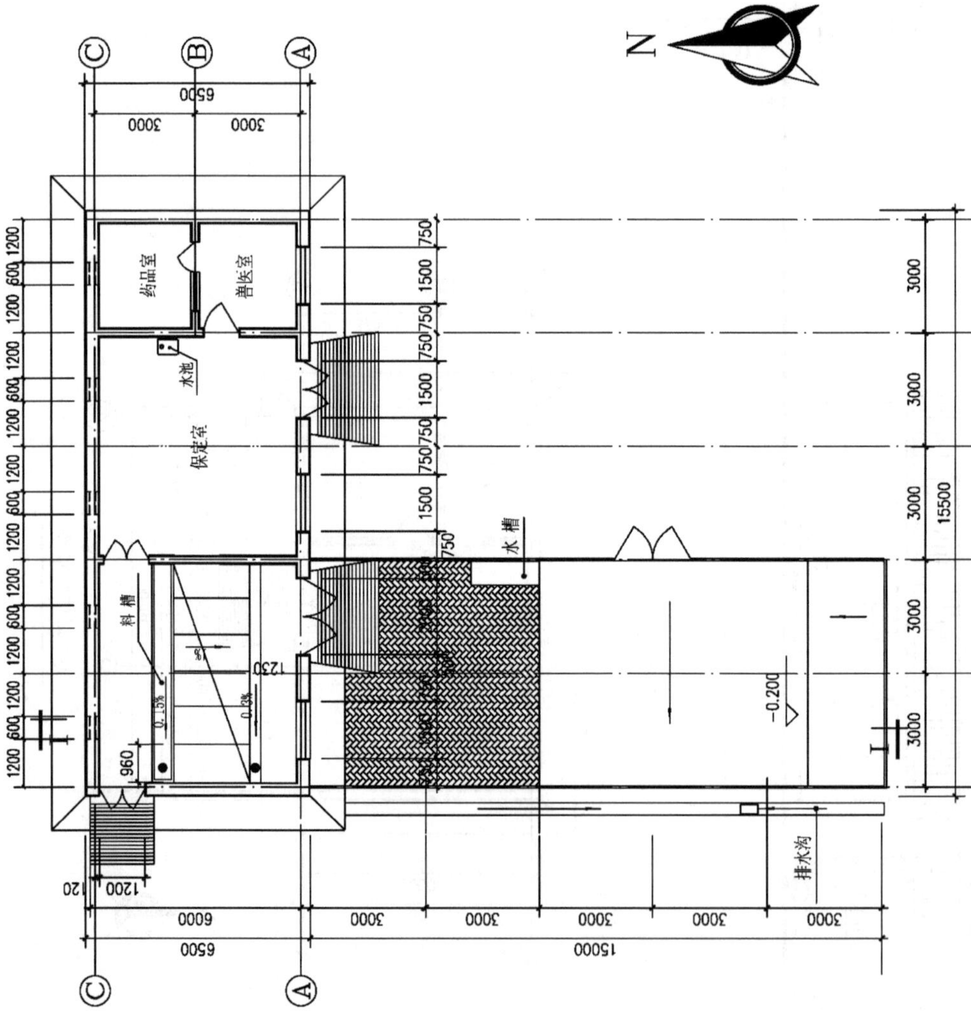

隔离牛舍平面图

附图1-17

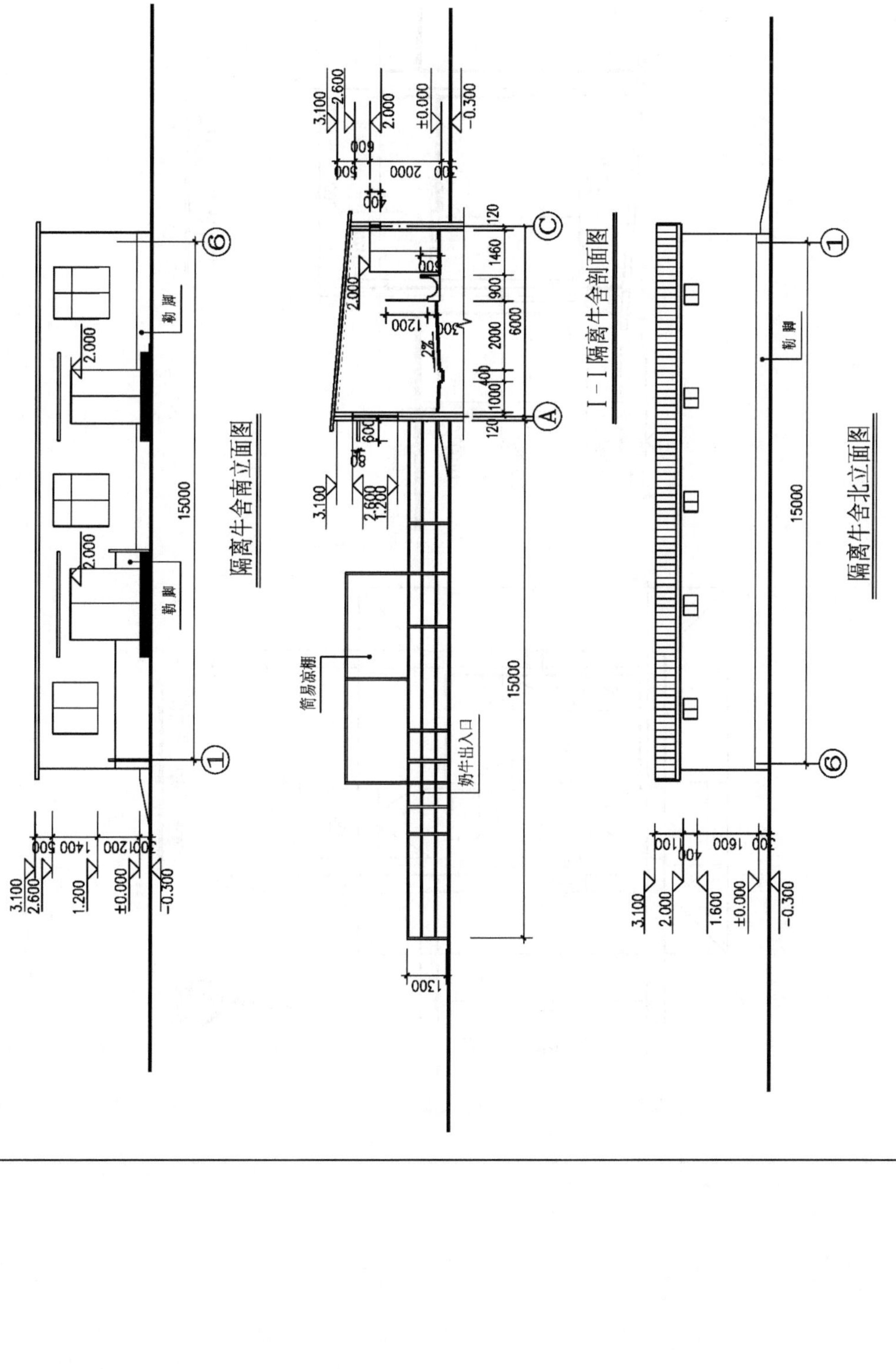

附图1-18

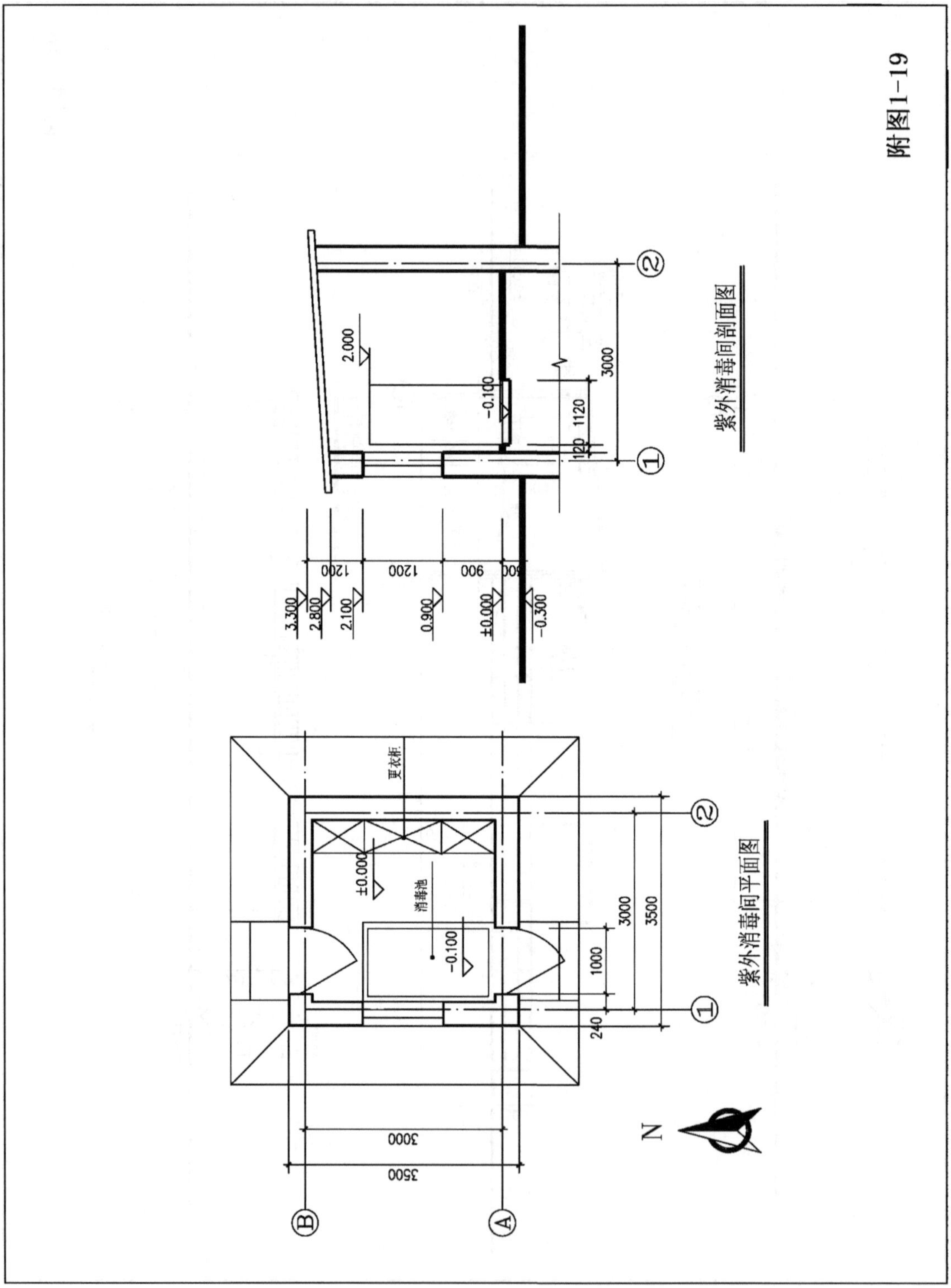
紫外消毒间剖面图
紫外消毒间平面图
更衣柜
消毒池
±0.000
-0.100
2.000
3.300
2.800
2.100
0.900
-0.300
1200
900
300
3000
3500
1000
1120
120
240
N

附图1-19

附录 2　奶牛标准化养殖小区建设管理规程

1　范围

本标准规定了山西省奶牛标准化养殖小区的术语与定义、养殖小区建设、牛群、饲草料与加工调制、饲养管理、后备牛选留与繁殖、消毒与防疫、废弃物处理、组织管理、记录与档案管理。

本标准适用于存栏成母牛 200～500 头奶牛标准化养殖小区的建设和管理，同等规模的奶牛养殖场（户）参照执行。

2　规范性引用文件

下列文件中的条款通过本标准的引用而成为本标准的条款。凡是注日期的引用文件，其随后所有的修改单（不包括勘误的内容）或修订版均不适用于本标准，然而，鼓励根据本标准达成协议的各方研究是否可使用这些文件的最新版本。凡是不注日期的引用文件，其最新版本适用于本标准。

GB 3095　环境空气质量标准
GB 4143　牛冷冻精液
GB 13078　饲料卫生标准
GB 16548　病害动物和病害动物产品生物安全处理规程
GB 16549　畜禽产地检疫规范
GB 16567　种畜禽调运检疫技术规范
GB 18596　畜禽养殖业污染物排放标准
GB 50052　供配电系统设计规范
GBJ 39　村镇建设设计防火规范
NY/T 14　高产奶牛饲养管理规范
NY/T 34　奶牛饲养标准
NY/T 388　畜禽场环境质量标准
NY/T 682　畜禽场场区设计技术规范
NY/T 1167　畜禽场环境质量与卫生控制规范
NY/T 1168　畜禽粪便无害化处理技术规范
NY 5027　无公害食品　畜禽饮用水水质
NY 5030　无公害食品　畜禽饲养兽药使用准则
NY 5047　无公害食品　奶牛饲养兽医防疫准则
NY 5048　无公害食品　奶牛饲养饲料使用准则

NY/T 5049　无公害食品　奶牛饲养管理准则
SL 310　村镇供水工程技术规范
兽药国家标准和部分品种的停药期规定　中华人民共和国农业部公告第 278 号
畜禽标识和养殖档案管理办法　中华人民共和国农业部令 2006 第 67 号
牲畜耳标技术规范　中华人民共和国农业部
奶牛标准化规模养殖生产技术规范　中华人民共和国农业部
生鲜乳收购站标准化管理技术规范　中华人民共和国农业部

3　术语和定义

下列术语和定义适用于本标准。

3.1　标准化养殖小区

指按照畜禽养殖场所与居民生活区分离的原则，由地方人民政府或村民委员会规划，以统一建设、统一管理、统一防疫、分户饲养为主要模式，布局合理、设施完善、功能齐全、高效安全的集中从事畜禽养殖活动的区域。

3.2　哺乳期犊牛

初生到 100 日龄之间的犊牛

3.3　断奶后犊牛

101 日龄到 6 月龄之间的小牛。

3.4　育成牛

7 月龄到 18 月龄的小母牛。

3.5　青年牛

19 月龄到第一胎分娩前的小母牛。

3.6　成母牛

第一胎分娩之后的母牛。

3.7　干奶期

青年母牛在分娩前的一段时期；成年母牛产前人工停止泌乳的时期。平均为 60d 左右。

3.8　泌乳期

母牛产后开始泌乳，持续到妊娠后期、人工干乳前的时期。平均为 305d 左右。

3.9　围产期

母牛分娩前后各 15d 以内的时期。

3.10　全混合日粮

根据奶牛不同生长发育和泌乳阶段的营养需要，将粗饲料、精饲料及辅助饲料等按合理的比例及要求，利用专用饲料搅拌机械进行切割、搅拌，使之成为混合均匀、营养平衡的日粮。

3.11　青贮饲料

通过青贮技术处理的饲草料，如青贮玉米、青贮牧草、青贮农作物秸秆等。

4　养殖小区建设

4.1　选址

养殖小区应位于法律法规明确规定的禁养区以外，地势高燥、通风良好、交通便利、水电供应稳定、隔离条件良好的地域。

4.1.1　养殖小区应距离城镇居民点、学校、医院长年主导风向的下风向或侧风向1 000m以外；距离干线公路、铁路1 000m以上；周围3 000m以内无大型化工厂、矿区、皮革厂、屠宰厂、肉品加工厂和其他畜牧场。

4.1.2　建设用地应水源充足，水质应符合 NY 5027。

4.1.3　地域大气环境质量应符合 GB 3095。

4.1.4　禁止在旅游区、自然保护区、水源保护区、环境公害和畜禽疾病污染严重的地区建设养殖小区。

4.1.5　占地面积

存栏成年母牛 200 头以上的奶牛标准化养殖小区占地面积不少于 20 000m^2（30 亩）。

4.2　总平面布局

4.2.1　布局原则

以布局紧凑、节约用地、科学实用、便于管理、利于防疫和安全生产为原则。养殖小区内防火执行 GBJ 39。

4.2.2　养殖小区功能区划分为生活管理区、辅助生产区、生产区和隔离区。

4.2.2.1　生活管理区

包括门卫值班室、办公室、技术培训室、兽医室、业务洽谈室等，位于养殖小区的上风向区域。

4.2.2.2　辅助生产区

包括草料库、饲料加工间、青贮窖、配电室和水泵房等，位于生产管理区的下风向或侧风向。

4.2.2.3　生产区

包括各类牛舍、运动场、挤奶厅、人工授精室等，位于生活管理区与辅助生产区的下风向。圈舍间距不少于 20m，牛舍长轴平行，排列整齐。入口处设消毒更衣室和车辆消毒池。

4.2.2.4　隔离区

包括病牛隔离治疗舍、粪便处理场及沼气设施等，位于生产区下风向，与生产区保持50m 以上的防疫距离或建于养殖小区外下风向区域。

4.3　建设

4.3.1　配套工程

4.3.1.1　养殖小区给排水管线工程参照 SL 310 设计。

4.3.1.2　采取专线供电，执行 GB 50052，并自备发电机组。

4.3.1.3　消毒池设在大门口及生产区出入口，消毒液应使用2%烧碱，每 3 ~ 7d 更换一次。人行通道设在消毒间内，在消毒间安装紫外线灯或喷雾消毒设施，并设计洗手池和更衣柜。

4.3.2 牛舍建筑

4.3.2.1 方位与平面布置

牛舍采用坐北朝南，东西走向为主，双列式或单列式布置，建设应符合 NY/T 682。

4.3.2.2 牛舍环境

应具备良好的保温隔热、通风、排湿以及采光性能，参照 NY/T 388 执行。

牛舍采用自然通风为主，辅助机械通风。

4.3.2.3 建设面积

使用面积成母牛每头 8～10m^2，育成牛、青年牛每头 6～8m^2，犊牛每头2.5～3.0m^2。

4.3.2.4 牛舍地面

舍内地面高出舍外 20～30cm，出入口采取坡道连接，不设台阶和门槛。舍内饲料通道净宽大于 1.5m，并满足饲料车的通行要求。

4.3.2.5 牛床

牛床应保温防滑、坚固耐用，朝粪尿沟方向倾斜，坡度 1.5%。

头均牛床面积：泌乳牛（1.65～1.85）m×（1.10～1.20）m，围产牛（1.80～2.00）m×（1.20～1.25）m，青年牛（1.50～1.60）m×1.10m，育成牛（1.60～1.70）m×1.00m，犊牛 1.20m×0.90m。

4.3.2.6 牛栏

采用金属颈枷式限位牛栏。

4.3.2.7 饲槽

饲槽应坚实、光滑、不漏水，底部为圆弧形，无死角。长度与牛床宽度一致。饲槽底部高于牛床 10～15cm，槽内宽度 40～50cm。内沿高度 30～40cm（以牛床平面计），外沿高度与舍内饲喂走道面等高（以牛床平面计 40～50cm）。

4.3.2.8 粪尿沟

应位于牛床与清粪走道之间，宽 40cm 左右，深 10～20cm，向排水降口倾斜，坡度 1.5%～2%。降口处设下水篦栏。

4.3.2.9 窗户

窗户面积与舍内地面面积之比，成年母牛舍为 1：12，育成牛舍为 1：10～14。窗户宽 1.5～3.0m、高 1.2～1.5m，窗台高 1.2～1.5m。

4.3.2.10 门

牛舍沿墙开门供牛进出。门宽 1.8～2.0m，高 2.0～2.2m；山墙开门供草料运入，与喂饲通道同宽，高 2.2m 以上，应满足喂饲机械进出。

4.3.3 运动场

头均面积：成年母牛 25～30m^2、青年牛 20～25m^2、育成牛 15～20m^2、犊牛 8～10m^2。周边设围栏，围栏外设排水沟，向远牛舍侧呈 2% 的坡度。

4.3.4 饮水槽

运动场边设饮水槽，每头牛占位 20cm，槽深 60cm，水深不超过 40cm。应用自动恒温饮水器，则每 30 头牛安装一台 2 位式饮水器。

4.3.5 凉棚

运动场中央搭建凉棚，头均面积成年牛 4～5m^2、青年牛与育成牛 3～4m^2。

4.3.6　草料库

饲草棚应满足3~6个月生产需要，饲料原料库要满足1~2个月生产需要。

4.3.7　青贮窖

建于排水良好、地下水位低的地方。青贮窖墙体应参考挡土墙设计，注意墙体的防侧滑移和倾覆。头均有效容积10m³。

4.3.8　饲料加工间

应配备国家定型的饲料加工机组，也可直接外购商品饲料进行饲喂。

4.3.9　挤奶站（间）

应建于养殖小区的上风向或中部侧向，位于奶牛舍和场外道路之间，设专用的奶牛通道。包括待挤区、奶牛通道、储奶间、设备室、办公室等，根据挤奶牛数量选择挤奶机械和布置方式，并配备热水系统。

5　牛群

5.1　饲养模式

实行以自繁自养为主的生产方式。

5.2　牛群引入

饲养品种以荷斯坦奶牛为主。严禁从疫区引种，奶牛调运、检疫、隔离要执行GB 16549和GB 16567。

5.3　牛群结构

成母牛60%、青年牛14%、育成牛16%、犊牛10%。

6　饲草料及加工调制

6.1　原料选用与贮存

饲料原料的使用执行NY 5048，卫生标准执行GB 13078。

6.2　饲草料加工

6.2.1　青干草制作

禾本科牧草应于抽穗期刈割，豆科牧草应于现蕾、初花期刈割，及时晾晒贮存。

6.2.2　青贮饲料制作

6.2.2.1　地点选择

应选择地势高燥、排水良好、取用方便、周围无污染物的地方。

6.2.2.2　青贮设施

常用青贮窖、青贮池等设施，青贮窖、青贮池要坚固耐用，不透气，不漏水，窖、池内转角一律做成弧形，底部坡度1%，靠取料口一侧设计积水井。

6.2.2.3　青贮原料

常用青贮原料为无杂质和泥土的带穗玉米、优质禾本科牧草及农作物秸秆等，其含水量应在60%~70%。

6.2.2.4　操作要点

把青贮原料切碎为2~4cm的小段，随切分层压实（层厚30~50cm）填入青贮窖、池内，待所填原料高出窖壁50cm时，整理呈鱼脊背式用塑料膜盖严密封，再用土覆盖

50cm 压实。

6.2.2.5 管护

定期检查，发现裂缝或塌陷及时加土填实。

6.2.2.6 青贮时间

35～45d 即可开窖饲喂。

6.2.3 秸秆类饲料加工调制

6.2.3.1 物理处理

切短、粉碎、揉搓、压块、制粒等。

6.2.3.2 化学处理

石灰液处理、氢氧化钠液处理、氨化处理等。

6.3 日粮配制

根据不同生长发育和泌乳阶段奶牛的营养需求，配制不同日粮，营养水平执行 NY/T 34。日粮以粗饲料为主，精饲料最大喂量不应超过日粮干物质总量的 60%。

7 饲养管理

7.1 日常管理

奶牛日常管理执行 NY/T 14 及 NY/T 5049 和农业部《奶牛标准化规模养殖生产技术规范》。

7.2 犊牛饲养管理

7.2.1 哺乳期犊牛

7.2.1.1 饲养

新生犊牛出生后 2h 内喂食初乳，持续饲喂初乳 3d 以上；1 周以后开始补饲。

提供充足、新鲜、清洁卫生的饮水，1 周内饮用 36～37℃温水，1 周后饮常温水；冬季饮温水，水温不低于 20℃。

7.2.1.2 管理

犊牛出生后，立即清除口鼻处的黏膜、黏液，尽快使小牛呼吸，然后用 2% 碘酒消毒断脐；清除身体黏液，进行犊牛登记。

犊牛饲喂做到定质、定时、定量、定温、定人，每次喂完奶后擦干嘴部。

哺乳期一牛一栏单独饲养。犊牛的生活环境保持清洁、干燥、宽敞、阳光充足、冬暖夏凉，应勤打扫、勤换垫草、勤观察、勤消毒。犊牛舍每周消毒一次，运动场每 15d 消毒一次。

犊牛生长发育良好，并能连续 3d 摄入其体重 0.7% 日粮干物质时进行断奶。

20～30 日龄去角。

7.2.2 断奶后犊牛

7.2.2.1 饲养

日粮由优质干草和精饲料组成。4 月龄前禁止饲喂青贮等发酵饲料。

7.2.2.2 管理

按月龄、体重分群散放饲养，自由采食。6 月龄体重达 170kg，提供充足、新鲜、清洁卫生的饮水，冬季饮温水。保持犊牛圈舍清洁卫生、干燥，定期消毒。

6 月龄前去除副乳头。

7.3　育成牛

7.3.1　饲养

日粮以粗饲料为主。16 月龄前每头每天饲喂混合精料 2.0 ~ 2.5kg，日粮蛋白 13% ~ 14%，选用中等质量的干草，干物质采食量每头每天应由 4kg 逐步达到 8kg，日增重控制为 0.77 ~ 0.82kg。16 ~ 18 月龄混合精料每头每天饲喂 2.5kg，日粮蛋白 12%，日粮干物质采食量每头每天控制在 7 ~ 8kg。

7.3.2　管理

采取散放饲养、分群管理。提供充足、新鲜、清洁卫生的饮水。定期监测体尺、体重指标，15 月龄体重 360kg，观察发情，适期配种，并做好发情、配种记录。

7.4　青年牛

7.4.1　饲养

19 月龄至预产前 60d 的混合精料饲喂量，每头每天 2.5 ~ 3.0kg，日粮粗蛋白 12% ~ 13%。

预产前 60d 至预产前 21d 的日粮干物质采食量，每头每天 8 ~ 9kg，以中等质量的粗饲料为主，日粮粗蛋白 14%，混合精料每头每天 3kg。

预产前 21d 至分娩前采用干奶后期饲养方式，日粮干物质采食量，每头每天 8 ~ 9kg，日粮粗蛋白 14.5%，混合精料每头每天 4.5kg。

7.4.2　管理

做好发情鉴定、配种、妊娠检查等工作。根据体况和胎儿发育阶段，合理控制精料饲喂量，保持中上等体况，防止过肥或过瘦，头胎体重 500 ~ 530kg。观察乳腺发育，保持圈舍、产房干燥、清洁，严格消毒。观察临产症状，适时接产、助产。

7.5　成年母牛

7.5.1　干奶前期

7.5.1.1　饲养

日粮以中等质量粗饲料为主，日粮干物质采食量占体重的 2.0% ~ 2.5%，粗蛋白 12% ~ 13%，精粗比以 30 : 70 为宜。混合精料每头每天 2.5 ~ 3.0kg。

7.5.1.2　管理

停奶前 10d，进行妊娠检查和隐性乳房炎检测，确定怀孕和乳房正常后方可进行停奶。采用快速停奶法，最后一次将奶挤净，用消毒液将乳头消毒后，注入专用干奶药，转入干奶牛群，并注意观察乳房变化。

7.5.2　干奶后期

7.5.2.1　饲养

日粮以优质干草为主，日粮干物质采食量占体重的 2.5% ~ 3.0%，粗蛋白 13%，适当降低日粮中钙的水平，增加阴离子盐含量，不补喂食盐。

7.5.2.2　管理

随时观察牛只状况，做好产前准备工作。产房产床保持清洁、干燥，每天消毒，产前7d开始药浴乳头，每天2次，不能试挤。

生产母牛休药期执行NY 5030和农业部《兽药国家标准和部分品种的停药期规定》。

7.5.3　泌乳初期

7.5.3.1　饲养

分娩后应立即供给麸皮钙盐汤，配方为麸皮500g、食盐50g、碳酸钙50g，混合后，加入10～20kg热水中，凉至30～35℃后供产牛饮用。

产后一周内，供给产牛充足的温热饮水，水温控制在30～35℃，一周后降至常温。

产后第二天开始每头每天增加0.5kg精饲料，至产后7～8d达到奶牛给料标准，自由采食干草。每千克日粮干物质含钙0.6%，磷0.3%，日粮精粗比40：60。

7.5.3.2　管理

产后0.5～1.0h内开始挤奶，挤出少量初乳，哺食犊牛。高产奶牛产后第一天挤奶量应为乳房贮奶量的1/4，或满足犊牛哺食即可，第二天挤奶量应为乳房贮奶量的1/3，第三天为2/3，第四天到第五天全部挤出。

搞好产后监控，乳房护理等工作。

7.5.4　泌乳盛期

7.5.4.1　饲养

日粮干物质采食量从占体重的2.5%～3.0%逐渐增加到3.5%以上，粗蛋白16%～18%，钙0.7%，磷0.45%。精粗比由40：60逐渐过渡到60：40。

饲喂优质干草，对体重降低严重的牛适当补充脂肪类饲料，并补充维生素A、维生素B、维生素E和微量元素，饲喂小苏打等缓冲剂以保证瘤胃内环境平衡。

7.5.4.2　管理

适当延长饲喂时间，观察和鉴定发情，及时配种受孕。加强观察做好记录。

7.5.5　泌乳中期

7.5.5.1　饲养

日粮干物质采食量占体重3.0%～3.5%，粗蛋白13%，钙0.6%，磷0.35%，精粗比40：60。

7.5.5.2　管理

按照泌乳量及时调整日粮，控制奶牛体况。对人工授精后不返情的牛采用直肠检查或B超进行妊娠鉴定。对产后未发情或配种未孕牛，进行对症治疗。

保持奶牛每天4～5h的舍外自由运动；每天刷拭奶牛体表1～2次；每年药浴、修蹄1～2次。

7.5.6　泌乳后期

7.5.6.1　饲养

日粮干物质应占体重的3.0%～3.2%，粗蛋白12%，钙0.6%，磷0.35%，精粗比30：70。

7.5.6.2　管理

刷拭牛体、增加舍外活动时间，避免急追猛赶，预防奶牛流产，做好停奶准备工作，适时干奶。

8　后备牛选留与繁殖

8.1　后备母牛选留

8.1.1　系谱选留

按系谱选择后备母牛，选留其父亲、母亲及外祖父生产性能高的后代牛。

8.1.2　表型选留

根据后备牛培育标准对 6 月、12 月、18 月龄的后备牛进行外貌鉴定，选留符合标准的个体。

8.2　发情鉴定

采用观察法，每天不少于 3 次，主要观察牛只性欲、爬跨其他牛、黏液量、黏液性状，并进行直肠检查。

8.3　人工授精

8.3.1　输精时间

发情后 12～24h 内配种，早上发现牛发情，下午输精；下午发现发情，次日早晨输精。最佳时间是奶牛出现静立反应时。

8.3.2　输精方法

采用直肠把握法输精，配种时对卵巢检查，适时输精。输精前进行精液品质检查，精液品质应符合 GB 4143。

8.4　妊娠诊断

8.4.1　次数与时间

母牛输精后进行两次妊娠诊断，分别为配种后 2～3 个月和停奶前。

8.4.2　诊断方法

妊娠诊断采用直肠检查法、超声波诊断法等。

8.5　分娩与护理

8.5.1　接产与助产

分娩母牛出现临产征兆后，及时进行后躯消毒，备好接产与助产器械。需要助产时，由专业技术人员按产科要求操作。

8.5.2　产后监护

产后 6h 内，观察母牛产道有无损伤，发现损伤应及时处理。产后 12h 内观察母牛努责情况，对努责强烈的母牛，检查子宫内是否还有胎儿或有无子宫脱落征兆，并及时处理。产后 24h 内，观察胎衣排出情况。若排出不全，及时处理。产后 3d 内观察产道和外阴部有无感染，并及时治疗。产后 7d 内，监视恶露排出情况，发现恶露不正常或有隐性炎症表现，应立即治疗。

9　挤奶站（间）管理

执行农业部《生鲜乳收购站标准化管理技术规范》。

10 消毒与防疫

10.1 消毒

创建良好的生产环境条件，搞好卫生控制，参照 NY/T 1167。

10.2 防疫

养殖小区的防疫参照 NY 5047。

11 废弃物处理

11.1 病害物处理

病害物处理执行 GB 16548。

11.2 粪便处理与排放

粪便无害化处理采用 NY/T 1168，污染物排放执行 GB 18596。

12 组织管理

12.1 组织形式

建立具有法人资质的组织机构，对养殖小区进行统一管理。

12.2 管理模式

实行统分结合的管理运行模式。统一建设、统一品种、统一防疫、统一服务、统一无害化处理、集中挤奶、统一销售，分户饲养。

12.3 人员管理

12.3.1 从业人员

配备与生产规模相适应的畜牧、兽医技术人员。

从业人员应身体健康，并定期进行健康检查，传染病患者不得从事奶牛生产。

12.3.2 技术培训

根据生产需要制定培训计划，定期聘请畜牧兽医专家对入区养殖户进行技术培训。

12.4 制度建设

建立完善的规章制度，包括生产管理制度、物品管理制度、出入场管理制度、兽药和疫苗购进使用管理制度、饲料加工使用管理制度、各项技术操作规程、卫生防疫制度、卫生消毒制度、档案制度、病死牛无害化处理制度、疫情监测报告制度、技术培训制度等。

13 记录与档案管理

13.1 根据农业部颁布的《畜禽标识与养殖档案管理办法》和《牲畜耳标技术规范》，对牛群进行标识和建档，建立奶牛日常生产记录，配备记录员和档案管理员，负责档案记录与保管，生产记录应保存 3 年以上，牛群谱系资料应长期保存。

13.2 包括人员与奶牛出入、繁殖配种、产犊和生长发育、系谱、产奶量、乳脂率和乳蛋白率、外貌鉴定、体况评分、牛群周转、饲料来源及消耗、卫生防疫与保健、兽药使用、产品销售、奶牛淘汰等生产经营记录。

13.3 根据原始记录，定期进行统计、分析和总结。

附录3　无公害食品　奶牛饲养管理准则

1　范围

本标准规定了无公害牛奶生产过程中引种、环境、饲养、消毒、用药、防疫、牛奶收集和废弃物处理各环节应遵循的准则。

本标准适用于所有奶牛养殖场无公害牛奶生产的饲养与管理。

2　规范性引用文件

下列文件中的条款通过本标准的引用而成为本标准的条款。凡是注日期的引用文件，其随后所有的修改单（不包括勘误的内容）或修订版均不适用于本标准，然而，鼓励根据本标准达成协议的各方研究是否可使用这些文件的最新版本。凡是不注日期的引用文件，其最新版本适用于本标准。

GB 16548　畜禽病害肉尸及其产品无害化处理规程

GB 16567　种畜禽调运检疫技术规范

NY/T 388　畜禽场环境质量标准

NY 5027　无公害食品　畜禽饮用水水质

NY 5045　无公害食品　生鲜牛乳

NY 5046　无公害食品　奶牛饲养兽药使用准则

NY 5047　无公害食品　奶牛饲养兽医防疫准则

NY 5048　无公害食品　奶牛饲养饲料使用准则

奶牛营养需要和饲养标准（第二版）

3　术语和定义

下列术语和定义适用于本标准。

3.1　*净道* non-pollution road

牛群周转、饲养员行走、场内运送饲料、奶车出入的专用道路。

3.2　*污道* pollution road

粪便等废弃物、淘汰牛出场的道路。

3.3　*牛场废弃物* cattle farm waste

主要包括牛粪、尿、死牛、褥草、过期兽药、残余疫苗、疫苗瓶和污水。

4　引种

4.1　引进种牛，应按照 GB 16567 进行检疫。

4.2　引进的种牛，隔离观察至少30～45d，经兽医检疫部门检查确定为健康合格后，方可供繁殖使用。

4.3　不应从疫区引进种牛。

5　牛场环境与工艺

5.1　奶牛场应建在地势平坦干燥、背风向阳，排水良好，场地水源充足、未被污染和没有发生过任何传染病的地方。

5.2　牛舍应具备良好的清粪排尿系统。

5.3　牛舍内的温度、湿度、气流（风速）和光照应满足奶牛不同饲养阶段的需求，以降低牛群发生疾病的机会。

5.4　牛舍内空气质量应符合NY/T 388的规定。

5.5　牛舍地面和墙壁应选用适宜材料，以便于进行彻底清洗消毒。

5.6　牛场内应分设管理区、生产区及粪污处理区，管理区和生产区应处上风向，粪污处理区应处下风向。

5.7　牛场净道和污道应分开，污道在下风向，雨水和污水应分开。

5.8　牛场周围应设绿化隔离带。

5.9　牛场排污应遵循减量化、无害化和资源化的原则。

6　饲养条件

6.1　饲料和饲料添加剂

6.1.1　饲料及添加剂的使用应符合NY 5048的规定。

6.1.2　奶牛的不同生长时期和生理阶段至少应达到《奶牛营养需要和饲养标准》（第二版）要求，可参考使用地方奶牛饲养规范（规程）。

6.1.3　不应在饲料中额外添加未经国家有关部门批准使用的各种化学、生物制剂及保护剂（如抗氧化剂、防霉剂）等添加剂。

6.1.4　应清除饲料中的金属异物和泥沙。

6.2　兽药使用

6.2.1　对于治疗患疾病奶牛及必须使用药物处理时，应按照NY 5046执行。

6.2.2　泌乳牛在正常情况下禁止使用任何药物，必须用药时，在药物残留期间的牛乳不应作为商品牛乳出售，牛乳在上市前应按规定停药，应准确计算停药时间和弃乳期。

6.2.3　不应使用未经有关部门批准使用的激素类药物（如促卵泡发育、排卵和催产等药剂）及抗生素。

6.3　防疫

牛群的免疫应符合NY 5047的规定。

6.4　饮水

6.4.1　场区应有足够的生产和饮用水，饮水质量应达到NY 5027的规定。

6.4.2　经常清洗和消毒饮水设备，避免细菌滋生。

6.4.3　若有水塔或其他贮水设施，则应有防止污染的措施，并予以定期清洗和消毒。

7　卫生消毒

7.1　消毒剂

消毒剂应选择对人、奶牛和环境比较安全、没有残留毒性，对设备没有破坏和在牛体内不应产生有害积累的消毒剂。可选用的消毒剂有：石炭酸（酚）、煤酚、双酚类、次氯酸盐、有机碘混合物（碘附）、过氧乙酸、生石灰、氢氧化钠（火碱）、高锰酸钾、硫酸铜、新洁尔灭、松油、酒精和来苏尔等。

7.2　消毒方法

7.2.1　喷雾消毒

用一定浓度的次氯酸盐、有机碘混合物、过氧乙酸、新洁尔灭、煤酚等，用喷雾装置进行喷雾消毒，主要用于牛舍清洗完毕后的喷洒消毒、带牛环境消毒、牛场道路周围及进入场区的车辆。

7.2.2　浸液消毒

用一定浓度的新洁尔灭、有机碘混合物或煤酚的水溶液，进行洗手、洗工作服或胶靴。

7.2.3　紫外线消毒

对人员人口处常设紫外线灯照射，以起到杀菌效果。

7.2.4　喷撒消毒

在牛舍周围、人口、产床和牛床下面撒生石灰或火碱杀死细菌或病毒。

7.2.5　热水消毒

用35～46℃温水及70～75℃的热碱水清洗挤奶机器管道，以除去管道内的残留矿物质。

7.3　消毒制度

7.3.1　环境消毒

牛舍周围环境（包括运动场）每周用2%火碱消毒或撒生石灰1次；场周围及场内污水池、排粪坑和下水道出口，每月用漂白粉消毒1次。在大门口和牛舍入口设消毒池，使用2%火碱或煤酚溶液。

7.3.2　人员消毒

7.3.2.1　工作人员进入生产区应更衣和紫外线消毒，工作服不应穿出场外。

7.3.2.2　外来参观者进入场区参观应彻底消毒，更换场区工作服和工作鞋，并遵守场内防疫制度。

7.3.3　牛舍消毒

牛舍在每班牛只下槽后应彻底清扫干净，定期用高压水枪冲洗，并进行喷雾消毒或熏蒸消毒。

7.3.4　用具消毒

定期对饲喂用具、料槽和饲料车等进行消毒，可用0.1%新洁尔灭或0.2%～0.5%过氧乙酸消毒；

日常用具（如兽医用具、助产用具、配种用具、挤奶设备和奶罐车等）在使用前后应进行彻底消毒和清洗。

7.3.5 带牛环境消毒

定期进行带牛环境消毒，有利于减少环境中的病原微生物。可用于带牛环境消毒的消毒药有：0.1%新洁尔灭，0.3%过氧乙酸，0.1%次氯酸钠，以减少传染病和蹄病等发生。带牛环境消毒应避免消毒剂污染到牛奶中。

7.3.6 牛体消毒

挤奶、助产、配种、注射治疗及任何对奶牛进行接触操作前，应先将牛有关部位如乳房、乳头、阴道口和后躯等进行消毒擦拭，以降低牛乳的细菌数，保证牛体健康。

8 管理

8.1 总的管理

8.1.1 奶牛场不应饲养任何其他家畜家禽，并应防止周围其他畜禽进入场区。

8.1.2 保持各生产环节的环境及用具的清洁，保证牛奶卫生。坚持刷拭牛体，防止污染乳汁。

8.1.3 成乳牛坚持定期护蹄、修蹄和浴蹄。

8.2 人员管理

牛场工作人员应定期进行健康检查，发现有传染病患者应及时调出。

8.3 饲喂管理

8.3.1 按饲养规范饲喂，不堆槽，不空槽，不喂发霉变质和冰冻的饲料。应捡出饲料中的异物，保持饲槽清洁卫生。

8.3.2 保证足够的新鲜、清洁饮水，运动场设食盐、矿物质（如矿物质舔砖等）补饲槽和饮水槽，定期清洗消毒饮水设备。

8.4 挤奶管理

8.4.1 贮奶罐、挤奶机使用前后都应清洗干净，按操作规程要求放置。

8.4.2 乳房炎病牛不应上机挤奶，上机时临时发现的乳房炎病牛不应套杯挤奶，应转入病牛群手工挤净后治疗。

8.4.3 牛奶出场前先自检，不合格者不应出场。

8.4.4 机械设备应定期检查、维修和保养。

8.5 灭蚊蝇、灭鼠

8.5.1 搞好牛舍内外环境卫生、消灭杂草和水坑等蚊蝇孳生地，定期喷洒消毒药物，或在牛场外围设诱杀点，消灭蚊蝇。

8.5.2 定期投放灭鼠药，控制啮齿类动物。投放灭鼠药应定时、定点，及时收集死鼠和残余鼠药，做无害化处理。

9 病死牛及产品处理

9.1 对于非传染病及机械创伤引起的病牛只，应及时进行治疗，死牛应及时定点进行无害化处理，应符合 GB 16548 的规定。

9.2 使用药物的病牛生产的牛奶（抗生素奶）不应作为商品牛奶出售。

9.3 牛场内发生传染病后，应及时隔离病牛，病牛所产乳及死牛应作无害处理，应符合 GB 16548 的规定。

10　牛奶盛装、贮藏和运输

应符合 NY 5045 的规定。

11　废弃物处理

11.1　场区内应于生产区的下风处设贮粪场，粪便及其他污物应有序管理。每天应及时除去牛舍内及运动场褥草、污物和粪便，并将粪便及污物运送到贮粪场。

11.2　场内应设牛粪尿、褥草和污物等处理设施，废弃物应遵循减量化、无害化和资源化的原则。

12　资料记录

12.1　繁殖记录：包括发情、配种、妊检、流产、产犊和产后监护记录。

12.2　兽医记录：包括疾病档案和防疫记录。

12.3　育种记录：包括牛只标记和谱系及有关报表记录。

12.4　生产记录：包括产奶量、乳脂率、生长发育和饲料消耗等记录。

12.5　病死牛应做好淘汰记录，出售牛只应将抄写复本随牛带走，保存好原始记录。

12.6　牛只个体记录应长期保存，以利于育种工作的进行。

附录4 无公害食品 奶牛饲养饲料使用准则

1 范围

本标准规定了生产无公害生鲜牛奶所需的奶牛饲料质量要求、试验方法、检测规则、标签、包装、贮存、运输及使用原则和奶牛饮用水质量标准。

本标准适用于饲养奶牛以及生产经营奶牛饲料的单位。

2 规范性引用文件

下列文件中的条款通过本标准的引用而成为本标准的条款。凡是注日期的引用文件，其随后所有的修改单（不包括勘误的内容）或修订版均不适用于本标准，然而，鼓励根据本标准达成协议的各方研究是否可使用这些文件的最新版本。凡是不注日期的引用文件，其最新版本适用于本标准。

GB 4285 农药安全使用标准

GB/T 8381 饲料中黄曲霉素白 B_1 的测定方法

GB 10648 饲料标签

GB 13078 饲料卫生标准

GB/T 13079 饲料中总砷的测定方法

GB/T 13080 饲料中铅的测定方法

GB/T 13081 饲料中汞的测定方法

GB/T 13082 饲料中镉的测定方法

GB/T 13083 饲料中氟的测定方法

GB/T 13085 饲料中亚硝酸盐的测定方法

GB/T 13090 饲料中六六六、滴滴涕的测定方法

GB/T 13091 饲料中沙门氏菌的检验方法

GB/T 13092 饲料中霉菌的检验方法

GB/T 13882 饲料中碘的测定方法 硫氰酸铁—亚硝酸催化动力学法

GB/T 13883 饲料中硒的测定方法 2，3-二氨基萘荧光法

GB/T 14699 饲料采样方法

GB/T 16764 配合饲料企业卫生规范

GB/T 17480 饲料中黄曲霉素白 B_1 的测定方法 酶联免疫法

饲料和饲料添加剂管理条例

允许使用的饲料添加剂品种目录

农业转基因生物安全管理条例

青贮饲料质量评定标准

3　术语和定义

下列术语和定义适用于本标准。

3.1　饲料 feed

经工业化加工、制作的供动物食用的饲料，包括单一饲料、添加剂预混合饲料、浓缩饲料、配合饲料和精料补充料。

3.2　饲料原料 feedstuff，single feed

除饲料添加剂以外的用于生产配合饲料和浓缩饲料的单一饲料成分，包括饲用谷物、粮食加工副产品、油脂工业副产品、发酵工业副产品、动物性蛋白质饲料、饲用油脂等。

3.3　饲料添加剂 feed additive

在饲料加工、制作、使用过程中添加的少量或者微量物质，包括营养性饲料添加剂和一般饲料添加剂。

3.4　营养性饲料添加剂 nutritive feed additive

用于补充饲料营养成分的少量或者微量物质，包括饲料级氨基酸、维生素、矿物质微量元素、酶制剂、非蛋白氮等。

3.5　一般性饲料添加剂 general feed additive

为保证或者改善饲料品质、提高饲料利用率而掺入饲料中的少量或者微量物质。

3.6　精饲料 concentrate

容积大、纤维成分含量低（干物质中粗纤维含量小于18%）、可消化养分含量高的饲料。主要有禾本科籽实、豆科籽实、饼粕类、糠麸类、草籽树实类、淀粉质的块根、块茎瓜果类（薯类、甜菜）、工业副产品类（玉米淀粉渣、DDGS、啤酒糟粕等）、酵母类、油脂类、棉籽等饲料原料和由多种饲料原料按一定比例配制的奶牛精料补充料。

3.7　粗饲料 roughage

容积重小、纤维成分含量高、可消化养分含量低的饲料。主要有牧草与野草、青贮料类、农副产品类（包括藤、蔓、秸、秧、荚、壳）及干物质中粗纤维含量大于等于18%的糟渣类、树叶类和非淀粉质的块根、块茎类。

3.8　矿物质饲料 mineral feeds

主要有钙、磷（碳酸钙、磷酸氢钙等）和盐等。

4　要求

4.1　饲料原料

4.1.1　感官要求：应具有一定的新鲜度，具有该品种应有的色、嗅、味和组织形态特征，无发霉、变质、结块、异味及异嗅。

4.1.2　饲料原料中有害物质及微生物允许量应符合 GB 13078 的要求。

4.1.3　饲料原料中含有饲料添加剂的应做相应说明。

4.2　饲料添加剂

4.2.1　感官要求：应具有该品种应有的色、嗅、味和形态特征，无发霉、变质、异味及异嗅。

4.2.2 有害物质及微生物允许量应符合 GB 13078 及相关标准的要求。

4.2.3 饲料中使用的营养性饲料添加剂和一般性饲料添加剂产品应是《允许使用的饲料添加剂品种目录》所规定的品种，或取得试生产产品批准文号的新饲料添加剂品种。

4.2.4 饲料添加剂产品的使用应遵照产品说明书所规定的用法、用量使用。

4.3 配合饲料、浓缩饲料和添加剂预混合饲料

4.3.1 感官要求：应色泽一致，无发酵霉变、结块、异味及异嗅。

4.3.2 有害物质及微生物允许量应符合 GB 13078 及相关标准的要求。

4.3.3 奶牛配合饲料、浓缩饲料和添加剂预混合饲料中不应使用任何药物。

4.4 饲料加工过程

4.4.1 饲料企业的工厂设计与设施卫生、工厂卫生管理和生产过程的卫生应符合 GB/T 16764 的要求。

4.4.2 配料

4.4.2.1 定期对计量设备进行检验和正常维护，以确保其精确性和稳定性，其误差不应大于规定范围。

4.4.2.2 微量和极微量组分应进行预稀释，并且应在专门的配料室内进行。

4.4.2.3 配料室应有专人管理，保持卫生整洁。

4.5 混合

4.5.1 混合时间，按设备性能不应少于规定时间。

4.5.2 混合工序投料应按先大量、后小量的原则进行。投入的微量组分应将其稀释到配料称最大称量的 5% 以上。

4.6 留样

4.6.1 新接受的饲料原料和各个批次生产的饲料产品均应保留样品。样品密封后留置专用样品室或样品柜内保存。样品室和样品柜应保持阴凉、干燥。采样方法按 GB/T 14699 执行。

4.6.2 留样应设标签，载明饲料品种、生产日期、批次、生产负责人和采样人等事项。并建立档案由专人负责保管。

4.6.3 样品应保留至该批产品保质期满后 3 个月。

5 饲料检测方法

5.1 饲料采样方法按 GB/T 14699 执行。

5.2 砷按 GB/T 13079 执行。

5.3 铅按 GB/T 13080 执行。

5.4 汞按 GB/T 13081 执行。

5.5 镉按 GB/T 13082 执行。

5.6 氟按 GB/T 13083 执行。

5.7 六六六、滴滴涕按 GB/T 13090 执行。

5.8 沙门氏菌按 GB/T 13091 执行。

5.9 霉菌按 GB/T 13092 执行。

5.10 黄曲霉毒素 B_1 按 GB/T 8381 执行。

6 检验规则

6.1 感官要求，粗蛋白质、钙和总磷含量为出厂检验项目，其余为形式检验项目。

6.2 在保证产品质量的前提下，生产厂可根据工艺、设备、配方、原料等的变化情况，自行确定出厂检验的批量。

6.3 试验测定值的双试验相对偏差按相应标准规定执行。

6.4 检测与仲裁判定各项指标合格与否时，应考虑允许误差。

7 标签、包装、贮存和运输

7.1 标签

商品饲料应在包装物上附有饲料标签，标签应符合 GB 10648 中的有关规定。

7.2 包装

7.2.1 饲料包装应完整，无漏洞，无污染和异味。

7.2.2 包装材料应符合 GB/T 16764 的要求。

7.2.3 包装印刷油墨无毒，不应向内容物渗漏。

7.2.4 包装物的重复使用应遵守《饲料和饲料添加剂管理条例》的有关规定。

7.3 贮存

7.3.1 饲料的贮存应符合 GB/T 16764 的要求。

7.3.2 不合格和变质饲料应做无害化处理，不应存放在饲料贮存场所内。

7.3.3 饲料贮存场地不应使用化学灭鼠药和杀鸟剂。

7.3.4 干草类及秸秆类贮存时，水分含量应低于 15%，防止日晒、雨淋、霉变。

7.3.5 青绿饲料与野草类、块根、块茎、瓜果类应堆放在棚内，堆宽不宜超过 2m，堆高不宜超过 1m，堆放时间不宜过长，防止日晒、雨淋、发芽霉变。

7.4 运输

7.4.1 运输工具应符合 GB/T 16764 的要求。

7.4.2 运输作业应防止污染，保持包装的完整。

7.4.3 不应使用运输畜禽等动物的车辆运输饲料产品。

7.4.4 饲料运输工具和装卸场地应定期清洗和消毒。

8 其他有关使用饲料和饲料添加剂的原则与规定

8.1 不应使用未取得产品进口登记证的境外饲料和饲料添加剂。

8.2 不应在饲料中使用违禁的药物或饲料添加剂。

8.3 禁止在奶牛饲料中添加和使用肉骨粉、骨粉、血粉、血浆粉、动物下脚料、动物脂粉、干血浆及其他血液制品、脱水蛋白、蹄粉、角粉、鸡杂碎粉、羽毛粉、油渣、鱼粉、骨胶等动物源性饲料。

8.4 根据奶牛营养需要合理投料、合理使用微量元素添加剂，尽量降低粪尿、甲烷的排出量，减少氮、磷、锌、铜的排出量，降低对环境的污染。

8.5　所使用的工业副产品饲料应来自生产绿色食品和无公害食品的副产品。

8.6　严格执行《饲料和饲料添加剂管理条例》有关规定。

8.7　严格执行《农业转基因生物安全管理条例》有关规定。

8.8　栽培饲料作物的农药使用按 GB 4285 规定执行。

8.9　青贮饲料的制作、贮存按《青贮饲料质量评定标准》规定执行。

附录5　无公害食品　奶牛饲养兽医防疫准则

1　范围

本标准规定了生产无公害食品的奶牛场在疫病的预防、监测、控制和扑灭方面的兽医防疫准则。

本标准适用于生产无公害食品奶牛场的卫生防疫。

2　规范性引用文件

下列文件中的条款通过本标准的引用而成为本标准的条款。凡是注日期的引用文件，其随后所有的修改单（不包括勘误的内容）或修订版均不适用于本标准，然而，鼓励根据本标准达成协议的各方研究是否可使用这些文件的最新版本。凡是不注日期的引用文件，其最新版本适用于本标准。

GB 16568　奶牛场卫生及检疫规范

GB/T 16569　畜禽产品消毒规范

NY/T 388　畜禽场环境质量标准

NY 5027　无公害食品　畜禽饮用水水质

NY 5046　无公害食品　奶牛饲养兽药使用准则

NY 5048　无公害食品　奶牛饲养饲料使用准则

NY/T 5049　无公害食品　奶牛饲养管理准则

中华人民共和国动物防疫法

3　术语和定义

下列术语和定义适用于本标准。

3.1　*动物疫病* animal epidemic disease

动物的传染病和寄生虫病。

3.2　*病原体* pathogen

能引起疾病的生物体，包括寄生虫和致病微生物。

3.3　*动物防疫* animal epidemic prevention

动物疫病的预防、控制、扑灭和动物、动物产品的检疫。

4　疫病预防

4.1　*环境卫生条件*

奶牛场的环境卫生质量应符合 NY/T 388 规定的要求。

4.2 奶牛场的卫生条件

4.2.1 具有清洁、无污染的水源，应符合 NY 5027 规定的要求。

4.2.2 奶牛场应设管理和生活区、生产和饲养区、生产辅助区、畜粪堆贮区和病牛隔离区，各区应相互隔离。运送饲料和生奶的道路与装运牛粪的道路应分设，并尽可能减少交叉点。

4.2.3 非生产人员一般不允许进入生产区。特殊情况下，非生产人员需经淋浴消毒后方可入场，并遵守场内的一切防疫制度。

4.2.4 应按照 NY/T 5049 规定的要求建立规范的消毒方法。

4.2.5 奶牛场内不准屠宰和解剖牛只。

4.2.6 不从有牛海绵状脑病的国家引进牛只；外来或购入的奶牛需有兽医检疫部门的检疫合格证，并经隔离观察和检疫后，确认无传染病时方可并群饲养。

4.2.7 挤奶人员须经奶牛泌乳生理和挤奶操作工艺的培训合格后才能上岗操作。

除上述规定外，奶牛场的选址、布局、设施及其卫生要求、工作人员健康卫生要求、生奶存放及运输卫生要求、防疫卫生等应符合 GB 16568 及 NY/T 5049 规定的要求。

4.3 饲料、饲料添加剂和兽药的要求

4.3.1 饲料和饲料添加剂的使用应符合 NY 5048 规定的要求，禁止饲喂反刍动物源性肉骨粉。

4.3.2 兽药的使用应符合 NY 5046 规定的要求。

4.4 饲养管理要求

奶牛场的饲养管理应符合 NY/T 5049 规定的要求。

4.5 免疫接种

奶牛场应根据《中华人民共和国动物防疫法》及其配套法规的要求，结合当地实际情况，有选择地进行疫病的预防接种工作，并注意选择适宜的疫苗、免疫程序和免疫方法。

5 疫病监测

5.1 奶牛场应依照《中华人民共和国动物防疫法》及其配套法规的要求，结合当地实际情况，制定疫病监测方案。

5.2 奶牛场常规监测的疾病至少应包括：口蹄疫、蓝舌病、炭疽、牛白血病、结核病、布鲁氏菌病。同时需注意监测我国已扑灭的疫病和外来病的传入，如牛瘟、牛传染性胸膜肺炎、牛海绵状脑病等。

除上述疫病外，还应根据当地实际情况，选择其他一些必要的疫病进行监测。

5.3 母牛在干乳前 15d 作隐性乳腺炎检验，在干乳时用有效的抗菌制剂封闭治疗。

5.4 根据当地实际情况由动物疫病监测机构定期或不定期进行必要的疫病监督抽查，并将抽查结果报告当地畜牧兽医行政管理部门。

6 疫病控制和扑灭

奶牛场发生疫病或怀疑发生疫病时，应依据《中华人民共和国动物防疫法》及时采取以下措施。

6.1 驻场兽医应及时进行诊断，并尽快向当地畜牧兽医行政管理部门报告疫情。

6.2 确诊发生口蹄疫、牛瘟、牛传染性胸膜肺炎时，奶牛场应配合当地畜牧兽医管理部门，对牛群实施严格的隔离、扑杀措施；发生牛海绵状脑病时，除了对牛群实施严格的隔离、扑杀措施外，还需追踪调查病牛的亲代和子代；发生炭疽时，只扑杀病牛；发生蓝舌病、牛白血病、结核病、布鲁氏菌病等疫病时，应对牛群实施清群和净化措施；全场进行彻底的清洗消毒，病死或淘汰牛的尸体按 GB 16548 进行无害化处理，消毒按 GB/T 16569 进行。

7 记录

每群奶牛都应有相关的资料记录，其内容包括：奶牛来源，饲料消耗情况，发病率、死亡率及发病死亡原因，无害化处理情况，实验室检查及其结果，用药及免疫接种情况。所有记录应在清群后保存两年以上。

附录6　无公害食品　生鲜牛乳

1　范围

本标准规定了无公害食品生鲜牛乳的术语、技术要求、试验方法、检验规则、贮存、运输。

本标准适用于饲养环境无污染，使用无公害饲料饲养的健康母牛产出的天然乳汁。

2　规范性引用文件

下列文件中的条款通过本标准的引用而成为本标准的条款。凡是注日期的引用文件，其随后所有的修改单（不包括勘误的内容）或修订版均不适用于本标准，然而，鼓励根据本标准达成协议的各方研究是否可使用这些文件的最新版本。凡是不注日期的引用文件，其最新版本适用于本标准。

GB 4789.2　食品卫生微生物学检验　菌落总数测定

GB 4789.18　食品卫生微生物学检验　乳与乳制品检验

GB/T 5009.11　食品中总砷的测定方法

GB/T 5009.12　食品中铅的测定方法

GB/T 5009.17　食品中总汞的测定方法

GB/T 5009.19　食品中六六六、滴滴涕残留量的测定方法

GB/T 5009.20　食品中有机磷农药残留量的测定方法

GB/T 5009.24　食品中黄曲霉毒素 M_1 和 B_1 的测定方法

GB/T 5009.36　粮食卫生标准的分析方法

GB/T 5409—1985　牛乳检验方法

GB/T 5413.1　婴幼儿配方食品和乳粉　蛋白质的测定

GB/T 5413.30　乳与乳粉　杂质度的测定

GB/T 5413.32　乳粉　硝酸盐、亚硝酸盐的测定

GB/T 14876　食品中甲胺磷和乙酰甲胺磷农药残留量的测定方法

GB/T 14962　食品中铬的测定方法

NY/T 5049　奶牛饲养管理准则

3　基本要求

生产无公害生鲜牛乳的奶牛饲养管理方式应符合 NY/T 5049 要求。

4　技术要求

4.1　生鲜牛乳产地环境要求

应符合无公害食品产地的环境标准。

4.2　感官要求

应符合表1规定。

表1　感官要求

项目	指标
色泽	呈乳白色或稍带微黄色
组织状态	呈均匀的胶态流体，无沉淀，无凝块，无肉眼可见杂质和其他异物
滋味与气味	具有新鲜牛乳固有的香味，无其他异味

4.3　理化要求

应符合表2规定。

表2　理化要求

项　　目	指　　标
相对密度（d_4^{20}）	1.028～1.032
脂肪（%）	≥3.2
蛋白质（%）	≥3.0
非脂乳固体（%）	≥8.3
酸度（°T）	≤18.0
杂质度（mg/kg）	≤4

4.4　卫生要求

应符合表3规定。

表3　卫生要求

项　　目	指　　标
汞（以Hg计）（mg/kg）	≤0.01
砷（以As计）（mg/kg）	≤0.2
铅（以Pb计）（mg/k）	≤0.05
铬（以Cr^{6+}计）（mg/kg）	≤0.3
硝酸盐（以$NaNO_3$计）（mg/kg）	≤8.0
亚硝酸盐（以$NaNO_2$计）（mg/kg）	≤0.2
六六六（mg/kg）	≤0.05
滴滴涕（mg/kg）	≤0.02
黄曲霉毒素M_1（μg/kg）	≤0.2
抗生素	不得检出
马拉硫磷（mg/kg）	≤0.1
倍硫磷（mg/kg）	≤0.01
甲胺磷（mg/kg）	≤0.2

4.5 微生物要求

应符合表4规定。

表4 微生物要求

项　　目	指　　标
菌落总数（cfu/ml）	≤500 000

4.6 掺假项目

不得在生鲜牛乳中掺入碱性物质、淀粉、食盐、蔗糖等非乳物质。

5 检验方法

5.1 感官检验

5.1.1 色泽和组织状态：取适量试样于50ml烧杯中，在自然光下观察色泽和组织状态。

5.1.2 滋味和气味：取适量试样于50ml烧杯中，先闻气味，然后用温开水漱口，再品尝样品的滋味。

5.2 理化检验

5.2.1 密度：按GB/T 5409检验。

5.2.2 脂肪：按GB/T 5409检验。

5.2.3 蛋白质：按GB/T 5413.1检验。

5.2.4 非脂乳固体：按GB/T 5409检验。

5.2.5 酸度：按GB/T 5409检验。

5.2.6 杂质度：按GB/T 5413.30检验。

5.3 卫生检验

5.3.1 汞：按GB/T 5009.17检验。

5.3.2 砷：按GB/T 5009.11检验。

5.3.3 铅：按GB/T 5009.12检验。

5.3.4 铬：按GB/T 14962检验。

5.3.5 硝酸盐、亚硝酸盐：按GB/T 5413.32检验。

5.3.6 六六六、滴滴涕：按GB/T 5009.19检验。

5.3.7 黄曲霉毒素M_1：按GB/T 5009.24检验。

5.3.8 抗生素：按GB/T 5409检验。

5.3.9 马拉硫磷：按GB/T 5009.36检验。

5.3.10 倍硫磷：按GB/T 5009.20检验。

5.3.11 甲胺磷：按GB/T 14876检验。

5.4 微生物检验

菌落总数：按GB 4789.2和GB 4789.18检验。

5.5 掺假检验

5.5.1 碱性物质：按GB/T 5409—1985中2.8检验。

5.5.2　淀粉：按 GB/T 5409—1985 中 2.11 检验。

5.5.3　食盐：按 GB/T 5409—1985 中 2.6.1.2 检验。

5.5.4　蔗糖：按 GB/T 5409—1985 中 2.10 检验。

6　检验规则

6.1　组批规则

以同一天，装载在同一贮存或运输器具中的产品为一组批。

6.2　抽样方法

在贮存容器内搅拌均匀后或在运输器具内搅拌均匀后从顶部、中部、底部等量随机抽取，或在运输器具出料时连续等量抽取，混合成 4L 样品供交收检验或 8L 样品供型式检验。

6.3　型式检验

型式检验是对产品进行全面考核，即检验技术要求中全部项目。在下列情况之一时应进行型式检验。

6.3.1　新建牧场首次投产运行时。

6.3.2　正式生产后，牛乳发生质量问题时。

6.3.3　乳牛饲料的组成发生变更或用量调整时。

6.3.4　牧场长期停产后，恢复生产时。

6.3.5　交收检验与上次例行检验有较大差异时。

6.3.6　国家质量监督机构提出进行例行检验的要求时。

6.4　交收检验

交收检验的项目包括感官、理化要求、微生物要求、掺假的全部项目，为交收双方的结算依据。

6.5　判定规则

6.5.1　在型式检验中卫生要求有一项指标检验不合格，则该牧场应进行整改，经整改复查合格，则判为合格产品，否则判为不合格产品。

6.5.2　在交收检验项目中，有一项掺假项目指标被检出，则该批产品判为不合格产品。

7　盛装、贮存和运输

7.1　生鲜牛乳的盛装应采用表面光滑的不锈钢制成的桶和贮奶罐或由食品级塑料制成的存乳容器。

7.2　应采取机械化挤奶、管道输送，用奶槽车运往加工厂，从挤奶产出至用于加工前不超过 24h，乳温应保持 6℃以下。

7.3　生鲜牛乳的运输应使用奶槽车。

7.4　所有的存乳和储存容器使用后应及时清洗和消毒。

附录 7　牛冷冻精液（GB 4143-XX）

1　主题内容与适用范围

本标准规定了牛冷冻精液的技术要求、试验方法、检验规则、标志、包装、运输和贮存。

本标准适用于乳、肉、兼用牛及水牛和牦牛的冷冻精液产品（以下简称“冻精”）。

2　引用标准

GB 5458　液氮生物容器

GB/T1. 1—1993　标准编写的基本规定

GB/T1. 2—1996　标准出版印刷的规定

3　术语

精子密度（Sperm density）指每毫升精液中的精子数。

精子活力（Sperm motility）指 37℃环境下直线前进运动精子占总精子数的百分率。

精子顶体完整率（Intact rate sperm of acrosome）指顶体完整精子占总精子数的百分率。

精子畸形率（Abnormal sperm rate）指畸形精子占总精子数的百分率。

精子存活率（Sperm survival rate）指在 37℃环境下保存 4h 时直线前进运动精子占总精子数的百分率。

细菌数（Bacteria count）指一剂量冻精经培养后出现的细菌菌落数。

4　型式

4.1　细管微型、中型

4.2　颗粒

5　技术要求

5.1　外观

5.1.1　细管无裂痕，两端封口严密，印制的标志应清晰。

5.1.2　颗粒大小均匀，表面光滑。

5.2　剂量

5.2.1　细管冻精微型：(0. 20 ±0. 03) ml；中型：(0. 40 ±0. 05) ml。

5.2.2　颗粒冻精（0. 1 ±0. 01）ml。

5.3　一剂量冻精解冻后的精液

5.3.1　活力≥35%（即0.35），水牛≥30%（即0.30）。

5.3.2　呈直线前进运动的精子数≥0.8×107 个，水牛≥1×107。

5.3.3　存活率≥0.01%（0.001）。

5.3.4　顶体完整率≥40%。

5.3.5　畸形率≤18%，水牛≤20%。

5.3.6　细菌菌落数≤800 个。

6　试验方法

6.1　外观

用目测法，其结果应符合本标准5.1条的规定。

6.2　剂量

试验程序按照附录B（补充件）进行，其结果应符合本标准5.2条的规定。

6.3　解冻后精液

解冻方法及精子活力、每剂量呈直线前进运动精子数、精子存活率、精子顶体完整率、精子畸形率、细菌数的试验程序按照（附录B）（补充件），其结果应符合本标准5.3条的规定。

7　检验规则

7.1　每头公牛每批号的冻精必须经站质检人员检验合格后方可出站。

7.2　出站检验：出站前外观、精子活力每头牛每批号的产品必须检验。

7.3　型式检验：本标准技术要求中全部项目，每头牛每两个月至少抽检一个批号产品。

7.4　每批号为每头牛一次采精的冻精产品。

7.5　出站检验、型式检验应在每头牛每批号冻精产品中随机抽取，按每个检验项目各3份。

7.6　结果应以抽检三份样品的平均值为准。

7.7　型式检验对产品检验中任何一项技术要求不合格则判定为不合格产品。

7.8　最终判定结果应以型式检验结果判定合格、不合格。

8　标志、包装、运输、贮存

8.1　标志

8.1.1　种公牛的品种代号按照附录A（补充件）。

8.1.2　细管冻精应在管壁（或包装袋）上印制以下内容。

a. 生产站名　b. 公牛品种　c. 公牛号　d. 生产日期或批号

8.1.3　颗粒冻精每头牛每批号要有明确标签附在或直接印制在包装袋上。

a. 生产站名　b. 公牛品种　c. 公牛号　d. 生产日期或批号　e. 数量　f. 精子活力

8.2　包装

8.2.1　细管冻精用专用的塑精管或灭菌纱布袋。

8.2.2　颗粒冻精用灭菌纱布袋。

8.2.3　每一包装量不得超过100份。

8.3　运输

8.3.1　冻精运输过程中要有专人负责，贮存容器不得横倒及碰撞和强烈振动。

8.3.2　保证冻精始终浸在液氮中。

8.4　贮存

8.4.1　贮存冻精的低温容器应符合GB 5458标准规定。

8.4.2　专人负责及时补充液氮，保证冻精浸在液氮中。

8.4.3　每头公牛的冻精单独贮存。

8.4.4　贮存冻精的容器每年至少清洗一次并更换新鲜液氮。

8.4.5　取放冻精时，冻精离开液氮的时间不得超过10s。

第二章　肉牛标准化规模养殖

一、肉牛标准化养殖园区（小区）基础设施建设

（一）场址选择

1. 自然条件

地形：空旷、开阔，可利用面积充分，便于各类建筑物的科学布局和合理配置。

地势：高燥平坦，向阳背风，高于历史最高洪水警戒线，应稍有坡度。

水源：水源充足，水质良好，同时取用方便，便于防护。水质要符合 NY 5027《无公害食品　畜禽饮用水水质》（附件 1）。

土质：以沙壤土最为理想，沙土、黏土和盐碱土要根据土质特性和生产要求采取相应措施。

2. 周边环境条件

园区（小区）应选择在居民点的下风向，距离居民点的直线距离在 500m 以上；与居民饮用水源、主要交通干线、学校、医院等单位直线距离应大于 1 000m。

园区（小区）周围 1km 以内不得有污染严重的化工厂、屠宰厂、制革厂、制药厂等污染源。

园区（小区）建设地要求距村镇电网较近，电力资源供应充分、且架设方便。

园区（小区）周边饲料、饲草资源丰富，运输方便，农作物秸秆等资源供应半径应在 5km 以内。

（二）肉牛标准化养殖园区（小区）建设用地及主要设施

在满足生产工艺条件下，要节约用地，尽量用沙荒地、废弃地，少占或不占耕地。园区（小区）建设规模以园区（小区）养殖规模而定。

建筑内容主要有牛舍、青贮窖、贮草棚、饲料加工调制间、紫外消毒间、兽医室、贮粪场、管理室、消毒池、晒场和旱厕等。

园区（小区）肉牛年育肥 2 批，每批出栏 250 头，年育肥出栏 500 头。总占地面积 1.2hm^2 左右，其中，建筑面积 2 900m^2 左右。

1. 肉牛标准化养殖园区（小区）内各功能区的划分及布局

（1）各功能区的划分

生产区：主要是各类圈舍建筑。

辅助生产区：主要是饲草、饲料加工间、草料库、青贮窖等。

管理区：主要是办公室、门卫、兽医室、技术培训室等。

隔离区：主要是隔离圈舍、病死牛及粪污处理场等。

（2）主要建筑布局与要求

园区（小区）内部布局要科学、合理。一般遵循两个原则：一是布局要符合生产最佳联系；二是布局要符合防疫、防火安全。

园区（小区）内的建筑部局是生活管理区在上风向，依次为辅助生产区、生产区、隔离区。

园区（小区）内应设有净道和污道。净道供人员行走和运送健康畜禽及饲料，污道供运输粪便和病死牛等污染物；净道作为养殖园区（小区）的主干道，宽度一般不小于4m，污道宽度不小于3m。

肉牛标准化养殖园区（小区）应有一定的绿化面积，建立绿化带，改善肉牛标准化养殖园区（小区）的环境，减轻污染。

肉牛标准化养殖园区（小区）占地面积（以年存栏牛250头，年出栏育肥牛500头为模式）12 016m^2，折合占地面积18.02亩，总建筑面积2 898.27m^2，建筑系数0.236，其他技术指标详见附图2－1。

肉牛标准化养殖园区（小区）建设的总体布局见附图2－1。

2. 肉牛标准化养殖园区（小区）主要建设内容

（1）牛舍

牛舍建筑模式根据养殖规模而定，一般标准化养殖园区（小区）以农户为主体的，养殖规模较小可采用单列单坡屋顶和半开放式的牛舍，每栋牛舍容量为25头育肥牛，共10栋牛舍（附图2－2）。

若养殖规模较大，亦可建设双列式肉牛舍（附图2－3、附图2－4）。

牛舍高度（以屋檐高计算）一般为3.0m，单坡屋顶，跨度为6.24m，长度27.24m。舍内饲料通道宽1.33m，饲槽和水槽外宽0.9m，饲槽内宽0.32m，水槽内宽0.25m，牛床长度2.0m，粪尿沟为0.33m，清粪通道宽1.20m。颈枷为下颈链式，用铁链或结实绳索制成，在内槽沿有固定环，绳索系与牛颈部、鼻环、角之间和固定环之间。

牛舍墙体用普通砖和沙浆修建，要设1.00m的墙裙，墙根地面向外有1.00m的散水。

牛舍地面一般常用水泥地面，用水泥地面要压上防滑纹（间距小于10.00cm，纹深0.40～0.50cm），以免滑倒。

肉牛标准化养殖园区（小区）或标准化养殖场，因养殖规模较大，一般采用半开放式的双列式牛舍，一般双列式牛舍跨度不小于14m。

采用TMR饲喂设施的应修建就地食槽。

（2）青贮窖

园区（小区）全年分两批出栏肉牛 500 头。青贮饲草储备量按肉牛按所需粗饲料的 60% 计算，每一个生产单元需要青贮窖的体积为 $360m^3$。青贮窖建造参数：长 × 宽 × 高 = 20. 00m × 6. 00m × 3. 00m（附图 2 - 5）。

一般每头肉牛青贮饲料按 7 ~ $8m^3$ 贮备。

（3）干草棚

干草储备量按肉牛按所需粗饲料的 40% 计算，每一个生产单元需要建设贮草棚的容积为 $197.76m^3$。干草棚建造参数：长 × 宽 × 高 = 8. 24m × 8. 00m × 3. 00m。贮草棚外墙上设有消防用具（附图 2 - 6）。

（4）饲料加工车间

肉牛标准化养殖园区（小区）设饲料加工车间，包括原料库、成品库、饲料加工间等。原料库、成品库和饲料加工间的大小分别为 $114.26m^2$、$84.15m^2$ 和 $58.23m^2$，共 $256.64m^2$（附图 2 - 7、附图 2 - 8）。

库房内宽敞、干燥、通风良好。室内地面应高出室外 30 ~ 50cm，地面以水泥地面为宜，房顶具有良好的隔热、防水性能，窗户要高，门、窗注意防鼠，整体建筑注意防火等。

（5）紫外线消毒间

消毒室为串联两个小间，其中，一个为消毒室，内设小型消毒池和紫外线灯。紫外线灯悬高 2. 5m，悬挂 2 盏，$1m^2$ 功率不少于 1W，另一个为更衣室，共 $12.25m^2$（附图 2 - 9）。

（6）兽医室

园区（小区）内设置兽医室一处，面积约为 $61.75m^2$。内设办公室、药品间和保定室各一间，供农户共享（附图 2 - 10）。

（7）隔离牛舍

园区（小区）内的隔离牛舍共用，按 6 头设计，面积约为 $57.66m^2$，建在园区（小区）外的下风向，距离园区（小区）的最近距离为 50m。隔离牛舍每头牛占地面积与生产区每头牛占地面积一样，附工作间 1 间（附图 2 - 11）。

（8）堆粪场

园区（小区）内贮粪场集中建造，共 $400m^2$，分为 10 个单元，每个生产单元对应的贮粪场面积为 $40m^2$。

（9）管理室、培训室和门房

园区（小区）管理室、培训室和门房约 $131.95m^2$（附图 2 - 12）。

（10）消毒池

消毒池宽度为 4m 左右，长度为 6m，深度为 15cm，池沿 15°斜坡，并设排水口。

（11）防疫设施及其他

园区（小区）周围应设隔离墙，墙高不少于 2. 2m，墙体材料可因地制宜，以控制闲杂人员不得随意进入园区（小区）为目的。园区（小区）内部也须用墙体或绿篱带等把生产区、管理区、辅助生产区、隔离观察区隔离开，避免相互干扰。

二、肉牛标准化养殖园区（小区）生产技术要点及参数

1. 肉牛标准化养殖园区（小区）养殖规模

园区（小区）按年肥育 2 批、每批出栏 250 头，年出栏 500 头设计。园区（小区）入驻 10 个养殖单元户，每一个养殖单元户一栋牛舍，每栋牛舍饲养 25 头育肥牛。

2. 肉牛标准化养殖园区（小区）生产技术要点

单栋牛舍实施全进全出的饲养制度。

选择合适的肉用改良牛或良种黄牛作为架子牛进行肥育。

组装和应用先进的饲料加工和日粮调制技术成果，提高日粮的适口性、采食量、养分的消化率和利用率。

科学组织日粮，应用反刍动物营养研究的最新技术配制营养平衡的日粮，提高日增重和饲料转化效率，缩短肥育期。

加强饲养管理和科学地设计牛舍、牛场，确保自由采食和自由饮水，尽可能增加采食量，提高经济效益。

以预防和免疫作为安全生产保障，以无公害饲料为基础，应用科学的肥育方法和技术，以生产安全、优质的高档牛肉为目标，提高养殖效益。

3. 牛群结构与周转

根据肉牛肥育的特点，应选购架子牛进行肥育。

因地制宜选购改良牛或良种黄牛的架子牛肥育。山西省一般选购西门塔尔、皮埃蒙特、利木赞、夏洛来等改良牛或晋南牛等地方良种黄牛为架子牛，以充分利用品种优势或杂种优势提高肥育效果。

当年出栏两批育肥牛，架子牛应选购 1 ~ 2 岁、体重 350kg 以上的架子牛为宜。

架子牛首选公牛，其次为阉牛，再次为母牛。

4. 生产技术参数

肉牛育肥生产架子牛体重以 350kg 计算，育肥至 500kg 以上出栏，日增重 1kg 以上。

日粮精粗比例从肥育准备期的 35 : 65，逐渐增加至肥育期的 60 : 40，如果生产高档牛肉时，可逐渐达到肥育前期的 60 : 40 和肥育后期的 70 : 30。粗饲料中青贮和青干草比例为 60 : 40。

（1）青贮饲料

青贮饲料采食量：每头牛每天采食 12.5 ~ 23.5kg。每个生产单元青贮饲料一年需要储备量为 91.9 ~ 176.3t，1m^3 青贮窖可以贮藏青贮饲料 500kg，需要青贮窖的容积为 360m^3。

（2）秸秆

秸秆采食量：每头牛每天采食 2.0 ~ 3.9kg。每个生产单元秸秆需要量为 15.0 ~ 29.3t。1m^3 贮草棚贮藏 50kg 干玉米秸。

（3）精料

精料采食量：每头牛每天采食 4.5 ~ 9.0kg。每个生产单元年精料需要量为 33.8 ~ 67.5t。

由于各地饲料资源的差别，可充分利用当地的酒糟、黄贮、甜菜渣、麦秸等部分或全部代替上述粗饲料，但力求粗饲料的多样性，以便降低饲料成本，提高饲料的适口性，减少原料价格波动带来的影响，提高经济效益。

（4）排粪量

生产单元年产新鲜粪量 320t 或 56t 干粪。生产单元需要贮粪池 $40m^2$。

5. 人工种草

各园区（小区）可按照青干草需要量组织安排人工牧草的种植。

6. 饲料加工机械设备

饲料加工机组 1 套，大型铡草机 2 台，作为园区（小区）养殖户公用。小型揉切机（或铡草机）10 台，每一养殖单元户 1 台。

7. 肉牛精料混合料参考配方

以《肉牛营养需要和饲养标准》（修订版）为依据，用玉米青贮或玉米秸秆为粗饲料，根据不同体重和日增重设计配方（表 2－1）。

表 2－1　精料混合料参考配方

成分	1	2	3	4
玉米（%）	48.4	54.0	64.4	65.0
小麦麸（%）	17.0	14.7	12.5	12.5
菜粕（%）	6.1	5.3	4.5	4.5
棉籽饼（%）	24.0	20.6	15.0	12.5
石粉（%）	1.3	1.1	0.8	1.3
磷酸氢钙（%）	0.2	1.6	0.1	1.5
食盐（%）	1.0	0.9	0.9	0.9
小苏打（%）	1.0	0.9	0.9	0.9
添加剂（%）	1.0	0.9	0.9	0.9
	玉米青贮 19.5kg，精料 3kg，适用于体重为 300kg、日增重 1kg 的肉牛	玉米秸 4.5kg，精料 3kg，适用于体重为 300kg、日增重 1kg 的肉牛	玉米青贮 21.5kg，精料 4kg，适用于体重为 400kg、日增重 1kg 的肉牛	玉米秸 5.6kg，精料 4kg，适用于体重为 400kg、日增重 1kg 的肉牛

三、肉牛标准化养殖园区（小区）管理

（一）机构设置与人员管理

1. 机构设置

肉牛标准化养殖园区（小区）由组建单位（乡政府、村委会、协会、经济合作组织或企业、大户），协调所有投资方，成立肉牛标准化养殖园区（小区）管理委员会，推选政治素质高、业务能力强的人员，从事肉牛标准化养殖园区（小区）专职或兼职管理工作，负责制定和落实、维护肉牛标准化养殖园区（小区）正常生产的规章制度，同时，负责肉牛标准化养殖园区（小区）内饲料加工间的运营管理以及兽医防疫、技术培训、档案管理、门卫、消防等公益性业务的正常运行。

2. 人员管理

（1）进入肉牛标准化养殖园区（小区）的工作人员必须经卫生部门体检合格；患有人畜共患病、顽固性皮肤疾病等有碍食品卫生疾病的人员不得进入园区（小区）从业；园区（小区）工作人员要建立健康档案，定期对园区（小区）从事肉牛生产的人员进行健康检查。

（2）饲养员上岗应穿着工作服、鞋、帽，并定期清洗消毒。

（3）肉牛标准化养殖园区（小区）从业人员必须经严格消毒后方可进入生产区工作。

（4）未经许可，肉牛标准化养殖园区（小区）谢绝外来人员参观。

（二）生产管理

1. 肉牛标准化养殖园区（小区）严格执行 NY/T 5128—2002《无公害食品　肉牛饲养管理准则》（附录 2 -2）、NY/5127《无公害食品　肉牛饲养饲料使用准则》（附录 2 -3）、NY 5027—2001《无公害食品　畜禽饮用水水质》（附件 1），禁止使用发霉、变质、结块、有异味、臭味和受农药、微生物污染的饲草、饲料，禁止使用国家禁用的饲料和饲料添加剂。

2. 入住肉牛标准化养殖园区（小区）的养殖户应建立肉牛标准化养殖档案，严格执行农业部《畜禽标识和养殖档案管理办法》相关规定，建档立案，做好各项记录。

3. 执行农业部《畜禽标识和养殖档案管理办法》（附件 5）、《牲畜耳标技术规范》（附件 6），对园区（小区）内所有肉牛实行标识管理。

（三）环境管理

1. 园区（小区）内环境管理严格执行 NY/T 1167—2006《畜禽场环境质量及卫生控制规范》（附件 2）。

2. 肉牛标准化养殖园区（小区）内净道和污道要严格分开，不得交叉。

3. 园区（小区）内粪便不得随地堆积，污水不得随意排放。

4. 粪便应采用干清粪工艺，避免粪便与冲洗污水混合，减少污染物排放量，并达到NY/T 1168—2006《畜禽粪便无害化处理技术规范》（附件9）的要求。粪便要日产日清，清出的粪便要及时收集，及时运送到贮存或处理场所。

5. 对可疑病牛应隔离观察、确诊。有饲养价值的病牛应隔离饲养、治疗，彻底治愈后，才能归群。

6. 因传染病和其他需要处死的病牛，应在指定地点进行扑杀，按照GB 16548—2006《病害动物和病害动物产品生物安全处理规程》（附件10）的要求进行处理，不得在养殖园区（小区）内外随意丢弃。

7. 禁止出售病死牛尸体或作为食品进行加工。

（四）疫病防控

1. 所有进出养殖园区（小区）的人员和车辆须通过园区（小区）大门消毒池和喷雾消毒设施进行消毒。

2. 肉牛标准化养殖园区（小区）严禁饲养其他畜禽，并严禁其他畜禽进入。

3. 养殖户购进和运输架子牛或肉牛要向肉牛标准化养殖园区（小区）申报审批，并执行GB 16549—1996《畜禽产地检疫规范》（附件3）和GB 16567—1996《种畜禽调运检疫技术规范》（附件4），出具检疫合格证；所购架子牛要隔离观察30天以上，确定为健康合格后，经过消毒方可进入养殖园区（小区）饲养。

4. 肉牛标准化养殖园区（小区）内的肉牛防疫严格执行NY 5126—2002《无公害食品　肉牛饲养兽医防疫准则》（附录2-4）的防疫程序进行免疫和疫病监测，推荐参考农业部颁布的《牛病免疫推荐方案》（2007，试行）（附录2-4）防疫程序进行免疫和疫病监测，发现疫病及时上报当地畜牧兽医主管部门，并按有关规定及时处理。

5. 定期对牛舍、运动场、用具、道路和周围环境进行清扫和消毒，隔离观察区在使用前后必须清扫和消毒。

6. 所使用的药物应按照NY 5030—2006《无公害食品　畜禽饲养兽药使用准则》（附件7）执行。

肉牛标准化养殖园区（小区）建设图

建筑设计总说明

一、设计依据

1. 标准化养殖园区（小区）建设规划
2. 肉牛养殖生产技术参数
3. 国家现行建筑设计规范、规定和标准

二、工程概况

1. 本设计为标准化肉牛养殖园区（小区）规划方案。
2. 小区占地面积12016m²，折合占地18.02亩，总建筑面积2898.27m²，建筑系数0.236。
3. 本工程为三类建筑，建筑物耐火等级为三级，火灾危险程度为一般。
4. 工程抗震设防烈度根据我国主要城镇抗震设防烈度确定，施工时建筑物须进行抗震设防。

三、设计说明

1. 本设计为建筑规划方案，不做为施工图指导施工。
2. 本设计未配套水、暖、电、电话等公共设施，建设方可根据养殖园区（小区）的实际情况配套公共设施。
3. 本设计单体结构方案为参考方案，建设方须进行施工图设计确定结构设计方案，并遵守国家现行规范、规定，特别是强制性规范。
4. 干草棚及干草堆放处注意防火，须配备2~4个灭火器或设计消防栓。
5. 工程做法未作说明，建设方可本着经济、适用、美观的原则选择工程做法。
6. 其他图中未说明的部分可依据施工图设计或遵守国家现行规范、规定和标准。

四、采用标准

1. 《建筑设计资料集》、《05系列建筑标准设计图集》
2. 《村镇规划卫生标准》GB18055、《建筑设计防火规范》GB50016

图纸目录

序号	图别图号	图名	备注
1	附图2-1	总平面布置图、建筑物明细表、技术经济指标	
2	附图2-2	单列肉牛舍平立剖面图	
3	附图2-3、附图2-4	双列肉牛舍平立剖面图	
4	附图2-5	青贮窖平面剖面图	
5	附图2-6	干草棚平立剖面图	
6	附图2-7、附图2-8	饲料加工间平立剖面图	
7	附图2-9	紫外消毒间平面剖面图	
8	附图2-10	兽医室平立剖面图	
9	附图2-11	隔离牛舍平立剖面图	
10	附图2-12	培训室、办公室、门房平立剖面图	

功能分区示意图

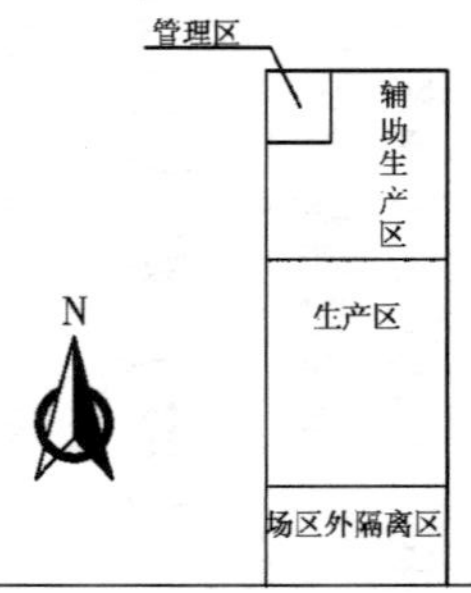

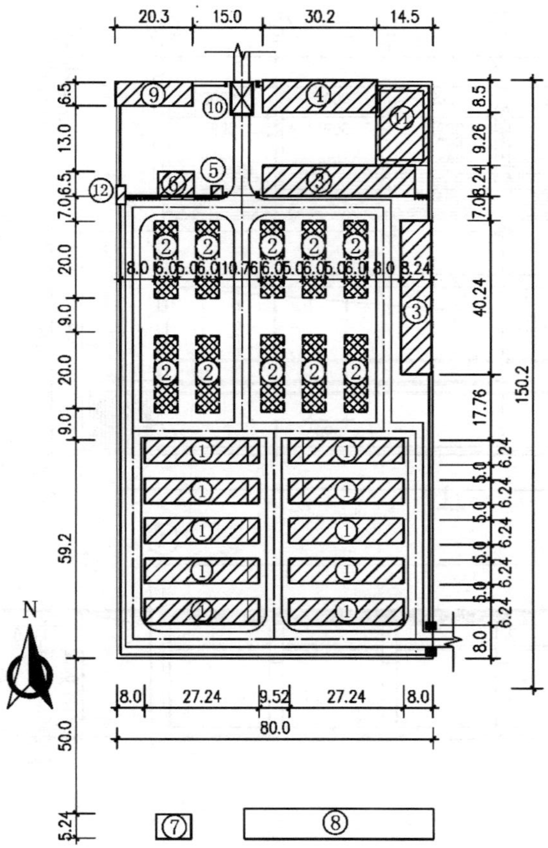

总平面布置图

建筑物明细表

序号	工程名称	建筑面积(m²)	备注	序号	工程名称	建筑面积(m²)	备注
①	牛舍	169.98X10=1699.8		⑦	隔离牛舍	57.66	场区下风向50m的位置处
②	青贮窖		20X6X3X10=3600m³	⑧	堆粪场		400
③	干草棚	663.16		⑨	培训室、办公室、门房	131.95	
④	饲料加工间	256.7		⑩	消毒池		24.0
⑤	紫外消毒间	12.25		⑪	晒场		200
⑥	兽医室	61.75		⑫	旱厕	15	
	合计	总建筑面积 2898.27m² 不包括隔离牛舍的建筑面积 2840.61m²					

技术经济指标列表

序号	技术经济指标	数量(m²)	序号	技术经济指标	数量(m)
1	占地面积	12016 折合 18.02 亩	5	道路	2100
2	不包括隔离牛舍的建筑面积	2840.61	6	围墙	365
3	隔离牛舍	57.66	7	矮花墙	23.0
4	总建筑面积	2898.27	8	建筑系数	0.236

图例

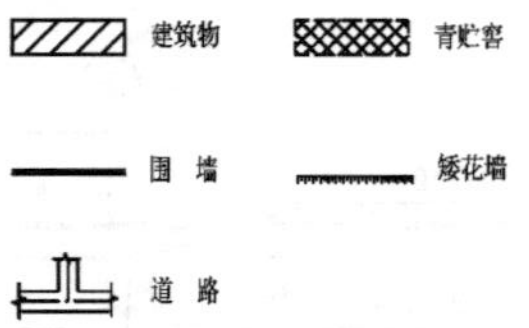

说明

1、尺寸标注单位为米。

2、建设单位可根据实际情况配套配电室、水泵房等公共设施。

3、本方案没有计算场地利用系数，场地利用系数等于建筑面积+构筑物面积+晒场等与占地面积的比。

4、隔离牛舍和堆粪场应位于小区的下风向 50m 以外。

附图2-1

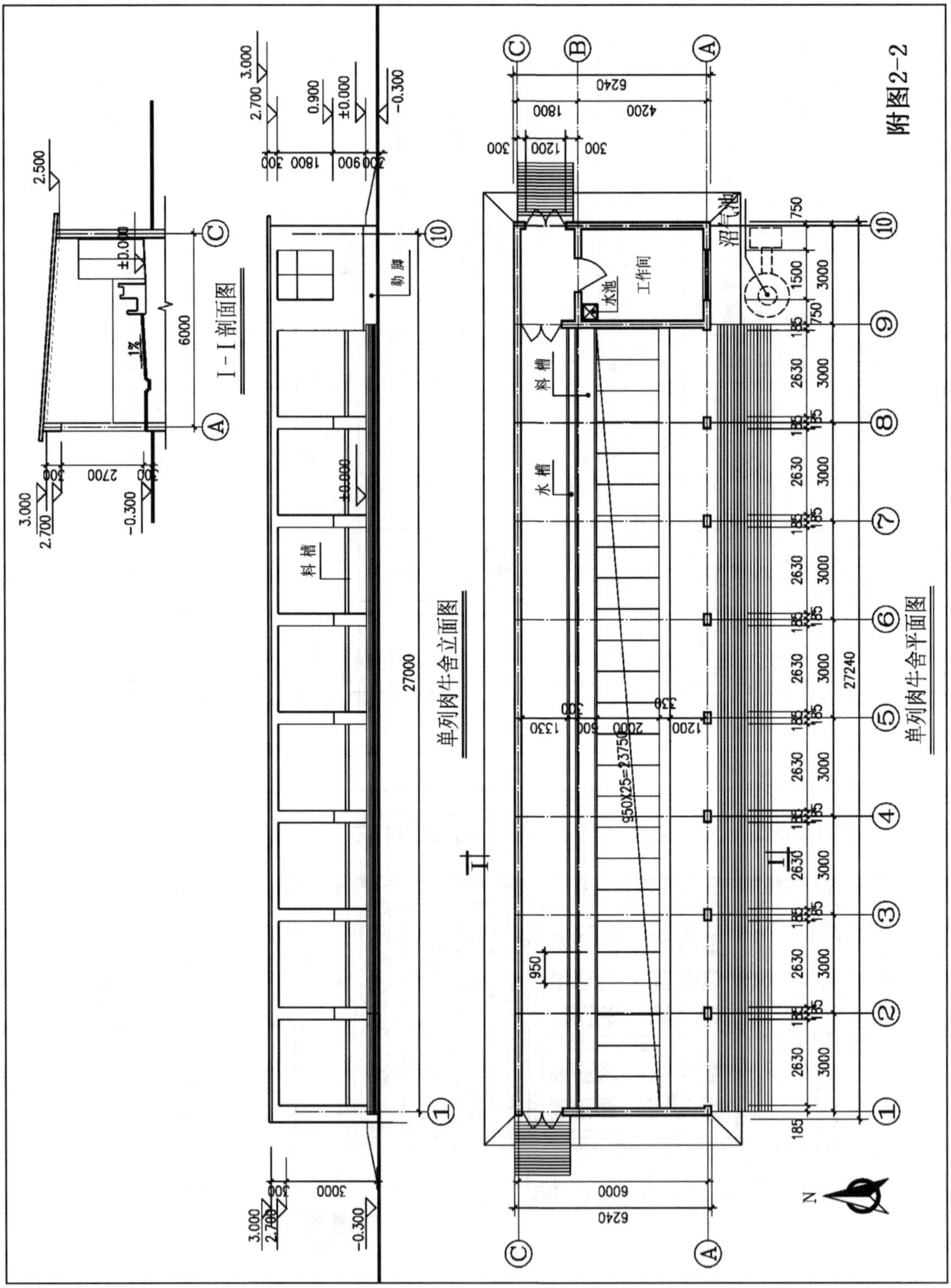

附图2-2

附图2-3

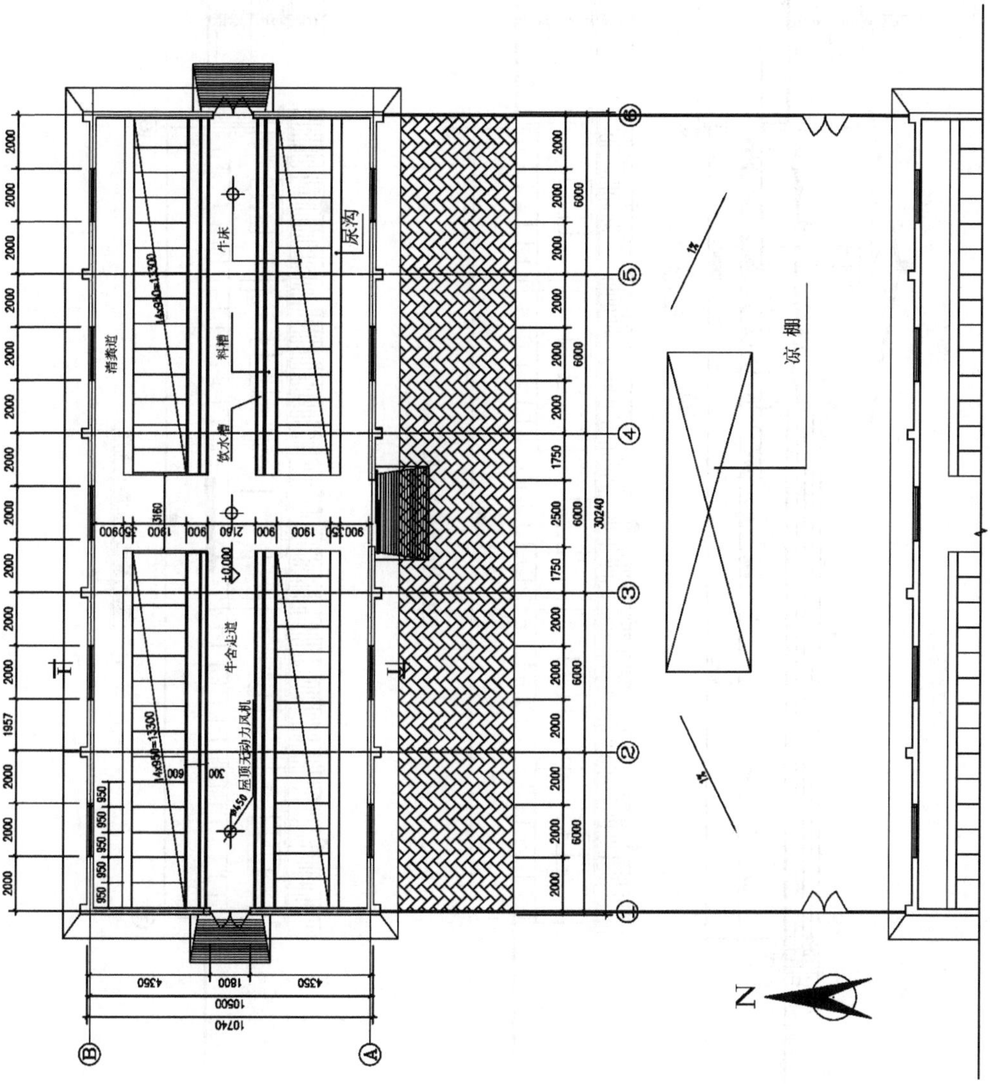

双列肉牛舍平面图

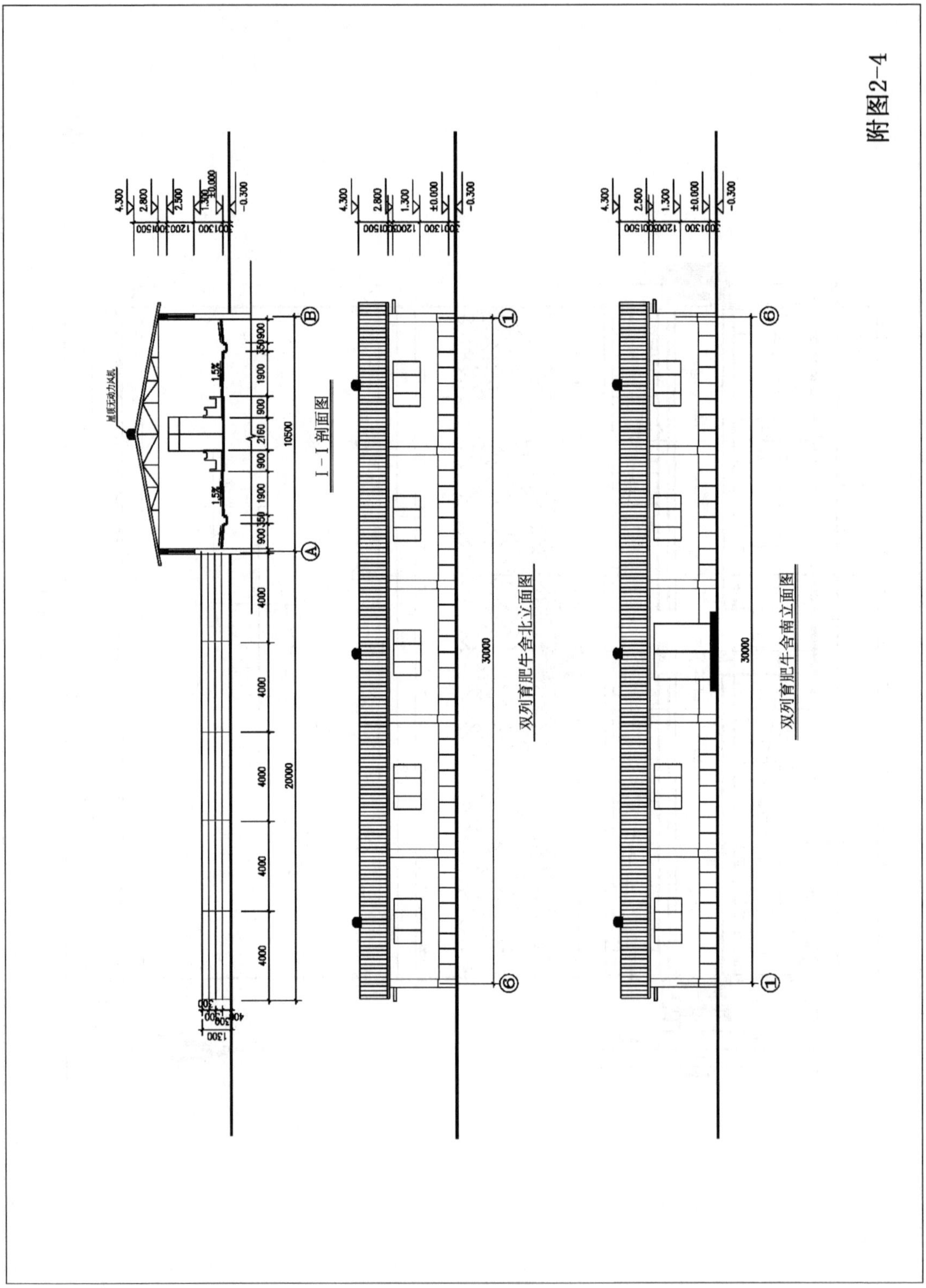
附图2-4
I-I剖面图
屋顶无动力风机
双列育肥牛舍北立面图
双列育肥牛舍南立面图
10500
20000
30000

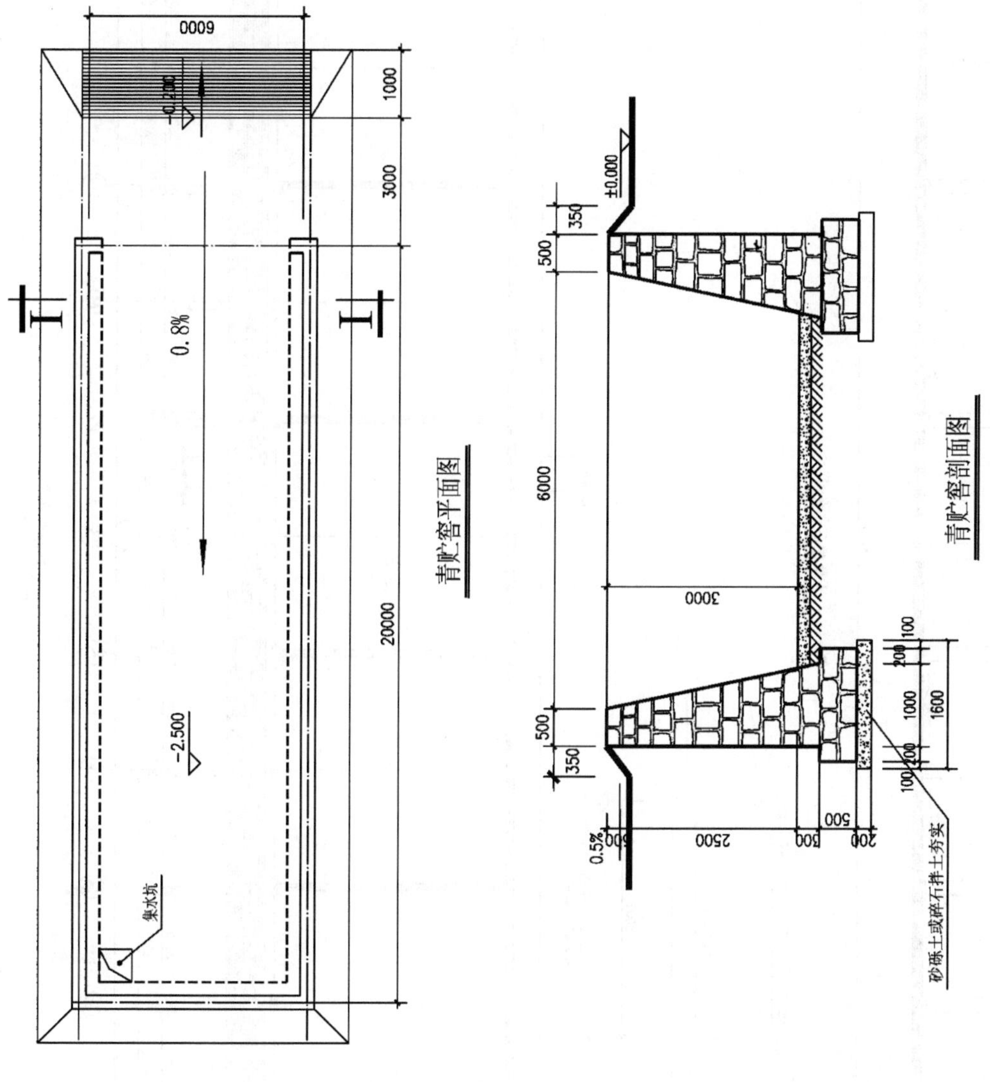
青贮窖平面图
6000
1000
3000
20000
0.8%
-2.500
集水坑
青贮窖剖面图
±0.000
350
500
6000
3000
2500
300
200
100
1000
1600
0.5%
砂砾土或碎石拌土夯实

附图2-5

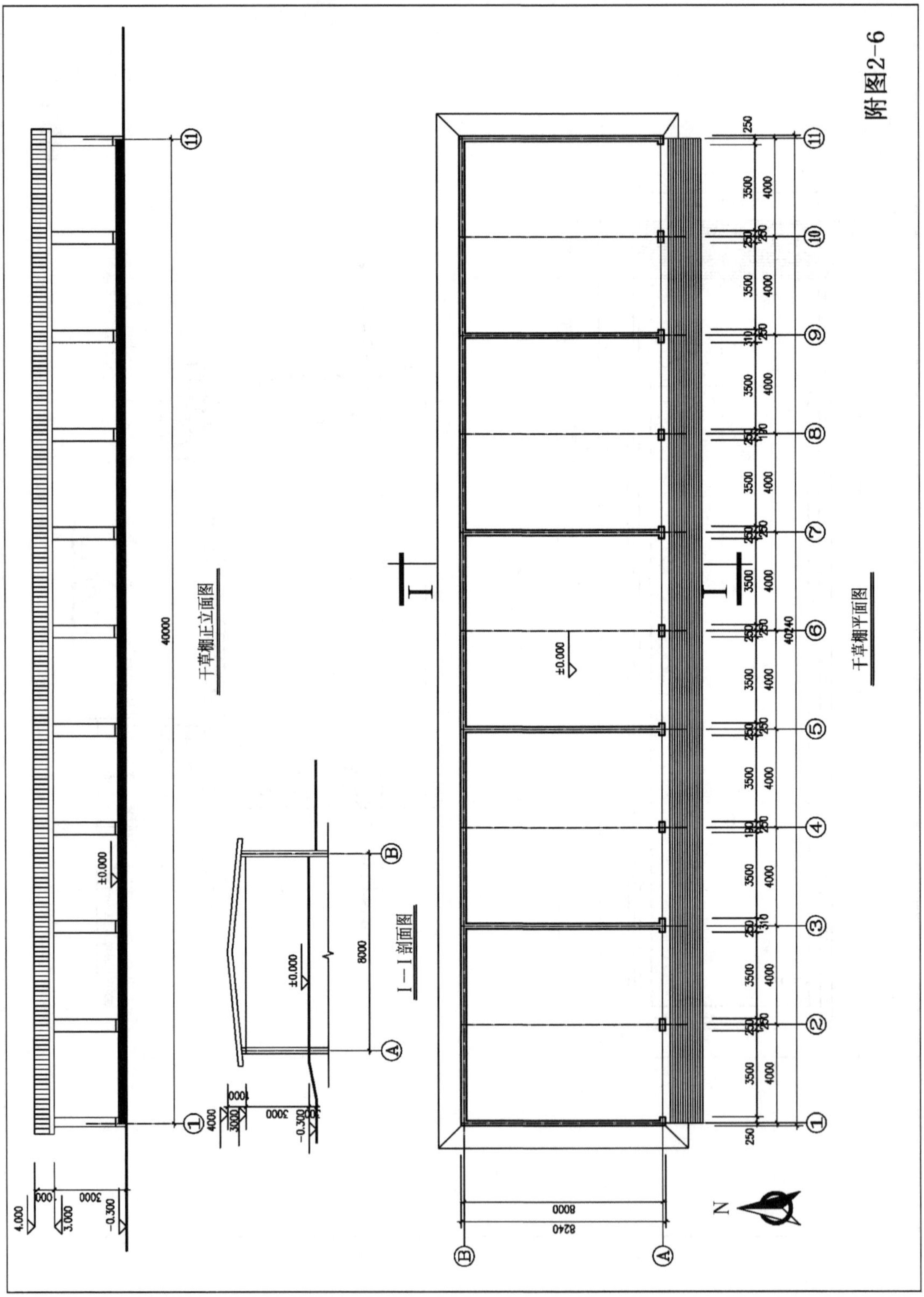
附图2-6
干草棚正立面图
I—I剖面图
干草棚平面图
40000
40240
8000
8240
±0.000
4.000
3.000
-0.300
N

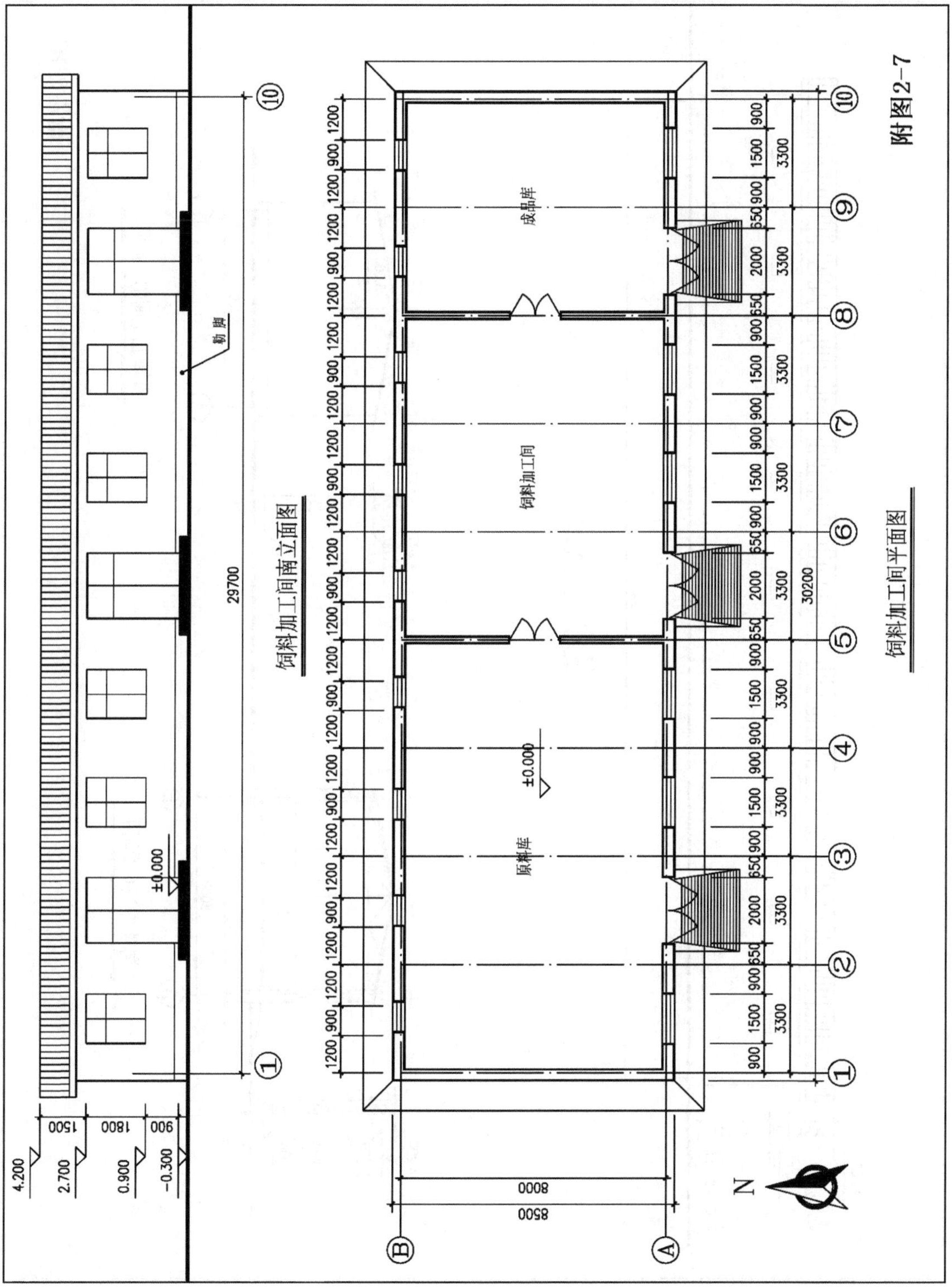

附图2-7

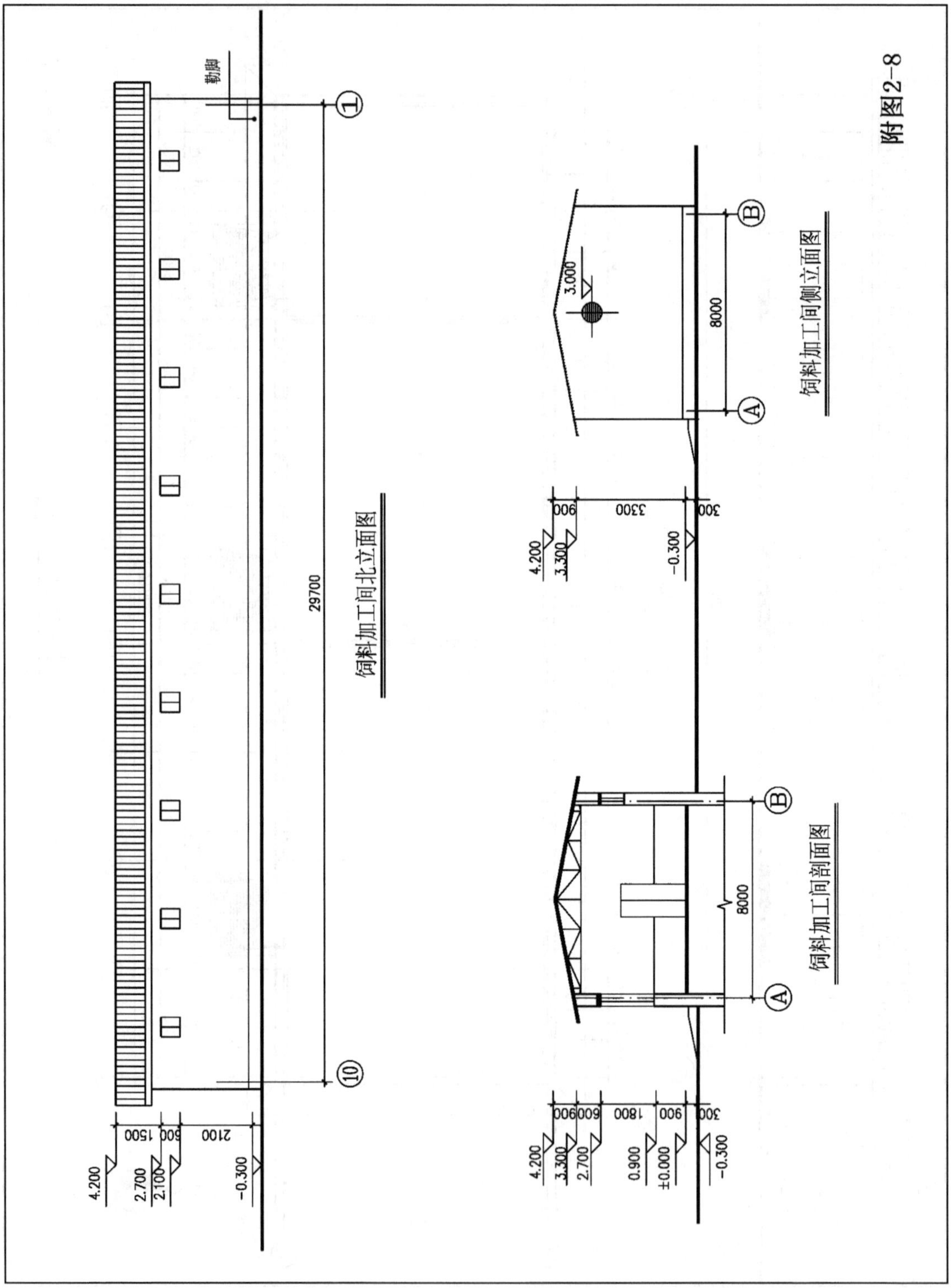
勒脚
饲料加工间北立面图
29700
饲料加工间侧立面图
8000
饲料加工间剖面图
8000
4.200
3.300
2.700
2.100
0.900
±0.000
-0.300
3.000

附图2-8

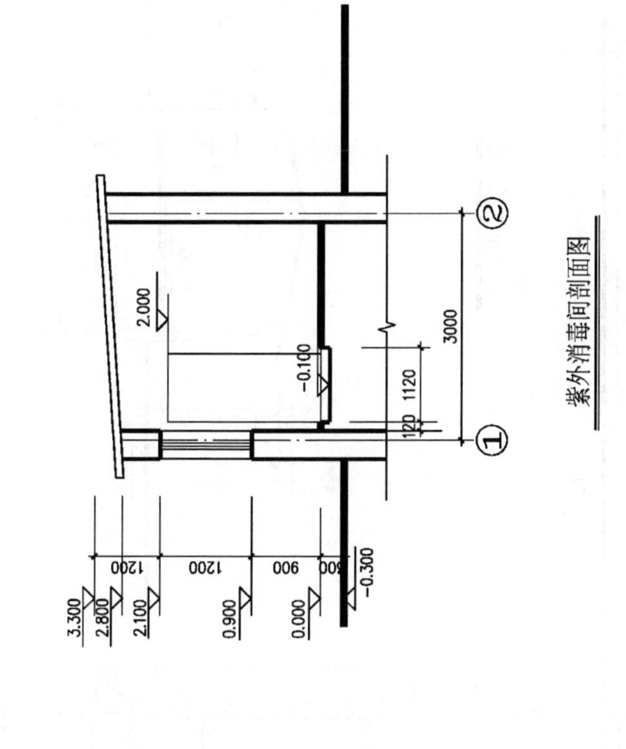
紫外消毒间剖面图
3.300
2.800
2.100
0.900
0.000
-0.300
1200
1200
900
300
2.000
-0.100
3000
1120
120
①
②
紫外消毒间平面图
更衣柜
±0.000
消毒池
-0.100
1000
3000
3500
240
3000
3500
Ⓐ
Ⓑ
N

附图2-9

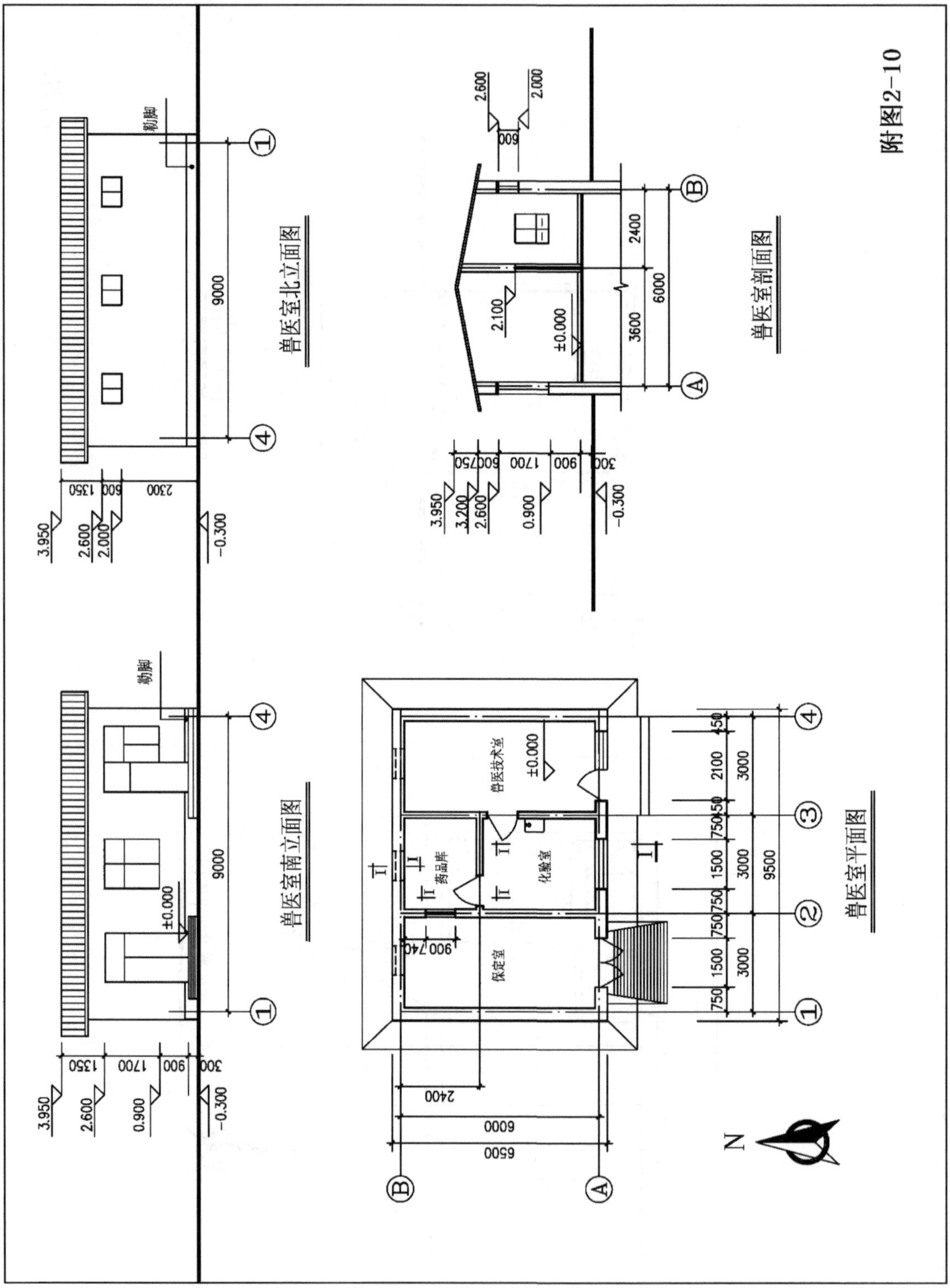
兽医室北立面图
兽医室南立面图
兽医室剖面图
兽医室平面图
勒脚
兽医技术室
药品库
化验室
保定室
±0.000
-0.300
3.950
2.600
2.000
0.900
3.200
2.100
9000
9500
6000
6500
2400
3600
N

附图2-10

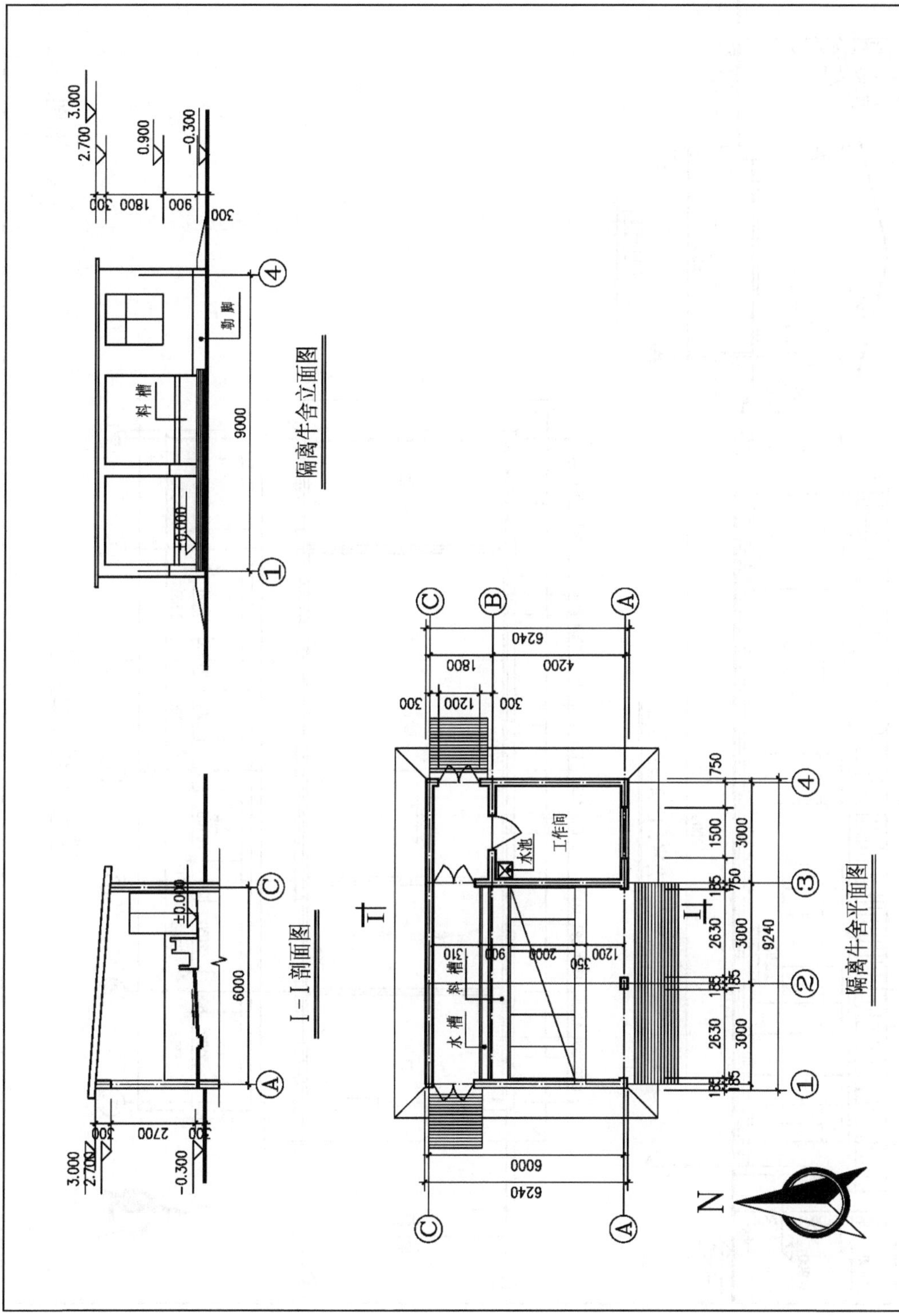

附图2-11

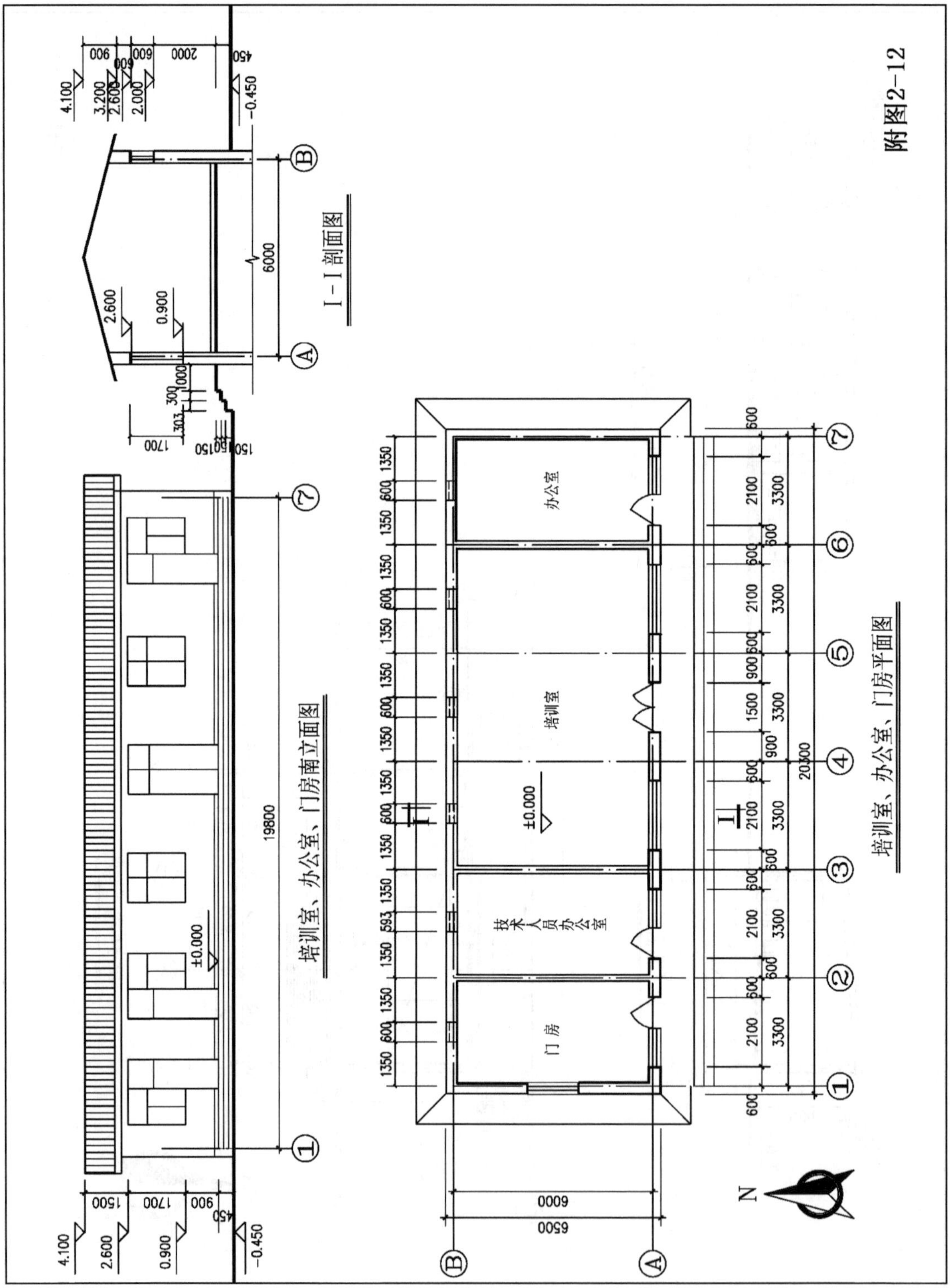
I－I剖面图
培训室、办公室、门房南立面图
培训室、办公室、门房平面图
办公室
培训室
技术人员办公室
门房
19800
20300
6000
6500
±0.000
-0.450
4.100
2.600
0.900
N

附图2-12

附录 2　肉牛标准化养殖小区建设管理规程

1　范围

本标准规定了肉牛标准化养殖小区的术语与定义、养殖小区建设、牛群、饲草料及加工调制、饲养管理、消毒与防疫、废弃物处理、组织管理、记录与档案管理。

本标准适用于年出栏 500 头左右的肉牛标准化养殖园区（小区）的建设和管理，同等规模的肉牛标准化养殖场（户）参照执行。

2　规范性引用文件

下列文件中的条款通过本标准的引用而构成为本标准的条款。凡是注日期的引用文件，其随后所有的修改单（不包括勘误的内容）或修订版均不适用于本标准，然而，鼓励根据本标准达成协议的各方研究是否可使用这些文件的最新版本。凡是不注日期的引用文件，其最新版本适用于本标准。

GB 3095　环境空气质量标准
GB 13078　饲料卫生标准
GB 16548　畜禽病害肉尸及其产品无害化处理规程
GB 16549　畜禽产地检疫规范
GB 16567　种畜禽调运检疫技术规范
GB 18596　畜禽养殖业污染物排放标准
GB 50052　供配电系统设计规范
GBJ 39　村镇建设计防火规范
NY/T 388　畜禽场环境质量标准
NY/T 682　畜禽场场区设计技术规范
NY/T 815　肉牛饲养标准
NY/T 1167　畜禽场环境质量与卫生控制规范
NY/T 1168　畜禽粪便无害化处理技术规范
NY 5027　无公害食品　畜禽饮用水水质标准
NY 5030　无公害食品　畜禽饲养兽药使用准则
NY 5126　无公害食品　肉牛饲养兽医防疫准则
NY 5127　无公害食品　肉牛饲养饲料使用准则
NY/T 5128　无公害食品　肉牛饲养管理准则
SL 310　村镇供水工程技术规范
兽药国家标准和部分品种的停药期规定　中华人民共和国农业部公告第 278 号

畜禽标识和养植档案管理办法　中华人民共和国农业部令2006年第67号

牲畜耳标技术规范　中华人民共和国农业部

3　术语和定义

下列术语和定义适用于本标准。

3.1　标准化养殖小区

指按照畜禽养殖场所与居民生活区分离的原则，由地方人民政府或村民委员会规划，以统一建设、统一管理、统一防疫、分户饲养为主要模式，布局合理、设施完善、功能齐全、高效安全的集中从事畜禽养殖活动的区域。

3.2　架子牛

指骨骼和内脏获得优先发育、部分肌肉生长发育受到限制而不够屠宰体况的肉用牛。

3.3　净道

场区内用于健康牛群与饲料等洁净物品转运的专用道路。

3.4　污道

场区内用于垃圾、粪便、病死牛等非洁净物品出场的专用道路。

3.5　肉牛能量单位

以1kg中等玉米所含的综合净能值8.08MJ为一个肉牛能量单位。

3.6　综合净能

饲料消化能同时转化为维持净能和增重净能的值。

3.7　青贮饲料

通过青贮技术处理的饲草料，如青贮玉米、青贮牧草、青贮农作物秸秆等。

4　养殖小区建设

4.1　选址

养殖小区应位于法律法规明确规定的禁养区以外，地势高燥、通风良好、交通便利、水电供应稳定、隔离条件良好的地域。

4.1.1　养殖小区应距离城镇居民点、学校、医院长年主导风向的下风向或侧风向1 000m以外；距离干线公路、铁路1 000m以上；周围3 000m以内无大型化工厂、矿区、皮革厂、屠宰厂、肉品加工厂和其他畜牧场。

4.1.2　建设用地水源充足，水质应符合NY 5027。

4.1.3　地域大气环境质量应符合GB 3095。

4.1.4　禁止在旅游区、自然保护区、水源保护区、环境公害和畜禽疾病污染严重的地区建设养殖小区。

4.1.5　占地面积

年出栏500头肉牛的肉牛标准化养殖小区占地面积不少于12 000m^2（18亩）。

4.2　总平面布局

4.2.1　布局原则

以布局紧凑、节约用地、科学实用、便于管理、利于防疫和安全生产为原则。养殖小区内防火执行GBJ 39。

4.2.2　养殖小区功能区包括生活管理区、辅助生产区、生产区和隔离区。

4.2.2.1　生活管理区

包括门卫值班室、办公室、技术培训室、兽医室、业务洽谈室等，位于养殖小区的上风向区域。

4.2.2.2　辅助生产区

包括草料库、饲料加工间、青贮窖、配电室和水泵房等，位于生产管理区的下风向或侧风向。

4.2.2.3　生产区

包括育肥牛舍等，位于生活管理区与辅助生产区的下风向。圈舍间距不少于20m，牛舍长轴平行，排列整齐。入口处设消毒更衣室和车辆消毒池。

4.2.2.4　隔离区

包括病牛隔离治疗舍、粪便处理场及沼气设施等，位于生产区下风向，与生产区保持50m以上的防疫距离或建于养殖小区外下风向区域。

4.3　建设

4.3.1　配套工程

4.3.1.1　养殖小区给排水管线工程参照SL 310设计。

4.3.1.2　采取专线供电，执行GB 50052，并自备发电机组。

4.3.1.3　消毒池设在大门口以及生产区进出口，消毒液应使用2%烧碱，每3~7d更换一次。人行通道设在消毒间内，在消毒间的顶棚安装紫外线消毒或喷雾消毒设施，并设计洗手池和更衣柜。

4.3.2　牛舍建筑

4.3.2.1　方位与平面布置

牛舍应采用南北走向单列式牛舍，建设应符合NY/T 682。

4.3.2.2　牛舍环境

应具备良好的保温隔热、通风、排湿以及采光性能，参照NY/T 388执行。

牛舍采用自然通风为主，辅助机械通风。

4.3.2.3　建设面积

使用面积平均每头牛6.8m^2。

4.3.2.4　牛舍地面

舍内地面高出舍外20~30cm，出入口采取坡道连接，不设台阶和门槛。舍内饲料通道净宽大于1.2m，并满足饲料车的通行要求。

4.3.2.5　牛床

牛床应保温防滑、坚固耐用，朝粪尿沟方向倾斜，坡度1.5%。牛床规格长度1.6~1.8m，宽度1.1~1.2m。

4.3.2.6　饲槽

饲槽应坚实、光滑、不漏水，底部为圆弧形，无死角。长度与牛床宽度一致。饲槽底部高于牛床10~15cm，饲槽和水槽外宽0.9m，饲槽内宽0.32m，水槽内宽0.25m，一端有进水口，另一端设有排水口。颈枷为下颈链式，在内槽沿有固定环，绳索系于牛颈部、鼻环和固定环之间。

4.3.2.7　粪尿沟

位于牛床与清粪走道之间，宽 40cm 左右，深 10～20cm，向排水降口倾斜，坡度 1.5%～2%。降口处设下水篦栏。

4.3.2.8　窗户

窗户面积与舍内面积之比为 1：12，窗台高 1.2m。

4.3.3　草料库

饲草棚应满足 3～6 个月生产需要，饲料原料库要满足 1～2 个月生产需要。

4.3.4　青贮窖

建于排水良好、地下水位低的地方，青贮窖墙体应参考挡土墙设计，注意墙体的防侧滑移和倾覆。每头有效容积 $10m^3$。

4.3.5　饲料加工间

应配备国家定型的饲料加工机组，也可直接外购商品饲料进行饲喂。

5　牛群

5.1　饲养模式

采用全进全出的架子牛肥育模式。

5.2　架子牛选择

购入的架子牛年龄 1～2 岁、体重 350kg 以上；首选公牛，其次为阉牛，再次为母牛。品种选购西门塔尔、利木赞、夏洛来、皮埃蒙特等与本地牛的改良架子牛，或晋南牛等地方良种黄牛。严禁从疫区引种，架子牛调运、检疫、隔离要执行 GB 16549 和 GB 16567。

6　饲草料及加工调制

6.1　原料选用与贮存

饲料原料的使用执行 NY 5127。卫生标准执行 GB 13078。

6.2　饲草料加工

6.2.1　青干草制作

禾本科牧草应于抽穗期刈割，豆科牧草应于现蕾、初花期刈割，及时晾晒贮存。

6.2.2　青贮饲料制作

6.2.2.1　地点选择

应选择地势高燥、排水良好、取用方便、周围无污染物的地方。

6.2.2.2　青贮设施

常用青贮窖、青贮池等设施，青贮窖、青贮池要坚固耐用，不透气，不漏水，窖、池内转角一律做成弧形，底部坡度 1%，靠取料口一侧设计积水井。

6.2.2.3　青贮原料

常用青贮原料为无杂质和泥土的带穗玉米、优质禾本科牧草及农作物秸秆等，其含水量应在 60%～70%。

6.2.2.4　操作要点

把青贮原料切碎为 2～4cm 的小段，随切分层压实（层厚 30～50cm）填入青贮窖、池内，待所填原料高出窖壁 50cm 时，整理呈鱼脊背式用塑料膜盖严密封，再用土覆盖 50cm 压实。

6.2.2.5　管护

定期检查，发现裂缝或塌陷及时加土填实。

6.2.2.6　青贮时间

35 ~45d 即可开窖饲喂。

6.2.3　秸秆类饲料加工调制

6.2.3.1　物理处理

切短、粉碎、揉搓、压块、制粒等。

6.2.3.2　化学处理

石灰液处理、氢氧化钠液处理、氨化处理等。

6.3　日粮配制

根据不同肥育阶段肉牛的营养需求，配制不同日粮，营养水平执行 NY/T 815。

7　饲养管理

7.1　肥育前期

7.1.1　饲养

7.1.1.1　肥育方法

应用后期集中肥育方法肥育，选择 350kg 体重架子牛，育肥至 500kg 以上出栏。

7.1.1.2　肥育方案

架子牛开始体重为 350kg，经过 5 个月左右的强度肥育，出栏体重为 500kg 以上。详细肥育方案见表 1。

日粮精粗比例从肥育准备期的 35：65，逐渐增加至肥育后期的 50：50，如果生产高档牛肉时，可逐渐达到肥育后期的 70：30。粗饲料中青贮和青干草比例为 60：40。

表 1　350kg 以上架子牛肥育方案

肥育阶段	开始体重（kg）	日增重（kg）	肥育天数（d）	日粮粗蛋白质含量（%）	精粗比
肥育准备期	350	0.8	15.0	11.0	35：65
肥育前期	362	1.0	45.0	11.0	(50 ~55) ：(50 ~45)
肥育后期	407	1.2	90.0	10.0	(55 ~65) ：(45 ~35)

7.1.1.3　日粮适应

从隔离期开始直至肥育前期，逐渐提高日粮能量浓度，以适应高能日粮，为肥育后期奠定基础。

7.1.1.4　日粮组成多样化

日粮组成多样化不仅在于营养物质的互补、适口性提高，更重要的在于成本的下降，极大地降低饲料原料价格波动的风险。

7.1.1.5　日粮成分的稳定性

在日粮组成多样化前提下，要保持日粮成分的稳定性，如果更换饲料，须有过渡期。

7.1.1.6　控制日粮精粗比

从肥育前期的35∶65，逐渐增加至肥育后期的50∶50，如果生产高档牛肉时，可逐渐达到肥育后期的60∶40甚至70∶30。

7.1.1.7　精料补充料定量，粗饲料自由采食

按照肥育牛体重的1.0%～1.5%实施精料补充料定量，粗饲料自由采食原则，在保证精料补充料的前提下，粗饲料少喂勤添，自由采食，饲槽中随时都有剩草，但每天要清除剩草一次。有条件的小区也可以采用全混合日粮技术饲喂。

7.1.2　管理

7.1.2.1　分舍、分槽段饲养

购回的架子牛经过在隔离舍检疫后，按性别、年龄、性情等分圈、分槽段饲养，避免以强凌弱、惊扰牛群，以适应不同生长发育速度的牛对不同营养需要的要求。

7.1.2.2　精料补充料饲喂次数

每天饲喂精料补充料3次，饲喂间隔时间应均衡，也可根据具体情况采用不均衡方法。

7.1.2.3　固定饲喂顺序

日粮饲喂顺序要固定，先喂精料补充料，随后喂粗料。不得随意改变饲喂顺序。

7.1.2.4　固定精料补充料饲喂时间

每次饲喂时间固定，不得随意改变作息时间，避免管理应激。

7.1.2.5　饮水

保证水槽中经常有洁净、充足的饮水，控制水温冬天不结冰。每头每天需水量30～50L。

7.1.2.6　刷拭

每天刷拭肥育牛一遍，尤其肩部、臀部和后肢等，防止体外寄生虫病发生。

7.1.2.7　舍内环境控制

保持架子牛周围环境的安静，减少噪音，禁止陌生人员接近。

7.1.2.8　驱虫

每批架子牛在春季或秋季进行一次体内外驱虫。用伊维菌素（虫克星）驱虫，投药后3天内的粪便集中堆积发酵处理，以杀灭虫卵等。

7.1.2.9　清除牛舍内废弃物

每天清除肥育牛舍内的粪尿等废弃物一次，以保持牛舍和牛体卫生。

7.2　肥育后期

7.2.1　饲养

7.2.1.1　实行阶段饲养法

根据肥育方案，对不同体重、不同日增重的肥育牛的营养需求特点，首先在满足营养需要的前提下，坚持日粮组成多样化，实行阶段饲养法，以达到不同市场需求的目的。

7.2.1.2　逐渐增加精粗比，提高日粮能量浓度

从肥育前期的35∶65，逐渐增加精粗比，达到肥育后期规定的比例。

7.2.2　管理

7.2.2.1　坚持勤观察

随时观察肉牛的鼻镜、粪便、食欲、被毛、眼神和精神状况等，如果发现鼻镜干燥、粪便变稀、食欲下降、被毛蓬乱等，要及时诊治。

7.2.2.2　抽查体重

在肥育期间，每月至少抽查6头牛的体重变化，以及时了解日增重情况，作为调整日粮和修订肥育计划的依据。

7.2.2.3　适时出栏

体重一般达到500kg以上就依据市场情况出栏。上市肉牛休药期执行NY 5030和农业部《兽药国家标准和部分品种的停药期规定》。

8　消毒与防疫

8.1　消毒

创建良好的生产环境条件，搞好卫生控制，参照NY/T 1167。

8.2　防疫

养殖小区的防疫参照NY 5126。

9　废弃物处理

9.1　病害物处理

病害物的处理执行GB 16548。

9.2　粪便处理与排放

粪便无害化处理采用NY/T 1168，污染物排放执行GB 18596。

10　组织管理

10.1　组织形式

建立具有法人资质的组织机构，对养殖小区进行统一管理。

10.2　管理模式

实行统分结合的管理运行模式。统一建设、统一品种、统一防疫、统一服务、统一无害化处理、统一销售，分户饲养。

10.3　人员管理

10.3.1　从业人员

配备与生产规模相适应的畜牧、兽医技术人员。

从业人员应身体健康，并定期进行健康检查，有传染病患者应及时调出。

10.3.2　技术培训

根据生产需要制定培训计划，定期聘请畜牧兽医专家对入区养殖户进行技术培训。

10.4　制度建设

建立完善的规章制度，包括生产管理制度、物品管理制度、出入场管理制度、兽药和疫苗购进使用管理制度、饲料加工使用管理制度、各项技术操作规程、卫生防疫制度、卫生消毒制度、档案制度、病死牛无害化处理制度、疫情监测报告制度、技术培训制度等。

11 记录与档案管理

11.1 根据农业部发布的《畜禽标识与养殖档案管理办法》和《牲畜耳标技术规范》，建立肉牛日常生产记录，配备专门或兼职的记录员，负责档案记录与保管，生产记录应保存3年以上，牛群谱系资料长期保存。

11.2 记录内容包括人员与肉牛出入记录、卫生防疫与保健记录、饲料兽药使用记录、兽医治疗记录、日增重记录、饲料转化效率记录、产品销售及肉牛淘汰等生产经营记录。

11.3 分析汇总根据原始记录，定期进行统计、分析和总结。

附录3　无公害食品　肉牛饲养管理准则

1　范围

本标准规定了无公害肉牛生产中环境、引种和购牛、饲养、防疫、管理、运输、废弃物处理等涉及肉牛饲养管理的各环节应遵循的准则。

本标准适用于生产无公害牛肉的种牛场、种公牛站、胚胎移植中心、商品牛场、隔离场的饲养与管理。

2　规范性引用文件

下列文件中条款通过本标准的引用而成为本标准的条款。凡是注日期的引用文件，其随后所有的修改单（不包括勘误的内容）或修订版均不适用于本标准，然而，鼓励根据本标准达成协议的各方研究是否可使用这些文件的最新版本。凡是不注日期的引用文件，其最新版本适用于本标准。

GB 16548　畜禽病害肉尸及其产品无害化处理规范

GB 16549　畜禽产地检疫规范

GB 16567　种畜禽调运检疫技术规范

GB/T 18407.3—2001　农产品安全质量　无公害畜禽产地环境要求

GB 18596　畜禽场污染物排放标准

NY/T 388　畜禽场环境质量标准

NY 5027　无公害食品　畜禽饮用水水质标准

NY 5125　无公害食品　肉牛饲养兽药使用准则

NY 5126　无公害食品　肉牛饲养兽医防疫准则

NY 5127　无公害食品　肉牛饲养饲料使用准则种畜禽管理条例饲料和饲料添加剂管理条例

3　术语和定义

下列术语和定义语适用于本标准。

3.1　肉牛 beef cattle

在经济或体形结构上用于生产牛肉的品种（系）。

3.2　投入品 input

饲养过程中投入的饲料、饲料添加剂、水、疫苗、兽药等物品。

3.3　净道 non-pollution road

牛群周转、场内工作人员行走、场内运送饲料的专用道路。

3.4 *污道* pollution road

粪便等废弃物运送出场的道路。

3.5 *牛场废弃物* cattle farm waste

主要包括牛粪、尿、尸体及相关组织、垫料、过期兽药、残余疫苗、一次性使用的畜牧兽医器械及包装物和污水。

4 牛场环境与工艺

4.1 牛场环境应符合 GB/ T 18407.3 要求。

4.2 场址用地应符合当地土地利用规划的要求，充分考虑牛场的放牧和饲草、饲料条件。

4.3 牛场的布局设计应选择避风和向阳，建在干燥、通风、排水良好、易于组织防疫的地点。牛场周围 1 000m 内无大型化工厂、采矿场、皮革厂、肉品加工厂、屠宰场、饲料厂、活畜交易市场和畜牧场污染源。牛场距离干线公路、铁路、城镇、居民区和公共场所 500m 以上，牛场周围有围墙（围墙高 >1.5m）或防疫沟（防疫沟宽 >2.0m），周围建立绿化隔离带。

4.4 饲养区内不应饲养其他经济用途的动物，饲养区外 1 000m 内不应饲养偶蹄动物。

4.5 牛场管理区、生活区、生产区、粪便处理区应分开。牛场生产区要布置在管理区主风向的下风或侧风向，隔离牛舍，污水、粪便处理设施和病、死牛处理区设在生产区主风向的下风或侧风向。

4.6 场区内道路硬化，裸露地面绿化，净道和污道分开，互不交叉，并及时清扫和定期或不定期消毒。

4.7 实行按生长阶段进行牛舍结构设计，牛舍布局符合实行分阶段饲养方式的要求。

4.8 种牛舍设计应能保温隔热，地面和墙壁应便于清洗和消毒，有便于废弃物排放和处理的设施。

4.9 牛场应设有废弃物贮存、处理设施，防止泄露、溢流、恶臭等对周围环境造成污染。

4.10 牛舍应通风良好，空气中有害气体含量应符合 NY/T 388 的要求，温度、湿度、气流、光照符合肉牛不同生长阶段要求。

5 引种和购牛

5.1 引进种牛要严格执行《种畜禽管理条例》第 7 条、第 8 条、第 9 条，并按照 GB 16567 进行检疫。

5.2 购入牛要在隔离场（区）观察不少于 15d，经兽医检查确定为健康合格后，方可转入生产群。

6 饲养投入品

6.1 *饲料和饲料添加剂*

6.1.1 饲料和饲料原料应符合 NY 5127。

6.1.2 定期对各种饲料和饲料原料进行采样和化验。各种原料和产品标志清楚，在洁净、干燥、无污染源的储存仓内储存。

6.1.3　不应在牛体内埋植或在饲料中添加镇静剂、激素类等违禁药物。

6.1.4　使用含抗生素的添加剂时，应按照《饲料和饲料添加剂管理条例》执行休药期。

6.2　饮水

6.2.1　水质应符合 NY 5027 的要求。

6.2.2　定期清洗消毒饮水设备。

6.3　疫苗和使用

6.3.1　牛群的防疫应符合 NY 5126 的要求。

6.3.2　防疫器械在防疫前后应彻底消毒。

6.4　兽药和使用

6.4.1　治疗使用药剂时，执行 NY 5125 的规定。

6.4.2　肉牛肥育后期使用药物时，应根据 NY 5125 执行休药期。

6.4.3　发生疾病的种公牛、种母牛及后备牛必须使用药物治疗时，在治疗期或达不到休药期的不应作为食用淘汰牛出售。

7　卫生消毒

7.1　消毒剂

选用的消毒剂应符合 NY 5125。

7.2　消毒方法

7.2.1　喷雾消毒

对清洗完毕后的牛舍、带牛环境、牛场道路和周围以及进入场区的车辆等用规定浓度的次氯酸盐、有机碘混合物、过氧乙酸、新洁尔灭、煤酚等进行喷雾消毒。

7.2.2　浸液消毒

用规定浓度的新洁尔灭、有机碘混合物或煤酚等的水溶液，洗手、洗工作服或胶靴。

7.2.3　紫外线消毒

人员入口处设紫外线灯照射至少 5min。

7.2.4　喷洒消毒

在牛舍周围、入口、产床和牛床下面撒生石灰、火碱等进行消毒。

7.2.5　火焰消毒

在牛只经常出入的产房、培育舍等地方用喷灯的火焰依次瞬间喷射消毒。

7.2.6　熏蒸消毒，用甲醛等对饲喂用具和器械在密闭的室内或容器内进行熏蒸。

7.3　消毒制度

7.3.1　环境消毒

牛舍周围环境每 2 ~3 周用 2% 火碱或撒生石灰消毒 1 次；场周围及场内污染池、排粪坑、下水道出口，每月用漂白粉消毒 1 次。在牛场、牛舍入口设消毒池，定期更换消毒液。

7.3.2　人员消毒

工作人员进入生产区净道和牛舍要更换工作服和工作鞋、经紫外线消毒。外来人员必须进入生产区时，应更换场区工作服和工作鞋，经紫外线消毒，并遵守场内防疫制度，按指定路线行走。

7.3.3 牛舍消毒

每批牛只调出后，应彻底清扫干净，用水冲洗，然后进行喷雾消毒。

7.3.4 用具消毒

定期对饲喂用具、饲料车等进行消毒。

7.3.5 带牛消毒

定期进行带牛消毒，减少环境中的病原微生物。

8 管理

8.1 人员管理

8.1.1 牛场工作人员应定期进行健康检查，有传染病者不得从事饲养工作。

8.1.2 场内兽医人员不应对外出诊，配种人员不应对外开展牛的配种工作。

8.1.3 场内工作人员不应携带非本场的动物食品入场。

8.2 饲养管理

8.2.1 不应喂发霉和变质的饲料和饲草。

8.2.2 按体重、性别、年龄、强弱分群饲养，观察牛群健康状态，发现问题及时处理。

8.2.3 保持地面清洁，垫料应定期消毒和更换。保持料槽、水槽及舍内用具洁净。

8.2.4 对成年种公牛、母牛定期浴蹄和修蹄。

8.2.5 对所有牛用打耳标等方法编号。

8.3 灭蚊蝇、灭鼠、驱虫

8.3.1 消除水坑等蚊蝇孳生地，定期喷洒消毒药物，消灭蚊蝇。

8.3.2 使用器具和药物灭鼠，及时收集死鼠和残余鼠药，并应做无害化处理。

8.3.3 选择高效、安全的抗寄生虫药物驱虫，驱虫程序要符合 NY 5125 的要求。

9 运输

9.1 商品牛运输前，应经动物防疫监督机构根据 GB 16549 检疫，并出具检疫证明。

9.2 运输车辆在使用前后要按照 GB 16567 的要求消毒。

10 病、死牛处理

10.1 牛场不应出售病牛、死牛。

10.2 需要处死的病牛，应在指定地点进行扑杀，传染病牛尸体要按照 GB 16548 进行处理。

10.3 有使用价值的病牛应隔离饲养、治疗，病愈后归群。

11 废弃物处理

牛场污染物排放应符合 GB 18596 的要求。

12 资料记录

12.1 所有记录应准确、可靠、完整。

12.2　牛只标记和谱系的育种记录。
12.3　发情、配种、妊娠、流产、产犊和产后监护的繁殖记录。
12.4　哺乳、断奶、转群的生产记录。
12.5　种牛及肥育牛来源、牛号、主要生产性能及销售地记录。
12.6　饲料及各种添加剂来源、配方及饲料消耗记录。
12.7　防疫、检疫、发病、用药和治疗情况记录。

附录4　无公害食品　肉牛饲养饲料使用准则

1　范围

本标准规定了生产无公害肉牛所需的配合饲料、浓缩饲料、精料补充料、粗饲料、青绿饲料、添加剂预混合饲料、饲料原料和饲料添加剂的技术要求，以及饲料加工过程、试验方法、检验规则、标签、包装、贮存和运输的基本准则。

本标准适用于生产无公害肉牛所需的商品配合饲料、浓缩饲料、精料补充料、精饲料、青绿饲料、添加剂预混合饲料、饲料原料和饲料添加剂以及生产无公害食品牛肉的养殖场自配饲料。

出口产品的质量应按双方合同要求进行。

2　规范性引用文件

下列文件中的条款通过本标准的引用而成为本标准的条款。凡是注日期的引用文件，其随后所有的修改单（不包括勘误的内容）或修订版均不适用于本标准，然而，鼓励根据本标准达成协议的各方研究是否可使用这些文件的最新版本。凡是不注日期的引用文件，其最新版本适用于本标准。

GB/T 6432　饲料中粗蛋白测定方法
GB/T 6435　饲料水分的测定方法
GB/T 6436　饲料中钙的测定方法
GB/T 6437　饲料中总磷的测定方法光度法
GB/T 10649　饲料工业通用术语
GB 10648　饲料标签
GB 13078　饲料卫生标准
GB/T 13079　饲料中总砷的测定
GB/T 13080　饲料中铅的测定方法
GB/T 13081　饲料中汞的测定方法
GB/T 13082　饲料中镉的测定方法
GB/T 13083　饲料中氟的测定方法
GB/T 13084　饲料中氰化物的测定方法
GB/T 13086　饲料中游离棉酚的测定方法
GB/T 13087　饲料中异硫氰酸酯的测定方法
GB/T 13090　饲料中六六六、滴滴涕的测定
GB/T 13091　饲料中沙门氏菌的检验方法

GB/T 13092　饲料中霉菌检验方法

GB/T 14699　饲料采样方法

GB/T 16764　配合饲料企业卫生规范

GB/T 17480　饲料中黄曲霉毒素 B_1 的测定酶联免疫吸附法

NY 5125　无公害食品肉牛饲养兽药使用准则

NY 5126　无公害食品肉牛饲养兽医防疫准则

NY/T 5128　无公害食品肉牛饲养管理准则

饲料和饲料添加剂管理条例

饲料药物添加剂使用规范（中华人民共和国农业部公告［2001］第168号）

3　术语和定义

GB/T 10647 中确立的以及下列术语和定义适用于本标准。

3.1　肉牛 beef cattle

在经济或体形结构上用于生产牛肉的品种（系）。

3.2　饲料 feed

经工业化加工、制作的供动物食用的饲料，包括单一饲料、添加剂预混合饲料、浓缩饲料、配合饲料、精料补充料、精饲料。

3.3　饲料原料（单一饲料） feedstuff，single feed

以一种动物、植物、微生物或矿物质为来源的饲料。

3.4　粗饲料 roughage，forage

天然水分含量在60%以下，干物质中粗纤维含量等于或高于18%的饲料。

3.5　非蛋白氮 non-protein nitrogen

非蛋白质形态的含氮化合物。包括游离氨基酸及其他蛋白质降解的含氮产物，以及氨、尿素、磷酸脲、铵盐等简单含氮化合物，是粗蛋白质中扣除真蛋白质以外的成分。

3.6　饲料添加剂 feed additive

在饲料加工、制作、使用过程中添加的少量或者微量物质，包括营养性饲料添加剂和一般饲料添加剂。

3.7　营养性饲料添加剂 nutritive feed additive

用于补充饲料营养成分的少量或者微量物质，包括饲料级氨基酸、维生素、矿物质微量元素、酶制剂、非蛋白氮等。

3.8　一般饲料添加剂 general feed additive

为保证或者改善饲料品质、提高饲料利用率而掺入饲料中的少量或者微量物质。

3.9　药物饲料添加剂 medical feed additive

为预防、治疗动物疾病而掺入载体或者稀释剂的兽药的预混物，包括抗球虫药、驱虫剂类、抑菌促生长类等。

3.10　添加剂预混合饲料 additive premix

由一种或多种饲料添加剂与载体或稀释剂按一定比例配制的均匀混合物。

3.11　浓缩饲料 concentrate

由蛋白质饲料、矿物质饲料和添加剂预混料按一定比例配制的均匀混合物。

3.12 配合饲料 formula feed

根据饲养动物营养需要，将多种饲料原料按饲料配方经工业生产的饲料。

3.13 精料补充料 concentrate supplement

为补充以粗饲料、青饲料、青贮饲料为基础的草食饲养动物的营养，而用多种饲料原料按一定比例配制的饲料。

4 要求

4.1 饲料原料

4.1.1 感官指标

具有该品种应有的色、嗅、味和形态特征，无发霉、变质、结块及异味、异嗅。

4.1.2 青绿饲料、干粗饲料不应发霉、变质。

4.1.3 有毒有害物质及微生物允许量应符合 GB 13078（附录 A 及附录 B）的要求。

4.1.4 含有饲料添加剂的应做相应说明。

4.1.5 非蛋白氮类饲料的用量，非蛋白氮提供的总氮含量应低于饲料中总氮含量的 10%。

4.1.6 饲料如经发酵处理，所使用的微生物制剂应是农业部允许使用的饲料添加剂品种目录中所规定的微生物品种和经农业部批准的新饲料添加剂品种。

4.1.7 不应使用除蛋、乳制品外的动物源性饲料。

4.1.8 不应使用抗生素滤渣作肉牛饲料原料。

4.1.9 不应使用激素、类激素产品。

4.2 饲料添加剂

4.2.1 感官指标

应具有该品种应有的色、嗅、味和形态特征，无发霉、变质、结块。

4.2.2 有害物质及微生物允许量应符合附录 A 的要求。

4.2.3 饲料中使用的营养性饲料添加剂和一般饲料添加剂产品应是农业部允许使用的饲料添加剂品种目录中所规定的品种和取得产品批准文号的新饲料添加剂品种。

4.2.4 饲料中使用的饲料添加剂产品应是取得饲料添加剂产品生产许可证的企业生产的、具有产品批准文号的产品或取得产品进口登记证的境外饲料添加剂。

4.2.5 药物饲料添加剂的使用应按照附录 C 执行。

4.2.6 使用药物饲料添加剂应严格执行休药期规定。

4.2.7 饲料添加剂产品的使用应遵照产品标签所规定的用法、用量使用。

4.3 粗饲料

应无发霉、变质、污染、冰冻及异味、异嗅。

4.4 配合饲料、浓缩饲料、精料补充料和添加剂预混合饲料

4.4.1 感官指标应色泽一致，无霉变、结块及异味、异嗅。

4.4.2 有毒有害物质及微生物允许量应符合附录 A 及附录 B 的要求。

4.4.3 产品成分分析值应符合标签中所规定的含量。

4.4.4 肉牛配合饲料、浓缩饲料、精料补充料和添加剂预混合饲料中不应使用违禁药物。

4.5 饲料加工过程

4.5.1 饲料企业的工厂设计与设施卫生、工厂卫生管理和生产过程的卫生应符合 GB/T 16764 的要求。

4.5.2 配料

4.5.2.1 定期对计量设备进行检验和正常维护，以确保其精确性和稳定性。

4.5.2.2 微量组分应进行预稀释，并且应在专门的配料室内进行。

4.5.2.3 配料室应有专人管理，保持卫生整洁。

4.5.3 混合

4.5.3.1 应按设备性能规定的时间进行混合。

4.5.3.2 混合工序投料应按先大量、后小量的原则进行。投入的微量组分应将其稀释到配料秤最大称量的5%以上。

4.5.3.3 生产含有药物饲料添加剂的饲料时，应根据药物类型，先生产药物含量低的饲料，再依次生产药物含量的高的饲料。

4.5.3.4 同一班次应先生产不添加药物饲料添加剂的饲料，然后生产添加药物饲料添加剂的饲料。为防止加入药物饲料添加剂的饲料产品生产过程中的交叉污染，在生产加入不同药物添加剂的饲料产品中时，对所用的生产设备、工具、容器应进行彻底清理。

4.5.4 留样

4.5.4.1 新接收的饲料原料和各个批次生产的饲料产品均应保留样品。样品密封后留置专用样品室或样品柜内保存。样品室和样品柜应保持阴凉、干燥。采样方法按 GB/T 14699 执行。

4.5.4.2 留样应设标签，注明饲料品种、生产日期、批次、生产负责人和采样人等事项，并建立档案当专人负责保管。

4.5.4.3 样品应保留至该批产品保质期满后3个月。

4.6 饲料的饲喂与使用

4.6.1 肉牛饲料的饲喂与使用应遵照 NY/T 5128 执行。

4.6.2 饲喂过程中肉牛的疾病治疗与防疫应遵照 NY 5125 和 NY 5126 执行。

5 试验方法

5.1 饲料采样方法

按 GB/T 14699 执行。

5.2 水分

按 GB/T 6435 执行。

5.3 粗蛋白

按 GB/T 6432 执行。

5.4 钙

按 GB/T 6436 执行。

5.5 总磷

按 GB/T 6437 执行。

5.6 总砷

按 GB/T 13079 执行。

5.7 铅

按 GB/T 13080 执行。

5.8 汞

按 GB/T 13081 执行。

5.9 镉

按 GB/T 13082 执行。

5.10 氟

按 GB/T 13083 执行。

5.11 氰化物

按 GB/T 13084 执行。

5.12 游离棉酚

按 GB/T 13086 执行。

5.13 异硫氰酸酯

按 GB/T 13087 执行。

5.14 六六六、滴滴涕

按 GB/T 13090 执行。

5.15 沙门氏菌

按 GB/T 13091 执行。

5.16 霉菌

按 GB/T 13092 执行。

5.17 黄曲霉毒素 B_1

按 GB/T 17480 执行。

6 检验规则

6.1 感官要求：水分、粗蛋白、钙和总磷含量为出厂检验项目，其余为形式检验项目。

6.2 在保证产品质量的前提下，生产厂可根据工艺、设备、配方、原料等变化情况，自行确定出厂检验的批量。

6.3 试验测定值的双试验相对偏差按相应标准规定执行。

6.4 检测与仲裁判定各项指标合格与否时，应考虑允许误差。

6.5 卫生指标、限用药物和违禁药物等为判定指标。如检验中有一项指标不符合标准，应重新取样进行复验。

6.6 复检

复检应在原批量中抽取加倍的比例重新检验。结果中有一项不合格即判定为不合格。

7　标签、包装、贮存和运输

7.1　标签

商品饲料应在包装物上附有饲料标签，标签应符合 GB 10648 中的有关规定。

7.2　包装

7.2.1　饲料包装应完整，无污染、无异味。

7.2.2　包装材料应符合 GB/T 16764 的要求。

7.2.3　包装印刷油墨无毒，不应向内容物渗漏。

7.2.4　包装物不应重复使用。生产方和使用方另有约定的除外。

7.3　贮存

7.3.1　饲料贮存应符合 GB/T 16764 的要求。

7.3.2　不合格和变质饲料应做无害化处理，不应存放在饲料贮存场所内。

7.3.3　干草类及秸秆类贮存时，水分含量应低于 15%，防止日晒、雨淋、霉变。

7.3.4　青绿饲料与野草类、块根、块茎、瓜果类应堆放在棚内，防止日晒、雨淋、发芽霉变。

7.4　运输

7.4.1　运输工具应符合 GB/T 16764 的要求。

7.4.2　运输作业应防止污染，保持包装的完整。

7.4.3　不应使用运输畜禽等动物的车辆运输饲料产品。

7.4.4　饲料运输工具和装卸场地应定期清洗和消毒。

附录 4A

(规范性附录)

饲料、饲料添加剂卫生指标

饲料及饲料添加剂的卫生指标

序号	安全卫生指标项目	产品名称	指标	试验方法	备注
1	砷(以总砷计)的允许量(每千克产品中)(mg)	石粉	≤2.0	GB/T 13079	不包括国家主管部门批准使用的有机砷制剂中的砷含量
		硫酸亚铁、硫酸镁	≤2.0		
		磷酸盐	≤20.0		
		沸石粉、膨润土、麦饭石	≤10.0		
		硫酸铜、硫酸锰、硫酸锌、碘化钾、碘酸钙、氯化钴	≤5.0		
		氧化锌	≤10.0		
		肉牛精料补充料	≤10.0		
2	铅(以 Pb 计)的允许量(每千克产品中)(mg)	肉牛精料补充料	≤8	GB/T 13080	
		石粉	≤10		
		磷酸盐	≤30		
3	氟(以 F 计)的允许量(每千克产品中)(mg)	石粉	≤2 000	GB/ T 13083	
		磷酸盐	≤1 800	HG 2636	
		肉牛精料补充料	≤50	GB/T 13083	高氟饲料用 HG 2636 - 1994 中的 4.4 条
4	汞(以 Hg 计)的允许量(每千克产品中)(mg)	石粉	≤0.1	GB/T 13081	
5	镉(以 Cd 计)的允许量(每千克产品中)(mg)	粉糠 石粉	≤1.0 ≤0.75	GB/T 13082	
6	氰化物(以 HCN 计)的允许量(每千克产品中)(mg)	木薯干 胡麻饼、粕	≤100 ≤350	GB/T 13084	
7	游离棉酚的允许量(每千克产品中)(mg)	棉籽饼、粕	≤1 200	GB/T 13086	

（续表）

序号	安全卫生指标项目	产品名称	指标	试验方法	备注
8	异硫氰酸酯(以丙烯基异硫氰酸酯计)的允许量(每千克产品中)(mg)	菜籽饼、粕	≤4 000	GB/T 13087	
9	六六六的允许量(每千克产品中)(mg)	米糠、小麦麸、大豆饼、粕	≤0.05	GB/T 13090	
10	滴滴涕的允许量(每千克产品中)(mg)	米糠、小麦麸、大豆饼、粕	≤0.02	GB/T 13090	
11	沙门氏杆菌	饲料	不得检出	GB/T 13091	
12	霉菌的允许量(每克产品中)霉菌总数 $\times 10^3$ 个	玉米、小麦麸、米糠	<40	GB/T 13092	限量饲用:40 ~ 100 禁用 >100
		豆饼(粕)、棉籽饼(粕)、菜籽饼(粕)	<50		限量饲用:40 ~ 8 禁用: >80
		肉牛精料补充料	<45		限量饲用:50 ~ 100 禁用: >100
13	黄曲霉毒素 B_1 允许量(每千克产品中)(mg)	玉米、花生饼(粕)、棉籽饼(粕)、菜籽饼(粕)	≤50		GB/T 17480 或 GB/T 8381
		豆粕	≤30		
		肉牛精料补充料	≤50		

注1：摘自 GB 13078 - 2001《饲料卫生标准》
注2：所列允许量均为以干物质含量为88%的饲料为基础计算

附录 4B
（规范性附录）
饲料原料及肉牛饲料安全卫生指标

饲料原料及肉牛词料安全卫生指标

序号	安全卫生指标项目	产品名称	指标	试验方法	备注
1	砷（以总砷计）的允许量（每千克产品中）（mg）	植物性饲料原料	≤5.0	GB/T 13079	不包括国家主管部门批准使用的有机砷制剂中的砷含量
		矿物性饲料原料	≤10.0		
		肉牛浓缩饲料、配合饲料	≤10.0		
2	铅（以 Pb 计）的允许量（每千克产品中）（mg）	植物性饲料原料	≤8.0	GB/T 13080	
		矿物性饲料原料	≤25.0		
		肉牛浓缩饲料、配合饲料	≤30.0		

（续表）

序号	安全卫生指标项目	产品名称	指标	试验方法	备注
3	氟（以F计）的允许量（每千克产品中）(mg)	植物性饲料原料	≤100	GB/T 13083	
		矿物性饲料原料	≤1 800		
		肉牛浓缩饲料、配合饲料	≤50		
4	氰化物（以HCN）的允许量（每千克产品中）(mg)	饲料原料	≤50	CB/T13084	
		肉牛浓缩饲料、配合饲料和精料补充料	≤60		
5	六六六的允许量（每千克产品中）(mg)	饲料原料	≤40	GB/T 13090	
		肉牛浓缩饲料、配合饲料和精料补充料	≤0.04		
6	霉菌的允许量（每克产品中）（霉菌总数 $\times 10^3$ 个）	饲料原料	<40	GB/T 13092	限量饲用：40～100 禁用：>100
		肉牛浓缩饲料、配合饲料	<50		
7	黄曲霉毒素 B_1 允许量（每千克产品中）(mg)	饲料原料	≤30	GB/T 17480 或 GB/T 8381	
		肉牛浓缩饲料、配合饲料	≤80		

注1：表中各行中所列的饲料原料不包括GB 13078中已列出的饲料原料
注2：所列允许量均为以干物质含量为88%的饲料为基础计算

附录4C

（规范性附录）

肉牛饲料药物添加剂使用规范

肉牛饲料药物添加剂使用规范

品名	用量	休药期(d)	其他注意事项
莫能菌素钠预混剂	每头每天200～360mg（以有效成分计）	5	禁止与泰妙菌素、竹桃霉素并用；搅拌配料时禁止与人的皮肤、眼睛接触
杆菌肽锌预混剂	每吨饲料添加犊牛10～100g（3月龄以下）、4～40g（6月龄以下）（以有效成分计）	0	
黄霉素预混剂	肉牛每头每天30～50mg（以有效成分计）	0	
盐霉素钠预混剂	每吨饲料添加10～30g（以有效成分计）	5	禁止与泰妙菌素、竹桃霉素并用
硫酸粘杆菌素预混剂	犊牛每吨饲料添加5～40g（以有效成分计）	7	

注：摘自中华人民共和国农业部公布的《饲料药物添加剂使用规范》《中华人民共和国农业部公告第168号》

附录5　无公害食品　肉牛饲养兽医防疫准则

1　范围

本标准规定了生产无公害食品的肉牛饲养场在疫病的预防、监测、控制和扑灭方面的兽医防疫准则。

本标准适用于生产无公害食品肉牛饲养场的兽医防疫。

2　规范性引用文件

下列文件中的条款通过本标准的引用而成为本标准的条款。凡是注日期的引用文件，其随后所有的修改单（不包括勘误的内容）或修订版均不适用于本标准，然而，鼓励根据本标准达成协议的各方研究是否可使用这些文件的最新版本。凡是不注日期的引用文件，其最新版本适用于本标准。

GB 16548　畜禽病害肉尸及其产品无害化处理规程

GB 16549　畜禽产地检疫规范

NY/T 388　畜禽场环境质量标准

NY 5027　无公害食品　畜禽饮用水水质

NY 5125　无公害食品　肉牛饲养兽药使用准则

NY 5127　无公害食品　肉牛饲养饲料使用准则

NY/T 5128　无公害食品　肉牛饲养管理准则

中华人民共和国动物防疫法

3　术语和定义

下列术语和定义适用于本标准。

3.1　*动物疫病* animal epidemic disease

动物的传染病和寄生虫病。

3.2　*病原体* pathogen

能引起疾病的生物体，包括寄生虫和致病微生物。

3.3　*动物防疫* animal epidemic prevention

动物疫病的预防、控制、扑灭和动物、动物产品的检疫。

4　疫病预防

4.1　环境卫生条件

肉牛饲养场的环境卫生质量应符合 NY/T 388 规定的要求。

4.2　肉牛饲养场的卫生条件

4.2.1　肉牛饲养场的选址、布局、设施及其卫生要求、工作人员健康卫生要求、运输卫生要求、防疫卫生等必须符合 NY/T 5128 规定的要求。

4.2.2　具有清洁、无污染的水源，水质应符合 NY 5027 规定的要求。

4.2.3　肉牛饲养场应设管理和生活区、生产和饲养区、生产辅助区、畜粪堆贮区、病牛隔离区和无害化处理区，各区应相互隔离。净道与污道分设，并尽可能减少交叉点。

4.2.4　非生产人员不应进入生产区。特殊情况下，需经消毒后方可入场，并遵守场内的一切防疫制度。

4.2.5　应按照 NY/T 5128 规定的要求建立规范的消毒方法。

4.2.6　肉牛饲养场内不准屠宰和解剖牛只。

4.3　引进牛只

4.3.1　坚持自繁自养的原则，不从有牛海绵状脑病及高风险的国家和地区引进牛只、胚胎/卵。

4.3.2　必须引进牛只时，应从非疫区引进牛只，并有动物检疫合格证明。

4.3.3　牛只在装运及运输过程中没有接触过其他偶蹄动物，运输车辆应做过彻底清洗消毒。

4.3.4　牛只引入后至少隔离饲养 30d，在此期间进行观察、检疫，确认为健康者方可合群饲养。

4.4　饲养管理要求

肉牛饲养场的饲养管理应符合 NY/T 5128 规定的要求。

4.5　饲料、饲料添加剂和兽药的要求

4.5.1　饲料和饲料添加剂的使用应符合 NY 5128 规定的要求，禁止饲喂动物源性肉骨粉。

4.5.2　兽药的使用应符合 NY 5128 规定的要求。

4.6　免疫接种

肉牛饲养场应根据《中华人民共和国动物防疫法》及其配套法规的要求，结合当地实际情况，有选择地进行疫病的预防接种工作，并注意选择适宜的疫苗和免疫方法。

5　疫病控制和扑灭

5.1　肉牛饲养场发生或怀疑发生一类疫病时，应依据《中华人民共和国动物防疫法》及时采取以下措施。

5.1.1　立即封锁现场，驻场兽医应及时进行诊断，采集病料由权威部门确诊，并尽快向当地动物防疫监督机构报告疫情。

5.1.2　确诊发生口蹄疫、蓝舌病、牛瘟、牛传染性胸膜肺炎时，肉牛饲养场应配合当地畜牧兽医管理部门，对牛群实施严格的隔离、检疫、扑杀措施。

5.1.3　发生牛海绵状脑病时，除了对牛群实施严格的隔离、扑灭措施外，还需追踪调查病牛的亲代和子代。

5.1.4　全场进行彻底的清洗消毒，病死或淘汰牛的尸体按 GB 16548 进行无害化处理。

5.2　发生炭疽时，焚毁病牛，对可能污染点彻底消毒。

5.3　发生牛白血病、结核病、布鲁氏菌病等疫病，发现蓝舌病血清学阳性牛时，应对牛群实施清群和净化措施。

6　产地检疫

产地检疫按 GB 16549 和国家有关规定执行。

7　疫病监测

7.1　当地畜牧兽医行政管理部门必须依照《中华人民共和国动物防疫法》及其配套法规的要求，结合当地实际情况，制订疫病监测方案，由当地动物防疫监督机构实施，肉牛饲养应积极予以配合。

7.2　肉牛饲养场常规监测的疾病至少应包括：口蹄疫、结核病、布鲁氏菌病。

7.3　不应检出的疫病：牛瘟、牛传染性胸膜肺炎、牛海绵状脑病。除上述疫病外，还应根据当地实际情况，选择其他一些必要的疫病进行监测。

7.4　根据当地实际情况由动物防疫监督机构定期或不定期进行必要的疫病监督抽查，并将抽查结果报告当地畜牧兽医行政管理部门，并反馈肉牛饲养场。

8　记录

每群肉牛都要有相关的资料记录，其内容包括：肉牛来源，饲料消耗情况，发病率、死亡率及发病死亡原因，消毒情况，无害化处理情况，实验室检查及其结果，用药及免疫接种情况，肉牛去向。所有记录必须妥善保存。

第三章　肉羊标准化规模养殖

一、肉羊标准化养殖园区（小区）基础设施建设

（一）场址选择

场址选择要因地制宜，符合环境保护和动物防疫条例要求，经当地环保部门和畜牧兽医行政管理部门审批后方可建设。

1. 自然条件

地形：空旷、开阔，可利用面积充分，便于各类建筑物的科学布局。

地势：高燥平坦，向阳背风，高于历史最高洪水警戒水位，应稍有坡度。

水源：水源充足，水质良好，取用方便，便于防护。

土质：以沙壤土最为理想，沙土类、黏土类和盐碱土要根据土质特性和生产要求采取相应措施。

2. 周边环境条件

肉羊标准化养殖园区（小区）应选择在居民点的下风向或侧风向，距离居民点的直线距离在500m以上，与居民饮用水源及学校等单位的直线距离应大于1km。

肉羊标准化养殖园区（小区）周围1km以内不得有皮革厂、屠宰场和动物医院、垃圾处理场等污染源。

肉羊标准化养殖园区（小区）需要修建专门的道路与主要公路干线相连，距离主要交通干线1km以上，距离一般交通线300m以上；既要保证防疫间距，又要保证交通便利。

肉羊标准化养殖园区（小区）建设地点要有动力电源，电力供应充分，且架设便捷。

肉羊标准化养殖园区（小区）周边饲草、饲料资源丰富，农作物秸秆资源供应半径应在5km范围内。

（二）建设用地及主要设施

肉羊标准化养殖园区（小区）建设在满足生产工艺条件下，要节约用地，尽量用沙荒地、废弃地，少占或不占耕地。园区（小区）建设规模以园区（小区）肉羊标准化养殖规模而定。

建筑内容主要有羊舍、运动场、青贮窖、贮草棚、精料储备间、饲料加工间、人工授精室、兽医室、工作室、药浴池和堆粪场。

肉羊标准化养殖园区（小区）养殖规模为500只基础母羊，年存栏900～1 000只。园区（小区）占地约18.6亩，其中建筑面积约3 040.0m^2。

养殖规模较大的标准化养殖园区或养殖场，可根据养殖规模确定占地面积和建筑面积。

1. 各功能区的划分及布局

（1）各功能区的划分

生产区：主要是各类圈舍、人工授精室和兽医室。

辅助生产区：主要为饲草、饲料加工间，草料库，青贮窖等。

管理区：主要为园区（小区）管理办公室，门卫，技术培训室，消毒池等。

隔离区：主要为隔离圈舍、病死羊处理、粪便处理场等。亦可建于园区（小区）外的下风向，与生产区保持一定的距离。

（2）建筑布局与要求

园区（小区）内部布局要科学、合理。应遵循两个原则：一要符合生产最佳联系；二要符合防疫、防火安全。

养殖园区（小区）内各功能区的布局原则是生活管理区在上风向，依次是辅助生产区、生产区和隔离区。

园区（小区）内设有净道和污道。净道供人员行走和运送健康羊只及饲料，污道供运输粪便和病死羊只等污物。

净道作为园区（小区）主干道，宜用混凝土路面，也可用砖、石铺制，宽度一般不小于4.0m；污道路面可同净道，也可用碎石或石灰渣土路面，宽度一般不小于3.0m。

养殖园区（小区）应有一定空间的绿化面积，建立绿化带，改善养殖园区（小区）的环境，减轻环境污染。

肉羊标准化养殖园区（小区）总体布局见附图3－1。

2. 肉羊标准化养殖园区（小区）主要建设内容

（1）羊舍及运动场

羊舍可根据养殖规模确定建设单列式或双列式羊舍。

一般养殖园区（小区）养殖规模较小且以户为生产单元，宜建单列式羊舍。

以50只基础母羊为一个生产单元，每个生产单元为一栋羊舍，每栋羊舍养殖数量为90～100只。种公羊、基础母羊和育肥羊分群饲养。

羊舍及其精料储备间以坐北朝南、东西走向为宜，建筑面积200m^2左右（长×宽＝39.84m×5m）。其中羊圈使用面积为101.52m^2（长×宽＝36m×2.82m），其余为走廊、料槽和工作间面积。羊舍前檐高不低于2.5m，后檐高不低于2.0m，单坡式屋顶。羊舍墙壁为二四砖墙，地面为三合土地面。羊舍内设置单列式羊圈，具体布局见附图3－2。

每一栋羊舍附属一个运动场，位于羊舍南面（正面），围墙为花栏墙，地面为砖地面。

运动场建筑面积约216.0m²（长×宽=36m×6m）。

花栏墙高度不低于1.2m（附图3－3）。

每个生产单元（每栋羊舍）设置一间工作室，同时用于精料储备，面积约18.0m²。

若养殖园区（小区）养殖规模较大，也可以建设双列式羊舍（附图3－4、图3－5）。

（2）饲料加工间

园区（小区）内设置饲料加工间120.0m²左右，园区（小区）内养殖户共用（附图3－6、附图3－7）。

（3）干草棚

一个生产单元需要占用60.0m²左右青干草储藏空间。10户农户草棚总面积为600.0m²左右（附图3－8）。

（4）晒场

晒场为农户晒制干草所共享，面积约180.0m²。

（5）青贮窖

一个生产单元需要青贮窖的容积为84m³，建造参数是：长×宽×高=7m×4m×3m。园区（小区）需要建造上述青贮窖10个（附图3－9）。

一般每只基础母羊按1.5m³贮备青贮饲料。

（6）人工授精室、兽医室

园区（小区）内设置人工授精室、兽医室约62.0m²，供农户共享（附图3－10）。

（7）药浴池

药浴池用于羊群药浴驱虫，水泥、砖、石结构。池长12.5m，池顶宽0.80m，池底宽0.60m，深1.20m。入口处围栏25m²，出口处围栏35.0m²。总面积约70.0m²（附图3－11）。

（8）紫外消毒间

进入生产区的入口设置紫外消毒间，面积约12.0m²（附图3－12）。

（9）培训室、办公室、门房

培训室、办公室、门房等约130.0m²（附图3－13）。

（10）消毒池

养羊园区（小区）场界大门口设置消毒池，面积约24.0m²。

（11）堆粪场

每个生产单元对应的贮粪池面积约为24.0m²，园区（小区）需建设堆粪场约240.0m²。

（12）隔离羊舍

可根据生产需要在园区（小区）下风向，围墙外边设隔离场所，用于饲养隔离的病羊（附图3－14）。

（13）旱厕

养殖园区（小区）公共厕所，面积约15.0m²。

二、肉羊标准化养殖园区（小区）生产技术要点及参数

1. 规模

肉羊标准化养殖园区（小区）养殖规模为500只基础母羊，存栏总量为900～1 000只，入驻10个养殖单元户。

2. 生产技术要点

以优质肉用公羊改良本地母羊，通过人工授精技术提高种公羊的利用效率。

控制母羊同期发情，实现母羊同期配种、同期产羔，羔羊同批育肥出栏的集约化高效生产。

以免疫双羔技术，提高母羊繁殖效率。

以不同用途、不同性别、不同生理阶段羊只的饲养标准为依据，配制营养平衡饲料，提高饲料转化率。

以环境控制、程序免疫、饲料及药物安全为保障，实现养羊的无害化生产。

肉羊出栏率不低于150%。

3. 羊群结构与周转

以1只优质肉用公羊（小区内可以交换配种以防近交）和50只基础母羊为基础，构成一个生产单元。

种公羊不超过6岁、母羊不超过5岁；繁殖群体每年淘汰20%，后备母羊每年补充繁殖群体20%，新增羔羊选育补充到后备母羊，其余羊只全部用于育肥。

4. 生产技术参数

（1）青贮饲料

青贮饲料采食量：一只羊一天采食1.5kg。1m^{3}青贮窖可以贮藏青贮饲料500～600kg，每个生产单元需要青贮窖的容积为81m^3。

（2）青干草和秸秆

青干草采食量：一只羊一天采食0.5kg；秸秆采食量：一只羊一天采食0.6kg。

（3）精料

种用公羊精料采食量：一只羊一天采食0.50kg。母羊精料采食量：一只羊一天采食0.35kg。育肥羔羊精料采食量：一只羊一天采食0.35kg。

（4）排粪量

一只羊一年排粪800～1 000kg。每个生产单元需要贮粪池20m^2。

5. 人工种草

每个养殖单元应配备足够的优质牧草生产基地。

6. 饲草加工设备

每一肉羊标准化养殖单元（户）需配备铡草机或揉搓机 1 台。肉羊标准化养殖园区（小区）配套公用饲料加工机组 1 套。

7. 肉羊不同生理阶段精料参考配方

（1）30～60 日龄羔羊育肥颗粒饲料配方：玉米粒 45%，大麦 12%，豆饼 15%，麸皮 15%，脱脂奶粉 5%，饲用干酵母 5%，预混料 3%。

（2）60 日龄以上羔羊育肥的饲料配方：玉米 60%，豆饼 9.5%，胡麻饼 7%，麸皮 20%，骨粉 0.5%，预混料 3%。

（3）肉羊成羊舍饲育肥羊精料配方：玉米粉 21%，玉米粒 17%，草粉 21.5%，豆饼 21%，花生饼 10%，麦麸 7%，预混料 2.5%。前 20d 日均每只喂料 350g。中 20d 日均喂料 400g，后 20d 日均喂料 450g，粗饲料不限量自由采食。

（4）肉羊舍饲 60d 强化育肥精料配方：

育肥 1～20d：每只羊每天供给精料 500～600g，配方为：玉米 49%，麸皮 20%，豆饼 15%，胡麻饼 13%，预混料 3%。

育肥 21～40d，每只羊每天供给精料 700～800g，配方为：玉米 55%，麸皮 20%，豆饼 12%，胡麻饼 10%，预混料 3%。

育肥 40～60d，每只羊每天供给精料 900～1 000g，配方为：玉米 65%，麸皮 15%，豆饼 9%，胡麻饼 8%，预混料 3%。

三、肉羊标准化养殖园区（小区）管理

（一）机构设置与人员管理

1. 机构设置

肉羊标准化养殖园区（小区）由组建单位（乡政府、村委会、协会、经济合作组织或企业、大户），协调所有投资方，成立肉羊标准化养殖园区（小区）管理委员会，推选政治素质高，业务能力强的人员从事肉羊标准化养殖园区（小区）专职或兼职管理工作。管理委员会负责制定和落实、维护肉羊标准化养殖园区（小区）正常生产的规章制度，同时负责肉羊标准化养殖园区（小区）内饲料加工间的运营管理以及人工授精室、兽医室、技术培训、档案管理、门卫、消防等公益性机构的正常运行。

2. 人员管理

（1）进入肉羊标准化养殖园区（小区）的工作人员必须经医疗卫生部门体检合格，患有人畜共患病、顽固性皮肤病等有碍食品卫生疾病的人员不得进入肉羊标准化养殖园区（小区）从业，并对肉羊标准化养殖园区（小区）工作人员建立健康档案，定期体检。

（2）肉羊标准化养殖园区（小区）从业人员上岗应穿着工作服、鞋、帽，并定期消毒。

（3）肉羊标准化养殖园区（小区）从业人员必须经严格消毒后，方可进入生产区

工作。

（4）未经许可，肉羊标准化养殖园区（小区）禁止外来人员参观。

（二）生产技术管理

1. 肉羊标准化养殖园区（小区）生产管理严格执行 NY/T 5151—2002《无公害食品　肉羊饲养管理准则》（附录 3－1）、NY/5150—2002《无公害食品　肉羊饲养饲料使用准则》（附录 3－2）、NY/5027—2001《无公害食品　畜禽饮用水水质标准》（附件 1）和《NYT 816—2004　肉羊饲养标准》，禁止使用发霉、变质、结块、有异味、臭味和受农药、微生物污染的饲草、饲料，禁止使用国家禁用的饲料及饲料添加剂。

2. 入驻肉羊标准化养殖园区（小区）的养殖单元户应当建立养殖档案，严格执行农业部《畜禽标识和养殖档案管理办法》相关规定，建档立案，做好各项记录。

3. 繁殖技术管理

（1）严格遵守肉羊标准化养殖园区（小区）各项规章制度，服从肉羊标准化养殖园区（小区）管理委员会统一领导；

（2）严格遵守肉羊标准化养殖园区（小区）肉羊品种选育目标和品种改良计划，建立、健全标准化养殖园区（小区）配种档案；

（3）严格执行人工授精操作规程，认真做好羊的发情观察，适时配种。

（三）环境管理

1. 肉羊标准化养殖园区（小区）环境管理严格执行 NY/T 1167—2006《畜禽场环境质量与卫生控制规范》（附件 2）、GB 16548—2006《病害动物与病害动物产品生物安全处理规程》和 GB 18596—2001《畜禽养殖业污染物排放标准》。

2. 净道和污道分开，不得交叉。

3. 粪便处理，严格执行 NY/T 1168—2006《畜禽粪便无害化处理技术规范》（附件 9），粪便应采用干清粪工艺，避免粪便与冲洗污水混合，减少污染物排放量。

4. 羊舍、运动场每日清扫，清出的粪便和污染的饲草及时运送到粪场处理。

5. 粪便不得随地堆弃，污水不得随意排放。

（四）疫病防控

1. 肉羊标准化养殖园区（小区）疫病防控严格执行 N/Y 5149—2002《无公害食品　肉羊饲养兽医防疫准则》（附录 3－3）、NY 5030—2006《无公害食品　畜禽饲养兽药使用准则》（附件 7）。

2. 所有进出肉羊标准化养殖园区（小区）的人员和车辆须通过园区（小区）大门消毒池和喷雾消毒设施进行消毒。

3. 肉羊标准化养殖园区（小区）严禁饲养其他畜禽，其他畜禽不得进入园区（小区）。

4. 购进肉羊必须向园区（小区）申报，并严格执行 GB 16567—1996《种畜禽调运检疫技术规范》（附件 4）和 GB 16549《畜禽产地检疫规范》（附件 3）同时出具购进肉羊检疫合格证，并隔离观察 15d 以上，确定为健康合格后，经过消毒方可进入园区（小区）饲养。

5. 园区（小区）内肉羊严格按照国家动物疫病防疫程序进行免疫、驱虫和疫病监测，发现疫病及时上报当地畜牧兽医主管部门，并按有关规定及时处理。

6. 病羊尸体采用专用焚烧炉或深层填埋的方法处理。严禁出售病死羊尸体或者作为食品进行加工。

7. 定期对羊舍、运动场、用具、道路和周围环境进行清扫和消毒，隔离观察区在使用前后必须彻底清扫和消毒。

8. 所使用的消毒剂应符合中华人民共和国农业行业标准中的规定。

肉羊标准化养殖园区(小区)建设图

建筑设计总说明

一、设计依据

1. 标准化养殖园区(小区)建设规划

2. 肉羊养殖生产技术参数

3. 国家现行建筑设计规范、规定和标准

二、工程概况

1. 本设计为标准化肉羊养殖园区(小区)规划方案。

2. 小区占地面积12403m²，折合占地18.6亩，总建筑面积3042.44m²，建筑系数0.243。

3. 本工程为三类建筑，建筑物耐火等级为二级，火灾危险程度为一般。

4. 工程抗震设防烈度根据我国主要城镇抗震设防烈度确定，施工时建筑物须进行抗震 设防。

三、设计说明

1. 本设计为建筑规划方案，不做为施工图指导施工。

2. 本设计未配套水、暖、电、电话等公共设施，建设方可根据养殖园区(小区)的实际情况配套公共设施。

3. 本设计单体结构方案为参考方案，建设方须进行施工图设计确定结构设计方案，并遵守国家现行规范、规定，特别是强制性规范。

4. 干草棚及干草堆放处注意防火，须配备2~4个灭火器或设计消防栓。

5. 工程做法未作说明，建设方可本着经济、适用、美观的原则选择工程做法。

6. 其他图中未说明的部分可依据施工图设计或遵守国家现行规范、规定和标准。

四、采用标准

1. 《建筑设计资料集》、《05系列建筑标准设计图集》

2. 《村镇规划卫生标准》GB18055、《建筑设计防火规范》GB50016

图纸目录

序号	图别图号	图名	备注
1	附图3-1	总平面布置图、建筑物明细表、技术经济指标	
2	附图3-2、附图3-3	单坡羊舍平立剖面图	
3	附图3-4、附图3-5	双坡羊舍平立剖面图	
4	附图3-6、附图3-7	饲料加工间平立剖面图	
5	附图3-8	干草棚平立剖面图	
6	附图3-9	青贮窖平面剖面图	
7	附图3-10	人工授精室平立剖面图	
8	附图3-11	药浴池平面剖面图	
9	附图3-12	紫外消毒间平面剖面图	
10	附图3-13	培训室、办公室、门房平立剖面图	
11	附图3-14	隔离羊舍平立剖面图	

功能分区示意图

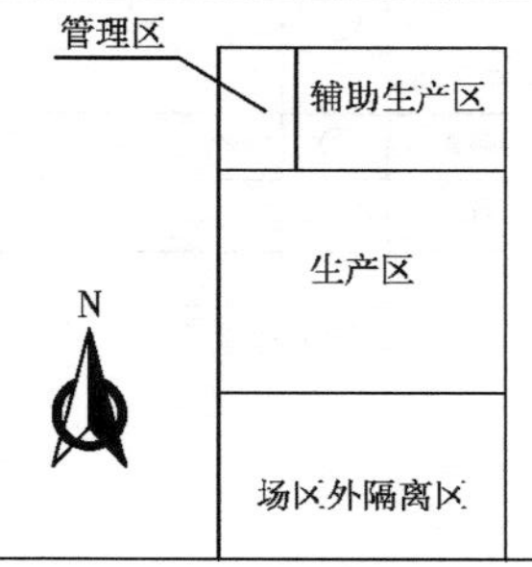

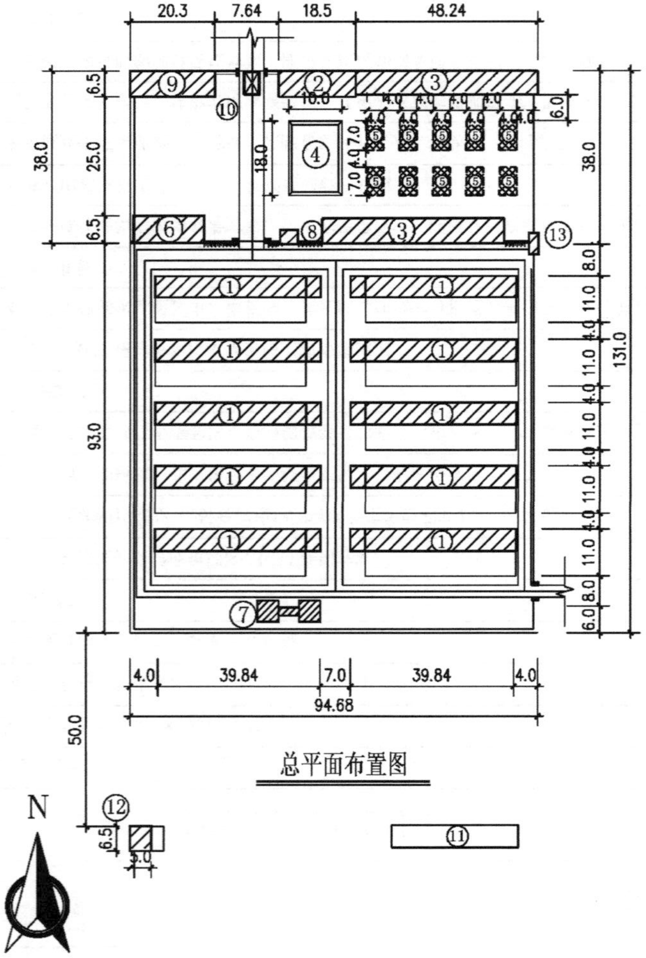

总平面布置图

建筑物明细表

序号	工程名称	建筑面积(m²)	备注	序号	工程名称	建筑面积(m²)	备注
①	羊舍	199.2X10=1992.0	运动场 216X10=2160	⑧	紫外消毒间	12.25	
②	饲料加工间	120.25		⑨	培训室、办公室、门房	131.95	
③	干草棚	301.02X2=602.04		⑩	消毒池		24.0
④	晒场		180	⑪	堆粪场		200
⑤	青贮窖		4X7X3X10=840m³	⑫	隔离羊舍	37.2	
⑥	人工授精室	61.75		⑬	旱厕	15	
⑦	药浴池	70.0	场区下风向50米处位置处，几个小区可合建		合计	总建筑面积 3042.44m² 不包括隔离羊舍的建筑面积 3055.24m²	

技术经济指标列表

序号	技术经济指标	数量(m²)	序号	技术经济指标	数量(m)
1	占地面积	12403 折合 18.60 亩	5	围墙	340
2	总建筑面积	3042.44	6	矮花墙	35.4
3	不包括隔离羊舍的建筑面积	3005.24	7	建筑系数	0.242
4	道路	1600	8		

图例

建筑物　青贮窖　围墙　矮花墙　道路

说明

1、尺寸标注单位为米。

2、建设单位可根据实际情况配套配电室、水泵房等公共设施。

3、本方案没有计算场地利川系数，场地利川系数等于建筑面积+构筑物面积+晒场等与占地面积的比。

4、隔离猪舍和堆粪场应位于小区的下风向 50m 以外。

附图3-1

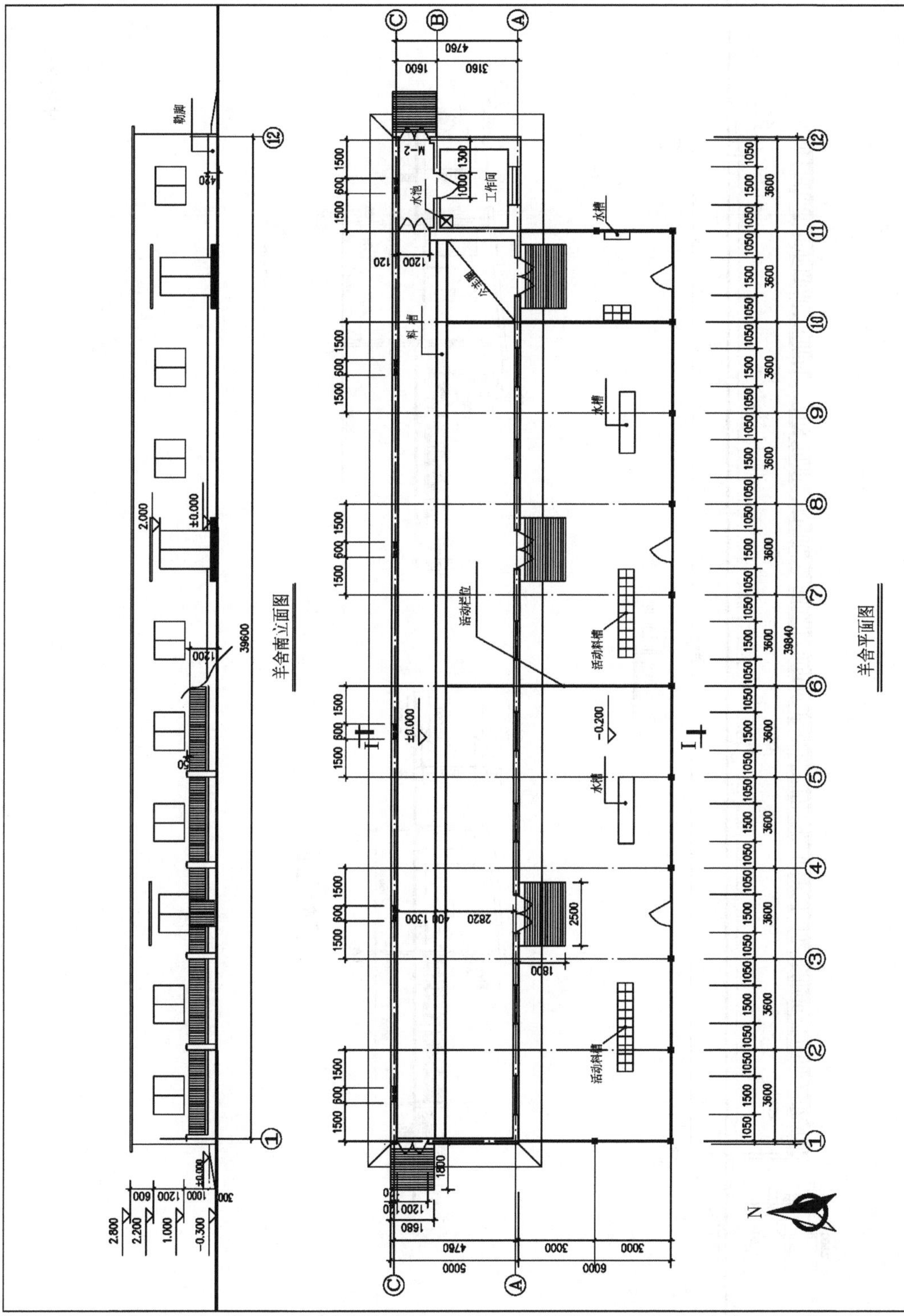

附图3-2

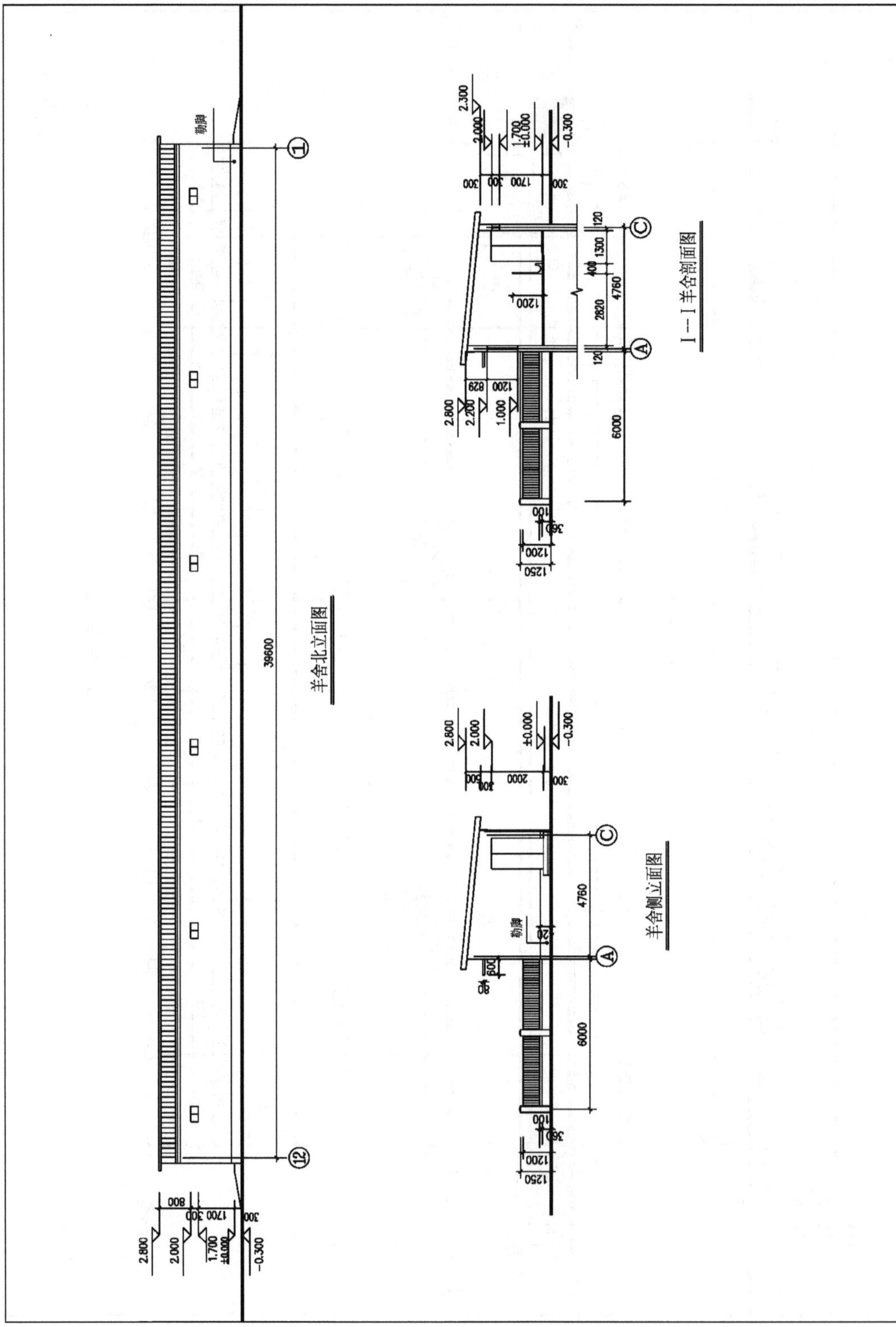

附图3-3

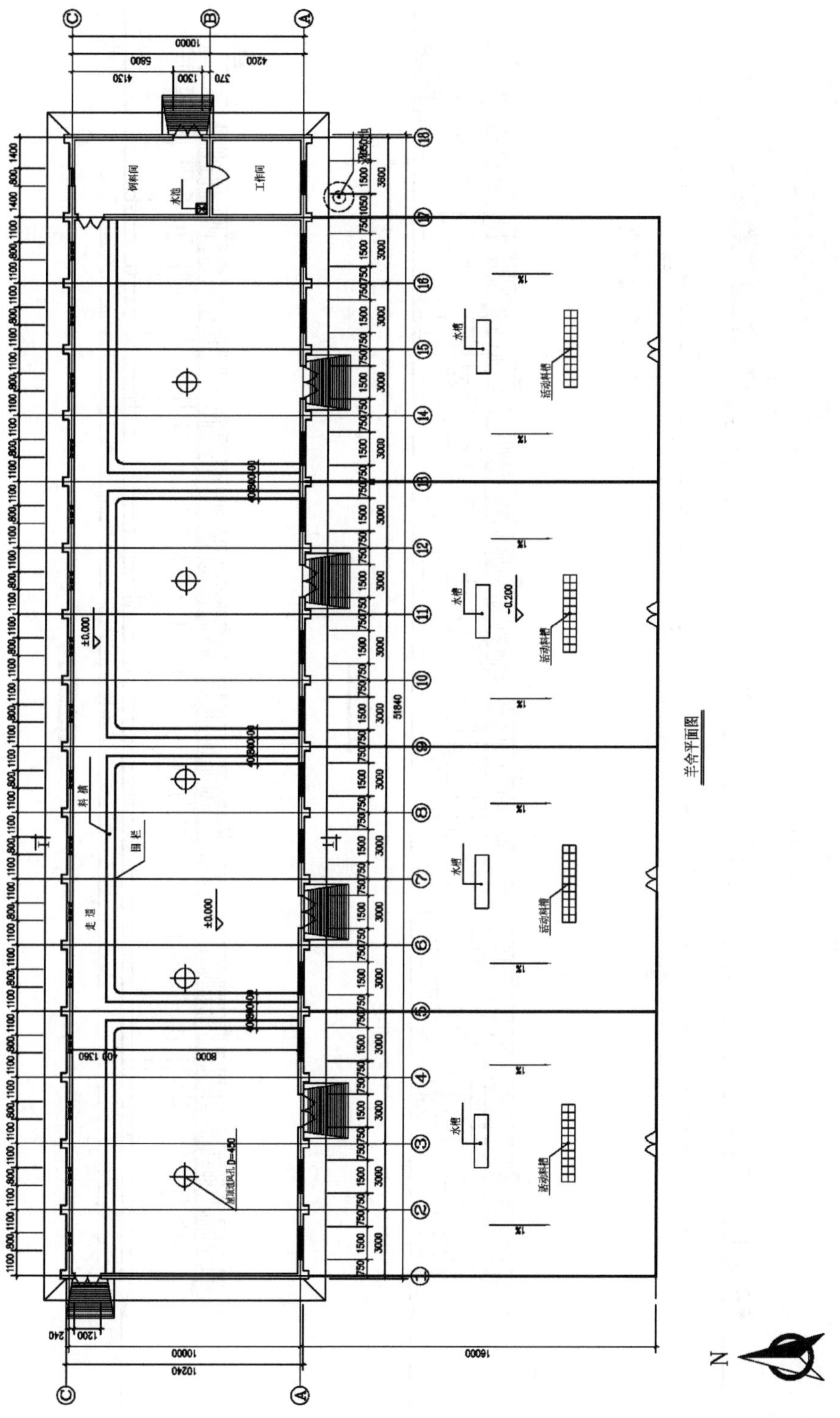

附图3-4

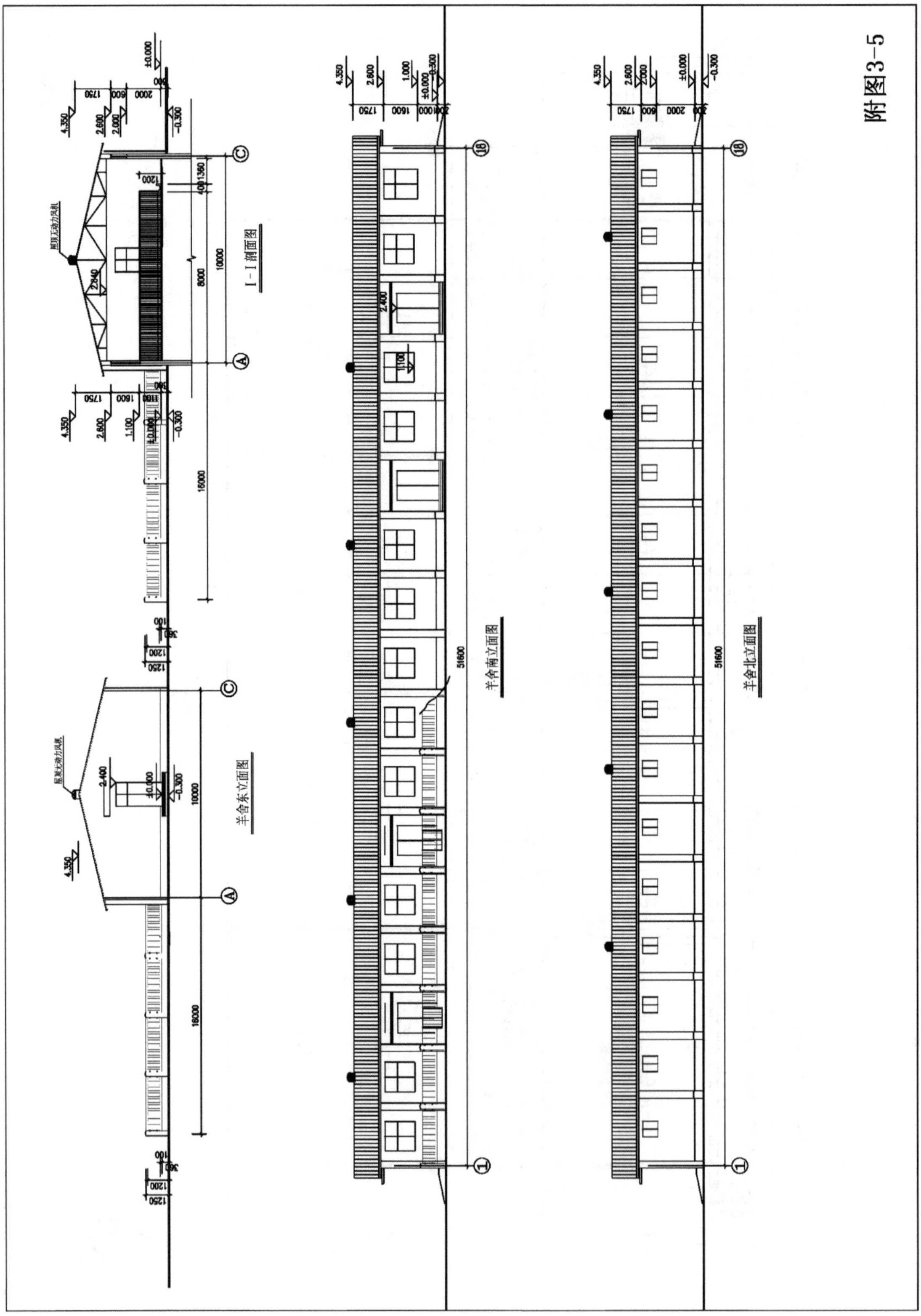
I-I剖面图
羊舍东立面图
羊舍南立面图
羊舍北立面图
屋顶无动力风机
51600
16000
10000
8000
4.350
2.600
±0.000
-0.300

附图3-5

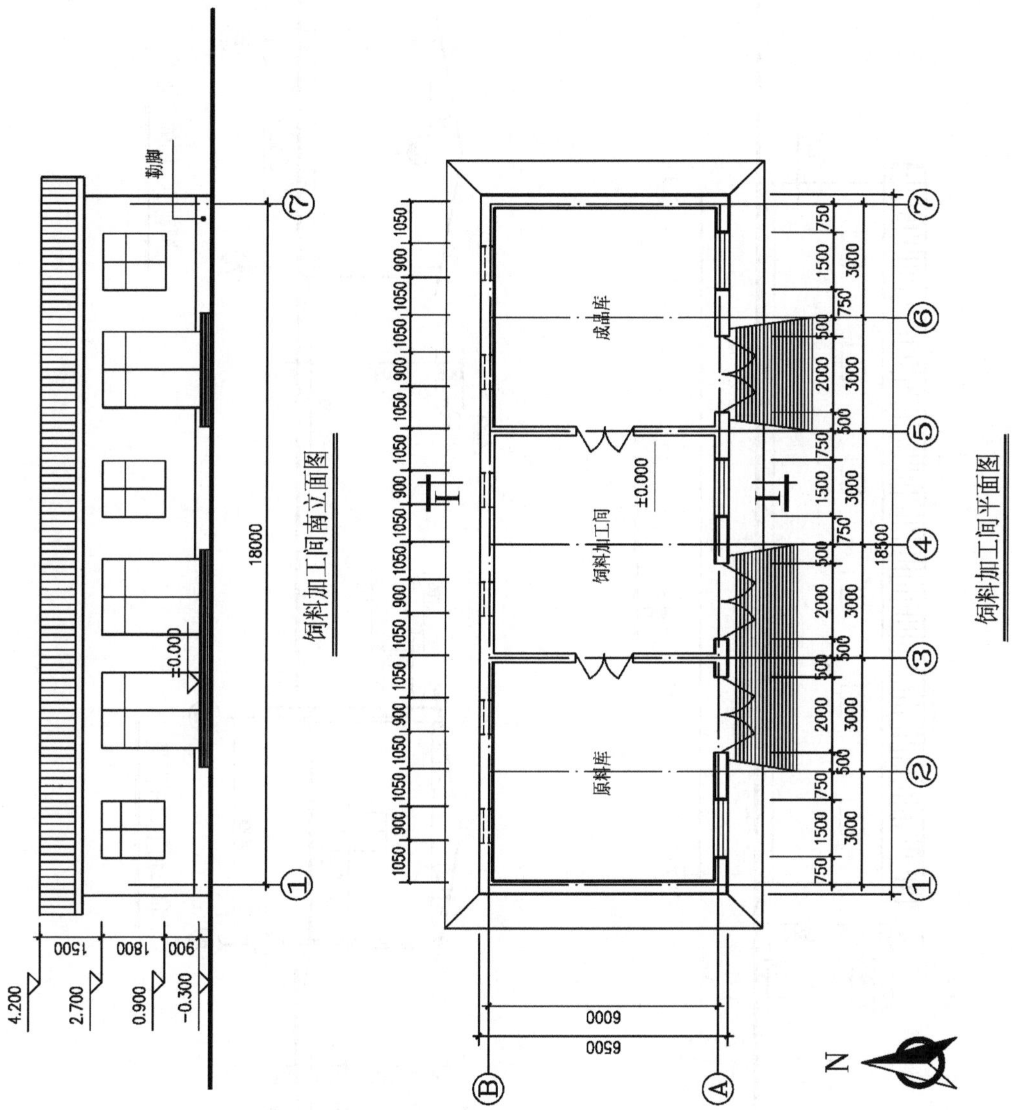
饲料加工间南立面图
勒脚
18000
±0.000
4.200
2.700
0.900
-0.300
1500
1800
900
饲料加工间平面图
成品库
饲料加工间
原料库
±0.000
18500
6000
6500
N

附图3-6

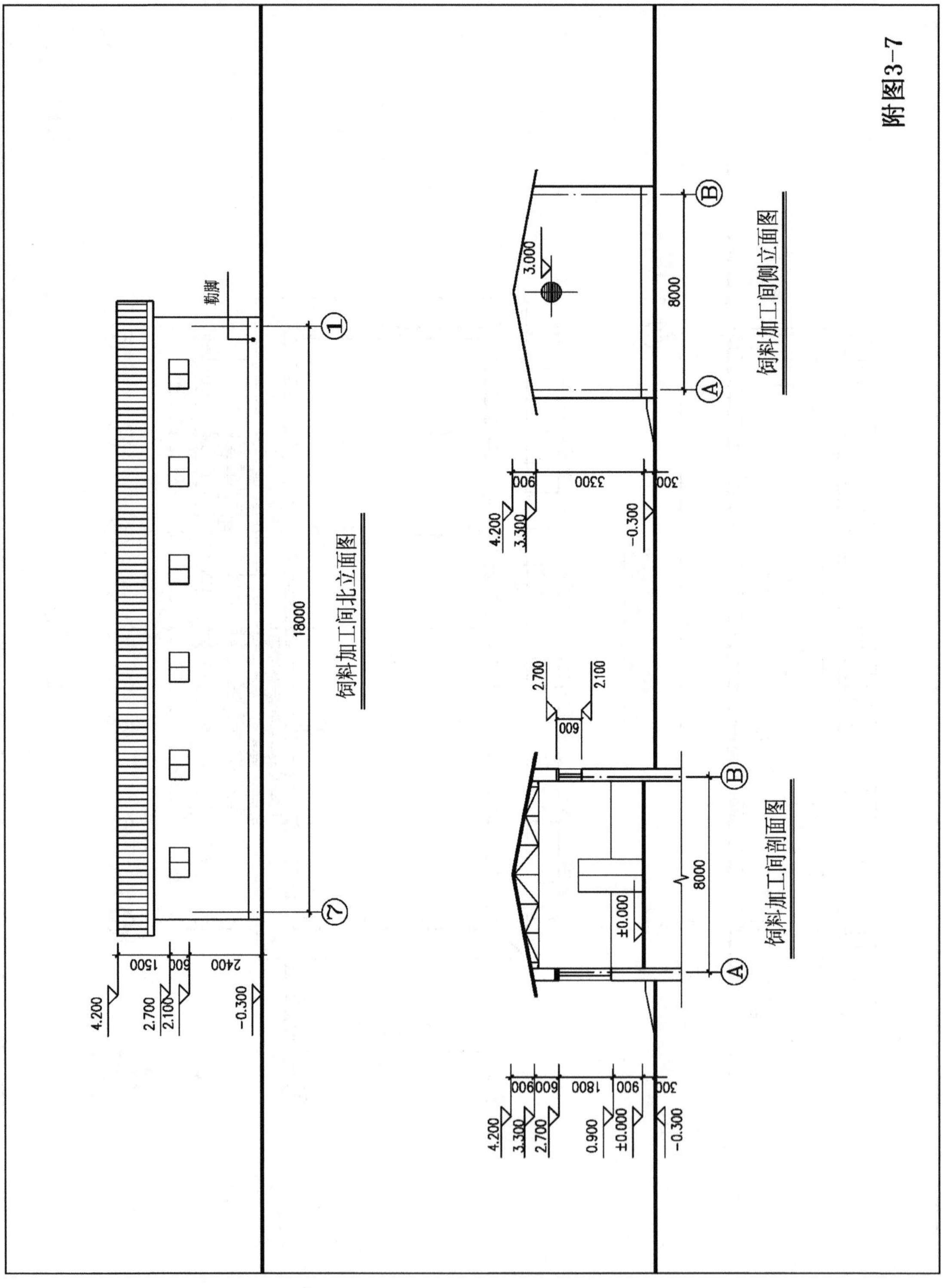

饲料加工间北立面图
勒脚
18000
4.200
2.700
2.100
-0.300
1500
600
2400
饲料加工间剖面图
8000
±0.000
2.700
2.100
600
3.300
0.900
1800
900
300
饲料加工间侧立面图
8000
3.000
3300

附图3-7

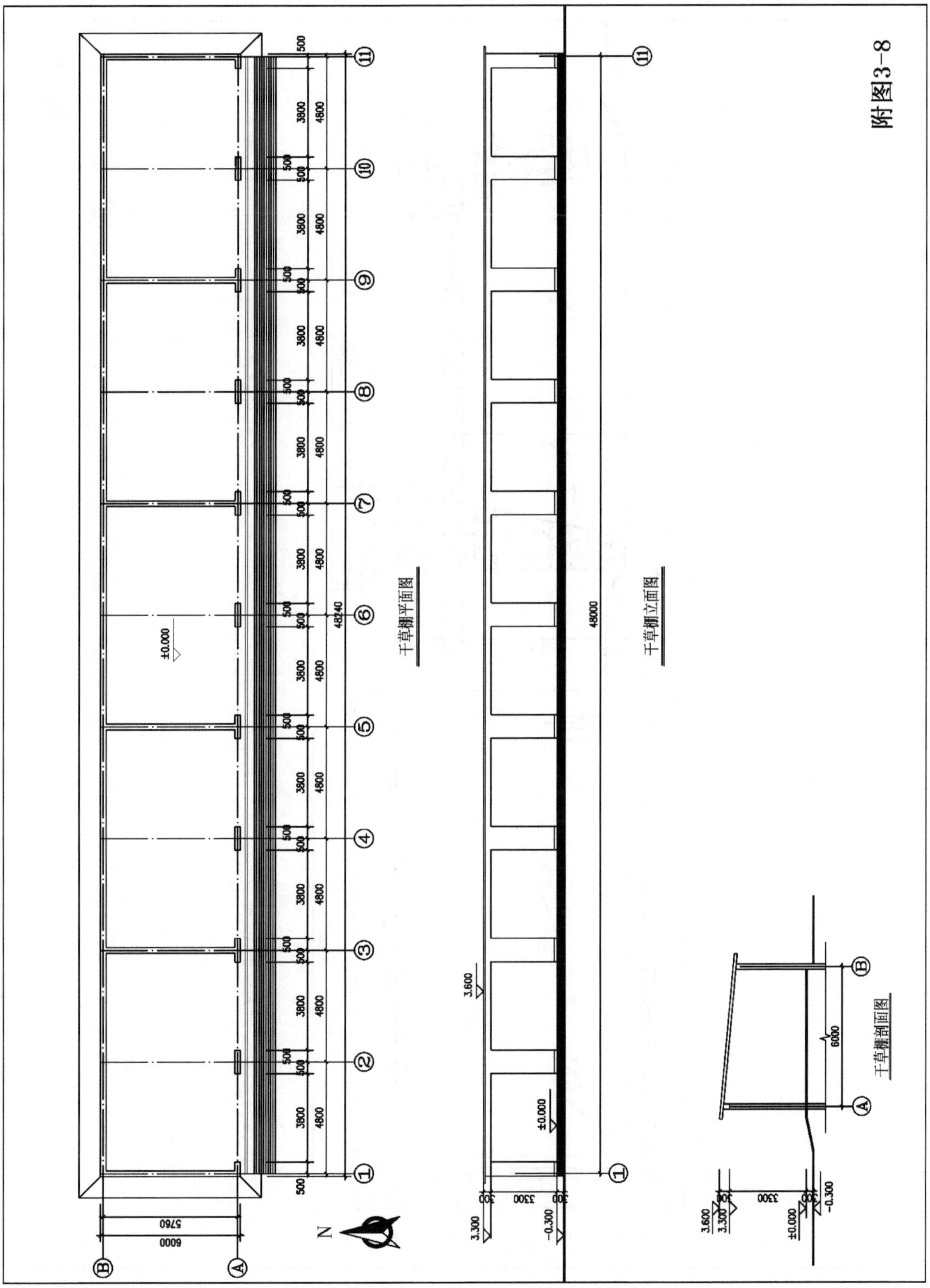
干草棚平面图
干草棚立面图
干草棚剖面图
48240
48000
3800
4800
500
6000
5760
±0.000
3.600
3.300
-0.300
3300
N

附图3-8

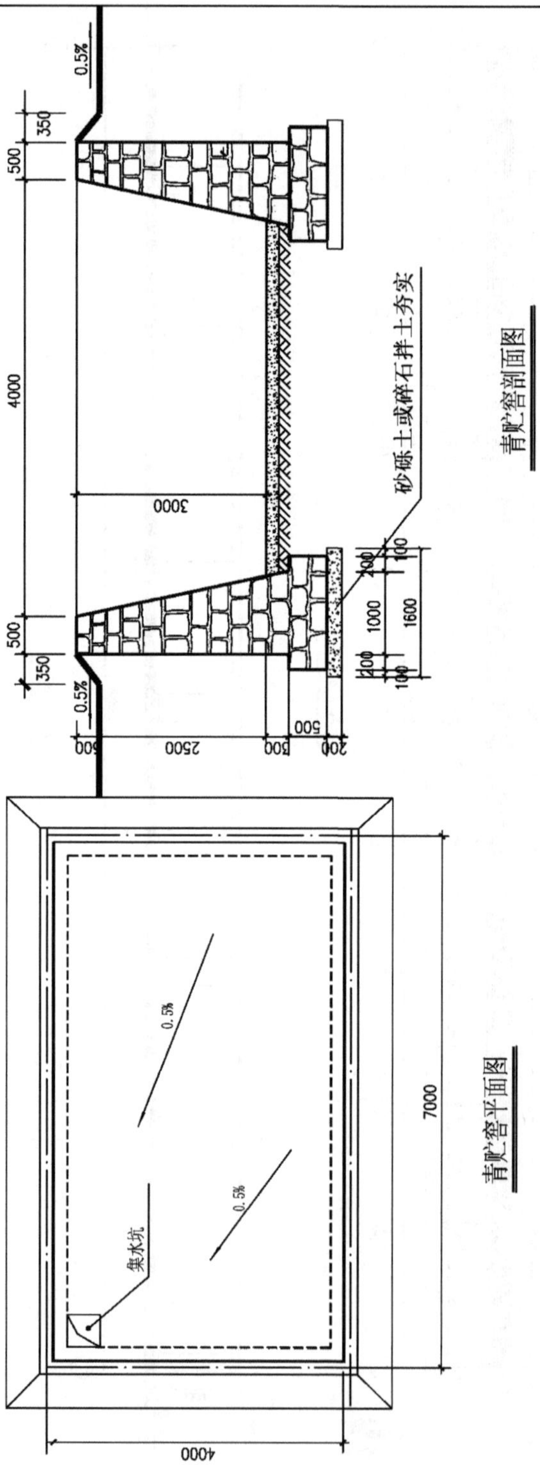
0.5%
350
500
4000
3000
500
350
0.5%
500
2500
300
500
200
200
100
1000
1600
200
100
砂砾土或碎石拌土夯实
青贮窖剖面图
0.5%
0.5%
集水坑
7000
4000
青贮窖平面图

附图3-9

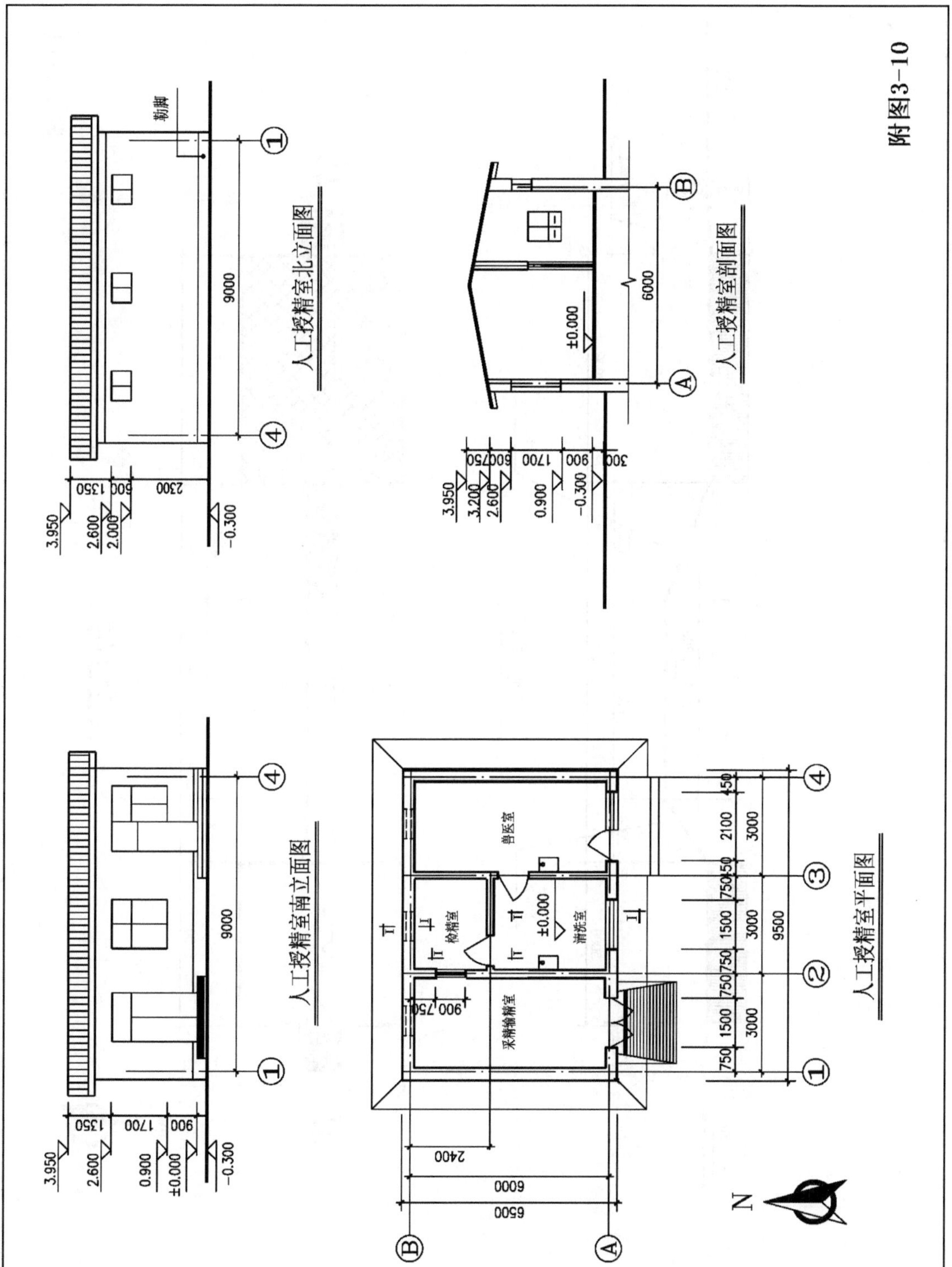
人工授精室北立面图
勒脚
人工授精室剖面图
人工授精室南立面图
人工授精室平面图
兽医室
检精室
清洗室
采精输精室
N

附图3-10

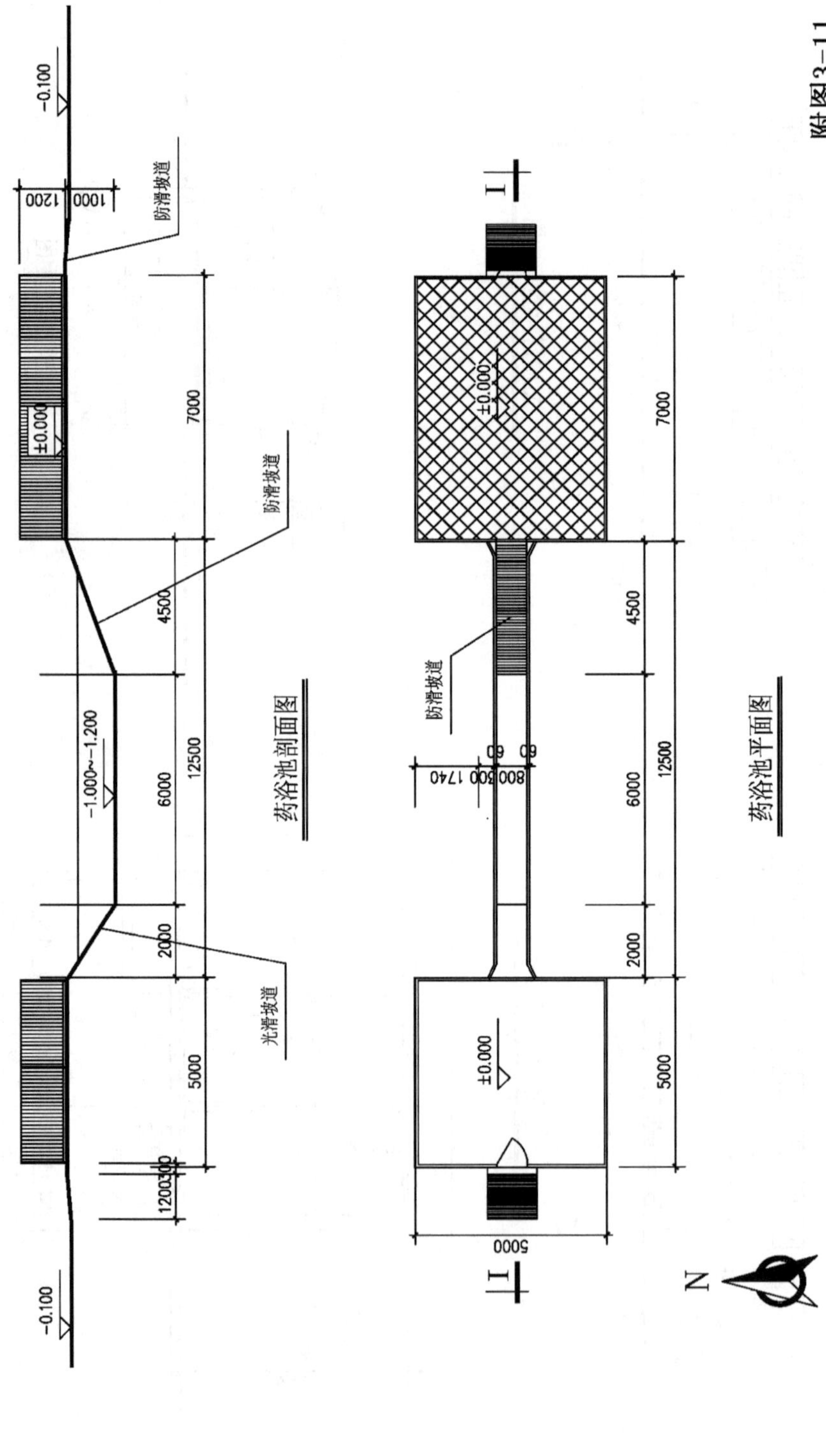

-0.100
1200
1000
防滑坡道
±0.000
7000
防滑坡道
4500
-1.000~-1.200
6000
12500
2000
光滑坡道
5000
1200
300
-0.100
药浴池剖面图
I
±0.000
7000
4500
防滑坡道
60
60
60
800
300
1740
6000
12500
2000
±0.000
5000
5000
I
N
药浴池平面图

附图3-11

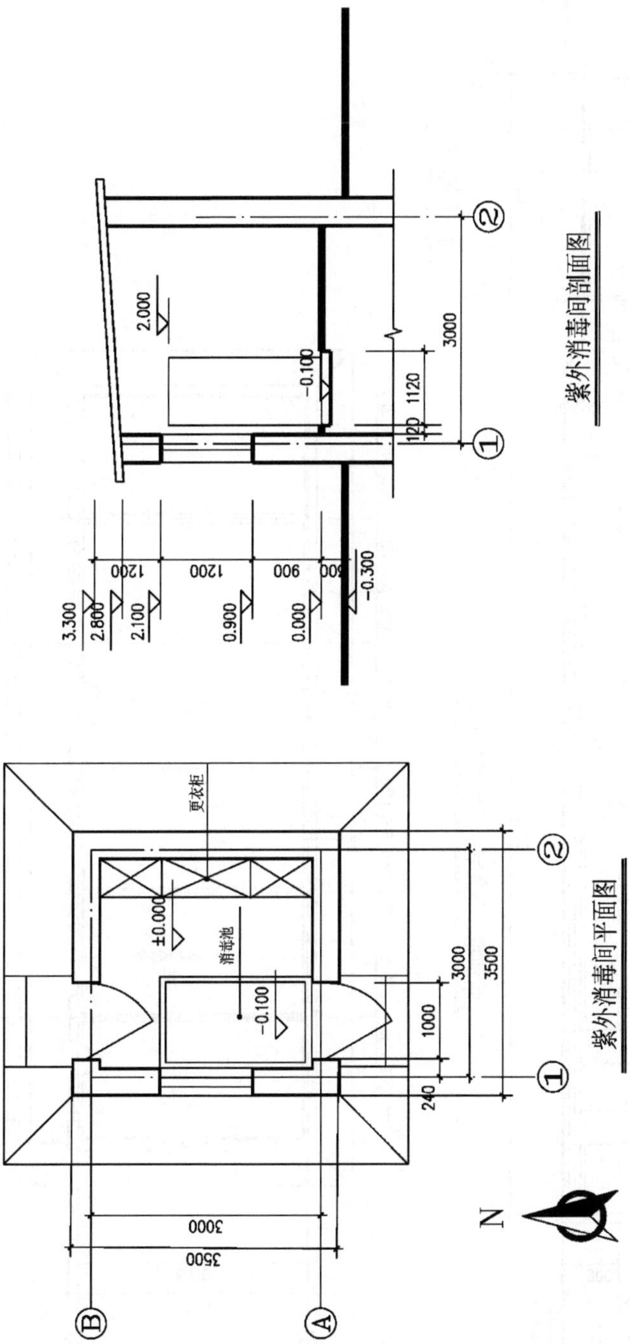

紫外消毒间剖面图
紫外消毒间平面图
更衣柜
消毒池
±0.000
-0.100
3.300
2.800
2.100
0.900
0.000
-0.300
2.000
1200
900
300
3000
3500
1000
1120
120
240
N

附图3-12

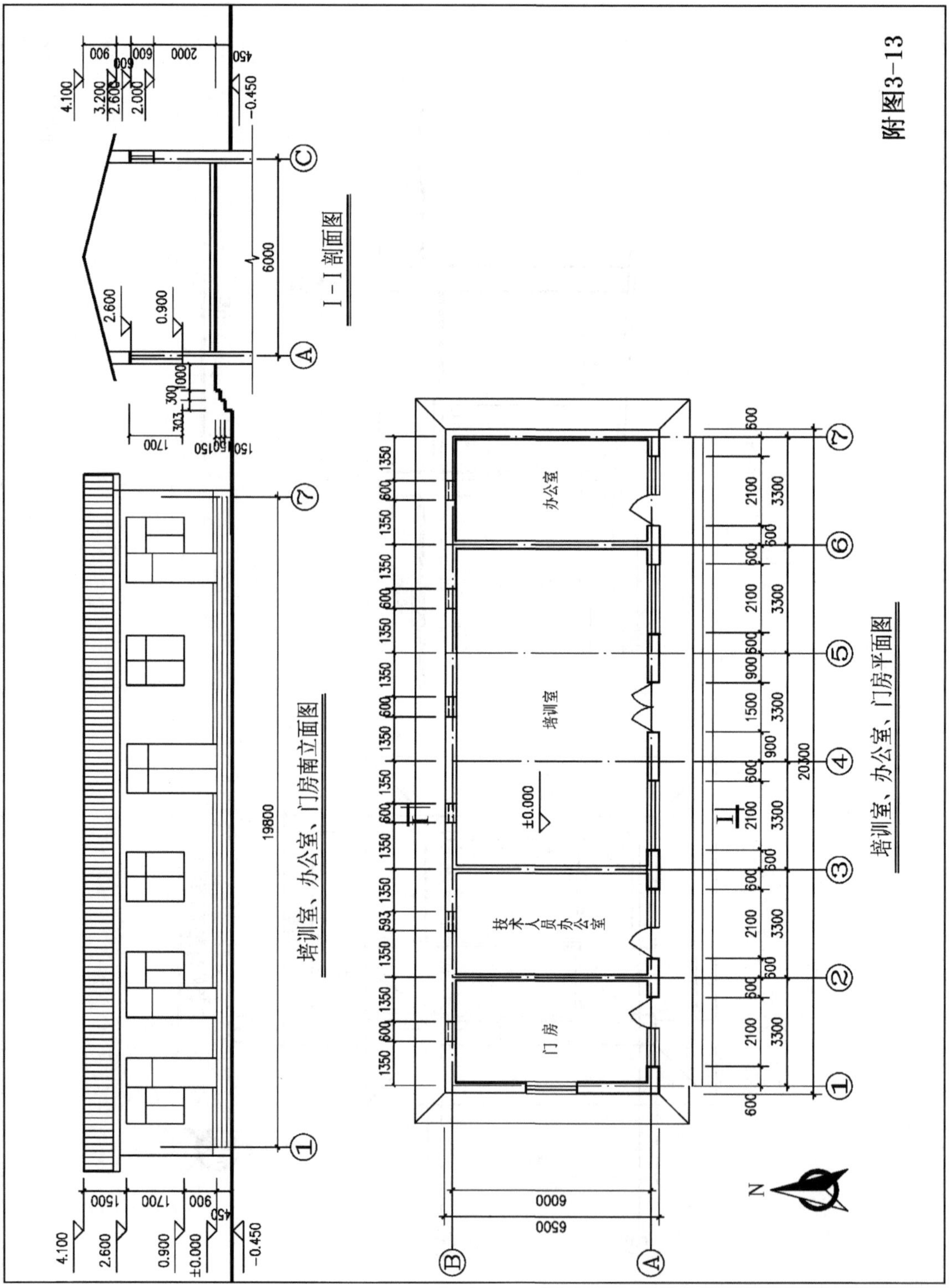
I-I剖面图
培训室、办公室、门房南立面图
培训室、办公室、门房平面图
办公室
培训室
技术人员办公室
门房
N
19800
20300
6000
6500
4.100
2.600
0.900
±0.000
-0.450
3.200
2.000

附图3-13

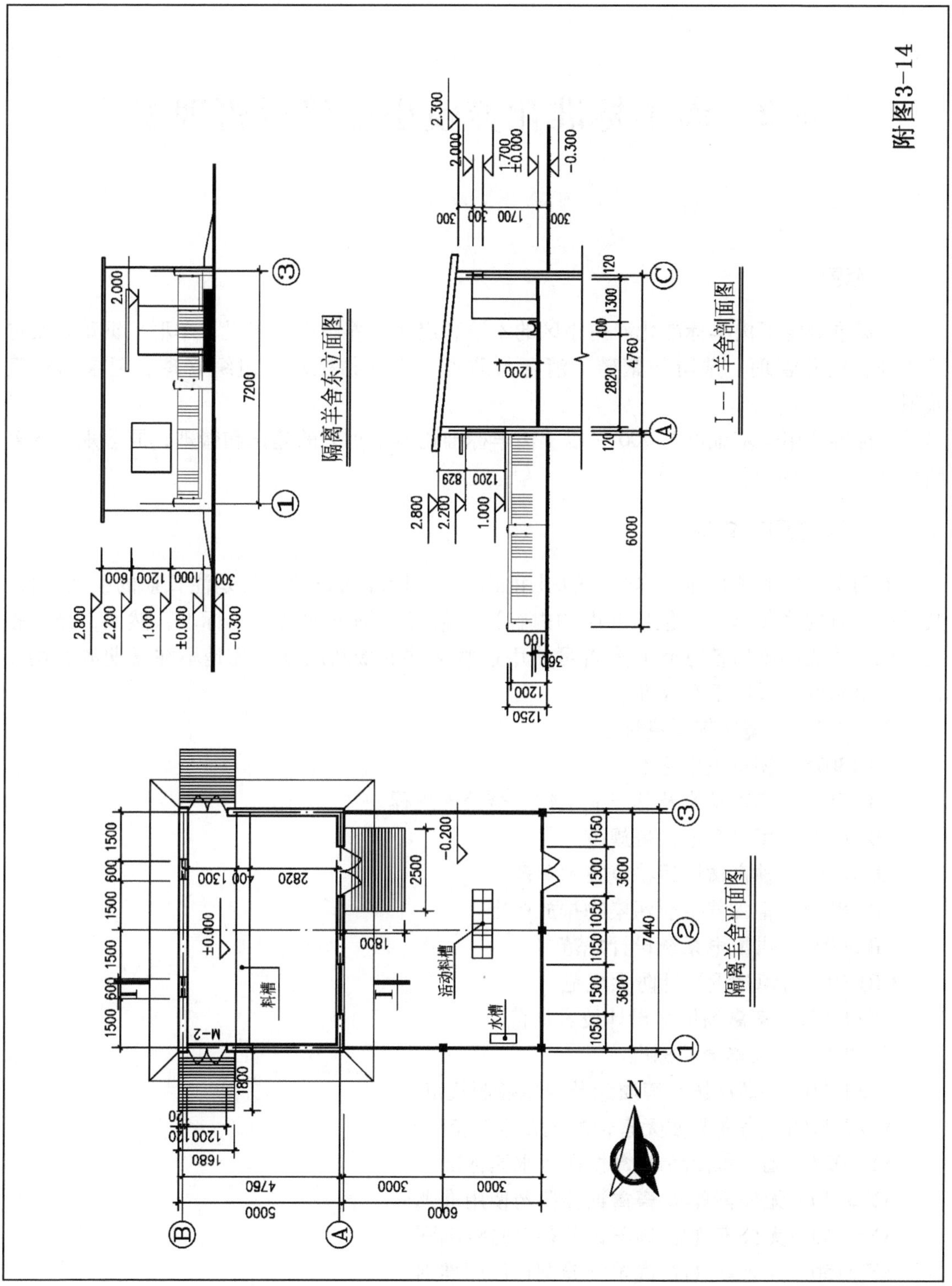

附图3-14

附录2　肉羊标准化养殖小区建设管理规程

1　范围

本标准规定了肉羊标准化养殖小区的术语和定义、养殖小区建设、羊群、饲草料及加工调制、饲养管理、选留与繁殖、消毒与防疫、废弃物处理、组织管理、记录与档案管理。

本标准适用于基础母羊500只以上肉羊标准化养殖小区的建设和管理，同等规模的养殖场（户）参照执行。

2　规范性引用文件

下列文件中的条款通过本标准的引用而成为本标准的条款。凡是注日期的引用文件，其随后所有的修改单（不包括勘误的内容）或修订版均不适用于本标准，然而，鼓励根据本标准达成协议的各方研究是否可使用这些文件的最新版本。凡是不注日期的引用文件，其最新版本适用于本标准。

GB 3095　环境空气质量标准

GB 13078　饲料卫生标准

GB 16548　病害动物及其产品生物安全处理规程

GB 16549　畜禽产地检疫规范

GB 16567　种畜禽调运检疫技术规范

GB 18596　畜禽养殖业污染物排放标准

GB 50052　供配电系统设计规范

GBJ 39　村镇建设设计防火规范

NY/T 682　畜禽场场区设计技术规范

NY/T 816　肉羊饲养标准

NY/T 1167　畜禽场环境质量及卫生控制规范

NY/T 1168　畜禽粪便无害化处理技术规范

NY 5027　无公害食品 畜禽饮用水水质标准

NY 5030　无公害食品 畜禽饲养兽药使用准则

NY 5149　无公害食品 肉羊饲养兽医防疫准则

NY 5150　无公害食品 肉羊饲养饲料使用准则

NY/T 5151　无公害食品 肉羊饲养管理准则

SL 310　村镇供水工程技术规范

兽药国家标准和部分品种的停药期规定　中华人民共和国农业部公告第 278 号

畜禽标识和养植档案管理办法　中华人民共和国农业部令 2006 第 67 号

牲畜耳标技术规范　中华人民共和国农业部

3　术语和定义

下列术语和定义适用于本标准。

3.1　标准化养殖小区

指按照畜禽养殖场所与居民生活区分离的原则，由地方人民政府或村民委员会规划，以统一建设、统一管理、统一防疫、分户饲养为主要模式，布局合理、设施完善、功能齐全、高效安全的集中从事畜禽养殖活动的区域。

3.2　基础母羊

具有优良产肉性状，产羔率高，泌乳性能好，母性好，遗传稳定，用于繁殖育肥羔羊的母羊。

3.3　育成羊

断奶后至配种阶段留做种用的青年羊。

3.4　羔羊

出生至断奶（0～4 月龄）的小羊。

3.5　净道

场区内用于健康羊群与饲料等洁净物品转运的专用道路。

3.6　污道

场区内用于垃圾、粪便、病死羊等非洁净物品出场的专用道路。

3.7　青贮饲料

通过青贮技术处理的饲草料，如青贮玉米、青贮牧草、青贮农作物秸秆等。

4　养殖小区建设

4.1　选址

养殖小区应位于法律法规明确规定的禁养区以外。地势高燥、通风良好、交通便利、水电供应稳定、隔离条件良好的地域。

4.1.1　养殖小区应距离城镇居民点、学校、医院长年主导风向的下风向或侧风向 1 000m以外；距离干线公路、铁路 1 000m以上；周围 3 000m以内无大型化工厂、矿区、皮革厂、屠宰厂、肉品加工厂和其他畜牧场。

4.1.2　建设用地应水源充足、水质应符合 NY 5027。

4.1.3　地域大气环境质量应执行 GB 3095。

4.1.4　禁止在旅游区、自然保护区、水源保护区、环境公害和畜禽疾病污染严重的地区建设养殖小区。

4.1.5　占地面积

存栏 500 只基础母羊的肉羊标准化养殖小区占地面积不少于 12 000m^2（18 亩）。

4.2 总平面布局

4.2.1 布局原则

以布局紧凑、节约用地、科学实用、便于管理、利于防疫和安全生产为原则。养殖小区内防火执行 GBJ 39。

4.2.2 养殖小区功能区划分为生活管理区、辅助生产区、生产区和隔离区。

4.2.2.1 生活管理区

包括门卫值班室、办公室、技术培训室、兽医室、业务洽谈室等，位于养殖小区的上风向区域。

4.2.2.2 辅助生产区

包括草料原料库、饲料加工间、青贮窖、配电室、水泵房等，位于生产管理区的下风向或侧风向。

4.2.2.3 生产区

包括各类羊舍、运动场、人工授精室等，位于生活办公区与辅助生产区的下风向，入口处设人员消毒更衣室和车辆消毒池。

4.2.2.4 隔离区

包括病羊隔离治疗舍、粪便处理场等，位于生产区下风向，与生产区保持 50m 以上的防疫距离或建于养殖小区外下风向区域。

4.3 建设

4.3.1 配套工程

4.3.1.1 养殖小区给排水管线工程参照 SL 310 设计。生产用水以每只肉羊每天 10 ~ 15L 计算。

4.3.1.2 采取专线供电，执行 GB 50052，并自备发电机组。

4.3.2 羊舍建筑

4.3.2.1 方位与平面布置

羊舍以坐北朝南、东西走向为宜，单列式或双列式布置，建设应符合 NY/T 682。

4.3.2.2 羊舍环境

具备良好的隔热、防寒，保暖、通风、排湿以及采光性能。

4.3.2.3 建设面积

只均建筑面积：种公羊 3.0m^2，母羊 1.0m^2，妊娠或产羔母羊 2.5m^2，育肥羔羊 0.8m^2。

4.3.2.4 羊舍地面

羊舍地面高出舍外地面 20 ~ 25cm，三合土地面，出入口采取坡道连接，不设台阶和门槛。

4.3.2.5 羊栏

舍内围栏高度不低于 1.2m。

4.3.2.6 饲槽

饲槽表面应光滑、耐用，饲槽底部为圆弧形，槽体高 25cm，槽内径宽 26cm，槽深 16cm。每只羊槽位 30 ~ 40cm。

4.3.2.7　门窗

门向外开，宽1.2～1.5m；窗户面积与舍内地面面积之比1：12。

4.3.3　运动场及饮水槽

每一栋羊舍附设一个运动场，位于羊舍南面，围墙为花栏墙，高度1.2m；运动场砖铺地面，向外坡度1.5%，面积为羊只占位面积的2倍。

运动场边设饮水槽，每只羊占位10cm，槽深40cm，水深不超过20cm。

4.3.4　饲料原料库

应满足1～2个月生产和饲料周转的需要。

4.3.5　青贮窖

建于排水良好、地下水位低的地方。青贮窖墙体应参考挡土墙设计，注意墙体的防侧滑移和倾覆。只均有效容积$1m^3$。

4.3.6　饲料加工间

建于辅助生产区，根据养殖规模配备饲料加工机组。

4.3.7　干草棚

干草棚应满足3～6个月生产需要。

4.3.8　晒场

晒场为养殖小区农户晒制干草所共享，面积为不小于$180m^2$。

4.3.9　人工授精室、兽医室

设置人工授精室30～$40m^2$、兽医室约$20m^2$。

4.3.10　药浴池

池长12.5m，池顶宽0.8m，池底宽0.6m，深1.2m。入口处围栏$25m^2$，出口处围栏$35m^2$。

4.3.11　消毒设施

消毒池设在大门口以及生产区进出口，消毒池内的消毒液应使用2%烧碱，每3～7d更换一次。人行通道设在消毒间内，在消毒间安装紫外线消毒或喷雾消毒设施，并设计洗手池和更衣柜。

4.3.12　办公室、门房

办公室、门房等$60m^2$左右。

4.3.13　堆粪场

养殖小区需建设堆粪场$240m^2$。

4.3.14　隔离羊舍

根据生产需要在养殖小区下风向围墙外边设隔离场所，面积$60m^2$。

5　羊群

5.1　饲养模式

实行以自繁自养或异地育肥的生产方式。

5.2　羊群引入

引入小区饲养肉羊品种参照NY/T 5151，应以具备优质肉用羊生产特性，生长速度快，产肉性能高，品质好，母羊繁殖率高。严禁从疫区引种，肉羊调运、检疫、隔离要执行 GB 16549 和 GB 16567。

5.3 羊群结构

以 1 只优质肉用种公羊和 50 只基础母羊为基础，构成一个生产单元。

种公羊不超过 6 岁、母羊不超过 5 岁；繁殖群体每年淘汰 20%，后备母羊每年补充繁殖群体 20%，新增羔羊选育补充到后备母羊，其余羊只全部用于育肥。

6 饲草料及加工调制

6.1 原料选用与贮存

饲料原料的使用参照 NY 5150，卫生标准执行 GB 13078。

6.2 饲草料加工

6.2.1 青干草制作

禾本科牧草应于抽穗期刈割，豆科牧草应于现蕾、初花期刈割，及时晾晒贮存。

6.2.2 青贮饲料制作

6.2.2.1 地点选择

应选择地势高燥、排水良好、取用方便、周围无污染物的地方。

6.2.2.2 青贮设施

常用青贮窖、青贮池等设施，青贮窖、青贮池要坚固耐用，不透气，不漏水，窖、池内转角一律做成弧形，底部坡度 1%，靠取料口一侧设计积水井。

6.2.2.3 青贮原料

常用青贮原料为无杂质和泥土的带穗玉米、优质禾本科牧草及农作物秸秆等，其含水量应在 60% ~70%。

6.2.2.4 操作要点

把青贮原料切碎为 2 ~4cm 的小段，随切分层压实（层厚 30 ~50cm）填入青贮窖、池内，待所填原料高出窖壁 50cm 时，整理呈鱼脊背式用塑料膜盖严密封，再用土覆盖 50cm 压实。

6.2.2.5 管护

定期检查，发现裂缝或塌陷及时加土填实。

6.2.2.6 青贮时间

35 ~45d 即可开窖饲喂。

6.2.3 秸秆类饲料加工调制

6.2.3.1 物理处理

切短、粉碎、揉搓、压块、制粒等。

6.2.3.2 化学处理

石灰液处理、氢氧化钠液处理、氨化处理等。

6.3 日粮配制

根据不同用途、不同生理阶段和生产要求肉羊的营养需求，配制不同日粮，营养水平参照 NY/T 816。粗饲料占 60% ~70%，精饲料占 30% ~40%，矿物质、维生素等配制的预混料占精料的 1% ~3%。

7 饲养管理

7.1 肉羊标准化养殖小区日常管理参照 NY/T 5151。

7.2 种公羊

种公羊要保持中上等膘情、强健的体质、旺盛的性欲、优质的精液和持久的配种能力。

7.2.1 饲养

成年种公羊在非配种期每天每只精料补充料为 0.4 ~ 0.5kg；配种期为 0.6 ~ 0.8kg，并日补鸡蛋 2 ~ 3 枚，青绿多汁饲料 2 ~ 3kg；优质鲜干草自由采食。

7.2.2 管理

成年公羊每日配种或采精 1 ~ 2 次，每周休息 2d。单圈饲养，耐心调教，精细管理，每天至少运动 2h。

7.3 基础母羊

母羊应按空怀期、妊娠期和哺乳期分阶段饲养管理。

7.3.1 空怀期

7.3.1.1 饲养

空怀母羊从配种前 2 ~ 3 周开始加强饲养，每天每只精料补充料为 0.3 ~ 0.4kg，青粗饲料自由采食，调整体况，保持中上等膘情。

7.3.1.2 管理

空怀母羊应进行驱虫、修蹄、疾病检查等日常管理，并适时配种。

7.3.2 妊娠期

7.3.2.1 饲养

妊娠前期（0 ~ 3 月）每天每只精料补充料 0.3 ~ 0.4kg，胡萝卜 0.5kg；妊娠后期（4 ~ 5 月）0.35 ~ 0.5kg，胡萝卜 0.5kg，少喂勤添；优质牧草或青干草自由采食。

7.3.2.2 管理

妊娠期的母羊不得驱赶，防止挤压，不得饲喂冰冻、霉变饲料，不饮冰水。产圈在产羔前 10 ~ 15d 进行消毒，铺上干净的垫草。产前 1 周左右，转入待产圈中饲养，产前应把母羊尾根、外阴部、肛门等处用温水洗净，用 1% ~ 2% 来苏尔溶液消毒。

7.3.3 哺乳期

7.3.3.1 饲养

哺乳前期每天每只精料补充料 0.4 ~ 0.5kg，胡萝卜 0.5kg，青粗饲料自由采食；哺乳后期逐渐减少多汁饲料和精料的喂量，以防发生乳房炎。

7.3.3.2 管理

经常检查哺乳母羊乳房，如果发现奶孔堵塞、乳房炎、乳汁异常等情况，及时予以处理和治疗。

7.4 羔羊

7.4.1 饲养

羔羊出生后，应尽快吃到初乳。10 日龄后开始诱食柔嫩青草，15 日训练采食适口性好、营养丰富、易于消化的精料。1 ~ 2 月龄日补精料 100 ~ 150g；3 月龄日补精料

150～200g。

7.4.2　管理

羔羊出生后，擦净口腔、鼻耳内黏液，距脐窝5～8cm处剪断脐带，用5%碘酊消毒创口；对假死羔羊进行急救。羔羊1周龄断尾（大脂尾羊除外）、去角，2周龄打耳号，3月龄断奶，进行生产性能测定，填写相关记录档案。

7.5　育成羊

7.5.1　饲养

留作种用的育成羊，每天每只精料补充料0.25～0.35kg，粗饲料以优质干草和少量青贮料为宜。育肥用育成羊，每天每只精料补充料0.5～0.7kg，干草和少量青贮饲料自由采食。

7.5.2　管理

准备留作种用的育成羊日粮中保证蛋白饲料的比例，充分运动，定期测定生长指标，并做好档案记录。育肥用育成羊减少运动，采用高能量饲料强化育肥。

肉羊休药期执行NY 5030和农业部《兽药国家标准和部分品种的停药期规定》。

8　选留与繁殖

8.1　繁殖群体选留

根据羊只父亲、母亲及外祖父的生产性能、体型外貌等情况进行选留或淘汰。所选留个体的父亲、母亲及外祖父的生产性能要高于羊群平均生产水平。根据测定结果，选留体型外貌符合品种标准的个体，体尺、体重、产肉性能等高于群体平均水平。

8.2　发情鉴定

采用公羊试情法对繁殖母羊进行发情鉴定。

8.3　配种

母羊发情进行第1次配种，间隔6～8h再配1次，直至发情结束。

采用本交或人工授精技术配种。采用人工授精技术配种，新鲜精液的成活率在0.7以上，稀释3～5倍；子宫颈深部输精，输精量0.2 ml。

8.4　分娩与护理

8.4.1　接产与助产

分娩母羊出现临产征兆后，及时进行后躯消毒，备好接产与助产器械。需要助产时，由专业技术人员按产科要求操作。

8.4.2　产后监护

产后注意观察外阴部及生殖道有无感染，如有病变及时治疗。

9　消毒与防疫

9.1　消毒

创建良好的生产环境条件，搞好卫生控制，参照NY/T 1167。

9.2　防疫

养殖小区的防疫参照NY 5149。

10　废弃物处理

10.1　病害物处理

病害物处理执行 GB 16548。

10.2　粪便处理与排放

粪便无害化处理采用 NY/T 1168，污染物排放执行 GB 18596。

11　组织管理

11.1　组织形式

建立具有法人资质的组织机构，对养殖小区进行统一管理。

11.2　管理模式

实行统分结合的管理运行模式。统一建设、统一防疫、统一服务、统一无害化处理、统一销售，分户饲养。

11.3　人员管理

11.3.1　从业人员

配备与生产规模相适应的畜牧、兽医技术人员。

从业人员应身体健康，并定期进行健康检查，有传染病患者应及时调出。

11.3.2　技术培训

根据生产需要制定培训计划，定期聘请畜牧兽医专家对入区养殖户进行技术培训。

11.4　制度建设

建立完善的规章制度，包括生产管理制度、物品管理制度、出入场管理制度、兽药和疫苗购进使用管理制度、饲料加工使用管理制度、各项技术操作规程、卫生防疫制度、卫生消毒制度、档案制度、病死羊无害化处理制度、疫情监测报告制度、技术培训制度等。

12　记录与档案管理

12.1　根据农业部颁布的《畜禽标识与养殖档案管理办法》和《牲畜耳标技术规范》，对羊群进行标识和建档，建立肉羊日常生产记录，配备记录员和档案管理员，负责档案记录与保管，生产记录应保存 3 年以上，羊群谱系资料应长期保存。

12.2　记录内容包括羊群生产记录、生长发育记录、配种记录、产羔记录、羊群周转记录、饲草料消耗记录和防疫记录等档案资料。

12.3　分析汇总根据原始记录，定期进行统计、分析和总结。

附录3　无公害食品　肉羊饲养管理准则

1　范围

本标准规定了无公害肉羊生产中环境、引种和购羊、饲养、防疫、废弃物处理等涉及肉羊饲养管理的各环节应遵循的准则。

本标准适用于生产无公害羊肉的种羊场、人工授精站、胚胎移植中心、商品羊场、隔离场的饲养和管理。

2　规范性引用文件

下列文件中条款通过本标准的引用而成为本标准的条款。凡是注日期的引用文件，其随后所有的修改单（不包括勘误的内容）或修订版均不适用于本标准，然而，鼓励根据本标准达成协议的各方研究是否可使用这些文件的最新版本。凡是不注日期的引用文件，其最新版本适用于本标准。

GB 16548　畜禽病害肉尸及其产品无害化处理规范

GB 16549　畜禽产地检疫规范

GB 16567　种畜禽调运检疫技术规范

GB/T 18407　农产品安全质量 无公害畜禽产地环境要求

GB 18596　畜禽养殖业污染物排放标准

NY/T 388　畜禽场环境质量标准

NY 5027　无公害食品　畜禽饮用水水质

NY 5148　无公害食品　肉羊饲养兽药使用准则

NY 5149　无公害食品　肉羊饲养兽医防疫准则

NY 5150　无公害食品　肉羊饲养饲料使用准则

种畜禽管理条例

饲料和饲料添加剂管理条例

3　术语和定义

下列术语和定义适用于本标准。

3.1　肉羊 meat purpose sheep and goat

在经济或体形结构上用于生产羊肉的品种（系）。

3.2　投入品 input

饲养过程投入的饲料、饲料添加剂、水、疫苗、兽药等物品。

3.3　*净道* non-pollution road

羊群周转、饲养员行走、场内运送饲料的专用道路。

3.4　*污道* pollution road

粪便等废弃物出场的道路。

3.5　*羊场废弃物* farm waste

主要包括羊粪、尿、尸体及相关组织、垫料、过期兽药、残余疫苗、一次性使用的畜牧兽医器械及包装物和污水。

4　羊场环境与工艺

4.1　羊场环境应符合 GB/T 18407 的规定。

4.2　场址用地应符合当地土地利用规划的要求，充分考虑羊场的放牧和饲草、饲料条件，羊场应建在地势干燥、排水良好、通风、易于组织防疫的地方。

4.3　羊场周围 3km 以内无大型化工厂、采矿场、皮革厂、肉品加工厂、屠宰场或畜牧场等污染源。羊场距离干线公路、铁路、城镇、居民区和公共场所 1km 以上，远离高压电线。羊场周围有围墙或防疫沟，并建立绿化隔离带。

4.4　羊场生产区要布置在管理区主风向的下风或侧风向，羊舍应布置在生产区的上风向，隔离羊舍、污水、粪便处理设施和病、死羊处理区设在生产区主风向的下风或侧风向。

4.5　场区内净道和污道分开。互不交叉。

4.6　按性别、年龄、生长阶段设计羊舍舍，实行分阶段饲养、集中育肥的饲养工艺。

4.7　羊舍设计应能保温隔热，地面和墙壁应便于消毒。

4.8　羊舍设计应通风、采光良好，空气中有毒有害气体含量应符合 NY/T 388 的规定。

4.9　饲养区内不应饲养其他经济用途动物。

4.10　羊场应设有废弃物处理设施。

5　羊只引进和购入

5.1　引进种羊要严格执行《种畜禽管理条例》第 7 条、第 8 条、第 9 条，并按照 GB 16567 进行检疫。

5.2　购入羊要在隔离场（区）观察不少于 15d，经兽医检查确定为健康合格后，方可转入生产群。

6　饲养

6.1　*饲料和饲料添加剂*

6.1.1　饲料和饲料原料应符合 NY 5150 的规定。

6.1.2　不应在羊体内埋植或者在饲料中添加镇静剂、激素类等违禁药物。

6.1.3　商品羊使用含有抗生素的添加剂时，应按照《饲料和饲料添加剂管理条例》执行休药期。

6.1.4　放牧羊群实行轮牧、休牧制度。

6.2 饮水

6.2.1 水质应符合 NY 5027 的规定。

6.2.2 定期清洗消毒饮水设备。

6.3 疫苗和使用

6.3.1 羊群的防疫应符合 NY 5149 的规定。

6.3.2 防疫器械在防疫前后应彻底消毒。

6.4 兽药和使用

6.4.1 治疗使用药剂时，应符合 NY 5148 的规定。

6.4.2 肉羊育肥后期使用药物治疗时，应根据所用药物执行休药期。达不到休药期的，不应作为无公害肉羊上市。

6.4.3 发生疾病的种羊在使用药物治疗时，在治疗期或达不到休药期的不应作为食用淘汰羊出售。

7 卫生消毒

7.1 消毒剂

选用的消毒剂应符合 NY 5148 的规定。

7.2 消毒方法

7.2.1 喷雾消毒

用规定浓度的次氯酸盐、有机碘混合物、过氧乙酸、新洁尔灭、煤酚等，进行羊舍消毒、带羊环境消毒、羊场道路和周围以及进入场区的车辆消毒。

7.2.2 浸液消毒

用规定浓度的新洁尔灭、有机碘混合物或煤酚的水溶液，洗手、洗工作服或胶靴进行消毒。

7.2.3 紫外线消毒

人员入口处设紫外线灯照射至少 5min。

7.2.4 喷洒消毒

在羊舍周围、入口、产房和羊床下面撒生石灰或火碱液进行消毒。

7.2.5 火焰消毒

用喷灯对羊只经常出入的地方、产房、培育舍，每年进行 1 ~2 次火焰瞬间喷射消毒。

7.2.6 熏蒸消毒

用甲醛等对饲喂用具和器械在密闭的室内或容器内进行熏蒸。

7.3 消毒制度

7.3.1 环境消毒

羊舍周围环境定期用 2% 火碱或撒生石灰消毒。羊场周围及场内污染池、排粪坑、下水道出口，每月用漂白粉消毒 1 次。在羊场、羊舍入口设消毒池并定期更换消毒液。

7.3.2 人员消毒

工作人员进入生产区净道和羊舍，要更换工作服、工作鞋、并经紫外线照射 5min 进行消毒。外来人员必须进入生产区时，应更换场区工作服、工作鞋，经紫外线照射 5min 进行消毒，并遵守场内防疫制度，按指定路线行走。

7.3.3　羊舍消毒

每批羊只出栏后，要彻底清扫羊舍，采用喷雾、火焰、熏蒸消毒。

7.3.4　用具消毒

定期对分娩栏、补料槽、饲料车、料僪桶等饲养用具进行消毒。

7.3.5　带羊消毒

定期进行带羊消毒。减少环境中的病原微生物。

8　管理

8.1　日常管理

8.1.1　羊场工作人员应定期进行健康检查，有传染病者不应从事饲养工作。

8.1.2　场内兽医人员不应对外诊疗羊及其他动物的疾病，羊场配种人员不应对外开展羊的配种工作。

8.1.3　防止周围其他动物进入场区。

8.2　羊只管理

8.2.1　选择高效、安全的抗寄生虫药，定期对羊只进行驱虫、药浴，控制程序符合NY 5148的要求。

8.2.2　应对成年种公羊、母羊定期浴蹄和修蹄。

8.2.3　应经常观察羊群健康状态，发现异常及时处理。

8.3　饲喂管理

8.3.1　不喂发霉和变质的饲料、饲草。

8.3.2　育肥羊按照饲养工艺转群时，按性别、体重大小分群，分别进行饲养。群体大小、饲养密度要适宜。

8.3.3　每天打扫羊舍卫生，保持料槽、水槽用具干净和地面清洁。使用垫草时，应定期更换，保持卫生清洁。

8.4　灭鼠、灭蚊蝇

8.4.1　应定期定点投放灭鼠药，及时收集死鼠和残余鼠药，并应做深埋处理。

8.4.2　消除水坑等蚊蝇孳生地，定期喷洒消毒药物。

9　运输

9.1　商品羊运输前，应经动物防疫监督机构根据GB 16549及国家有关规定进行检疫。

并出具检疫证明，合格者方可上市或屠宰。

9.2　运输车辆在运输前和使用后应用消毒液彻底消毒。

9.3　运输途中，不应在城镇和集市停留、饮水和饲喂。

10　病、死羊处理

10.1　对可疑病羊应隔离观察、确诊。有使用价值的病羊应隔离饲养、治疗，彻底治愈后，才能归群。

10.2　因传染病和其他需要处死的病羊，应在指定地点进行扑杀，尸体应按GB

16548 的规定进行处理。

10.3 羊场不应出售病羊、死羊。

11 废弃物处理

11.1 羊场污染物排放应符合 GB 18596 的规定。

11.2 羊场废弃物应实行无害化、资源化处理原则。

12 资料记录

12.1 所有记录应准确、可靠、完整。

12.2 引进、购入、配种、产羔、哺乳、断奶、转群、增重、饲料消耗记录。

12.3 羊群来源，种羊系谱档案和主要生产性能记录。

12.4 饲料、饲草来源、配方及各种添加剂使用记录。

12.5 疫病防治记录。

12.6 出场销售记录。

12.7 上述有关资料应长期保存，最少保留 3 年。

附录4 无公害食品 肉羊饲养饲料使用准则

1 范围

本标准规定了生产无公害肉羊所需的配合饲料、浓缩饲料、精料补充料、添加剂预混合饲料、饲料原料、饲料添加剂加工过程的要求以及检验方法、检验规则、判定规则、标签、包装、贮存、运输的规范。

本标准适用于生产无公害肉羊所需的商品配合饲料、浓缩饲料、精料补充料、添加剂预混合饲料和生产无公害肉羊的养殖场自配饲料。

出口饲料产品的质量，应按双方签定的合同进行。

2 规范性引用文件

下列文件中的条款通过本标准的引用而成为本标准的条款。凡是注日期的引用文件，其随后所有的修改单（不包括勘误的内容）或修订版均不适用于本标准。然而，鼓励根据本标准达成协议的各方研究是否可使用这些文件的最新版本。凡是不注日期的引用文件，其最新版本适用于本标准。

GB 4285 农药安全使用标准

GB/T 6432 饲料中粗蛋白测定方法

GB/T 6435 饲料水分的测定方法

GB/T 6436 饲料中钙的测定方法

GB/T 6437 饲料中总磷的测定方法 光度法

GB/T 10647 饲料工业通用术语

GB 10648 饲料标签

GB 13078 饲料卫生标准

GB/T 13079 饲料中总砷的测定方法

GB/T 13080 饲料中铅的测定方法

GB/T 13081 饲料中汞的测定方法

GB/T 13082 饲料中镉的测定方法

GB/T 13083 饲料中氟的测定方法

GB/T 13084 饲料中氰化物的测定方法

GB/T 13090 饲料中六六六、滴滴涕的测定方法

GB/T 13091 饲料中沙门氏菌的检验方法

GB/T 13092 饲料中霉菌检验方法

GB/T 14699　饲料采样方法

GB/T 16764　配合饲料企业卫生规范

GB/T 17480　饲料中黄曲霉毒素 B_1 的测定　酶联免疫吸附法

NY/T 5151　无公害食品　肉羊饲养管理准则

NY 5148　无公害食品　肉羊饲养兽药使用准则

NY 5149　无公害食品　肉羊饲养兽医防疫准则

饲料和饲料添加剂管理条例

饲料药物添加剂使用规范（中华人民共和国农业部公告第 168 号）

禁止在饲料和动物饮水中使用的药物品种目录（农业部公告第 176 号）

农业转基因生物安全管理条例

3　术语和定义

GB/T 10647《饲料工业通用术语》中确立的以及下列术语和定义适用于本标准。

3.1　饲料 feeds

经工业化加工、制作的供动物食用的饲料，包括单一饲料、添加剂预混合饲料、浓缩饲料、配合饲料和精料补充料。

3.2　饲料原料（单一饲料）feedstuff，single feed

以一种动物、植物、微生物或矿物质为来源的饲料。

3.3　能量饲料 energy feed

干物质中粗纤维含量低于 18%，粗蛋白含量低于 20% 的饲料。

3.4　粗饲料 roughage feed

天然水分含量在 60% 以下，干物质中粗纤维含量等于或高于 18% 的饲料。

3.5　饲料添加剂 feed additive

指在饲料加工、制作、使用过程中添加的少量或者微量物质，包括营养性饲料添加剂和一般饲料添加剂。

3.6　营养性饲料添加剂 nutritive feed additive

指用于补充饲料营养成分的少量或者微量物质，包括饲料级氨基酸、维生素、矿物质微量元素、酶制剂、非蛋白氮等。

3.7　一般饲料添加剂 general feed additive

为保证或者改善饲料品质、提高饲料利用率而掺入饲料中的少量或者微量物质。

3.8　添加剂预混合饲料 additive premix

由一种或多种饲料添加剂与载体或稀释剂按一定比例配制的均匀混合物。

3.9　浓缩饲料 concentrate

由蛋白质饲料、矿物质饲料和添加剂预混料按一定比例配制的均匀混合物。

3.10　配合饲料 formula feed

根据饲养动物营养需要，将多种饲料原料按饲料配方经工业生产的饲料。

3.11　精料补充料 concentrate supplement

为补充以粗饲料、青饲料、青贮饲料为基础的草食饲养动物的营养，而用多种饲料原料按一定比例配制的饲料。

4　要求

4.1　饲料原料

4.1.1　感官指标：具有该品种应有的色、嗅、味和形态特征，无发霉、变质、结块及异嗅、异味。

4.1.2　青绿饲料、干粗饲料不应发霉、变质。

4.1.3　有毒有害物质及微生物允许量应符合 GB 13078 的规定。

4.1.4　不应在肉羊饲料中使用除蛋、乳制品外的动物源性饲料。

4.1.5　不应在肉羊饲料中使用各种抗生素滤渣。

4.2　饲料添加剂

4.2.1　感官指标：具有该品种应有的色、嗅、味和形态特征，无结块、发霉、变质。

4.2.2　饲料中使用的饲料添加剂应是农业部允许使用的饲料添加剂品种目录中所规定的品种和取得批准文号的新饲料添加剂品种。

4.2.3　饲料中使用的饲料添加剂产品应是取得饲料添加剂产品生产许可证企业生产的、具有产品批准文号的产品。

4.2.4　有毒有害物质应符合 GB 13078 的规定。

4.3　配合饲料、浓缩饲料、精料补充料和添加剂预混合饲料

4.3.1　感官指标：应色泽一致，无霉变、结块及异嗅、异味。

4.3.2　有毒有害物质及微生物允许量应符合 GB 13078 的规定。

4.3.3　肉羊配合饲料、浓缩饲料、精料补充料和添加剂预混合饲料中的药物饲料添加剂使用应遵守《饲料药物添加剂使用规范》。

4.3.4　肉羊饲料中不得添加《禁止在饲料和动物饮水中使用的药物品种目录》中规定的违禁药物。

4.4　饲料加工过程

4.4.1　饲料企业的工厂设计与设施卫生、工厂卫生管理和生产过程的卫生应符合 GB/T 16764 的要求。

4.4.2　配料

4.4.2.1　定期对计量设备进行检验和正常维护，以确保其精确性和稳定性。

4.4.2.2　微量组分应进行预稀释，并且应在专门的配料室内进行。

4.4.2.3　配料室应有专人管理，保持卫生整洁。

4.4.3　混合

4.4.3.1　按设备性能规定的时间进行混合。

4.4.3.2　混合工序投料应按先大量、后小量的原则进行。投入的微量组分应将其稀释到配料称最大称量的 5% 以上。

4.4.4　留样

4.4.4.1　新接收的饲料原料和各个批次生产的饲料产品均应保留样品。样品密封后留置专用样品室或样品柜内保存。样品室和样品柜应保持阴凉、干燥。采样方法按 GB/T 14699 执行。

4.4.4.2　留样应设标签，注明饲料品种、生产日期、批次、生产负责人和采样人等

事项，并建立档案当专人负责保管。

4.4.4.3 样品应保留到该批产品保持期满后3个月。

4.5 饲料的饲喂与使用

4.5.1 肉羊饲料的饲喂与使用应遵照 NY/Y 5151。

4.5.2 肉羊兽药的使用应遵循 NY 5148。

4.5.3 肉羊的疫病治疗与防疫应遵照 NY 5149。

5 检验方法

5.1 粗蛋白：按 GB/T 6432 执行。

5.2 水分：按 GB/T 6435 执行。

5.3 钙：按 GB/T 6436 执行。

5.4 总磷：按 GB/T 6437 执行。

5.5 总砷：按 GB/T 13079 执行。

5.6 铅：按 GB/T 13080 执行。

5.7 汞：按 GB/T 13081 执行。

5.8 镉：按 GB/T 13082 执行。

5.9 氟：按 GB/T 13083 执行。

5.10 氰化物：按 GB/T 13084 执行。

5.11 六六六、滴滴涕：按 GB/T 13090 执行。

5.12 沙氏门菌：按 GB/T 13091 执行。

5.13 霉菌：按 GB/T 13092 执行。

5.14 黄曲霉毒素 B_1：按 GB/T 17480 执行。

6 检验规则

6.1 感官指标、水分、粗蛋白质、钙和总磷含量为出厂检验项目，其余为形式检验项目。

6.2 在保证产品质量的前提下，生产厂可根据工艺、设备、配方、原料等的变化情况，自行确定出厂检验的批量。

6.3 试验测定值的双试验相对偏差按相应标准规定执行。

6.4 检测与仲裁判定各项指标合格与否时，应考虑允许误差。

6.5 判定规则：卫生指标、药物和违禁药物等为判定指标。如检验中有一项指标不符合标准，应重新取样进行复检，复检结果中有一项不合格即判定为不合格。

7 标签、包装、贮存和运输

7.1 标签

商品饲料应在包装物上附有饲料标签，标签应符合 GB 10648 中的有关规定。

7.2 包装

7.2.1 饲料包装应完整，无污染和异味。

7.2.2 包装材料应符合 GB/T 14764 的要求。

7.2.3　包装印刷油墨无毒，不应向内容物渗漏。

7.2.4　包装物不应重复使用。但是，生产方和使用方另有约定的除外。

7.3　贮存

7.3.1　饲料的贮存应符合 GB/T 16764 的要求。

7.3.2　不合格和变质饲料应做无害化处理，不应存放在饲料贮存场所内。

7.3.3　饲料贮存场地不应使用化学灭鼠药和杀鸟剂。

7.4　运输

7.4.1　运输工具应符合 GB/T 16764 的要求。

7.4.2　运输作业应防止污染，保持包装的完整。

7.4.3　不应使用运输畜禽等动物的车辆运输饲料产品。

7.4.4　饲料运输工具和装卸场地应定期清洗和消毒。

8　其他有关使用饲料和饲料添加剂的原则和规定

8.1　严格执行《农业转基因生物安全管理条例》有关规定。

8.2　严格执行《饲料和饲料添加剂管理条例》有关规定。

8.3　栽培饲料作物的农药使用按 GB 4285 规定执行。

附录 4A

（规范性附录）

饲料、饲料添加剂卫生指标

饲料及饲料添加剂的卫生指标

序号	安全卫生指标项目	产品名称	指标	试验方法	备注
1	砷（以总砷计）的允许量（每千克产品中）（mg）	石粉	≤2.0	GB/T 13079	不包括国家主管部门批准使用的有机砷制剂中的砷含量
		硫酸亚铁、硫酸镁	≤2.0		
		磷酸盐	≤20.0		
		沸石粉、膨润土、麦饭石	≤10.0		
		硫酸铜、硫酸锰、硫酸锌、碘化钾、碘酸钙、氯化钴	≤5.0		
		氧化锌	≤10.0		
		精料补充料	≤10.0		
2	铅（以 Pb 计）的允许量（每千克产品中）（mg）	磷酸盐	≤30	GB/T 13080	
		石粉	≤10		
3	氟（以 F 计）的允许量（每千克产品中）（mg）	石粉	≤2000	GB/T 13083	
		磷酸盐	≤1800	HG 2636	
4	汞（以 Hg 计）的允许量（每千克产品中）（mg）	石粉	≤0.1	GB/T 13081	
5	镉（以 Cd 计）的允许量（每千克产品中）（mg）	米糠	≤1.0	GB/T 13082	
		石粉	≤0.75		
6	氰化物（以 HCN 计）的允许量（每千克产品中）（mg）	木薯干	≤100	GB/T 13084	
		胡麻饼、粕	≤350		
7	六六六的允许量（每千克产品中）（mg）	米糠 小麦麸 大豆饼、粕	≤0.05	GB/T 13090	
8	滴滴涕的允许量（每千克产品中）（mg）	米糠 小麦麸 大豆饼、粕	≤0.02	GB/T 13090	

（续表）

序号	安全卫生指标项目	产品名称	指标	试验方法	备注
9	沙门氏杆菌	饲料	不得检出	GB/T 13091	
10	霉菌的允许量（每克产品中）/（霉菌总数 × 10^3 个）	玉米	<40	GB/T 13092	限量饲用：40～100 禁用：>100
		小麦麸、米糠			限量饲用：40～80 禁用：>80
		豆饼（粕）、棉籽饼（粕）、菜籽饼（粕）	<50		限量饲用：50～100 禁用：>100
11	黄曲霉毒素 B_1 允许量（每千克产品中）（μg）	玉米、花生饼（粕）、棉籽饼（粕）、菜籽饼（粕）	≤50	GB/T 17480 或 GB/T 8381	
		豆粕	≤30		

注 1：摘自 GB 13078－2001《饲料卫生标准》

注 2：所列允许量均为以干物质含量为 88% 的饲料为基础计算

附录5　无公害食品　肉羊饲养兽医防疫准则

1　范围

本标准规定了生产无公害食品的肉羊饲养场在疫病的预防、监测、控制和扑灭方面的兽医防疫准则。

本标准适用于生产无公害食品的肉羊饲养场的兽医防疫。

2　规范性引用文件

下列文件中的条款通过本标准的引用而成为本标准的条款。凡是注日期的引用文件，其随后所有的修改单（不包括勘误的内容）或修订版均不适用于本标准，然而，鼓励根据本标准达成协议的各方研究是否可使用这些文件的最新版本。凡是不注日期的引用文件，其最新版本适用于本标准。

GB 16548　畜禽病害肉尸及其产品无害化处理规程

GB 16549　畜禽产地检疫规范

NY/T 388　畜禽场环境质量标准

NY 5027　无公害食品　畜禽饮用水水质

NY 5148　无公害食品　肉羊饲养兽药使用准则

NY 5150　无公害食品　肉羊饲养饲料使用准则

NY/T 5151　无公害食品　肉羊饲养管理准则

中华人民共和国动物防疫法

3　术语和定义

下列术语和定义适用于本标准。

3.1　*动物疫病* animal epidemic disease

动物的传染病和寄生虫病。

3.2　*病原体* pathogen

能引起疾病的生物体，包括寄生虫和致病微生物。

3.3　*动物防疫* animal epidemic prevention

动物疫病的预防、控制、扑灭的动物、动物产品的检疫。

4 疫病预防

4.1 环境卫生条件

4.1.1 肉羊饲养场的环境卫生质量应符合 NY/T 388 的要求，污水、污物处理应符合国家环保要求，防止污染环境。

4.1.2 肉羊饲养场的选址、建筑布局和设施设备应符合 NY/T 5151 的要求。

4.2 饲养管理

4.2.1 饲养管理按 NY/T 5151 的要求执行。

4.2.2 饲料使用按 NY 5150 的要求执行，禁止饲喂动物源性肉骨粉。

4.2.3 具有清洁、无污染的水源，水质应符合 NY 5027 规定的要求。

4.2.4 兽药使用按 NY 5148 的要求执行。

4.2.5 非生产人员不应进入生产区。特殊情况下，经消毒、更换防护服后方可入场，并遵守场内的一切防疫制度。

4.3 日常消毒

定期对羊舍、器具及其周围环境进行消毒，消毒方法和消毒药物的使用等按 NY/T 5151 的规定执行。

4.4 引进羊只

4.4.1 坚持自繁自养的原则，不从有痒病或牛海绵状脑病及高风险的国家和地区引进羊只、胚胎/卵。

4.4.2 必须引进羊只时，应从非疫区引进，并有动物检疫合格证明。

4.4.3 羊只在装运及运输过程中没有接触过其他偶蹄动物，运输车辆应做过彻底清洗消毒。

4.4.4 羊只引入后至少隔离饲养 30d，在此期间进行观察、检疫，确认为健康者方可合群饲养。

4.5 免疫接种

当地畜牧兽医行政管理部门应根据《中华人民共和国动物防疫法》及其配套法规的要求，结合当地实际情况，制定疫病的免疫规划。肉羊饲养场根据免疫规划制定本场的免疫程序，并认真实施，注意选择适宜的疫苗和免疫方法。

5 疫病控制和扑灭

肉羊饲养场发生以下疫病时，应依据《中华人民共和国动物防疫法》及时采取以下措施。

5.1 立即封锁现场，驻场兽医应及时进行诊断，并尽快向当地动物防疫监督机构报告疫情。

5.2 确诊发生口蹄疫、小反刍兽疫时，肉羊饲养场应配合当地动物防疫监督机构，对羊群实施严格的隔离、扑灭措施。

5.3 发生痒病时，除了对羊群实施严格的隔离、扑杀措施外，还需追踪调查病羊的亲代和子代。

5.4 发生蓝舌病时，应扑杀病羊；如只是血清学反应呈现抗体阳性，并不表现临床症状时，需采取清群和净化措施。

5.5　发生炭疽时，应焚毁病羊，并对可能的污染点彻底消毒。

5.6　发生羊痘、布鲁氏菌病、梅迪/维斯纳病、山羊关节炎/脑炎等疫病时，应对羊群实施清群和净化措施。

5.7　全场进行彻底的清洗消毒，病死或淘汰羊的尸体按 GB 16548 进行无害化处理。

6　产地检疫

产地检疫按 GB 16549 和国家有关规定执行。

7　疫病监测

7.1　当地畜牧兽医行政管理部门必须依照《中华人民共和国动物防疫法》及其配套法规的要求，结合当地实际情况，制定疫病监测方案，由当地动物防疫监督机构实施，肉羊饲养场应积极予以配合。

7.2　肉羊饲养场常规监测的疾病至少应包括：口蹄疫、羊痘、蓝舌病、炭疽、布鲁氏补菌病。同时需注意监测外来病的传入，如痒病、小反刍兽疫、梅迪/维斯纳病、山羊关节炎/脑炎等。除上述疫病外，还应根据当地实际情况，选择其他一些必要的疫病进行监测。

7.3　根据实际情况由当地动物防疫监督机构定期或不定期对肉羊饲养场进行必要的疫病监督抽查，并将抽查结果报告当地畜牧兽医行政管理部门，必要时还应反馈给肉羊饲养场。

8　记录

每群肉羊都应有相关的生产记录，其内容包括：羊只来源，饲料消耗情况，发病率、死亡率及发病死亡原因，无害化处理情况，实验室检查及其结果，用药及免疫接种情况，消毒情况，羊只发运目的地等。所有记录应妥善保存。

第四章　绒山羊标准化规模养殖

一、绒山羊标准化养殖园区（小区）基础设施建设

（一）场址选择

养殖园区（小区）的场址选择要因地制宜，符合环境保护和动物防疫条例要求，经当地环保部门和畜牧兽医行政管理部门审批后方可建设。

1. 自然条件

地形：空旷、开阔，可利用面积充分，便于各类建筑物科学布局。

地势：高燥平坦，向阳背风，高于历史最高洪水警戒水位，且稍有坡度。

水源：水源充足，水质良好，取用方便，便于防护。

土质：以沙壤土最为理想，沙土类、黏土类和盐碱土类要根据土质特性和生产要求采取相应措施。

2. 周边环境条件

绒山羊标准化养殖园区（小区）应选择在居民点的下风向或侧风向，距离居民点的直线距离在500.0m以上。

周围1km以内不得有皮革厂、屠宰场、垃圾处理场和动物医院等污染源。

距居民饮用水源及学校、医院等单位的直线距离应大于1.0km。

需要修建专门的道路与主要公路干线相连，距离主要交通干线应在1 000.0m以上，距离一般交通线300m以上，既要保证防疫间距，又要交通便利，保障物料运输便捷。

园区（小区）建设地点要有动力电源，电力供应充分，且架设便捷。

周边饲草、饲料资源丰富，且运输方便。农作物秸秆资源供应半径应在5.0km以内。

（二）绒山羊标准化养殖园区（小区）建设用地及主要设施

绒山羊标准化养殖园区（小区）建设在满足生产工艺条件下，要节约用地，尽量用沙荒地、废弃地，少占或不占耕地。园区（小区）建设规模以园区（小区）绒山羊标准化养殖规模而定。

建筑内容主要有羊舍、运动场、青贮窖、贮草棚、精料储备间、饲料加工间、人工授

精室、兽医室、工作室、药浴池和堆粪场。

园区（小区）占地约18.6亩，其中，建筑面积约3 040.0m^2。

1. 各功能区的划分及布局

（1）各功能区的划分

生产区：主要有各类圈舍、人工授精室和兽医室。

辅助生产区：主要有饲草、饲料加工间，草料库，青贮窖等。

管理区：主要有园区（小区）管理办公室，门卫，技术培训室，消毒池等。

隔离区：主要有隔离圈舍、病死羊处理、粪便处理场等，可建于园区（小区）外的下风向，与生产区保持一定的距离。

（2）建筑布局与要求

园区（小区）内布局要科学、合理。应遵循两个原则：一要符合生产最佳联系；二要符合防疫、防火安全。

园区（小区）内各功能区的布局原则是生活管理区在上风向，依次是辅助生产区、生产区和隔离区。

园区（小区）内设有净道和污道。净道供人员行走和运送健康羊只及饲料，污道供运输粪便和病死羊等污物。

净道作为园区（小区）主干道，宜用混凝土路面，也可用砖、石铺制，宽度一般不小于4.0m；污道路面可同净道，也可用碎石或石灰渣土路面，宽度一般不小于2.0m。

园区（小区）应有一定空间的绿化面积，建立绿化带，改善养殖园区（小区）的环境。

绒山羊标准化养殖园区（小区）总体布局见附图4－1。

2. 绒山羊标准化养殖园区（小区）主要建设内容

（1）羊舍及运动场

羊舍建设以因地制宜，经济适用为原则，以坐北向南，东西走向为宜。要满足羊的生存条件，有足够的活动和生产空间，冬季防寒、防雪，夏季防暑、防雨、防潮，通风和采光良好。

以50只基础母羊为一个生产单元，每个生产单元为一栋羊舍，每栋羊舍养殖数量为90～100只。羊舍建筑面积200.0m^{2}左右（长×宽＝39.84m×5m）。

羊舍面积：以1.2m^2/只计算，每个生产单元羊圈使用面积为101.52m^2（长×宽＝36m×2.82m）。

长度、跨度和高度：羊舍建为单坡式，长36.0m，跨度为5.0m，前檐高不低于2.5m，后檐高不低于2.0m。

通道、饲槽与围栏：圈舍内后侧留1.3m宽的通道。距后墙1.7m处设围栏，围栏高不低于1.2m。围栏下方靠通道一侧建一行固定式饲槽，槽口宽40.0cm，深25.0cm，高30.0cm，槽底呈圆形。每只羊占用的槽位长度不少于30.0cm。

羊舍门窗与采光：门窗应朝阳。门宽度不小于1.2m。窗户距地面的高度不低于1.3m，窗户的总面积与羊舍的地面比为1∶7以上；窗户分布要均匀，有良好的采光与通风效果。

圈舍地面：地面为三七灰土（白灰与黏土的比例为3：7）夯实即可。要平整，坚固耐用，由里向外保持一定的坡度。

墙体、屋顶与天棚：墙壁为二四砖墙，屋顶应具备防水和保温隔热功能，在寒冷地区可加天棚。

每个生产单元（每栋羊舍）侧面建设一间工作室，同时用于精料储备，建筑面积为18.0m^2。

每一栋羊舍附属一个运动场，建在羊舍前（南侧或东侧），面积为羊舍面积的2倍。地面应有向外倾斜的坡度以利排水，内设可移动的木制、铁制水槽和料槽或用砖、水泥砌成的固定水槽和料槽。运动场围墙可用花栏墙，地面为砖地面。

每个运动场建筑面积约216.0m^2（长×宽=36.0m×6.0m）。围栏高不低于1.2m。羊舍及其运动场布局见（附图4－2、附图4－3）。

若养殖园区（小区）养殖规模较大，也可以建设双列式羊舍（附图4－4、附图4－5）。

（2）饲料加工间

园区（小区）内设置饲料加工车间约120.0m^2，园区（小区）内养殖户共用，（附图4－6、附图4－7）。

（3）干草棚

一个生产单元需要占用60.0m^2左右青干草储藏空间。10户农户草棚总面积约600.0m^2（附图4－8）。

（4）晒场

晒场为农户晒制干草所共享，面积约180.0m^2。

（5）青贮窖

一个生产单元需要青贮窖的容积约84.0m^3（长×宽×高=7.0m×4.0m×3.0m）。10户生产单元需要建造上述青贮窖10个，总容积约840.0m^3（附图4－9）。

（6）人工授精室、兽医室

园区（小区）内设置人工授精室、兽医室约62.0m^2，园区（小区）内养殖户共用（附图4－10）。

（7）药浴池

药浴池用于羊群药浴驱虫，水泥、砖、石结构。池长12.5m，池顶宽0.8m，池底宽0.6m，深1.2m。入口处围栏25.0m^2，出口处围栏35.0m^2。总面积约70.0m^2（附图4－11）。

（8）紫外消毒间

进入生产区的入口设置紫外消毒间，面积约12.0m^2（附图4－12）。

（9）培训室、办公室、门房

培训室、办公室、门房等130.0m^2左右（附图4－13）。

（10）消毒池

养殖园区（小区）场界大门口设置消毒池，消毒池面积约24.0m^2。

（11）堆粪场

每个生产单元对应的贮粪池面积约24.0m^2，园区（小区）需建设堆粪场约240.0m^2。

(12) 隔离羊舍

可根据生产需要在园区（小区）内下风向或园区（小区）围墙外边设隔离场所，用于饲养隔离的病羊或者等待检疫的羊只（附图4－14）。

(13) 旱厕

养殖园区（小区）公共厕所，面积约15.0m^2。

二、绒山羊标准化养殖园区（小区）生产技术要点及参数

1. 规模

绒山羊标准化养殖园区（小区）养殖规模为500只基础母羊，年存栏数为900～1 000只，入驻10个养殖单元户。

2. 生产技术要点

以高产绒山羊种公羊作为配种公羊，通过人工授精技术提高种公羊的利用效率和群体生产水平。

对母羊实施双胎免疫或同期发情，实现配种、产羔、断奶等生产环节的同期化，便于集中管理和组织生产，提高羊群繁殖效率，节约成本。

以不同性别、不同生理阶段羊只的饲养标准为依据，配制营养平衡的饲料，调控羊只营养，提高饲料转化率。

以环境控制、程序免疫、饲料和药物安全为保障，实现绒山羊无害化生产。

进入园区（小区）的绒山羊只均产绒量应不低于300.0g。

3. 羊群结构与周转

1只高产绒山羊公羊（小区内每年进行轮换，以防近交），50只基础母羊构成1个生产单元。基础母羊群体中，2岁、5岁的各占20%，3岁、4岁的各占30%。繁殖群体每年淘汰10只，后备母羊每年选育10只补充基础母羊群，新增培育羔羊补充后备母羊。羯羊3岁前育肥出售。

使用年限：种公羊不超过6岁、母羊不超过5岁。

4. 生产技术参数

(1) 青贮饲料

青贮饲料采食量：一只羊一天采食1.2kg。1m^3青贮窖可以贮藏青贮饲料500.0～600.0kg，每个生产单元需要青贮窖的容积约为81.0m^3。

(2) 青干草和秸秆

青干草采食量：一只羊一天采食0.5kg；秸秆采食量：一只羊一天采食0.6kg。一个生产单元储备半年的干草约占用600.0m^3储藏空间。

(3) 精料

种用公羊精料采食量：一只羊一天采食0.50kg。母羊精料采食量：一只羊一天采食

0.35kg。育成羊精料采食量：一只羊一天采食 0.25kg。羔羊精料采食量：一只羔羊一天采食 0.05～0.20kg。

（4）排粪量

一只羊一年排粪 800.0～1 000.0kg，每个生产单元需要堆粪场 $20.0m^2$。

5. 人工种草

每个养殖单元均应配备足够的优质牧草生产基地。

6. 饲草加工设备

每一绒山羊标准化养殖单元（户）需配备铡草机或揉搓机 1 台。绒山羊标准化养殖园区（小区）配套公用饲料加工机组 1 套。

7. 园区（小区）绒山羊饲养技术要点

绒山羊园区（小区）舍饲养殖要注意精料与粗料合适比例，注意能量、蛋白质、矿物质、维生素的平衡。要依据《绒山羊的饲养标准》（附录 4），根据当地饲料资源和饲草料资源的实际情况，制定合理的精粗比例，合理搭配饲草和饲料，最大限度地降低成本，提高效益。

（1）精料与粗料的比例

绒山羊园区（小区）养殖时，精料：粗料 =3：7 或 4：6 为好。

产绒量高、经济条件允许的情况下，精料：粗料 =4：6 为好；产绒量较低、经济条件差的情况下，精料：粗料 =3：7 为好。

夏秋季节气温事宜，能够采食青绿饲料时，精料：粗料 =3：7 为好；冬春季节气温较低，青绿饲料缺乏时，精料：粗料 =4：6 为好。

精料不足会抑制生长发育，降低产绒量。精料比例过高会增加成本，引起瘤胃代谢障碍，造成损失。精料：粗料不应低于 2：8，不应高于 5：5。

（2）不同性别和生理阶段绒山羊的精料、粗料参考配方及推荐使用量

精饲料的组成要根据当地饲料原料供应情况和价格进行合理配制。注意蛋白质饲料的供应，在蛋白质饲料缺乏的情况下，在绒生长旺盛期（8～11 月）可补充 0.1% 的蛋氨酸，在绒生长缓慢期（12 月至次年 2 月）可补充 0.5% 的蛋氨酸，以促进绒毛生长，提高产绒量。在舍饲的情况下，通过饲喂专用添加剂供给充足的矿物质和维生素，保证营养平衡，防止代谢障碍。特别是要注意硫、铜、硒、锌等矿物质和维生素 A、维生素 D、维生素 E 等的补充。冬春季节青绿饲料缺乏时，注意胡萝卜的补充。

粗饲料的组成要根据当地饲草资源情况而定，夏秋季节，劳动力的充足的情况下，可刈割和晒制一定量的野干草，以降低成本；无法刈割和晒制野干草时，可种植苜蓿、豌豆、无芒雀麦、青莜麦等饲料作物，保证饲草组成的多样化。种植饲料玉米或收购黄绿色玉米秸秆制作青贮饲料，保证青绿饲料的常年供应。种植或收购储备玉米秸秆、豆秸等农作物秸秆与夹壳等粗饲料，保证全年均衡供应。

①羔羊的精料、粗料参考配方、推荐使用量及注意事项（表 4－1 至表 4－3）。

表 4－1　混合精料参考配方

原　料	玉米（%）	豆粕（%）	麸皮（%）	亚麻粕（%）	棉粕（%）	菜籽粕（%）	葵花粕（%）	预混料（%）
配方 1	57	10	15	15	—	—	—	3
配方 2	52	6	12	10	8	10	—	3
配方 3	54	8	12	—	5	10	12	3

表 4－2　粗饲料参考配方

原　料	禾本科干草（%）	豆科干草（%）	豆秸（%）	青贮饲料（%）
配方 1	80	10	10	—
配方 2	70	15	15	—
配方 3（适用于 45d 后）	60	20	10	10

表 4－3　推荐使用量

饲养时期（d）	粗饲料	精料（g/d）
15～30	自由采食，哺乳为主补饲为辅	训练至 50
30～45	自由采食，哺乳为主逐渐变为补饲为主	50～100
45～断奶	自由采食，补饲为主哺乳为辅	80～150

15d 以后开始训练吃草料，促进瘤胃发育。

断奶时间以 90d 左右为宜，如有条件，可实施早期断奶，提高母羊繁殖效率。

②育肥羊的精料、粗料参考配方、推荐使用量及注意事项（表 4－4 至表 4－6）。

表 4－4　混合精料参考配方

原　料	玉米（%）	豆粕（%）	麸皮（%）	亚麻粕（%）	棉粕（%）	菜籽粕（%）	葵花粕（%）	预混料（%）
配方 1	61	6	15	15	—	—	—	3
配方 2	54	—	15	15	5	8	—	3
配方 3	55	—	15	—	5	10	12	3

表 4－5　粗饲料参考配方

原　料	禾本科干草（%）	豆科干草（%）	豆秸（%）	青贮饲料（%）
配方 1	60	10	10	20
配方 2	60	—	20	20
配方 3	65	15	—	20

表 4－6　推荐使用量

类别	粗饲料（kg/d）	放牧补饲精料（g/d）	舍饲补饲精料（g/d）
羔羊	0.5～0.8	100～200	200～300
母羊	1.0～1.2	300～400	400～500
羯羊	1.2～1.5	400～500	500～600

减少运动，供足饮水。

③母羊的精料、粗料参考配方、推荐使用量及注意事项（表 4－7 至表 4－9）。

表 4－7　混合精料参考配方

原　料	玉米（%）	豆粕（%）	麸皮（%）	亚麻粕（%）	棉粕（%）	菜籽粕（%）	葵花粕（%）	预混料（%）
配方 1	60	—	10	15	5	—	7	3
配方 2	55	—	12	13	—	12	—	3
配方 3	60	5	12	—	10	10	—	3

表 4－8　粗饲料参考配方

原　料	禾本科干草（%）	豆科干草（%）	豆秸（%）	青贮饲料（%）
配方 1	70	10	10	10
配方 2	70	15	15	—
配方 3	60	20	10	10

表 4－9　推荐使用量

饲养时期	粗饲料（kg/d）	放牧补饲精料（g/d）	舍饲补饲精料（g/d）
空怀期	0.6～0.8	150～200	250～300
妊娠前期	0.8～1.0	200～250	300～350
妊娠后期	1.0～1.2	300～400	350～400
泌乳期	1.0～1.5	250～300	400～450

应保证供给母羊全面的营养物质，特别是蛋白质的供给。要注意钙、磷、锌、硒等矿物质和维生素 A、维生素 D、维生素 E 的补充。

放牧饲养的母羊，在配种前 30d 开始增加混合精料喂量，以促使母羊卵子的健康发育，达到多排卵，提高母羊受胎率和双羔率的目的。

妊娠后期要减少青贮饲料的饲喂量，以防止流产的发生。

泌乳期增加 10% 的青贮或多汁饲料，促进产奶。

④育成羊的精料、粗料参考配方、推荐使用量及注意事项（表 4－10 至表 4－12）。

表 4-10　混合精料参考配方

原料	玉米（%）	豆粕（%）	麸皮（%）	亚麻粕（%）	棉粕（%）	菜籽粕（%）	葵花粕（%）	预混料（%）
配方 1	60	—	10	12	5	—	10	3
配方 2	58	—	12	13	5	8	—	3
配方 3	57	5	15	—	10	10	—	3

表 4-11　粗饲料参考配方

原　料	禾本科干草（%）	豆科干草（%）	豆秸（%）	青贮饲料（%）
配方 1	70	10	10	10
配方 2	60	15	15	10
配方 3	50	20	10	20

表 4-12　推荐使用量

饲养时期（d）	粗饲料（kg/d）	放牧补饲精料（g/d）	舍饲补饲精料（g/d）
育成前期	0.4～0.5	200～300	350～400
育成后期	0.6～0.7	250～350	400～450

注意蛋白质的供给，促进生长发育。

⑤种公羊的精料、粗料参考配方、推荐使用量及注意事项（表 4-13 至表 4-15）。

表 4-13　补饲精料推荐配方

原　料	玉米（%）	豆粕（%）	麸皮（%）	亚麻粕（%）	棉粕（%）	菜籽粕（%）	葵花粕（%）	预混料（%）
配方 1	50	—	10	15	15	—	8	3
配方 2	52	—	12	13	—	10	—	3
配方 3	55	5	12	—	15	10	—	3

表 4-14　日粮推荐配方

原　料	禾本科干草（%）	豆科干草（%）	豆秸（%）	青贮饲料（%）
配方 1	70	10	10	10
配方 2	60	15	15	10
配方 3	50	20	10	20

表 4 - 15　推荐使用量

饲养时期	粗饲料（kg/d）	放牧补饲精料（g/d）	舍饲补饲精料（g/d）
非配种期	1.5～2.0	400～600	400～600
配种期	2.0～2.5	800～1 000	800～1 000

在配种季节到来前45d，除混合精料外，开始补饲1.0kg左右的萝卜等瓜菜类青绿多汁饲料，日喂鸡蛋两枚，满足供应清洁适温的饮水，以保证种羊精力充沛、提供优质量的精液。

非配种季节，种羊应单独放牧或饲喂，以杜绝羊群四季产羔。

注意运动，保持体况。

最好采用人工授精方式进行配种，便于精液质量检查和提高优质种公羊的使用效率。

配种负担和使用频率要合适，负担过重和频率过高会降低受胎率。

园区（小区）内养殖户，每年要轮换种公羊，防止近亲交配。

三、绒山羊标准化养殖园区（小区）管理

（一）机构设置与人员管理

1　机构设置

绒山羊标准化养殖园区（小区）由组建单位（乡政府、村委会、协会、经济合作组织或企业、大户），协调所有投资方，成立绒山羊标准化养殖园区（小区）管理委员会，推选政治素质高，业务能力强的人员从事绒山羊标准化养殖园区（小区）专职或兼职管理工作。管理委员会负责制定和落实、维护绒山羊标准化养殖园区（小区）正常生产的规章制度，同时负责绒山羊标准化养殖园区（小区）内饲料加工间的运营管理以及人工授精室、兽医室、技术培训、档案管理、门卫、消防等公益性机构的正常运行。

2　人员管理

（1）进入绒山羊标准化养殖园区（小区）的工作人员必须经医疗卫生部门体检合格，患有人畜共患病、顽固性皮肤病等有碍食品卫生疾病的人员不得进入绒山羊标准化养殖园区（小区）从业，并对绒山羊标准化养殖园区（小区）工作人员建立健康档案，定期体检。

（2）绒山羊标准化养殖园区（小区）从业人员上岗应穿着工作服、鞋、帽，并定期消毒。

（3）绒山羊标准化养殖园区（小区）从业人员必须经严格消毒程序后，方可进入生产区工作。

（4）未经许可，禁止外来人员参观绒山羊标准化养殖园区（小区）。

（二）生产技术管理

1. 绒山羊标准化养殖园区（小区）生产管理严格执行 NY/T 5027—2001《无公害食品　畜禽饮用水水质》（见附件 1），参照执行 NY/T 5151—2002《无公害食品　肉羊饲养管理准则》（附录4－1）、NY/5150—2002《无公害食品　肉羊饲养饲料使用准则》（附录4－2）、禁止使用发霉、变质、结块、有异味、臭味和受农药、微生物污染的饲草、饲料，禁止使用国家禁用的饲料及饲料添加剂。

2. 入驻绒山羊标准化养殖园区（小区）的养殖单元户应当建立养殖档案，严格执行农业部《畜禽标识和养殖档案管理办法》相关规定，建档立案，做好各项记录（附件 5）及《牲畜耳标技术规范》（附件 6）。

3. 繁殖技术管理

（1）严格遵守绒山羊标准化养殖园区（小区）各项规章制度，服从绒山羊标准化养殖园区（小区）管理委员会统一领导；

（2）严格遵守绒山羊标准化养殖园区（小区）的品种选育目标和品种改良计划，建立、健全标准化养殖园区（小区）配种档案；

（3）严格执行人工授精操作规程，认真做好羊的发情鉴定和适时配种工作。

（三）环境管理

1. 绒山羊标准化养殖园区（小区）环境管理严格执行 NY/T 1167—2006《畜禽场环境质量与卫生控制规范》（附件 2）。

2. 净道和污道要分开，不得交叉。

3. 粪便处理应严格执行 NY/T 1168—2006《畜禽粪便无害化处理技术规范》（附件 9）和 GB 18596—2001《畜禽养殖业污染物排放标准》（附件 8），采用干清粪工艺，避免粪便与冲洗污水混合，减少污染物排放量。

4. 羊舍、运动场每日清扫，清出的粪便和污染的饲草及时运送到粪场处理。

5. 粪便不得随地堆弃，污水不得随意排放。

（四）疫病防控

1. 绒山羊标准化养殖园区（小区）疫病防控参照执行 N/Y 5149—2002《无公害食品　肉羊饲养兽医防疫准则》（附录 4－3）、严格执行 NY 5030—2006《无公害食品　畜禽饲养兽药使用准则》（附件 7）。

2. 所有进出绒山羊标准化养殖园区（小区）的人员和车辆须通过园区（小区）大门消毒池和喷雾消毒设施进行消毒。

3. 绒山羊标准化养殖园区（小区）严禁饲养其他畜禽，其他畜禽不得进入园区（小区）。

4. 购进绒山羊必须向园区（小区）申报，严格执行 GB 16567—1996《种畜禽调运检疫技术规范》（附件 4）和 GB 16549《畜禽产地检疫规范》（附件 3），同时出具购进绒山羊检疫合格证，并隔离观察 30d 以上，确定为健康合格后，经过消毒方可进入园区（小区）饲养。

5. 园区（小区）内绒山羊严格按照国家动物疫病防疫程序进行免疫、驱虫和疫病监测，发现疫病及时上报当地畜牧兽医主管部门，并按有关规定及时处理。

6. 病羊尸体采用专用焚烧炉或深层填埋的方法处理，严格执行 GB 16548—2006《病害动物与病害动物产品生物安全处理规程》（附件 10），严禁出售病死羊尸体或者作为食品进行加工。

7. 定期对羊舍、运动场、用具、道路和周围环境进行清扫和消毒，隔离观察区在使用前后必须彻底清扫和消毒。

8. 所使用的消毒剂应符合中华人民共和国农业行业标准中的规定。

绒山羊标准化养殖园区（小区）建设图

建筑设计总说明

一、设计依据

1. 标准化养殖园区（小区）建设规划

2. 绒山羊养殖生产技术参数

3. 国家现行建筑设计规范、规定和标准

二、工程概况

1. 本设计为标准化绒山羊养殖园区（小区）规划方案。

2. 小区占地面积12403m²，折合占地18.6亩，总建筑面积3042.44m²，建筑系数0.243。

3. 本工程为三类建筑，建筑物耐火等级为二级，火灾危险程度为一般。

4. 工程抗震设防烈度根据我国主要城镇抗震设防烈度确定，施工时建筑物须进行抗震设防。

三、设计说明

1. 本设计为建筑规划方案，不做为施工图指导施工。

2. 本设计未配套水、暖、电、电话等公共设施，建设方可根据养殖园区（小区）的实际情况配套公共设施。

3. 本设计单体结构方案为参考方案，建设方须进行施工图设计确定结构设计方案，并遵守国家现行规范、规定，特别是强制性规范。

4. 干草棚及干草堆放处注意防火，须配各2~4个灭火器或设计消防栓。

5. 工程做法未作说明，建设方可本着经济、适用、美观的原则选择工程做法。

6. 其他图中未说明的部分可依据施工图设计或遵守国家现行规范、规定和标准。

四、采用标准

1. 《建筑设计资料集》、《05系列建筑标准设计图集》

2. 《村镇规划卫生标准》GB18055、《建筑设计防火规范》GB50016

图纸目录

序号	图别图号	图名	备注
1	附图4-1	总平面布置图、建筑物明细表、技术经济指标	
2	附图4-2、附图4-3	单坡羊舍平立剖面图	
3	附图4-4、附图4-5	双坡羊舍平立剖面图	
4	附图4-6、附图4-7	饲料加工间平立剖面图	
5	附图4-8	干草棚平立剖面图	
6	附图4-9	青贮窖平面剖面图	
7	附图4-10	人工授精室平立剖面图	
8	附图4-11	药浴池平面剖面图	
9	附图4-12	紫外消毒间平面剖面图	
10	附图4-13	培训室、办公室、门房平立剖面图	
11	附图4-14	隔离羊舍平立剖面图	

功能分区示意图

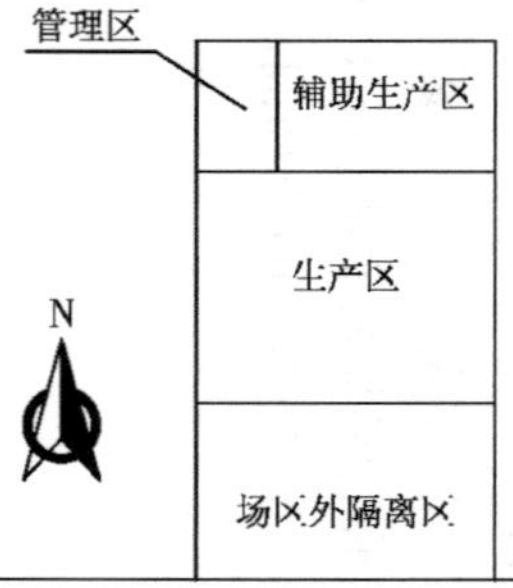

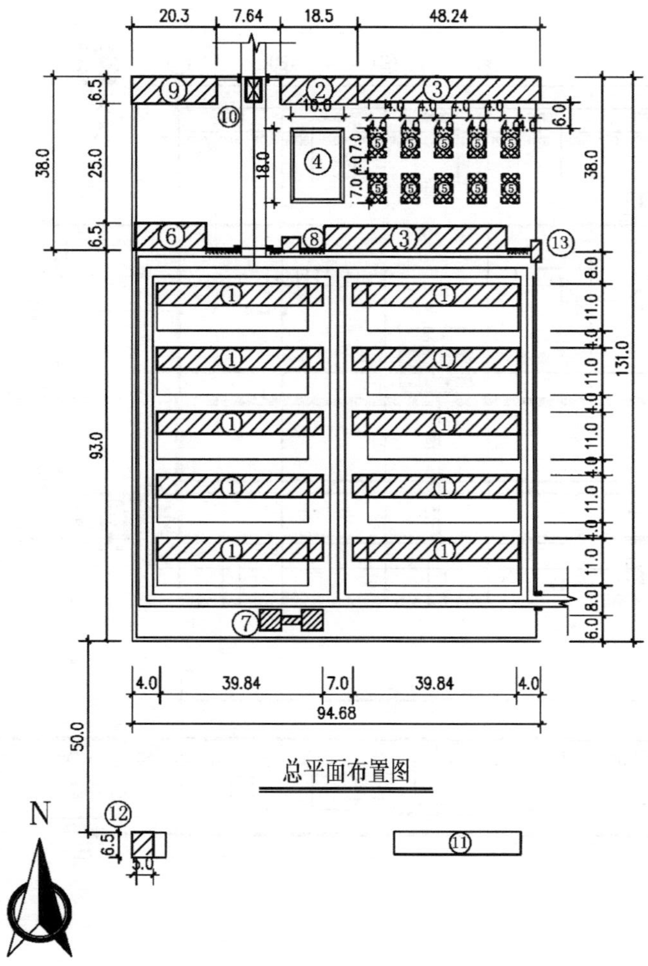

总平面布置图

建筑物明细表

序号	工程名称	建筑面积(m²)	备注	序号	工程名称	建筑面积(m²)	备注
①	羊舍	199.2X10=1992.0	运动场 216X10=2160	⑧	紫外消毒间	12.25	
②	饲料加工间	120.25		⑨	培训室、办公室、门房	131.95	
③	干草棚	301.02X2=602.04		⑩	消毒池		24.0
④	晒场		180	⑪	堆粪场		200
⑤	青贮窖		$4X7X3X10=840m^3$	⑫	隔离羊舍	37.2	
⑥	人工授精室	61.75		⑬	旱厕	15	
⑦	药浴池	70.0	场区下风向50米的位置处，几个小区可合建		合计	总建筑面积 $3042.44m^2$ 不包括隔离羊舍的建筑面积 $3055.24m^2$	

技术经济指标列表

序号	技术经济指标	数量（m²）	序号	技术经济指标	数量（m）
1	占地面积	12403 折合 18.60 亩	5	围墙	340
2	总建筑面积	3042.44	6	矮花墙	35.4
3	不包括隔离羊舍的建筑面积	3005.24	7	建筑系数	0.242
4	道路	1600	8		

图例

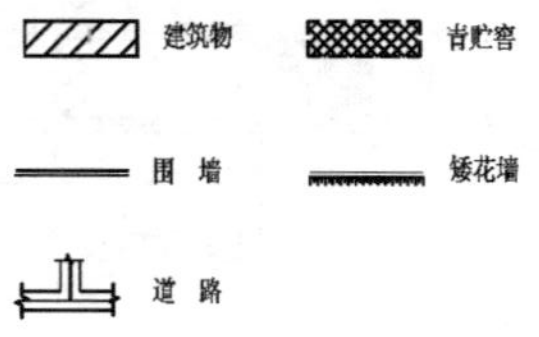

说明

1、尺寸标注单位为米。

2、建设单位可根据实际情况配套配电室、水泵房等公共设施。

3、本方案没有计算场地利用系数，场地利用系数等于建筑面积+构筑物面积+晒场等与占地面积的比。

4、隔离猪舍和堆粪场应位于小区的下风向 50m 以外。

附图4-1

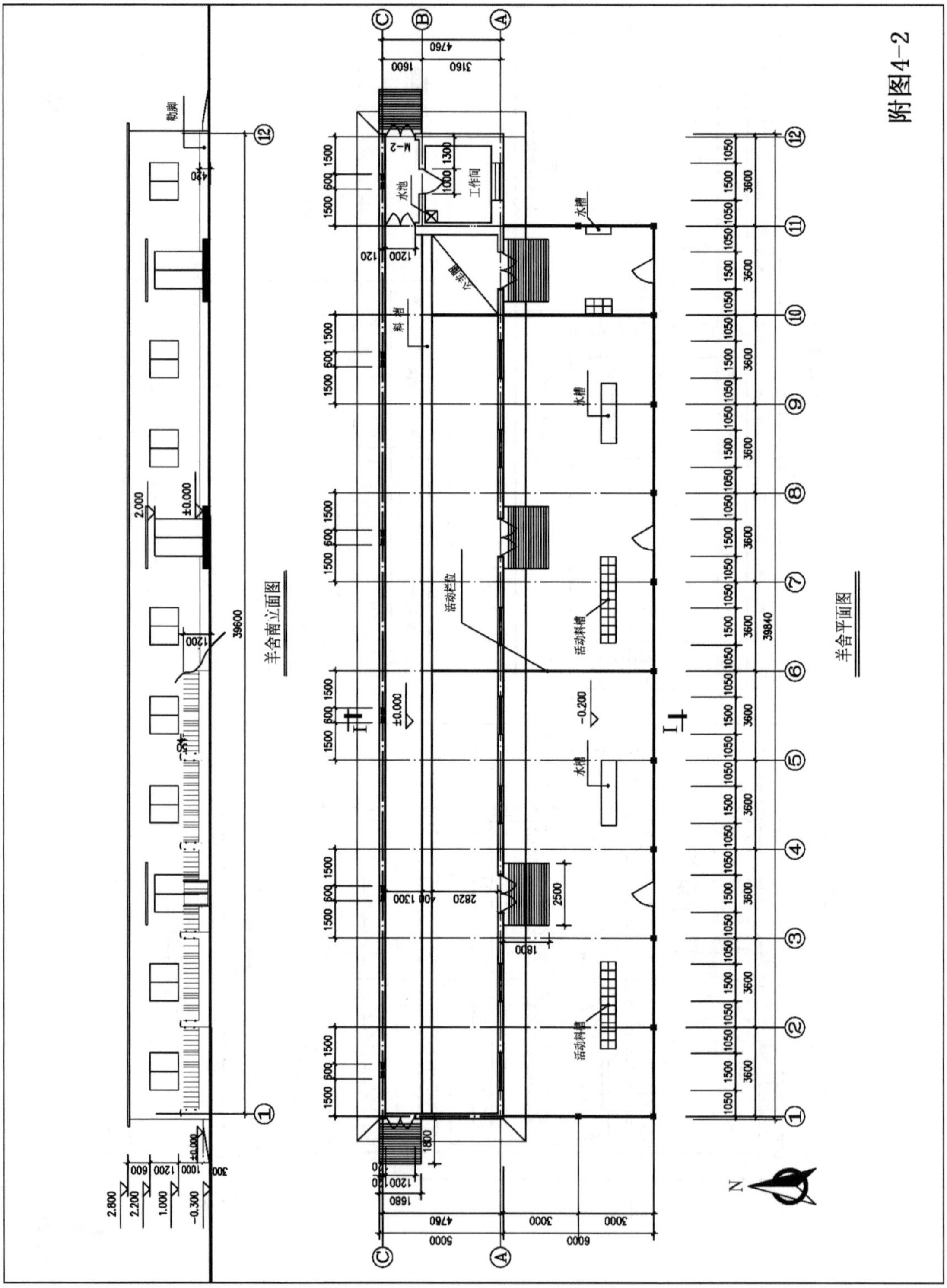

附图4-2

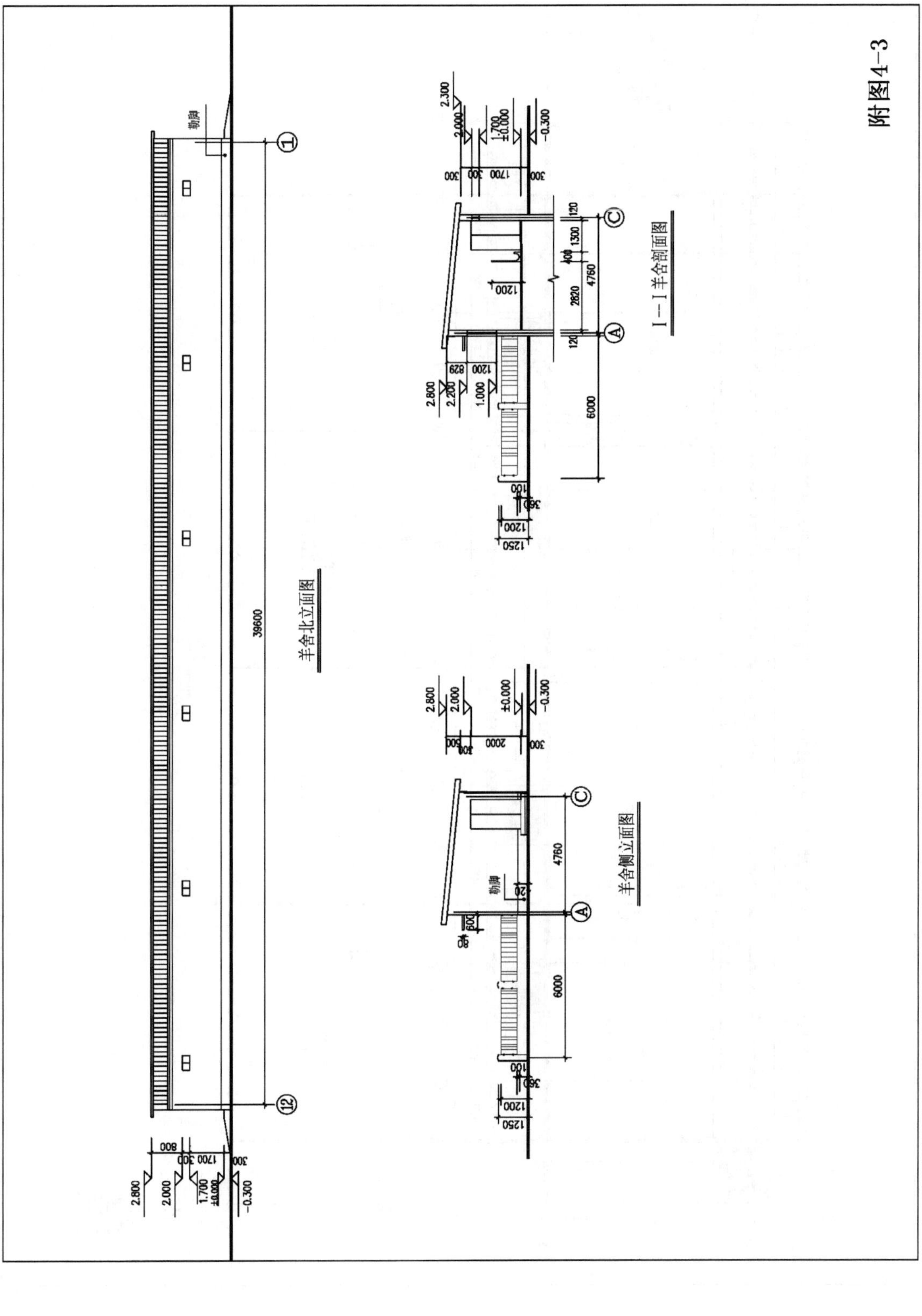
羊舍北立面图
I—I羊舍剖面图
羊舍侧立面图
勒脚
39600
4760
6000
2.800
2.000
1.700
±0.000
-0.300

附图4-3

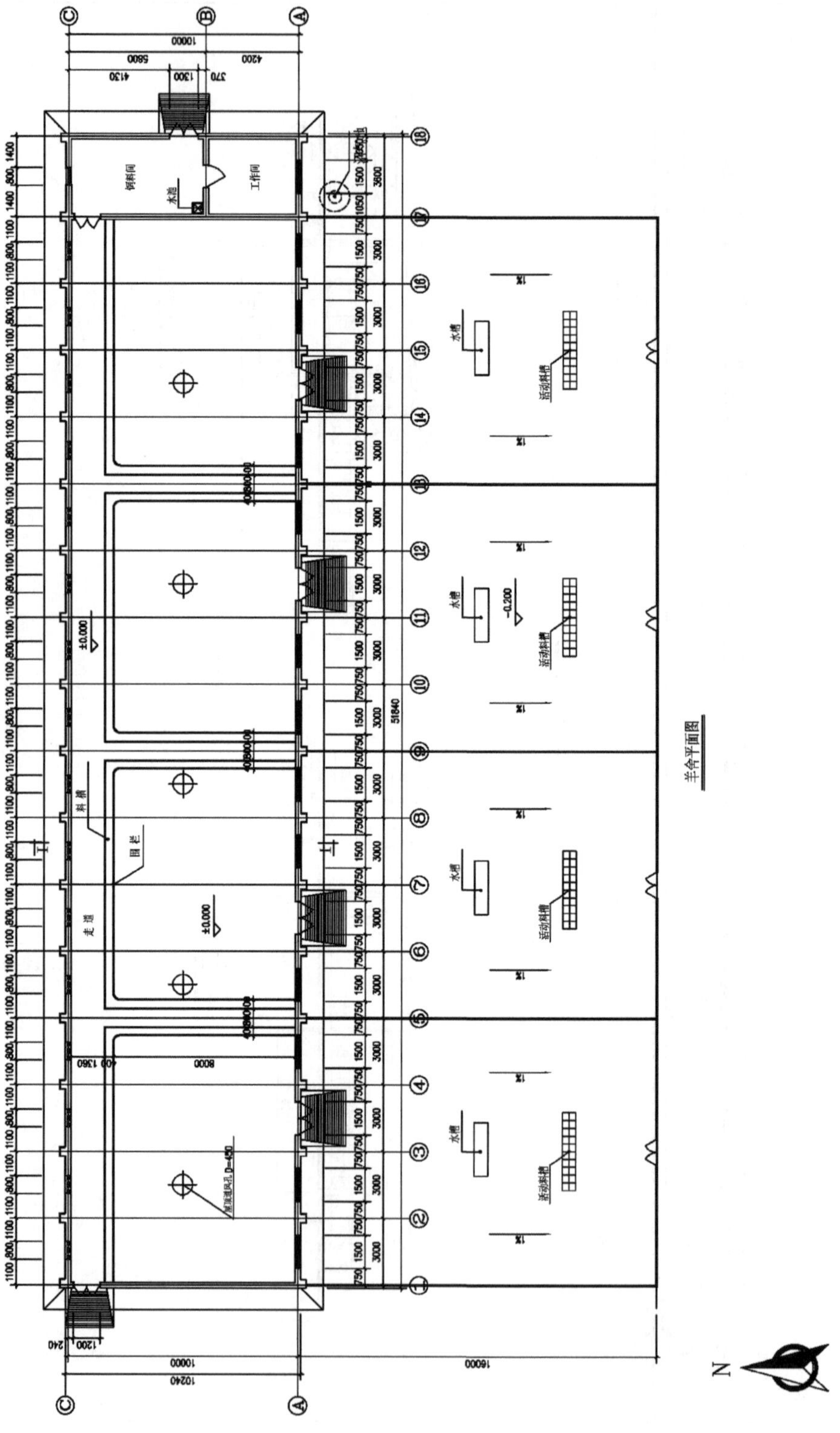

附图4-4

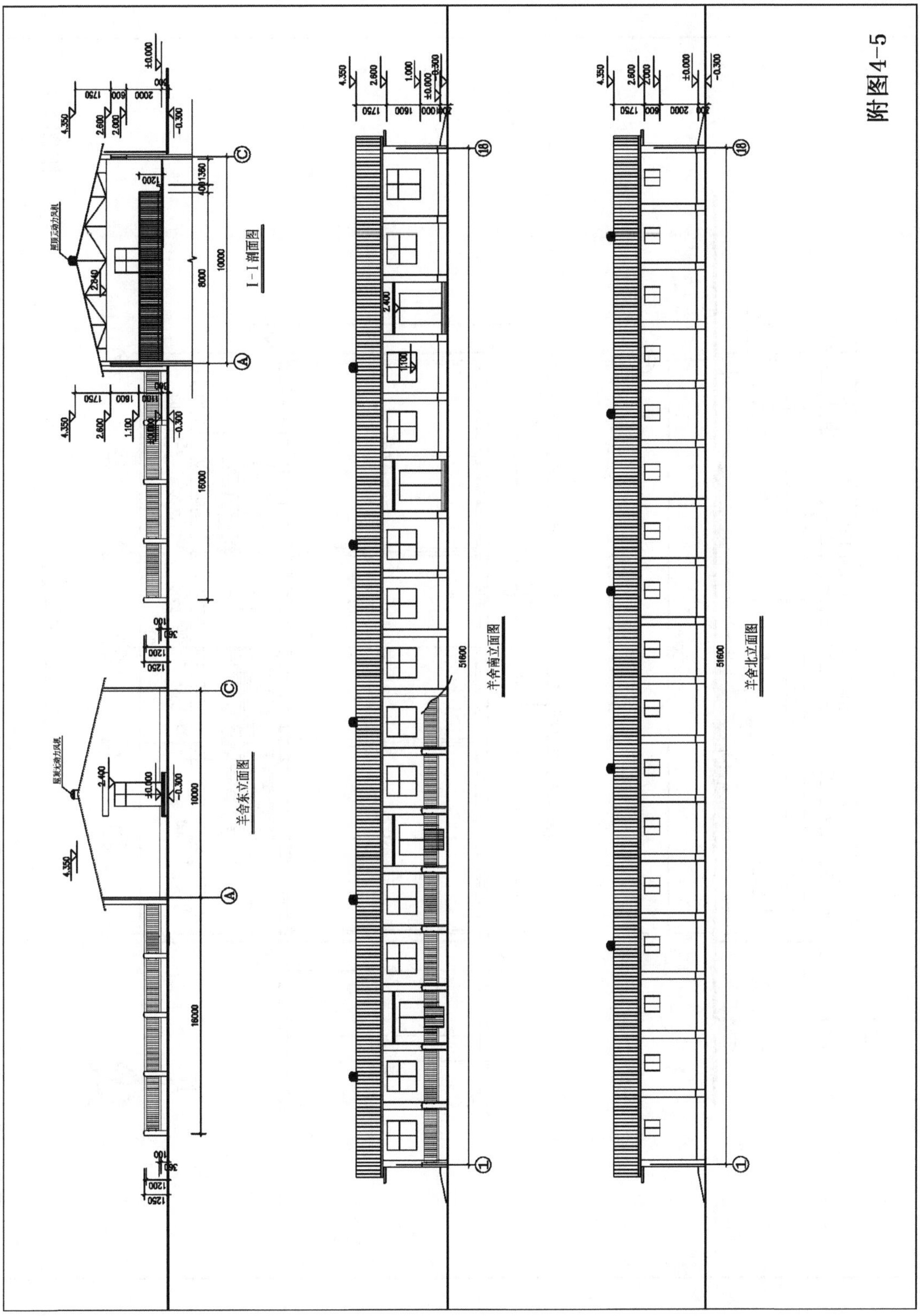
羊舍东立面图
I-I剖面图
羊舍南立面图
羊舍北立面图
屋顶无动力风机
51600
16000
10000
8000
4.350
2.600
2.000
1.100
2.400
±0.000
-0.300

附图4-5

附图4-6

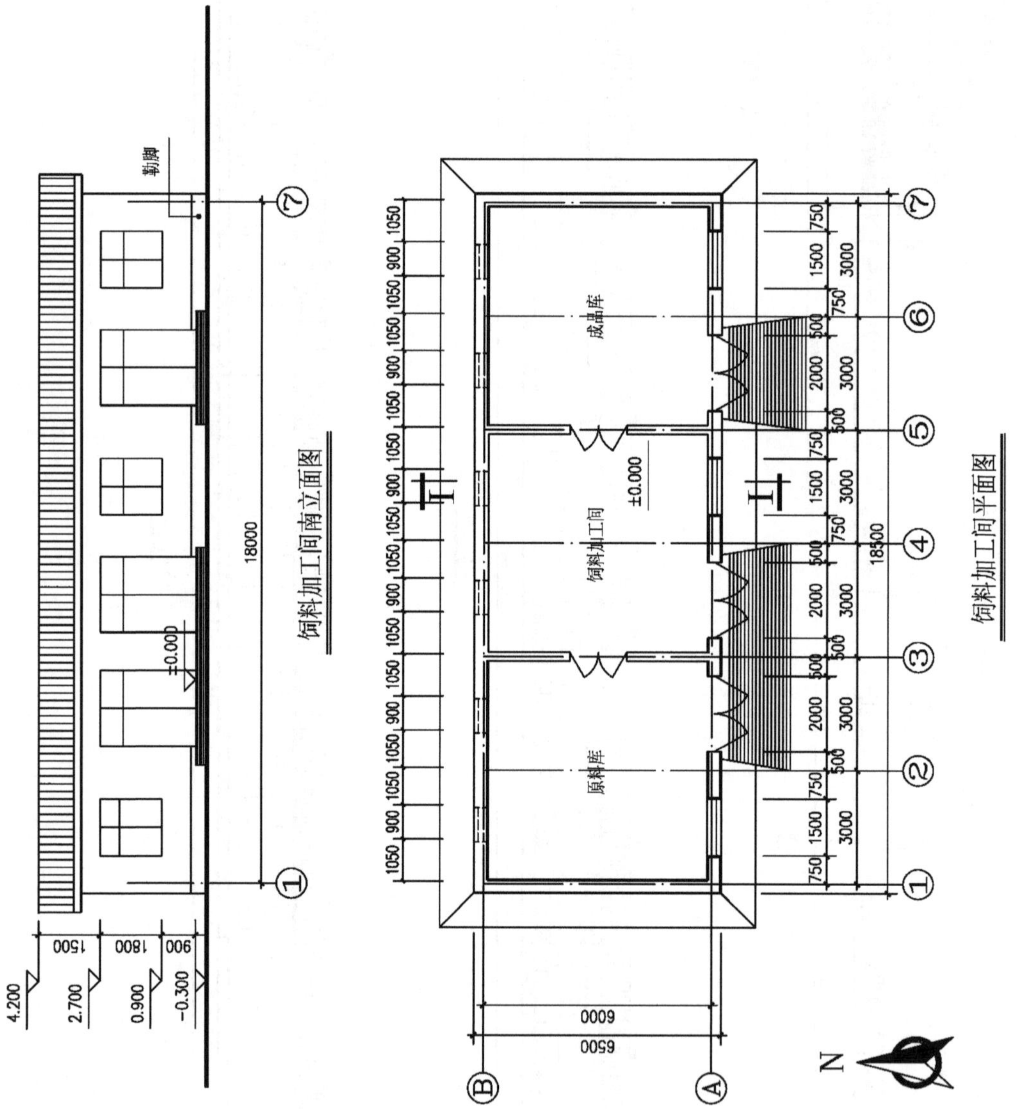

饲料加工间南立面图

饲料加工间平面图

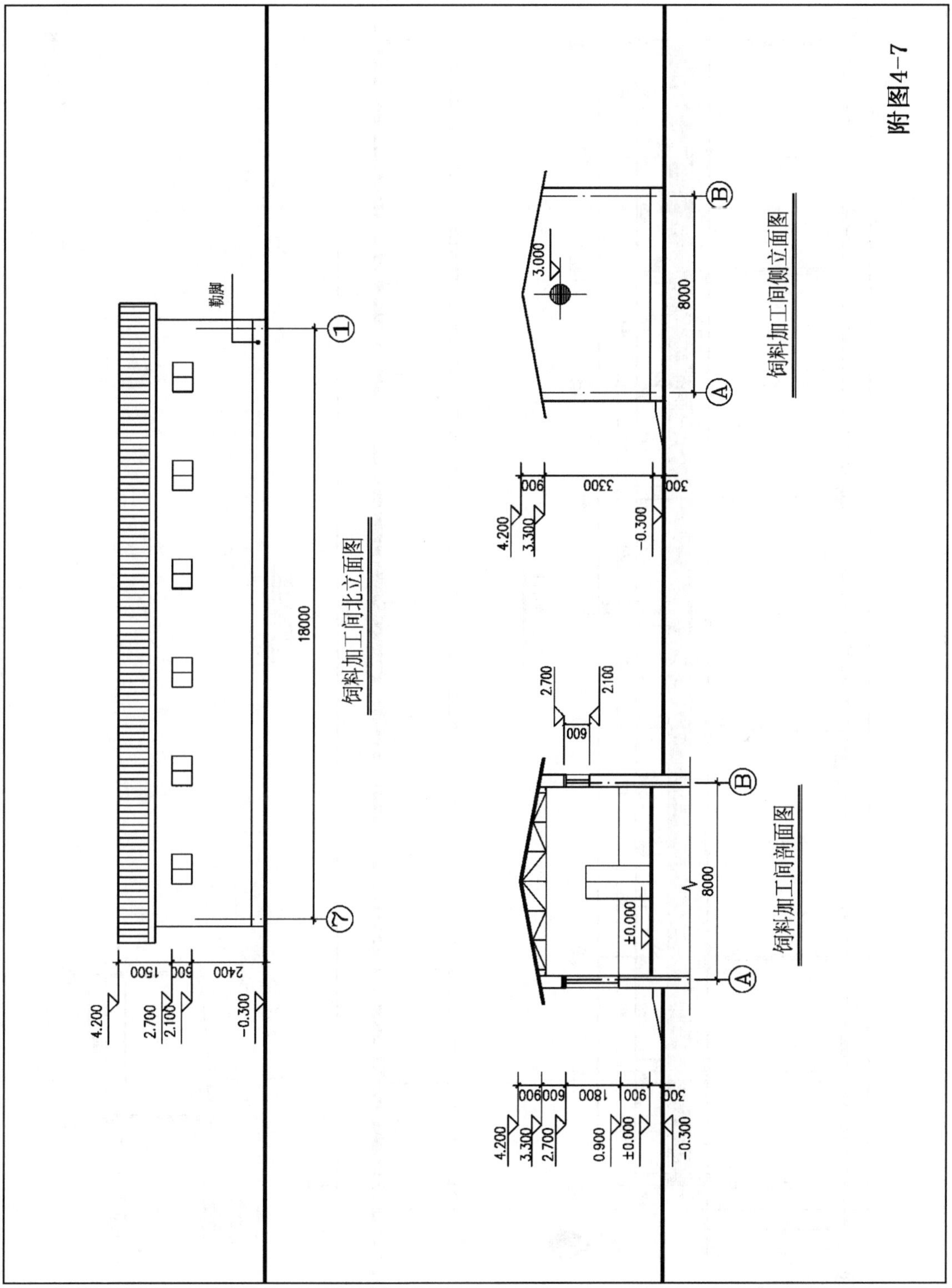
饲料加工间北立面图
饲料加工间侧立面图
饲料加工间剖面图
附图4-7

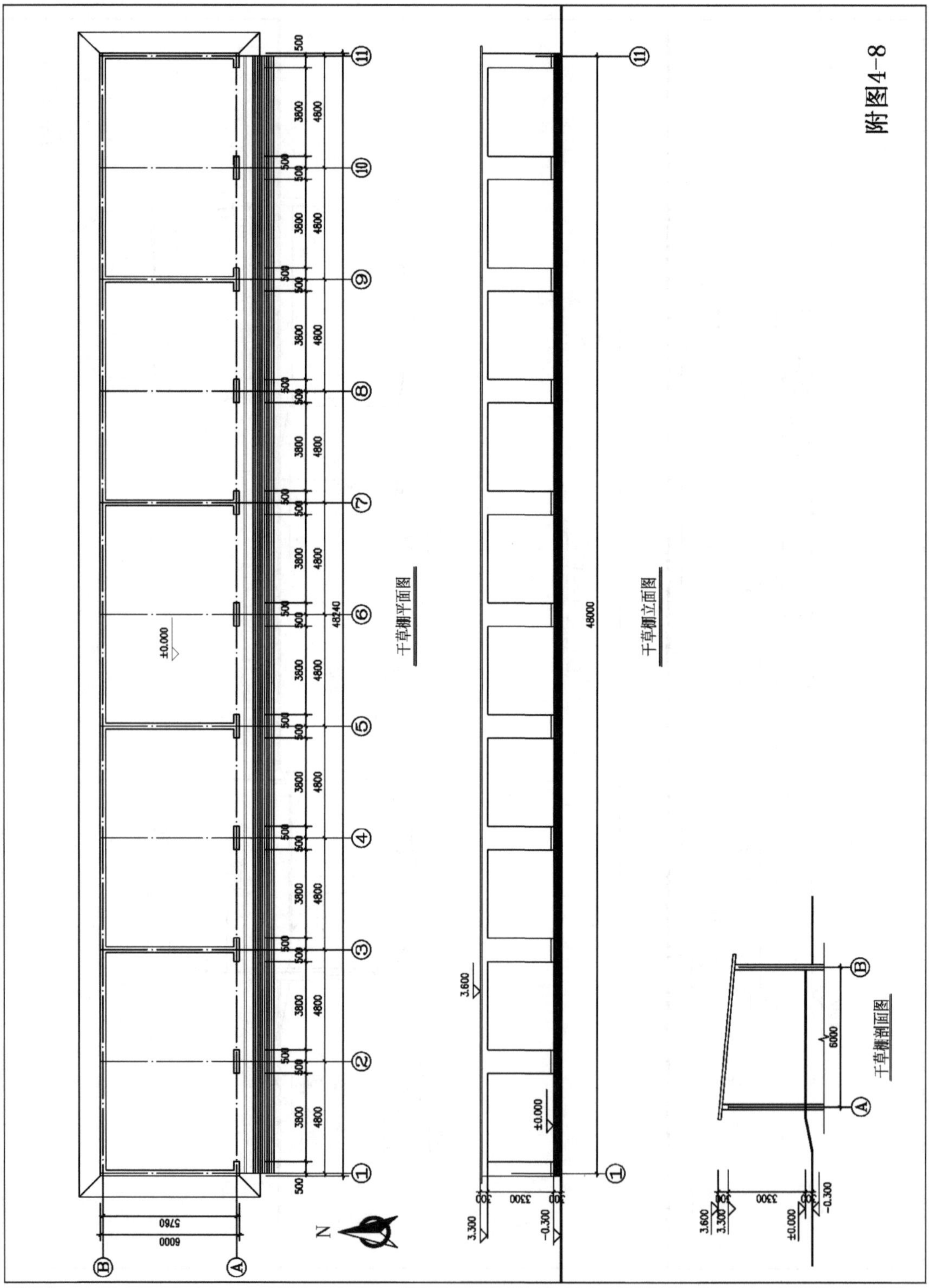

附图4-8

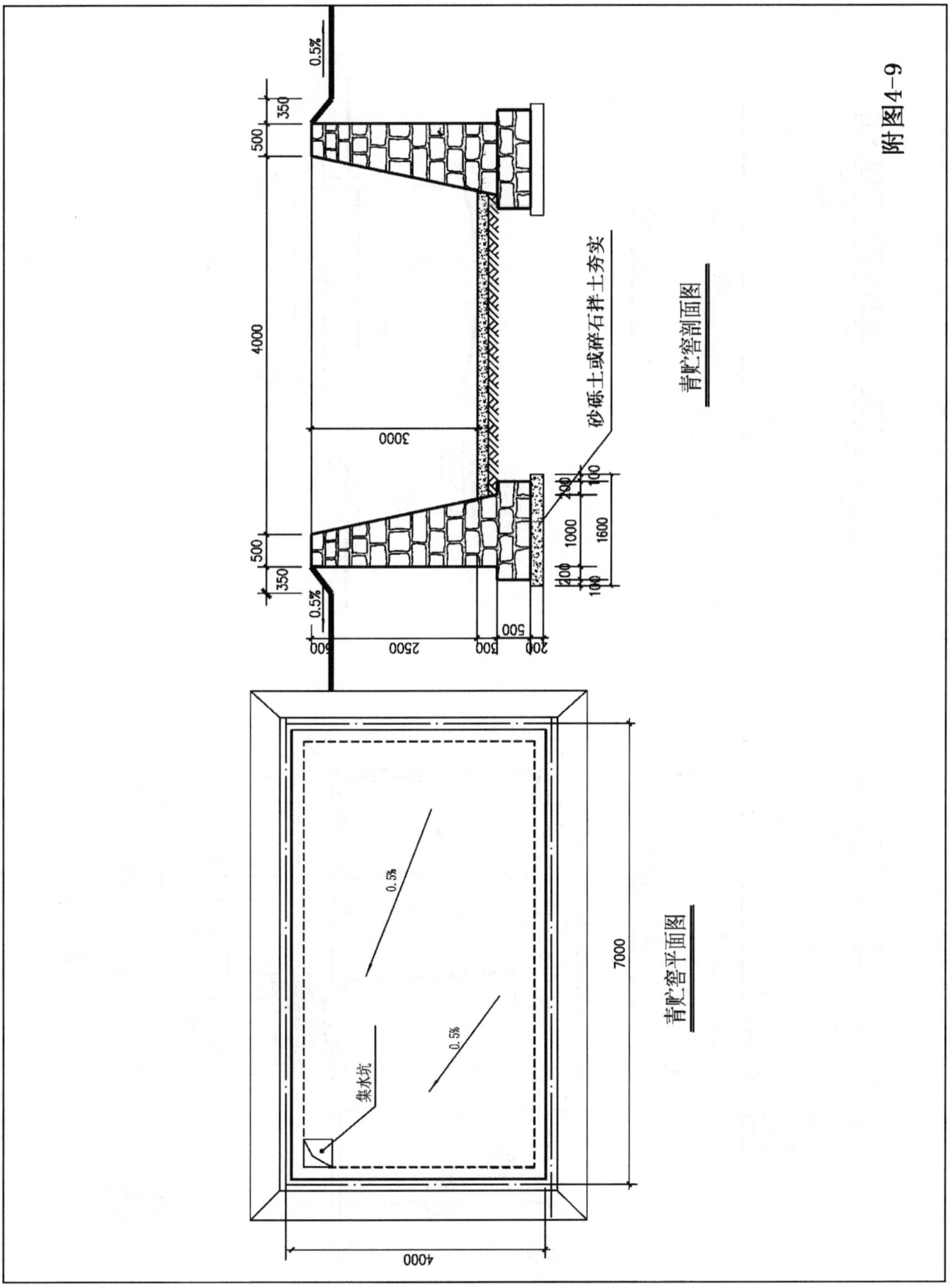
青贮窖剖面图
砂砾土或碎石拌土夯实
0.5%
350
500
4000
3000
2500
1000
1600
青贮窖平面图
集水坑
7000
4000

附图4-9

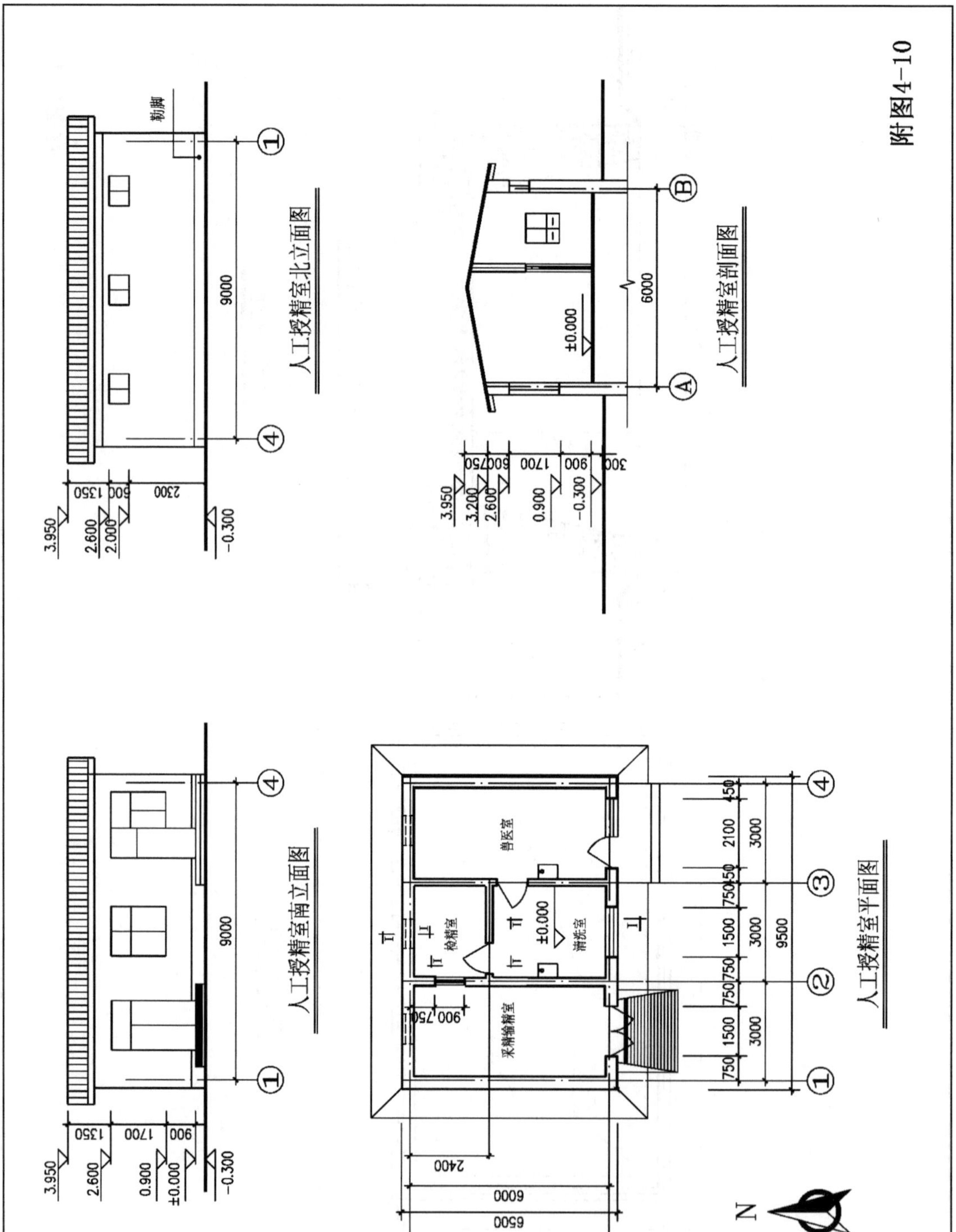
人工授精室北立面图
勒脚
人工授精室剖面图
人工授精室南立面图
人工授精室平面图
兽医室
检精室
清洗室
采精输精室
N

附图4-10

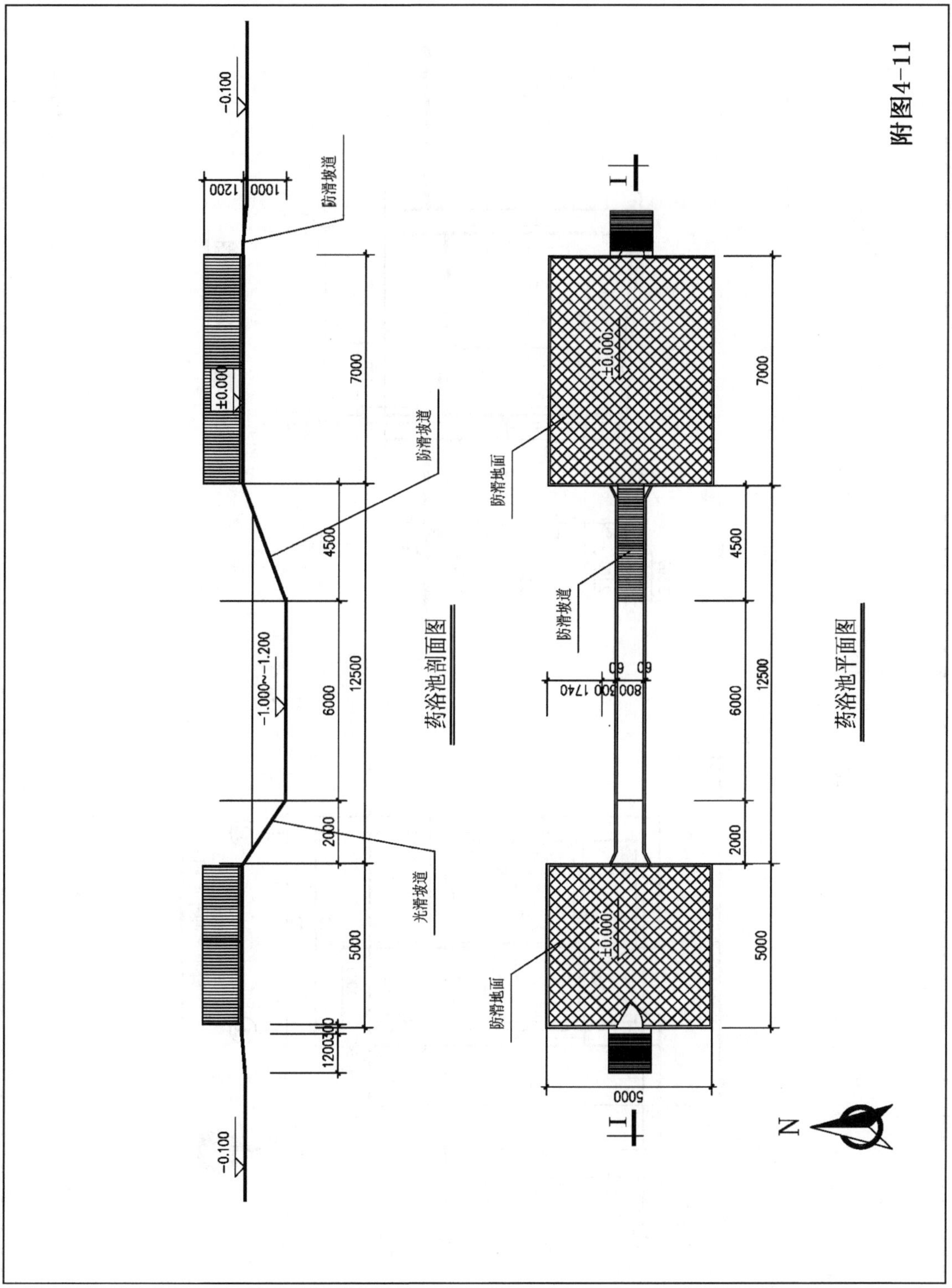
药浴池剖面图
药浴池平面图
防滑坡道
光滑坡道
防滑地面
±0.000
-0.100
-1.000~-1.200
7000
4500
6000
2000
5000
12500
N
I

附图4-11

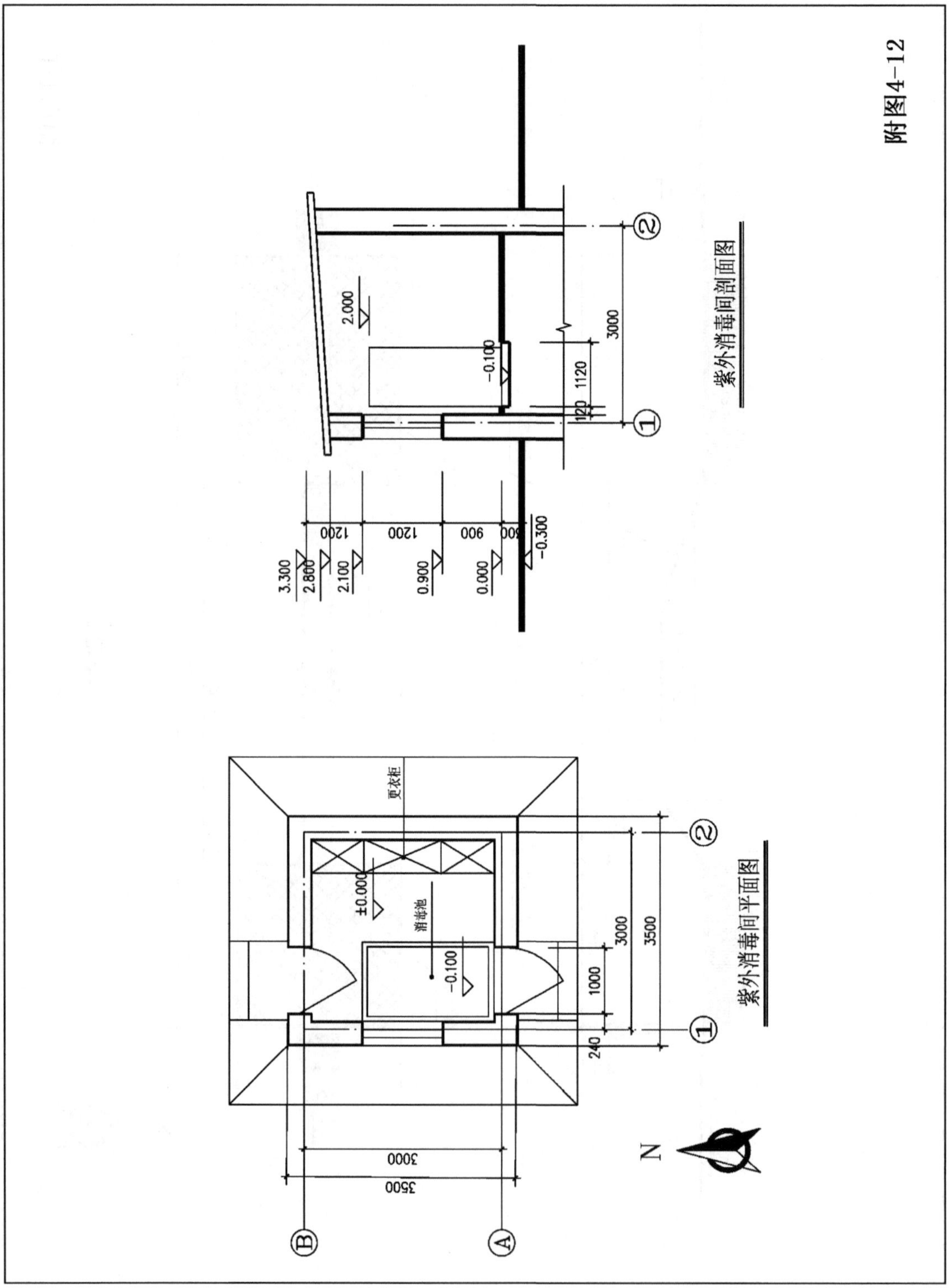
紫外消毒间剖面图
紫外消毒间平面图
更衣柜
消毒池
±0.000
-0.100
2.000
3.300
2.800
2.100
0.900
0.000
-0.300
1200
900
300
3000
3500
1000
1120
120
240
N

附图4-12

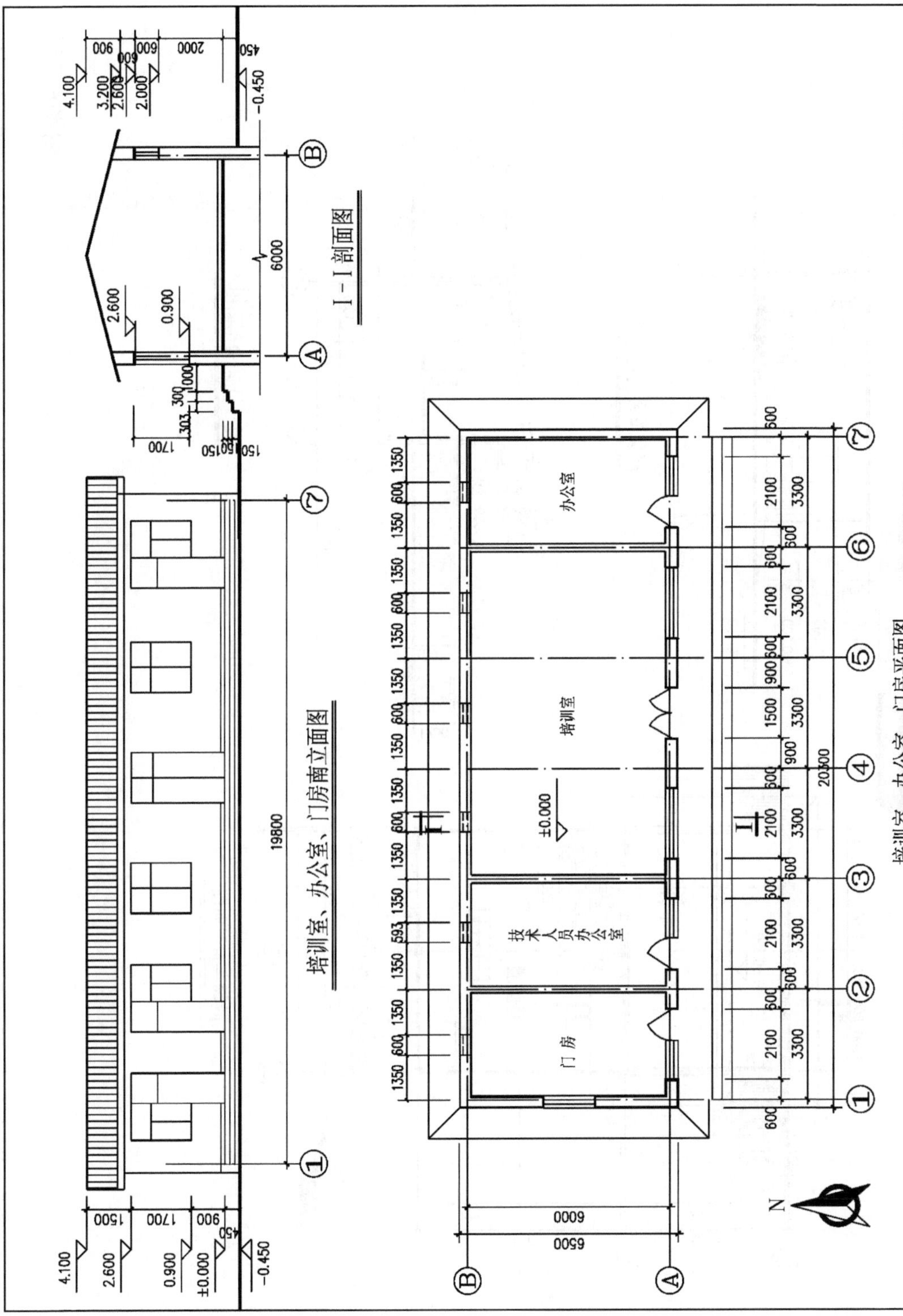

附图4-13

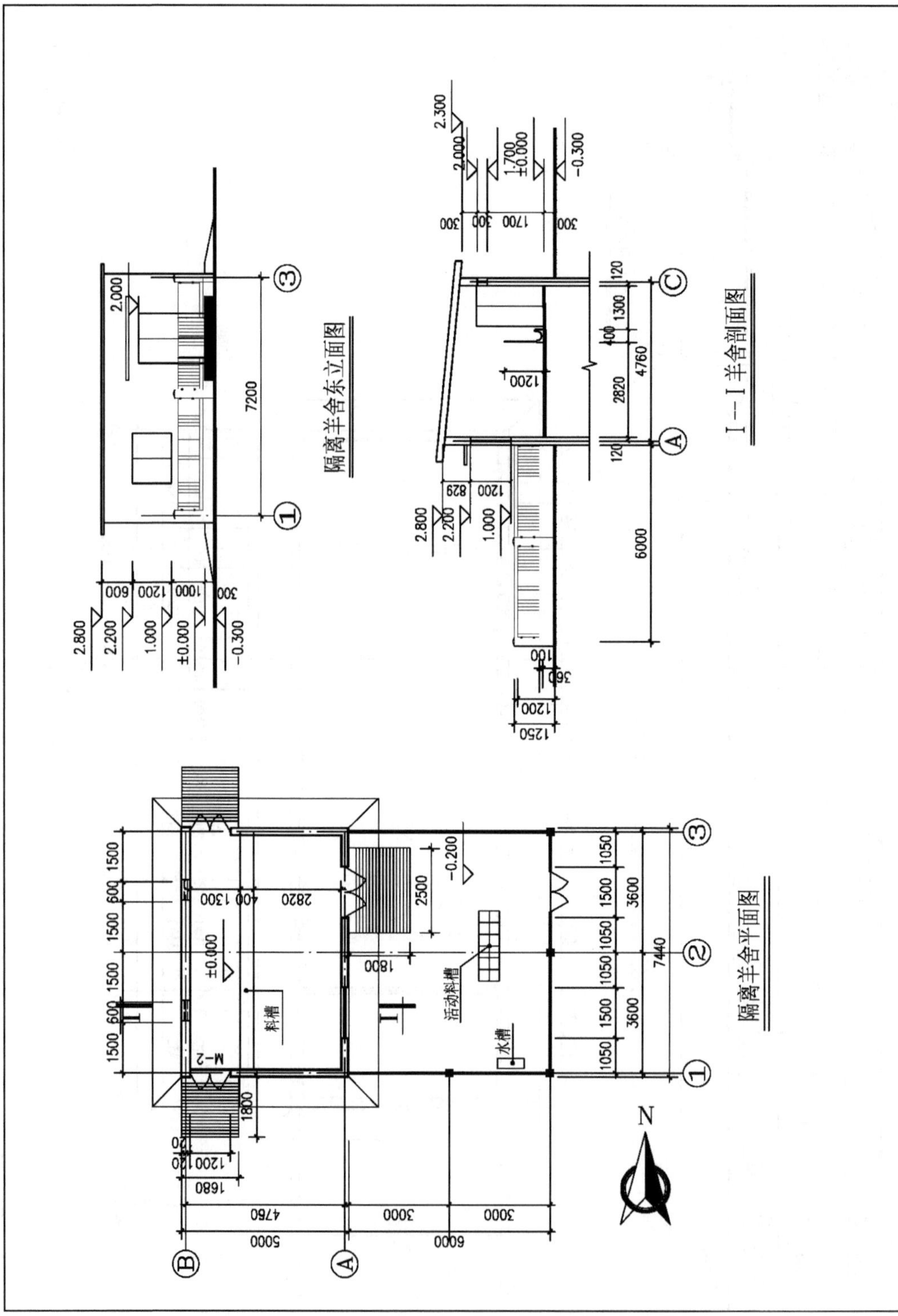

附图4-14

附录 2 绒山羊标准化养殖小区建设管理规程

1 范围

本标准规定了绒山羊标准化养殖小区的术语与定义、养殖小区建设、羊群、饲草料及加工调制、饲养管理、选留与繁殖、消毒与防疫、废弃物处理、组织管理、记录与档案管理。

本标准适用于基础母羊 500 只以上绒山羊标准化养殖小区的建设和管理，同等规模的养殖场（户）参照执行。

2 规范性引用文件

下列文件中的条款通过本标准的引用而成为本标准的条款。凡是注日期的引用文件，其随后所有的修改单（不包括勘误的内容）或修订版均不适用于本标准，然而，鼓励根据本标准达成协议的各方研究是否可使用这些文件的最新版本。凡是不注日期的引用文件，其最新版本适用于本标准。

GB 3095 环境空气质量标准

GB 13078 饲料卫生标准

GB 16548 病害动物和病害动物产品生物安全处理规程

GB 16549 畜禽产地检疫规范

GB 16567 种畜禽调运检疫技术规范

GB 18596 畜禽养殖业污染物排放标准

GB 50052 供配电系统设计规范

GBJ 39 村镇建设设计防火规范

NY/T 682 畜禽场场区设计技术规范

NY/T 1167 畜禽场环境质量及卫生控制规范

NY/T 1168 畜禽粪便无害化处理技术规范

NY 5027 无公害食品 畜禽饮用水水质

NY 5130 无公害食品 畜禽饲养兽药使用准则

NY 5149 无公害食品 肉羊饲养兽医防疫准则

NY 5150 无公害食品 肉羊饲养饲料使用准则

NY/T 5151 无公害食品 肉羊饲养管理准则

SL 310 村镇供水工程技术规范

兽药国家标准和部分品种的停药期规定 中华人民共和国农业部公告第 278 号

畜禽标识和养植档案管理办法　中华人民共和国农业部令 2006 第 67 号
牲畜耳标技术规范　中华人民共和国农业部

3　术语和定义

下列术语和定义适用于本标准。

3.1　标准化养殖小区

指按照畜禽养殖场所与居民生活区分离的原则，由地方人民政府或村民委员会规划，以统一建设、统一管理、统一防疫、分户饲养为主要模式，布局合理、设施完善、功能齐全、高效安全的集中从事畜禽养殖活动的区域。

3.2　基础母羊

具有优良产绒性状，繁殖正常，泌乳性能好，母性强，遗传稳定的繁殖母羊。

3.3　育成羊

断奶后至配种阶段的青年羊。

3.4　羔羊

出生至断奶（0 ~3 月龄）的小羊。

3.5　净道

场区内用于健康羊群与饲料等洁净物品转运的专用道路。

3.6　污道

场区内用于垃圾、粪便、病死羊等非洁净物品出场的专用道路。

3.7　青贮饲料

通过青贮技术处理的饲草料，如青贮玉米、青贮牧草、青贮农作物秸秆等。

4　养殖小区建设

4.1　选址

养殖小区应位于法律法规明确规定的禁养区以外，地势高燥、通风良好、交通便利、水电供应稳定、隔离条件良好的地域。

4.1.1　养殖小区应距离城镇居民点、学校、医院长年主导风向的下风向或侧风向 1 000m以外；距离公路、铁路干线 1 000m以上；周围 3 000m以内无大型化工厂、矿区、皮革厂、屠宰场、肉品加工厂和其他畜牧场。

4.1.2　建设用地应水源充足，水质应符合 NY 5027。

4.1.3　地域大气环境质量应符合 GB 3095。

4.1.4　禁止在旅游区、自然保护区、水源保护区、环境公害和畜禽疾病污染严重的地区建设养殖小区。

4.1.5　占地面积

存栏 500 只基础母羊的绒山羊标准化养殖小区占地面积不少于 12 000m^2（18 亩）。

4.2　总平面布局

4.2.1　布局原则

以布局紧凑、节约用地、科学实用、便于管理、利于防疫和安全生产为原则。养殖小区内防火执行 GBJ 39。

4.2.2 养殖小区功能区划分为生活管理区、辅助生产区、生产区和隔离区。

4.2.2.1 生活管理区

包括门卫值班室、办公室、技术培训室、兽医室、业务洽谈室等，位于养殖小区的上风向区域。

4.2.2.2 辅助生产区

包括草料原料库、饲料加工间、青贮窖、配电室、水泵房等，位于生产管理区的下风向或侧风向。

4.2.2.3 生产区

包括各类羊舍、运动场、人工授精室等，位于生活办公区与辅助生产区的下风向，入口处设人员消毒更衣室和车辆消毒池。

4.2.2.4 隔离区

包括病羊隔离治疗舍、粪便处理场等，位于生产区下风向，与生产区保持50m以上的防疫距离或建于养殖小区外下风向区域。

4.3 建设

4.3.1 配套工程

4.3.1.1 养殖小区给排水管线工程执行SL 310。生产用水以每只绒山羊平均每天10～12L计算。

4.3.1.2 采取专线供电，执行GB 50052，并自备发电机组。

4.3.2 羊舍建筑

4.3.2.1 方位与平面布置

羊舍以坐北朝南、东西走向为宜，单列式或双列式布置，建设应符合NY/T 682。

4.3.2.2 羊舍环境

具备良好的隔热、防寒，保暖、通风、排湿以及采光性能。

4.3.2.3 建设面积

只均使用面积种公羊3.0～4.0m^2，空怀母羊1.0～1.2m^2，妊娠或产羔母羊2.0～2.5m^2，育肥羯羊0.8m^2。

4.3.2.4 羊舍地面

舍内外高差20～25cm，三合土地面，出入口采取坡道连接，不设台阶和门槛。

4.3.2.5 羊栏

舍内围栏高度不低于1.2m。

4.3.2.6 饲槽

饲槽表面应光滑、耐用，饲槽底部为圆弧形，槽体高25cm，槽内径宽26cm，槽深16cm。每只羊槽位30～40cm。

4.3.2.7 门窗

门向外开，宽1.2～1.5m；窗户面积与舍内地面面积之比1∶12。

4.3.3 运动场及饮水槽

每一栋羊舍附属一个运动场，位于羊舍南面，围墙为花栏墙，高度1.2m；运动场砖平铺地面，向外坡度1.5%，面积为羊只占位面积的2倍。

运动场边设饮水槽，每头羊占位10cm，槽深40cm，水深不超过20cm。

4.3.4 饲料原料库

应满足1~2个月生产和饲料周转的需要。

4.3.5 青贮窖

建于排水良好、地下水位低的地方，青贮窖墙体应参考挡土墙设计，注意墙体的防侧滑移和倾覆。只均有效容积1m³。

4.3.6 饲料加工间

建于辅助生产区，根据养殖规模配备饲料加工机组。

4.3.7 干草棚

干草棚应满足3~6个月生产需要。

4.3.8 晒场

晒场为小区农户晒制干草所共享，面积不小于180m²。

4.3.9 人工授精室、兽医室

设置人工授精室30~40m²、兽医室约20m²。

4.3.10 药浴池

池长12.5m，池顶宽0.80m，池底宽0.60m，深1.2m。入口处围栏25m²，出口处围栏35m²。

4.3.11 消毒设施

消毒池设在大门口以及生产区进出口，消毒池内的消毒液应使用2%烧碱，每3~7d更换一次。人行通道设在消毒间内，在消毒间安装紫外线消毒或喷雾消毒设施，并设计洗手池和更衣柜。

4.3.12 办公室、门房

办公室、门房等60m²左右。

4.3.13 堆粪场

养殖小区需建设堆粪场240m²。

4.3.14 隔离羊舍

根据生产需要在养殖小区下风向围墙外边设隔离场所，面积60m²。

5 羊群

5.1 饲养模式

实行以自繁自养为主的生产方式。

5.2 羊只引进和购入

羊只引进和购入参照NY/T 5151。引入小区饲养的绒山羊应具备优质绒山羊生产特性，成年母羊产绒量400g以上；成年公羊产绒量1 000g以上。严禁从疫区引种，绒山羊调运、检疫、隔离要执行GB 16549和GB 16567。

5.3 羊群结构

以1只优质绒用种公羊和50只基础母羊为基础，构成一个生产单元。

基础母羊群中，2岁、5岁的母羊各占20%，3岁、4岁的母羊各占30%。使用年限种公羊不超过6岁、母羊不超过5岁。

6　饲草料及加工调制

6.1　原料选用与贮存

饲料原料的使用参照 NY 5150，卫生标准执行 GB 13078。

6.2　饲草料加工

6.2.1　青干草制作

禾本科牧草应于抽穗期刈割，豆科牧草应于现蕾、初花期刈割，及时晾晒贮存。

6.2.2　青贮饲料制作

6.2.2.1　地点选择

应选择地势高燥、排水良好、取用方便、周围无污染物的地方。

6.2.2.2　青贮设施

常用青贮窖、青贮池等设施，青贮窖、青贮池要坚固耐用，不透气，不漏水，窖、池内转角一律做成弧形，底部坡度 1%，靠取料口一侧设计积水井。

6.2.2.3　青贮原料

常用青贮原料为无杂质和泥土的带穗玉米、优质禾本科牧草及农作物秸秆等，其含水量应在 60% ~70%。

6.2.2.4　操作要点

把青贮原料切碎为 2 ~4cm 的小段，随切分层压实（层厚 30 ~50cm）填入青贮窖、池内，待所填原料高出窖壁 50cm 时，整理呈鱼脊背式用塑料膜盖严密封，再用土覆盖 50cm 压实。

6.2.2.5　管护

定期检查，发现裂缝或塌陷及时加土填实。

6.2.2.6　青贮时间

35 ~45d 即可开窖饲喂。

6.2.3　秸秆类饲料加工调制

6.2.3.1　物理处理

切短、粉碎、揉搓、压块、制粒等。

6.2.3.2　化学处理

石灰液处理、氢氧化钠液处理、氨化处理等。

6.3　日粮配制

根据不同生长发育和生产阶段绒山羊的营养需求配制日粮。粗饲料占 60% ~70%，精饲料占 40% ~30%，矿物质、维生素等配制的预混料占精料的 1% ~3%。

7　饲养管理

7.1　日常管理

7.1.1　抓绒

7.1.1.1　抓绒的时间

抓绒的时间应在 4 ~5 月份，当耳根、眼圈四周绒毛开始脱落时，开始抓绒。

7.1.1.2 抓绒方法

对高产绒山羊采用两次抓绒法，两次间隔时间7d左右；低产绒山羊采用1次抓绒法。

7.1.1.3 抓绒注意事项

将羊的头部及四肢固定好，先用稀梳沿颈肩、背、腰、股等部位由上而下将毛梳顺，再用密梳作反方向梳抓。抓绒时，梳子要贴紧皮肤，用力均匀，不能用力过猛，防止抓破皮肤。抓绒前12h羊只停止饲喂和饮水。

7.1.2 药浴

春秋2次药浴，在剪毛后7~10d内晴朗天气的上午进行。

常用药物为溴氰菊酯、双甲脒和螨净等。

药液深70~80cm（淹没羊全身为宜）；水温30℃左右。

药浴前半天停止饲喂，并充分饮水；保证全身各部位均要被药液浸透；先浴健康羊，后浴病羊。妊娠2个月以上的母羊，应禁止药浴。残液可喷洒在羊舍圈墙和围栏上。

7.1.3 驱虫

在春、秋两季对羊只进行预防性药物驱虫。内寄生虫传播严重地区，增加驱虫次数。在驱虫后1~3d内，要放在指定的羊舍，以防寄生虫及虫卵污染干净的羊舍。要准备一些阿托平、解磷定、硫酸钠、葡萄糖、维生素C注射液、地塞米松等急救药。

7.2 种公羊的饲养管理

7.2.1 配种期的饲养管理

7.2.1.1 配种期的饲养

饲料应含有丰富的蛋白质、维生素、矿物质等营养物质，营养全面，易消化，适口性好。每日每只饲喂精料补充料0.6~0.8kg，青绿多汁饲料2~3kg或胡萝卜1.0kg，鸡蛋2~3枚，自由采食优质粗饲料；每天饮水2次。

7.2.1.2 配种期的管理

单圈饲养；每日运动2h以上，保证身体健壮、精力充沛、性欲旺盛；采精频率为隔日采精1次或连续采精2d休息1d；在采精和管理过程中耐心调教，勿恐吓鞭打种公羊。

7.2.2 非配种期的饲养管理

7.2.2.1 非配种期的饲养

配种前1个月左右开始补饲，每日每只饲喂精料补充料由0.4~0.5kg逐步增加到0.6~0.8kg，青绿多汁饲料1~2kg或胡萝卜0.5kg；配种结束后，逐渐减少精料补充料到0.4~0.5kg，自由采食粗饲料；日饮水2次。

7.2.2.2 非配种期的管理

每日运动2h左右，保持体况。与母羊分群管理，防止公母混群乱交乱配。

7.3 基础母羊的饲养管理

基础母羊应按空怀期、妊娠期和泌乳期分阶段饲养管理。

7.3.1 空怀期的饲养管理

7.3.1.1 空怀期的饲养

在配种前30d实行短期优饲。每天每只饲喂精料补充料0.25~0.3kg，粗饲料自由采食，调整体况，保持中上等膘情，促进发情；日饮水2次。

7.3.1.2　空怀期的管理

舍内应保持清洁、干燥、阳光充足、空气新鲜；空怀期内完成防疫注射、驱虫、药浴等工作；搞好发情鉴定，适时配种。

7.3.2　妊娠期的饲养管理

7.3.2.1　妊娠期的饲养

饲料应含有丰富的蛋白质、维生素、矿物质等营养物质，营养全面，易消化，适口性好。妊娠前期（0～3月）每日每只饲喂精料补充料0.3～0.35kg，胡萝卜0.5kg；妊娠后期（4～5月）每日每只饲喂精料补充料0.35～0.4kg，胡萝卜0.5kg。自由采食优质牧草；日饮水2次。

7.3.2.2　妊娠期的管理

严禁鞭打、惊吓、跨沟越栏，以防流产；饮水应清洁适温，切忌饮冰冻水，不得喂冰冻、发霉、变质等劣质饲料。

圈舍应保持清洁、干燥、空气新鲜，防止贼风。

临产前1周转入产房，产房要提前1周彻底清扫消毒，铺上垫草，舍内温度保护在5℃以上；乳房及后躯部用1%～2%的来苏尔溶液消毒，再用温水清洗擦干。

7.3.3　泌乳期母羊的饲养管理

7.3.3.1　泌乳期母羊的饲养

饲料应含有丰富的蛋白质、维生素、矿物质等营养物质，营养全面，易消化，适口性好。泌乳期前期，每日每只饲喂精料补充料0.45kg，如果母羊乳量不足，可给母羊补饮豆浆、米汤和青绿多汁饲料；泌乳后期逐渐减少多汁饲料和精料的喂量。自由采食优质牧草；日饮水2次。

7.3.3.2　泌乳期母羊的管理

产后3天要注意后驱的清洗消毒，防止感染；适当运动，恢复体质。

7.4　育成羊的饲养管理

7.4.1　育成羊的饲养

育成前期日粮的粗饲料比例为15%～20%，每日每只饲喂精料补充料0.25～0.3kg；育成后期日粮的粗饲料比例为25%～30%，每日每只饲喂精料补充料0.4～0.5kg。由采食优质粗饲料；日饮水2次。

7.4.2　育成羊的管理

留做种用的育成羊，按月抽样测定体重，检测发育情况；注意运动，每天不少于4h；在4月龄时，公母分群管理。用于育肥的羯羊应减少运动，采用高能量饲料强化育肥。

休药期执行NY 5030和农业部《兽药国家标准和部分品种的停药期规定》。

7.5　羔羊的饲养管理

7.5.1　羔羊的饲养

羔羊出生后应尽快吃初乳，缺奶羔羊和多胎羔羊用牛奶或人工奶喂养。弱羔、母性不强的母羊所产的羔羊要人工辅助哺乳；无母孤羔及时实施寄养。10日龄后开始训练采食，开食料可用炒熟后的大豆、玉米或全价羔羊颗粒料。

每日每只饲喂精料补充料15～30日龄为50g；30～45日龄为50～100g，45日龄至断奶为100～150g；自由采食苜蓿、青割豆秸等优质饲草；日饮水2次。

7.5.2 羔羊的管理

羔羊出生后，擦净口腔、鼻耳内黏液，距脐窝 5~8cm 处剪断脐带，用 5% 碘酊消毒创口；对假死羔羊进行急救。出生后 15d 内，用耳标法对养殖小区内所产羔羊按年龄、性别、羊群归属统一编号。出生后 2~4 周期间，用刀切法或结扎法对不做种用的公羔进行去势。3 月龄断奶。

8 选留与繁殖

8.1 繁殖群体选留

根据羊只父亲、母亲及外祖父的生产性能、体型外貌等情况进行选留或淘汰。所选留个体的父亲、母亲及外祖父的生产性能要高于羊群平均生产水平。根据表型测定结果，选留体型外貌符合品种标准的个体，体尺、体重、产绒量、绒细度等指标应高于群体平均水平。

8.2 发情鉴定

采用试情法对繁殖母羊进行发情鉴定。

8.3 配种

母羊发情进行第 1 次配种，间隔 6~8h 再配 1 次，直至发情结束。

采用本交或人工授精技术配种。采用人工授精技术配种，新鲜精液的成活率在 0.7 以上，稀释 3~5 倍；子宫颈深部输精，输精量 0.2ml。

8.4 分娩与护理

8.4.1 接产与助产

分娩母羊出现临产征兆后，及时进行后躯消毒，备好接产与助产器械。需要助产时，由专业技术人员按产科要求操作。

8.4.2 产后监护

产后注意观察外阴部及生殖道有无感染，如有病变及时治疗。

9 消毒与防疫

9.1 消毒

创建良好的生产环境条件，搞好卫生控制，参照 NY/T 1167。

9.2 防疫

养殖小区的防疫参照 NY 5149。

10 废弃物处理

10.1 病害物处理

病害物的处理执行 GB 16548。

10.2 粪便处理与排放

粪便无害化处理参照 NY/T 1168，污染物排放执行 GB 18596。

11 组织管理

11.1 组织形式

建立具有法人资质的组织机构，对养殖小区进行统一管理。

11.2　管理模式

实行统分结合的管理运行模式。统一建设、统一防疫、统一服务、统一无害化处理、统一销售，分户饲养。

11.3　人员管理

11.3.1　从业人员

配备与生产规模相适应的畜牧、兽医技术人员。

从业人员应身体健康，并定期进行健康检查，有传染病患者应及时调出。

11.3.2　技术培训

根据生产需要制定培训计划，定期聘请畜牧兽医专家对入区养殖户进行技术培训。

11.4　制度建设

建立完善的规章制度，包括生产管理制度、物品管理制度、出入场管理制度、兽药和疫苗购进使用管理制度、饲料加工使用管理制度、各项技术操作规程、卫生防疫制度、卫生消毒制度、档案制度、病死羊无害化处理制度、疫情监测报告制度、技术培训制度等。

12　记录与档案管理

12.1　根据农业部颁布的《畜禽标识与养殖档案管理办法》和《牲畜耳标技术规范》，对羊群进行标识和建档，建立绒山羊日常生产记录，配备记录员和档案管理员，负责档案记录与保管，生产记录应保存3年以上，羊群谱系资料应长期保存。

12.2　记录内容包括羊群产绒记录、生长发育记录、配种记录、产羔记录、羊群周转记录、饲草料消耗记录、兽药使用及防疫记录等档案资料。

12.3　根据原始记录，定期进行统计、分析和总结。

附录3　晋岚绒山羊

1　范围

本标准规定了晋岚绒山羊的术语和定义、品种特征、分级标准及评定方法。

本标准适用于晋岚绒山羊品种鉴定和等级评定。

2　规范性引用文件

下列文件对于本文件的应用是必不可少的。凡是注日期的引用文件，仅所注日期的版本适用于本文件。凡是不注日期的引用文件，其最新版本（包括所有的修改单）适用于本文件。

NY/T 1236　绵、山羊生产性能测定技术规范

3　术语和定义

下列术语和定义适用于本标准。

晋岚绒山羊指以辽宁绒山羊为父本，吕梁黑山羊为母本，采用育成杂交方式，择优选择杂交二、三代优良个体，经四代以上横交固定选育而成的绒用山羊品种。

4　品种特征

4.1　品种产地

晋岚绒山羊主产于山西省岢岚县、偏关县、兴县、岚县等地，分布于吕梁山区及其周边市县，适于在海拔 700 ~ 1 500m 的山区养殖。

4.2　外貌特征

晋岚绒山羊公母羊均有角，角质为白色，角型以撇角为主；公羊角粗大，呈螺旋状向上向外伸展；母羊角细小，向上、向后、向外伸展；成年公、母羊角螺旋明显。

全身被毛白色，外层为粗毛，内层为致密的绒毛，绒毛油汗为白色或乳白色。

头轻秀，额顶有少量长毛，颌下有髯，眼大有神；颈宽厚，胸深，背腰平直，四肢端正，蹄质坚韧、呈白色。体格中等，紧凑细致。尾瘦而短，尾尖上翘。

4.3　品种特性

晋岚绒山羊适应性强，耐粗饲，遗传性能稳定，产绒量高，绒毛细度好。

4.4　体尺、体重

晋岚绒山羊不同性别、不同生理阶段的体重、体高、体长、胸围指标见表 1 和表 2。

表 1　晋岚绒山羊体重指标

性别	初生重（kg）	断奶重（kg）	周岁重（kg）	成年重（kg）
公	≥2.0	≥10.0	≥30.0	≥37.0
母	≥1.8	≥9.0	≥20.0	≥30.0

表 2　晋岚绒山羊体尺指标

性别	年龄	体高（cm）	体长（cm）	胸围（cm）
公	周岁	≥51.0	≥58.0	≥70.0
	成年	≥60.0	≥65.0	≥80.0
母	周岁	≥45.0	≥52.0	≥60.0
	成年	≥50.0	≥58.0	≥68.0

4.5　生产性能

4.5.1　产绒性能

晋岚绒山羊成年和周岁公、母羊的产绒量、绒长度、绒细度、净绒率指标见表 3。

表 3　晋岚绒山羊产绒性能指标

性别	年龄	产绒量（g）	绒长度（cm）	绒细度（μm）	净绒率（%）
公	周岁	≥500.0	≥5.0	≤15.5	≥60.0
	成年	≥650.0	≥5.8	≤16.5	≥60.0
母	周岁	≥340.0	≥3.7	≤14.5	≥60.0
	成年	≥420.0	≥4.2	≤15.5	≥60.0

4.5.2　繁殖性能

公羊 9～10 月龄达到性成熟，15～18 月龄，体重达到成年体重的 70% 时开始配种。母羊初情期 7～8 月龄，12～15 月龄，体重达到成年体重的 70% 时开始初配。产羔率 105% 以上。

4.5.3　肉用性能

晋岚绒山羊成年羯羊屠宰率 45.0% 以上，成年母羊屠宰率 43.0% 以上。

5　分级标准及评定方法

5.1　分级标准

晋岚绒山羊断奶时分为一级、二级、三级 3 个等级，成年和周岁公、母羊分为特级、一级、二级、三级 4 个等级。具体分级标准见表 4、表 5、表 6、表 7 和表 8。

表 4　断奶分级标准

等级	被毛与体征	断奶体重（kg）			
		单羔		双羔	
		公	母	公	母
一级	被毛全白，无杂毛	≥10.0	≥9.0	≥9.0	≥8.0
二级	生长发育良好，结构匀称	≥8.5	≥7.5	≥7.5	≥6.5
三级	体质健壮，无缺陷	≥7.0	≥6.0	≥6.0	≥5.0

表 5　成年公羊分级标准

项　目	特级	一级	二级	三级
体型外貌	5.0	≥4.0	≥3.5	≥3.0
绒毛密度	密	密	中	稀
绒细度（μm）	≤15.0	≤15.5	≤16.0	≤16.5
绒长度（cm）	≥7.0	≥6.5	≥6.2	≥5.8
体　重（kg）	≥50.0	≥45.0	≥40.0	≥37.0
产绒量（g）	≥750.0	≥730.0	≥700.0	≥650.0

表 6　周岁公羊分级标准

项　目	特级	一级	二级	三级
体型外貌	5.0	≥4.0	≥3.5	≥3.0
绒毛密度	密	密	中	稀
绒细度（μm）	≤14.0	≤14.5	≤15.0	≤15.5
绒长度（cm）	≥6.5	≥6.0	≥5.5	≥5.0
体　重（kg）	≥36.0	≥34.0	≥32.0	≥30.0
产绒量（g）	≥650.0	≥600.0	≥550.0	≥500.0

表 7　成年母羊分级标准

项　目	特级	一级	二级	三级
体型外貌	5.0	≥4.0	≥3.5	≥3.0
绒毛密度	密	密	中	稀
绒细度（μm）	≤14.0	≤14.5	≤15.0	≤15.5
绒长度（cm）	≥5.5	≥5.0	≥4.5	≥4.2
体　重（kg）	≥36.0	≥34.0	≥32.0	≥30.0
产绒量（g）	≥570.0	≥520.0	≥470.0	≥420.0

表 8　周岁母羊分级标准

项　目	特级	一级	二级	三级
体型外貌	5.0	≥4.0	≥3.5	≥3.0
绒毛密度	密	密	中	稀
绒细度（μm）	≤13.0	≤13.5	≤14.0	≤14.5
绒长度（cm）	≥5.0	≥4.5	≥4.0	≥3.7
体　重（kg）	≥25.0	≥23.0	≥21.0	≥20.0
产绒量（g）	≥470.0	≥420.0	≥370.0	≥340.0

5.2　评定方法

根据外貌、生产性能、双亲等级对晋岚绒山羊进行综合评定。周岁以上羊在春季抓绒前进行鉴定；母羊采用断奶、周岁 2 次鉴定，入选核心群的母羊增加 2 岁鉴定；公羊采用断奶、周岁 2 次鉴定，留用的种公羊增加 2 岁鉴定，并参考双亲成绩确定等级。

5.2.1　外貌鉴定方法

体型外貌鉴定采用 5 分制。体型外貌符合品种特征，四肢正常，乳房或睾丸发育良好，记 3 分；体格健壮，整体结构匀称，发育良好，记 2 分；不符合品种特征，乳房或睾丸发育不良，失去种用价值的不进行鉴定。

5.2.2　综合评定

综合评定是依据种羊的双亲及种羊本身的生产性能进行评定，确定种羊的最终等级。

5.2.2.1　父母双亲评定

父母双亲分级评定标准见表 9。

5.2.2.2　种羊综合评定分级

进行综合评定时，体尺、体重必须达到标准要求。根据外貌、产绒量综合定级，按表 10 标准分级。

表 9　根据父母双亲分级评定标准

父 / 母	特级	一级	二级	三级
特级	特	特	一	二
一级	特	一	二	二
二级	一	二	二	三
三级	二	二	三	三

表 10　外貌、产绒量与双亲综合分级标准

综合双亲等级	外貌、产绒量综合等级			
	特级	一级	二级	三级
特级	特	特	一	二
一级	特	一	二	二
二级	一	二	二	二
三级	二	二	二	三

5.2.2.3　种公羊后裔测定

经综合评定为特、一级的种公羊，再经过后裔测定确定其终身等级。后裔测定采取同期、同龄比较法，即年龄为1.5周岁的后备公羊随机配种母羊50只后停止配种，待其后代初生，1周岁时按产绒量计算其相对育种值。育种值超过100%以上者为优种公羊，可按表11划定等级。

表11　公羊相对育种值等级标准

相对育种值（%）	≥115	≥110	≥105	≥100
等　级	特级	一级	二级	三级

附录4　绒山羊的饲养标准

相对绵羊而言，人们对山羊营养研究的重视程度较低，山羊饲养标准中的一些数据借用绵羊饲养标准，因此山羊的饲养标准略显粗糙。

绒山羊主要饲养在世界上的少数国家，与奶山羊和肉用山羊相比，绒山羊的饲养更加粗放，对绒山羊营养的研究，最近几年刚刚开始，还缺乏系统研究的资料。国内外一些研究表明，绒山羊的营养需要具有独特性。以产绒为主的绒山羊，在维持需要的基础上，增加20%营养需要量即可满足产绒的需要。通常采用的能量和蛋白质标准为饲料干物质代谢能值8.9MJ/kg，粗蛋白质含量9.0%；在绒生长旺盛期（8～11月），日粮适宜硫水平为0.225%，适宜氮硫比为7.11：1；在绒生长缓慢期（12月至次年2月），日粮适宜硫水平为0.213%，适宜氮硫比为7.80：1。绒山羊营养水平与NRC（1981）山羊饲养标准中山羊维持饲养标准相近。因此，绒山羊饲养标准，可参照NRC（1981）山羊维持饲养标准（表1、表2、表3、表4），在此基础上，对氮硫比例作适当调整。

表1　山羊维持饲养标准*

体重（kg）	干物质采食量		代谢能（MJ）	净能（MJ）	粗蛋白		钙（g）	磷（g）	维生素A（1 000国际单位）	维生素D（国际单位）
	A*	B*			TP（g）	DP（g）				
10	0.28	0.24	2.38	1.34	22	15	1	0.7	0.4	84
20	0.48	0.40	4.02	2.26	38	26	1	0.7	0.7	144
30	0.65	0.54	5.43	3.05	51	35	2	1.4	0.9	195
40	0.78	0.67	6.73	3.81	63	43	2	1.4	1.2	243
50	0.95	0.79	7.98	4.52	75	51	3	2.1	1.4	285
60	1.09	0.91	9.15	5.15	86	59	3	2.1	1.6	327
70	1.23	1.02	10.24	5.77	96	66	4	2.8	1.8	369
80	1.26	1.13	11.33	6.40	1.6	73	4	2.8	1.8	357
90	1.48	1.23	12.37	6.99	116	80	4	2.8	2.2	444
100	1.60	1.34	13.42	7.57	126	86	5	3.5	2.4	480

*适用于舍饲、活动少及早期妊娠母羊

A*：当饲料能量浓度为8.4MJ/kg时的采食量

B*：当饲料能量浓度为10MJ/kg时的采食量

表 2　山羊维持 + 低活动量饲养标准 *

体重 (kg)	干物质采食量		代谢能 (MJ)	净能 (MJ)	粗蛋白		钙 (g)	磷 (g)	维生素 A (1 000 国际单位)	维生素 D (国际单位)
	A*	B*			TP (g)	DP (g)				
10	0.36	0.32	2.97	1.67	27	19	1	0.7	0.5	108
20	0.60	0.50	5.01	2.85	46	32	2	1.4	0.9	180
30	0.81	0.67	6.77	3.80	62	43	2	1.4	1.2	243
40	1.01	0.84	8.44	4.77	77	54	3	2.1	1.5	303
50	1.19	0.99	9.95	5.61	91	63	4	2.8	2.0	408
60	1.36	1.14	11.41	6.44	1.5	73	4	2.8	2.0	4.8
70	1.54	1.28	12.83	7.24	778	82	5	3.5	2.3	462
80	1.70	1.41	14.17	7.99	130	90	5	3.5	2.6	510
90	1.85	1.54	15.47	8.74	142	99	6	4.2	2.8	555
100	2.00	1.67	16.76	9.46	153	107	6	4.2	3.0	600

*适用于集约化草场放牧、或热带气候条件下少及早期妊娠母羊

A *：当饲料能量浓度为 8.4MJ/kg 时的采食量

B *：当饲料能量浓度为 10MJ/kg 时的采食量

表 3　山羊维持 + 中活动量饲养标准 *

体重 (kg)	干物质采食量		代谢能 (MJ)	净能 (MJ)	粗蛋白		钙 (g)	磷 (g)	维生素 A (1 000 国际单位)	维生素 D (国际单位)
	A*	B*			TP (g)	DP (g)				
10	0.43	0.36	3.59	2.01	33	23	1	0.7	0.6	129
20	0.72	0.60	6.02	3.39	55	38	2	1.4	1.1	216
30	0.98	0.81	8.51	4.60	74	52	3	2.1	1.5	294
40	1.21	1.01	10.12	5.69	93	64	4	1.8	1.8	363
50	1.43	1.19	11.95	6.78	110	76	4	2.8	2.1	429
60	1.64	1.37	13.71	7.70	126	87	5	3.5	2.5	492
70	1.84	1.53	15.38	8.66	141	98	6	4.2	2.8	552
80	2.03	1.69	16.97	9.62	156	108	6	4.2	3.0	609
90	2.22	1.85	18.56	10.46	170	118	7	4.9	3.3	666
100	2.41	2.01	20.15	11.38	184	128	7	4.9	3.6	723

*适用于半干旱地带、缓坡丘陵地区及早期妊娠母羊

A *：当饲料能量浓度为 8.4MJ/kg 时的采食量

B *：当饲料能量浓度为 10MJ/kg 时的采食量

表 4　山羊维持 + 高活动量饲养标准 *

体重 (kg)	干物质采食量		代谢能 (MJ)	净能 (MJ)	粗蛋白		钙 (g)	磷 (g)	维生素 A (1 000 国际单位)	维生素 D (国际单位)
	A*	B*			TP (g)	DP (g)				
10	0.50	0.42	4.18	2.34	38	26	2	1.4	0.8	150
20	0.84	0.70	7.02	3.93	64	45	2	1.4	1.3	252
30	1.14	0.95	9.53	5.35	87	60	3	2.1	1.7	342
40	1.41	1.18	11.78	6.65	108	75	4	2.8	2.1	423
50	1.67	1.39	13.96	7.90	128	89	5	3.5	2.5	501
60	1.92	1.60	16.01	8.99	146	102	6	4.2	2.9	576
70	2.14	1.79	17.93	10.12	165	114	6	4.2	3.2	642
80	2.37	1.98	19.81	11.20	182	126	7	4.9	3.6	711
90	2.59	2.16	21.56	12.21	198	138	8	5.6	3.9	777
100	2.81	2.34	23.49	13.25	215	150	8	5.6	4.2	843

*适用于半干旱地带、植物稀疏及山区、早期妊娠母羊

A *：当饲料能量浓度为 8.4MJ/kg 时的采食量

B *：当饲料能量浓度为 10MJ/kg 时的采食量

第五章　生猪标准化规模养殖

一、生猪标准化养殖园区(小区)基础设施建设

(一) 场址选择

生猪标准化养殖园区（小区）建设要符合环境保护和动物防疫条例的要求，经当地环保部门和畜牧兽医行政管理部门审批合格后，方可建设。

1. 自然条件

地形：空旷、开阔，可利用面积充分便于各类建筑物的科学布局和合理配置。

地势：高燥平坦、向阳背风，高于历史最高洪水警戒线，应稍有坡度。

水源：水源充足、水质良好，符合 NY 5027—2001《无公害食品　畜禽饮用水水质》（附件 1）的要求。

土质：沙壤土最为理想，沙土、黏土、盐碱土要根据土质特性和生产要求采取相应处理措施。

2. 周边条件

生猪标准化养殖园区（小区）应选择在居民点的下风向，距离居民点的直线距离在 500m 以上；与居民引用水源及学校、医院等单位的直线距离应大于 1 000m。

生猪标准化养殖园区（小区）周围 1km 以内不得有污染严重的化工厂、屠宰场、制革场和制药厂等污染源。

生猪标准化养殖园区（小区）建设要求距离村镇电网较近，电力资源供应充分且架设方便。

生猪标准化养殖园区（小区）周边饲料资源丰富且运输方便。

禁止在旅游区、自然保护区、水源保护区和环境公害污染严重的地区建园区（小区）。

(二) 生猪建设用地及主要设施

在满足生猪生产工艺条件下，要节约用地，尽量用沙荒地、废弃地，少占或不占耕地。

生猪标准化养殖园区（小区）建设规模以园区（小区）养殖规模而定。生猪标准化养殖园区（小区）设计年出栏两批优质生猪共 3 500头左右，总占地面积 16.7 亩左右，

其中建筑面积4 184m²。

生猪标准化养殖园区（小区）内的主要建筑物有：综合猪舍、饲料加工车间与饲料库、消毒室、配电室、锅炉房、隔离观察室、兽医室、粪污处理池，以及公共管理办公室、会议培训室、门房等。

1. 生猪标准化养殖园区（小区）内各功能区的划分及布局

（1）生猪标准化养殖园区（小区）内各功能区的划分

管理区：主要是办公室、会议培训室、技术资料室、兽医室、门卫等建筑。

生产区：主要是综合猪舍等各类圈舍建筑。

辅助生产区：主要是消毒室、饲料加工车间与饲料库、配电室、锅炉房等。

隔离区：主要是隔离圈舍、病死猪及粪便处理场等建筑。

（2）生猪标准化养殖园区（小区）内建筑布局及要求

生猪标准化养殖园区（小区）内部建筑部局要科学、合理。一般遵循两个原则：一是布局要符合生产之间的最佳关系，二是布局要符合防疫、防火安全等条件。

园区（小区）内建筑物的布局要注意风向要求，一般是生活管理区在上风向，依次是辅助生产区、生产区、隔离区。隔离区位于下风向，与生产区的间距不要小于50m。

园区（小区）的生产区四周设围墙，大门出入口设值班室，进入生产区口设人员更衣消毒室，车辆消毒通道和装卸猪斜台。

园区（小区）内设净道和污道。净道作为养殖园区（小区）内的主干道，供园区（小区）内从业人员行走和运输健康猪及饲料，其宽度一般不小于4m；污道供运输粪便和病、死畜禽等污染物，其宽度一般不小于3m。

生猪标准化养殖园区（小区）内应有一定的绿化面积，建立绿化带，以改善养殖园区（小区）内的环境。

园区（小区）内的生产和生活污水采用暗沟排放，雨雪等自然降水采用明沟排放。

生猪标准化养殖园区（小区）建设总体布局见附图5－1。

不同类群猪每头占栏面积参数见表5－1。

表5－1 不同类群猪每头占栏面积参数表

猪群类别	每头猪占栏面积（m^2）	猪群类别	每头猪占栏面积（m^2）
空怀妊娠母猪	1.8～2.5	保育仔猪	0.3～0.4
哺乳母猪	3.7～4.2	生长猪	0.5～0.7
后备母猪	1.0～1.5	育肥猪	0.7～1.0
种公猪	5.5～7.5	配种栏	5.5～7.5

2. 生猪标准化养殖园区（小区）内主要建设内容

（1）猪舍

生猪标准化养殖园区（小区）设置十个养殖单元户入驻，每户饲养基础母猪20头，公猪1头，生猪100头。

养殖生猪的养殖户，以20头能繁母猪为一个生产单元，每一个生产单元建一栋综合式猪舍，面积为333.9m^2（长×宽=37.1m×9.0m）。猪舍内，育肥猪用铁隔栏实行群养，每栏10头；空怀母猪实行小群饲养，每栏4头；妊娠母猪采取限位饲养；泌乳母猪采取高床限位饲养；保育仔猪断奶后原栏饲养（附图5-2、附图5-3）。

相邻两栋综合猪舍左右间距8m，前后间距8m。猪舍朝向取南北向方位，偏东或偏西不超过30°，保持猪舍纵向轴线与当地常年主导风向呈30°~60°角。

（2）饲料加工车间

生猪标准化养殖园区（小区）建小型饲料加车间一座，每日单班加工猪全价配合饲料2t。

饲料加工间建筑面积84.15m^2（长×宽=9.9m×8.5m）。

配套饲料库（原料库、成品库）168.3m^2（长×宽=19.8m×8.5m）（附图5-4、附图5-5）。

（3）兽医室

养殖园区（小区）内建设兽医室一处，面积67.6m^2（长×宽=10.4m×6.5m），内设诊疗室、药品间等（附图5-6）。

（4）管理室、培训室和门卫室

养殖园区（小区）设管理室、培训室，约120m^2（附图5-7）。

（5）消毒池

养殖园区（小区）大门设消毒池，宽4m，长6m，深15cm，池沿15°斜坡，设排水口。每一栋猪舍门口都要设消毒池，长1m，宽与猪舍门相等。

（6）隔离猪舍

养殖园区（小区）建设隔离猪舍一栋，284.75m^2（长×宽=33.5m×8.5m），按60头设计，备园区（小区）公用（附图5-8、附图5-9）。

（7）更衣、淋浴、消毒室

生猪标准化养殖园区（小区）内进入生产区设更衣、淋浴、消毒室90m^{2}左右，根据实际情况面积也可以再小一些（附图5-10。）。

（8）堆粪场

养殖园区（小区）的堆粪场集中建设，共400m^2；或分10个单元，建设简易沼气设施。

（9）防疫设施及其他

生猪标准化养殖园区（小区）应设隔离围墙，墙高不少于2.2m，如有条件，各功能区之间也应用墙体隔开。

其他有关设施建筑面积参考表5-2设计，规格依实际情况确定。

表5-2 辅助生产及生活管理建筑面积参数表

项目	面积参数（m^2）	项目	面积参数（m^2）
更衣淋浴消毒室	30.0~50.0	锅炉房	100.0~150.0
水泵房	15.0~30.0	仓库	60.0~90.0
变配电室	30.0~45.0	维修室	15.0~30.0
门卫值班室	15.0~30.0	办公室	30.0~60.0

3. 设备配备

每一生长肥育猪栏配套鸭嘴式饮水器 2 个，相邻两栏使用 6 孔自动落料槽 1 个，或用水泥食槽 2.4m；配种妊娠栏使用水泥食槽，每栏配鸭嘴式饮水器 1 个；产仔保育床实行产仔、哺乳两用，母猪限位架为插结式，共配套保温箱 4 套，每栏配小大号饮水器各 1 个，食槽为仔猪哺乳保育两用活动式；公猪舍栏使用水泥食槽，每栏配套饮水器 1 个，隔离猪舍栏配套饮水器每栏 1 个，共 10 个，食槽为水泥式；全场配套 150 升太阳能热水器 1 台，供淋浴、消毒室停止供暖期使用；配套 5 000型饲料粉碎混合加工机组 1 台；配套锅炉 1 台。

二、生猪标准化养殖园区（小区）的生产技术要点及参数

1. 生猪标准化养殖园区（小区）养殖规模

生猪标准化养殖园区（小区）养殖规模为基础母猪 200 头，每一个养殖单元户基础母猪 20 头，公猪 1 头；园区（小区）年出栏生猪 3 600 ~ 4 000头，入驻养殖单元户 10 户。

2. 猪群结构与周转

每栋综合式猪舍采取空怀——妊娠——哺乳与保育——生长肥育的四阶段饲养工艺模式，生产节律为 30 天，每月配种、产仔、断奶、出栏 3 ~4 窝。

正常生产期，每栋综合式猪舍存栏猪 160 头；其中：饲养基础母猪 20 头（空怀 8 头，妊娠 8 头，产仔 4 头）；保育仔猪 40 头；生长肥育猪 100 头。

3. 主要生产技术指标参数

（1）主要生产技术指标参数

具体见表 5 –3。

表 5 –3　主要生产技术指标参数

项目	参数	项目	参数
后备猪饲养日（d）	35	哺乳期成活率（%）	85
哺乳期（d）	28	保育期存活率（%）	90
断奶到受胎（d）	14	生长肥育期存活率（%）	96
繁殖周期（d）	156	保育时间（7 ~ 18kg）（周）	4
母猪年理论繁殖窝数（窝）	2.34	生长期（18 ~ 55kg）（周）	8
受胎率（%）	85	肥育期（55 ~ 90kg）（周）	6
分娩率（%）	90	出栏重（kg）	90
公猪年更新率（%）	35	母猪提前进产房时间（d）	7
母猪年更新率（%）	30	妊娠诊断时间（d）	21

（2）猪群用水与饲料消耗参数见表5－4。

表5－4　猪群用水与饲料消耗参数

猪群类别	总耗水量（L）	其中饮用水量（L/d）	日均耗料量（kg/d）
空怀及妊娠母猪	15	10	2.8
哺乳母猪（带仔猪）	30	15	3.2
保育仔猪	5	2	1
生长猪	8	4	2
肥育猪	10	6	3
后备猪	15	6	2.5
种公猪	25	10	2.6

注：总耗水量包括猪饮用水量、猪舍清洗用水量和饲料调制用水量，炎热地区和干燥地区耗水量参数可增加25%

（3）粪尿排泄量计算

按日饲养的繁殖母猪总头数乘以48kg/（头·d），即为全场平均日排泄量的估算值；

计算每栋猪舍平均日排泄量按该舍养猪总活重乘以0.065kg/d估算。

新建猪场的粪便和污水处理设施须与猪场配套，参考参数为存栏猪全群平均每天每头产粪和尿各3kg；

水冲清粪、水泡粪和干清粪的污水排放量平均每头每天约分别为50L、20L和12L。

（4）养猪场电力负荷等级为民用建筑供电等级三级

电力负荷计算采用需用系数法，需用系数为0.4～0.75，功率因数为0.75～0.9。

4. 生产技术要点

（1）品种

建议饲养杜洛克公猪，长大或大长二元杂交母猪。

（2）引种

应从具有种猪经营许可的种猪场引进，符合种猪条件，达到种用标准者，不得自行留种。母猪的更新比例为25%～30%；公猪更新比例为35%。

引进种猪时，严格执行GB 16567—1996《种畜禽调运检疫技术规范》（附件4）和GB 16549—1996《畜禽产地检疫规范》（附件3）的有关规定，进行检疫；引进的种猪，隔离观察15～30d，经兽医检查确定为健康合格后，方可进入生产区供繁殖使用。不得从疫区引进猪种。禁止外购仔猪。

（3）饲料

在猪的不同生长时期和生理阶段，根据营养需求，配制不同的配合饲料。使用的饲料原料和添加剂应符合NY 5032—2001《无公害食品　生猪饲养饲料使用准则》（附录5－2）的要求。不应给肥育猪使用高铜、高锌日粮；禁止在饲料中额外添加β-兴奋剂、镇静剂、激素类、砷制剂。不使用变质、霉败、生虫或被污染的饲料。不应使用未经无害处理的泔水、其他畜禽副产品。

使用饲料要满足营养需求，建议参考美国NRC（1998）版饲养标准，或中国猪饲养标准（2004）版自己配制饲料。原料市场健全的地区，园区（小区）也可使用购买的复合预混料参考饲料企业的推荐配方表4配方自己加工饲料。

（4）饮水

经常保持有充足的饮水、水质符合 NY 5027《无公害食品　畜禽饮用水水质》的要求。

（5）饲养

依照猪的不同生理阶段，实行分段饲养，喂给各种饲料配比适宜、营养物质充足的配合饲料。每一阶段应按不同猪种特点，饲料供应情况，参照 GB/T 17824.2—1999《中、小型集约化养猪场经济技术指标》（附录5－4）制定适宜各阶段的饲料喂给量和生产指标。

配种和妊娠前期母猪，应抓好母猪发情配种，提高配种受胎率和分娩率；母猪产仔期抓好母猪泌乳，使仔猪吃好初乳，过好初生、补料、断奶3个关键时期，提高仔猪成活率。

初生仔猪应作好打耳号、称初生体重、去牙、断尾、防疫注射、补铁、补硒等各项工作。断奶前作好驱虫、去势、称重等各项工作。

保育期抓好仔猪旺食期的饲养，促进仔猪的生长发育，提高仔猪保育期体重。

商品肉猪出栏前一个月，停止使用一切对人体健康有不利影响的各种添加剂，并按有关规定执行休药期，一切未经国家有关部门批准使用的添加剂均不能饲喂生长肥育猪。

（6）兽药

保持良好的环境条件与饲养管理，尽量减少疾病的发生，减少药物的使用。仔猪、生长猪必须治疗时，药物的使用要符合 NY 5030—2006《无公害食品　畜禽饲养兽药使用准则》（附件7）的要求。育肥后期的生猪，尽量不使用药物，必须治疗时，根据所用药物严格执行停药期，达不到停药期的肉猪不能上市。发生疾病的种公猪、种母猪必须用药疗时，在治疗期或达不到停药期的不能作为食用淘汰猪出售。

（7）消毒

猪舍清洗完毕后的喷洒消毒、带猪消毒、猪场道路和周围、进入场区的车辆消毒使用喷雾消毒，使用消毒液过氧乙酸、新洁尔灭等；手、工作服或胶靴使用浸液消毒；空舍使用福尔马林熏蒸消毒；猪栏采用火焰消毒。

（8）销售

商品肉猪上市前，须经卫生检验部门检疫，并出具检疫证明，合格者方可上市屠宰。

三、生猪标准化养殖园区（小区）管理

（一）机构设置与人员管理

1. 机构设置与任务

生猪标准化养殖园区（小区）由组建单位（乡政府、村委会、协会、经济合作组织或企业、大户），协调所有投资方成立生猪标准化养殖园区（小区）管理委员会，推选政治素质高，业务能力强的人员从事养殖园区（小区）专职或兼职管理工作，负责制定、落实和维护养殖园区（小区）正常生产的规章制度。同时，负责养殖园区（小区）内饲

料加工车间的运营管理，以及人工授精室、兽医防疫、技术培训、档案管理、门卫和消防等公共设施的正常运行，确保养殖园区（小区）的安全、高效生产。

2. 人员管理

（1）进入生猪标准化养殖园区（小区）的工作人员，必须经卫生部门体检合格；患有人畜共患病、顽固性皮肤病等有碍食品卫生疾病的人，不得进入养殖园区（小区）从业。

（2）养殖园区（小区）工作人员要建立健康档案，定期对养殖园区（小区）从业人员进行健康检查。

（3）养殖园区（小区）生产人员上岗，应穿着工作服、鞋、帽，并定期清洗消毒。

（4）养殖园区（小区）从业人员，必须经严格消毒后方可进入生产区工作。

（5）未经许可，养殖园区（小区）谢绝外来人员参观。

（二）生产技术管理

1. 生产管理

（1）生猪标准化养殖园区（小区）严格执行 NY/T 5033—2001《无公害食品　生猪饲养管理准则》（附录 1）、NY 5032—2001《无公害食品　生猪饲养饲料使用准则》（附录 5－2）和 NY 5027—2001《无公害食品　畜禽饮用水水质》（附件 1）的规定。禁止使用国家禁用的饲料、饲料添加剂、兽药；禁止使用农药及微生物污染发霉、变质的饲料。

（2）入驻养殖园区（小区）养殖户，应建立生猪标准化养殖档案，严格执行农业部《畜禽标识和养殖档案管理办法》相关规定，建档立案，做好各项记录（附件 5）及《牲畜耳标技术规范》（附件 6）。

（3）执行农业部《畜禽标识和养殖档案管理办法》（农业部令第 67 号，2006）（附件 5）及其配套规章《牲畜耳标技术规范》（附件 6）的规定，对养殖园区（小区）内的猪群实行标识管理。

（4）猪场配种人员不准对养殖园区（小区）外开展猪的配种工作。

2. 生猪繁殖生产技术管理

（1）从业人员严格遵守养殖园区（小区）各项规章制度，服从养殖园区（小区）管理委员会统一领导。

（2）从业人员严格遵守养殖园区（小区）商品瘦肉型猪品种改良和繁育生产计划，建立健全养殖园区（小区）配种档案。

（3）从业人员负责适龄母猪的发情鉴定，适时实施配种，并负责产后保育及繁殖疾病治疗。

（三）环境管理

1. 养殖园区（小区）内的环境管理，严格执行 NY/T 1167—2006《畜禽场环境质量与卫生控制规范》（附件2）的规定。

2. 养殖园区（小区）内的净道和污道要严格分开，不得交叉。

3. 养殖园区（小区）内的粪便应采用干清粪工艺，严格执行 GB 18596—2001《畜禽场污染物排放标准》（附件8）的规定；粪便要日产日清，不得随地堆放，及时运送到贮粪场，并按照 NY/T 1168—2006《畜禽粪便无害化处理技术规范》（附件9）进行处理。

4. 因传染病或其他原因的病猪、死猪，严格按照 GB 16548—2006《病害动物与病害动物产品生物安全处理规程》（附件10）的要求，在指定地点进行扑杀处理，不得在养殖园区（小区）内外随意丢弃。

5. 禁止出售病死猪尸体或者作为食品进行加工。

6. 猪舍周围环境每2～3周用2%火碱消毒或撒生石灰1次；养殖园区（小区）周围及养殖园区（小区）内的污水池、排粪炕、下水道出口，每月用漂白粉消毒1次。

（四）疫病防控

1. 所有进出养殖园区（小区）的人员和车辆必须通过养殖园区（小区）大门消毒池或喷雾消毒设施进行消毒。

2. 生猪标准化养殖园区（小区）内严禁饲养其他畜禽，并严禁其他畜禽进入。

3. 生猪标准化养殖园区（小区）内的养殖户购进各类猪只时，要向养殖园区（小区）进行申报、审批，严格执行 GB 16567—1996《种畜禽调运检疫技术规范》（附件4）和 GB 16549—1996《畜禽产地检疫规范》（附件3）的规定，并出具检疫合格证。

4. 生猪标准化养殖园区（小区）内的猪群严格执行 NY 5031—2001《无公害食品 生猪饲养兽医防疫准则》（附录5－3）的要求进行，推荐参考农业部发布的《猪病免疫推荐方案》（2007，试行）（附录5－5）防疫程序进行免疫和疫病监测，发现疫病及时上报当地畜牧兽医主管部门，并按有关规定及时处理。

5. 养殖园区（小区）猪群所使用的药物，要严格执行 NY 5030—2006《无公害食品 畜禽饲养兽药使用准则》（附件7）的有关规定。

6. 猪场要建立有一定诊断和治疗条件的兽医室，健全各部门的防疫卫生岗位责任制；制定科学的兽医防疫、消毒、检疫、驱虫计划；建立健全免疫接种、诊断和病理剖检记录；健全疫苗领用、保管、免疫注射、消毒、检疫、抗体监测、疾病治疗、淘汰、剖检等各种业务档案。

7. 及时淘汰病猪、疑似传染性病猪和隐性感染猪及无饲养价值的猪只；定期进行生产性能及生理健康监测。

8. 猪场每个消毒池要经常更换消毒药液，并保持其有效浓度；

9. 每批猪只出售后，猪舍要严格进行清扫、冲洗和消毒，并空圈5～7d，尽可能实施猪栏“全进全出”制度。

10. 母猪进入产床前用0.1%高锰酸钾溶液对外阴和乳房清洗消毒。

生猪标准化养殖园区（小区）建设图

建筑设计总说明

一、设计依据

1. 标准化养殖园区（小区）建设规划
2. 生猪养殖生产技术参数
3. 国家现行建筑设计规范、规定和标准

二、工程概况

1. 本设计为标准化生猪养殖园区（小区）规划方案。
2. 小区占地面积11116m²，折合占16.68地亩，总建筑面积4184.05m²，建筑系数0.35。
3. 本工程为三类建筑，建筑物耐火等级为二级，火灾危险程度为一般。
4. 工程抗震设防烈度根据我国主要城镇抗震设防烈度确定，施工时建筑物须进行抗震设防。

三、设计说明

1. 本设计为建筑规划方案，不做为施工图指导施工。
2. 本设计未配套水、暖、电、电话等公共设施，建设方可根据养殖园区（小区）的实际情况配套公共设施。
3. 本设计单体结构方案为参考方案，建设方须进行施工图设计确定结构设计方案，并遵守国家现行规范、规定，特别是强制性规范。
4. 工程做法未作说明，建设方可本着经济、适用、美观的原则选择工程做法。
5. 其他图中未说明的部分可依据施工图设计或遵守国家现行规范、规定和标准。

四、采用标准

1. 《建筑设计资料集》、《05系列建筑标准设计图集》
2. 《村镇规划卫生标准》GB18055、《建筑设计防火规范》GB50016

图纸目录

序号	图别图号	图名	备注
1	附图5-1	总平面布置图、建筑物明细表、技术经济指标	
2	附图5-2、附图5-3	综合猪舍平立剖面图	
3	附图5-4、附图5-5	饲料加工间平立剖面图	
4	附图5-6	兽医室平立剖面图	
5	附图5-7	培训室、办公室、门房平立剖面图	
6	附图5-8、附图5-9	隔离猪舍平立剖面图	
7	附图5-10	更衣淋浴间平立剖面图	

功能分区示意图

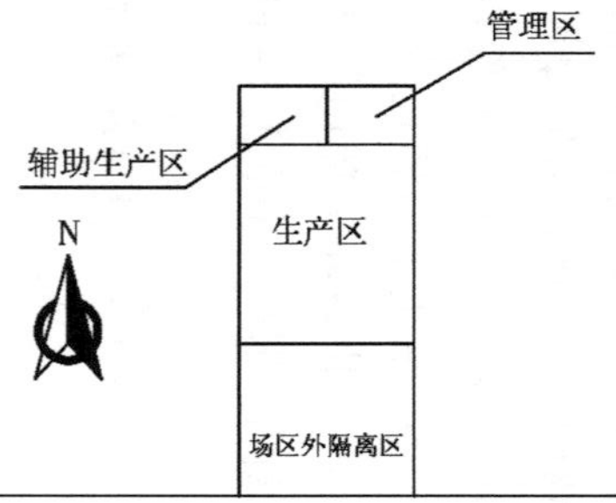

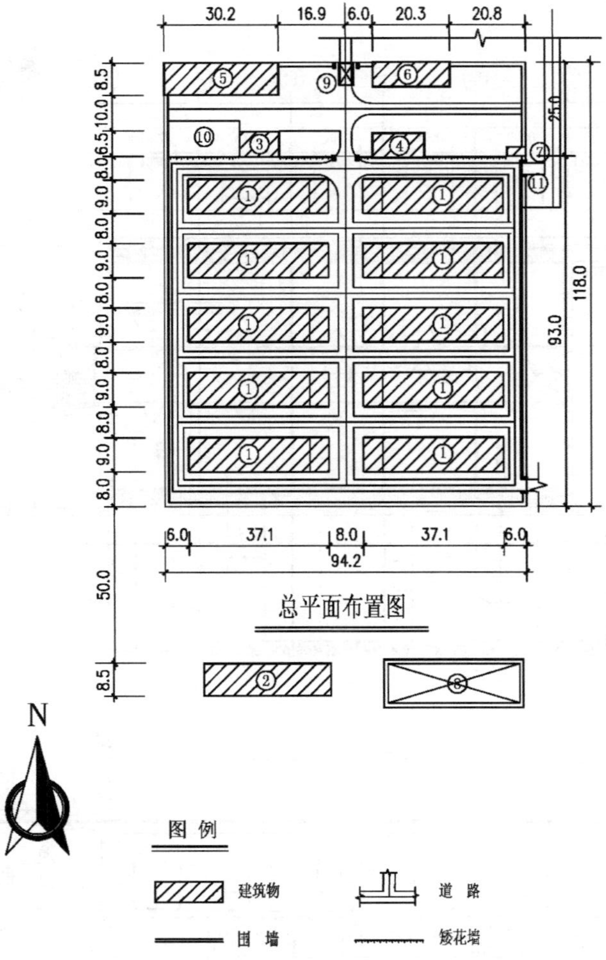

总平面布置图

建筑物明细表

序 号	工 程 名 称	建筑面积(m²)	备 注
①	综合猪舍	333.9X10=3339	
②	检疫隔离猪舍	284.75	
③	兽医室	67.6	
④	更衣淋浴间	89.05	
⑤	饲料加工间	256.7	
⑥	培训室、办公室、门房	131.95	
⑦	旱 厕	15.0	
⑧	堆粪场		400
⑨	消毒池		24.0
⑩	晒 场		200
⑪	出猪台		24.0
	合 计	总建筑面积4184.05m² 不包括隔离猪舍的建筑面积 3899.30m²	

技术经济指标列表

序号	技术经济指标	数 量（m²）	序号	技术经济指标	数 量（m）
1	占地面积	11116 折合16.68亩	4	围 墙	374
2	总建筑面积	4184.05	5	矮花墙	65
3	道 路	4000	6	建筑系数	0.35

说明

1、尺寸标注单位为米。

2、建设单位可根据实际情况配套配电室、水泵房等公共设施。

3、本方案没有计算场地利用系数，场地利用系数等于建筑面积+构筑物面积+晒场等与占地面积的比。

4、隔离猪舍和堆粪场应位于小区的下风向50m以外。

附图5-1

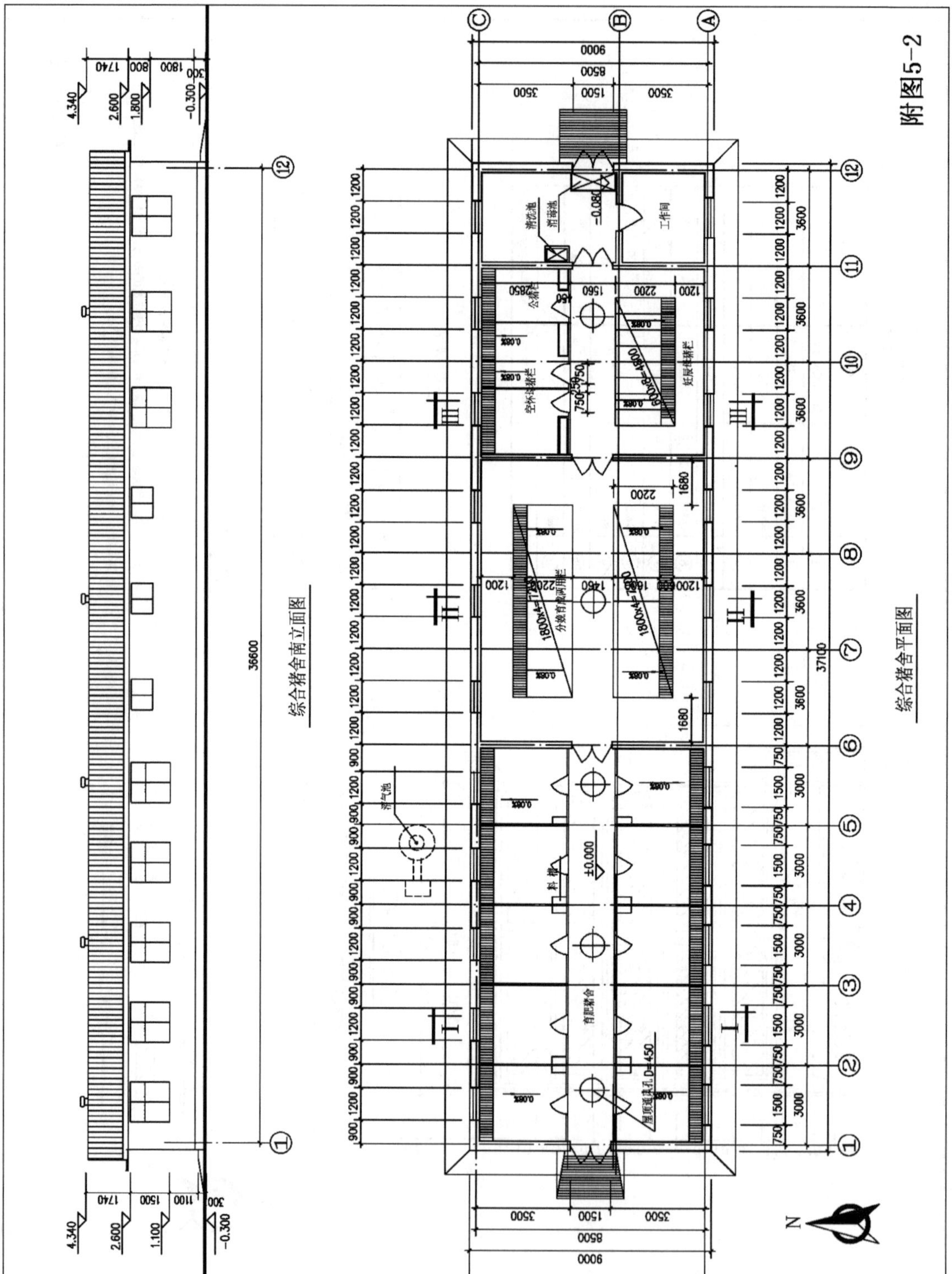
综合猪舍南立面图
综合猪舍平面图
育肥猪舍
妊娠母猪栏
空怀母猪栏
公猪栏
分娩育成两用栏
消毒池
工作间
沼气池
屋顶通风孔 D=450
N

附图5-2

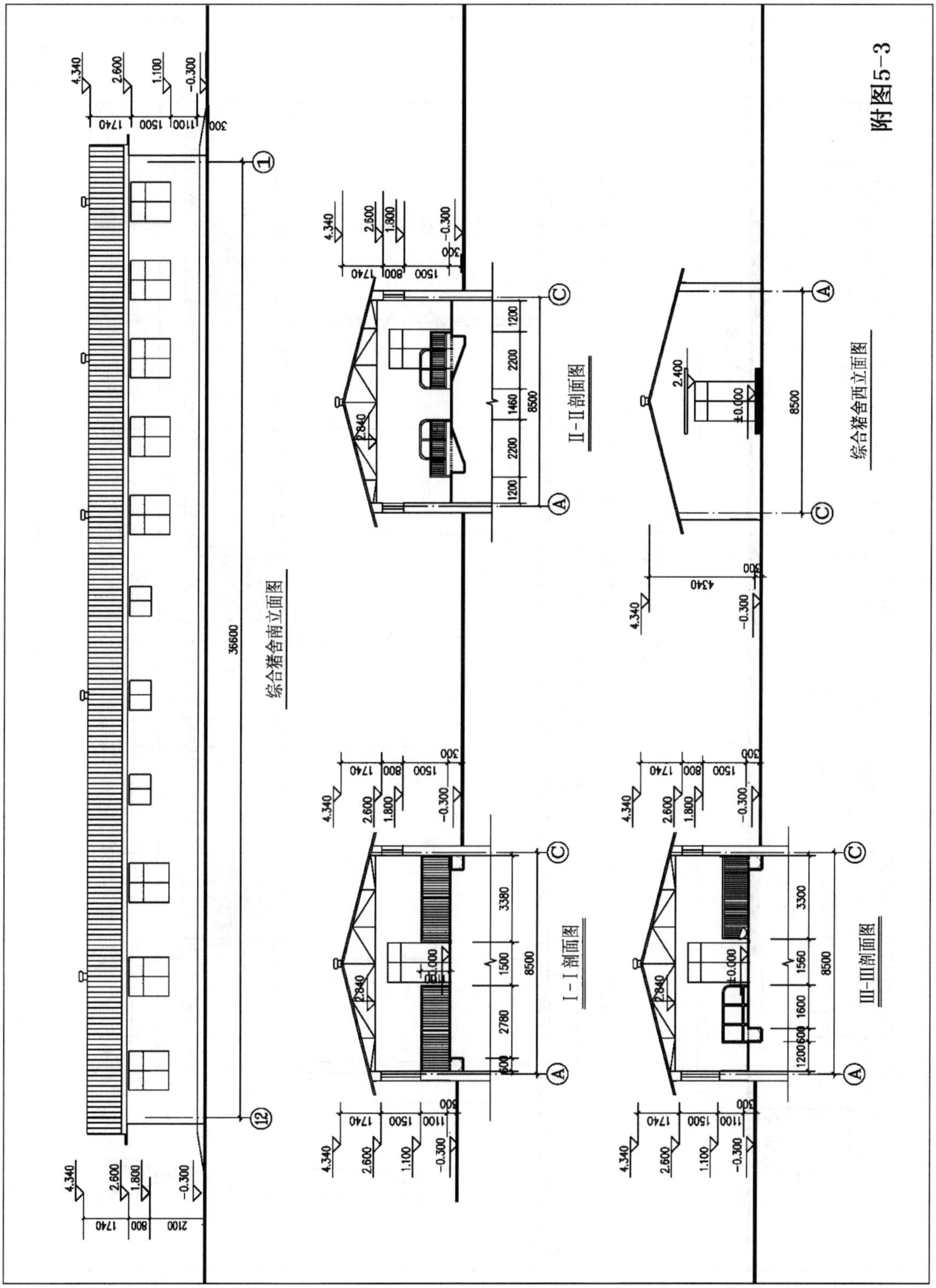

附图5-3

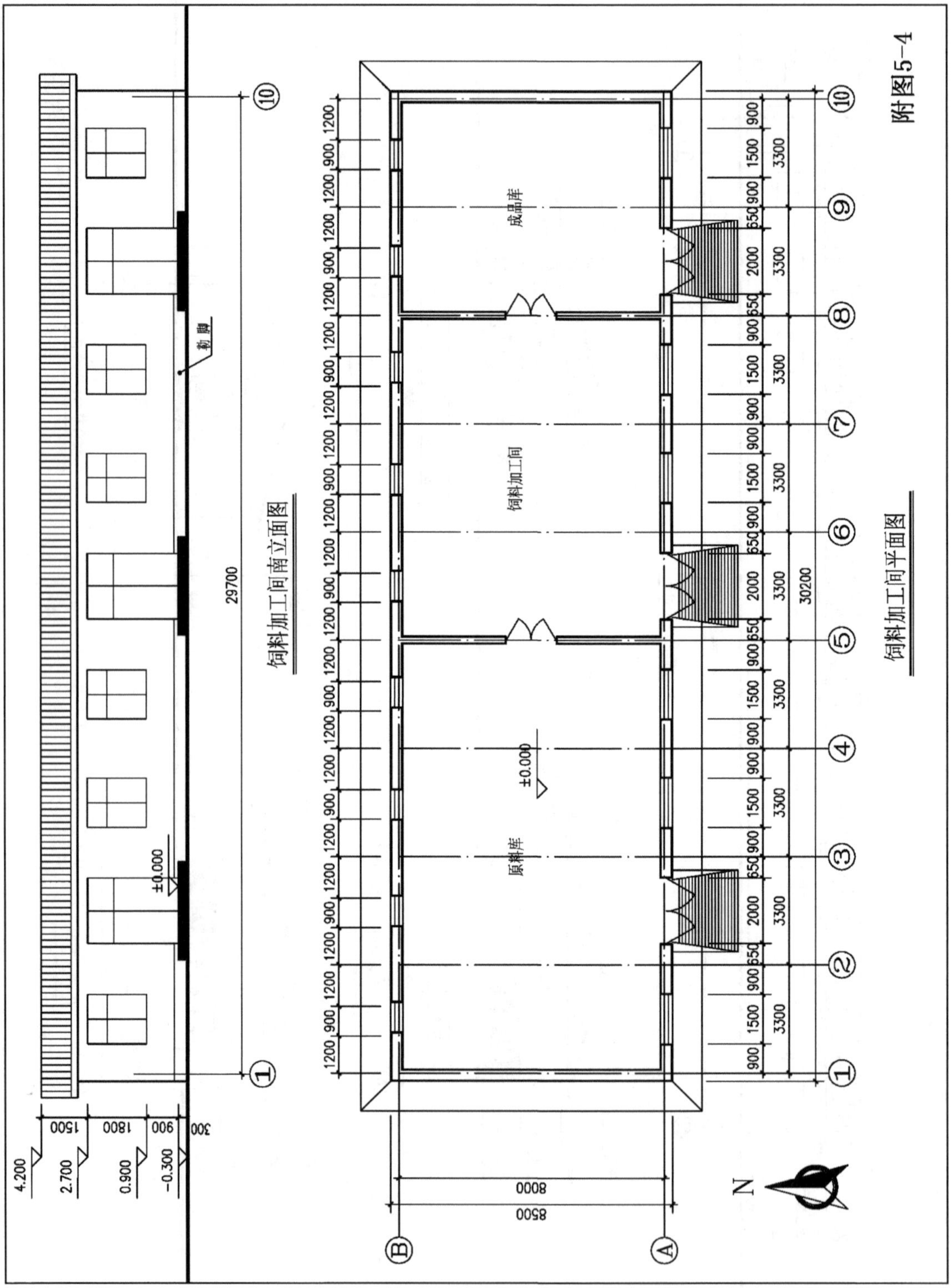
饲料加工间南立面图
饲料加工间平面图
成品库
饲料加工间
原料库
勒脚
±0.000
29700
30200
8000
8500
4.200
2.700
0.900
-0.300
N

附图5-4

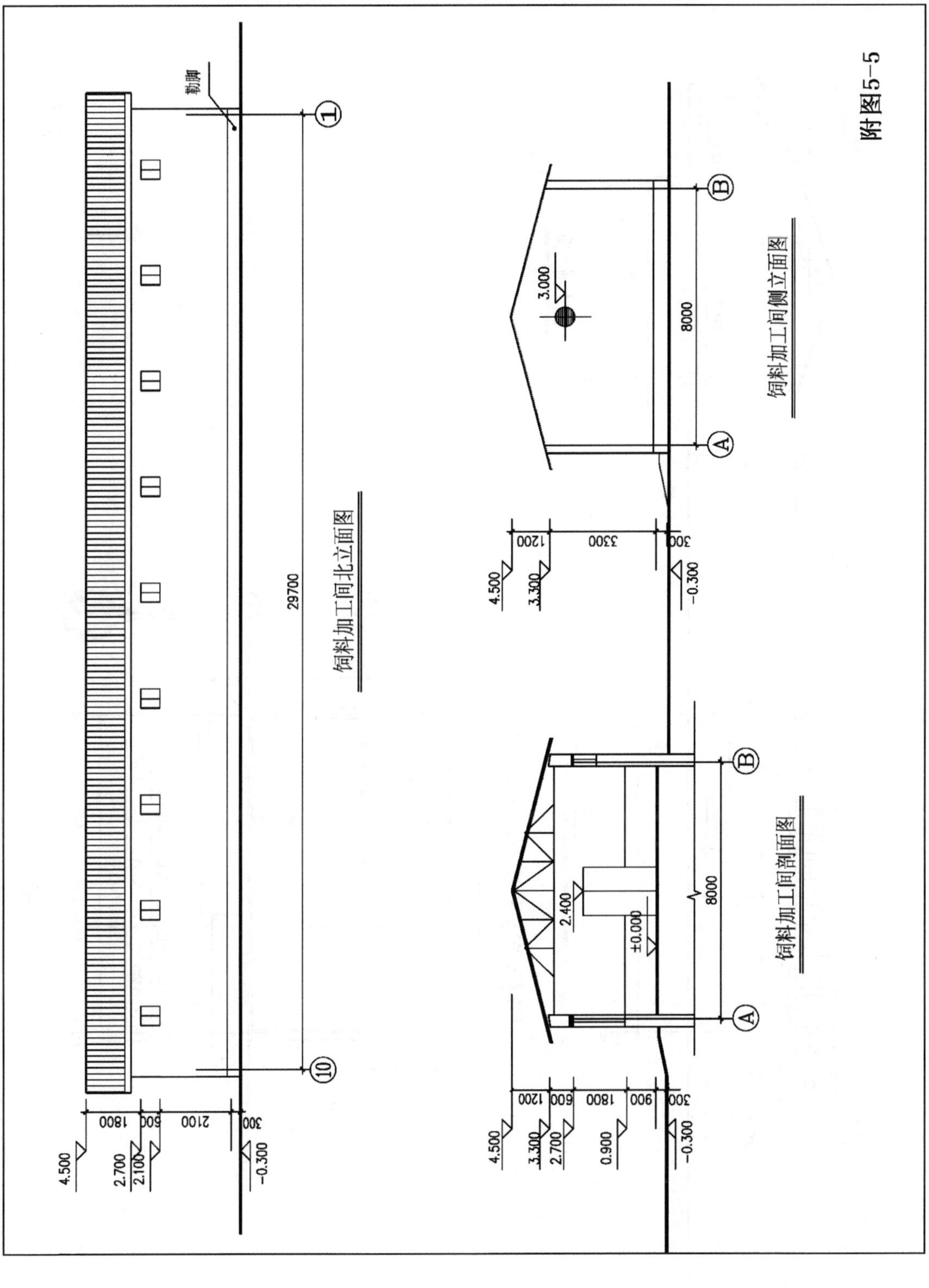
饲料加工间北立面图
勒脚
29700
4.500
2.700
2.100
−0.300
1800
600
2100
300
饲料加工间侧立面图
8000
3.000
4.500
3.300
1200
3300
饲料加工间剖面图
2.400
±0.000
0.900
900

附图5−5

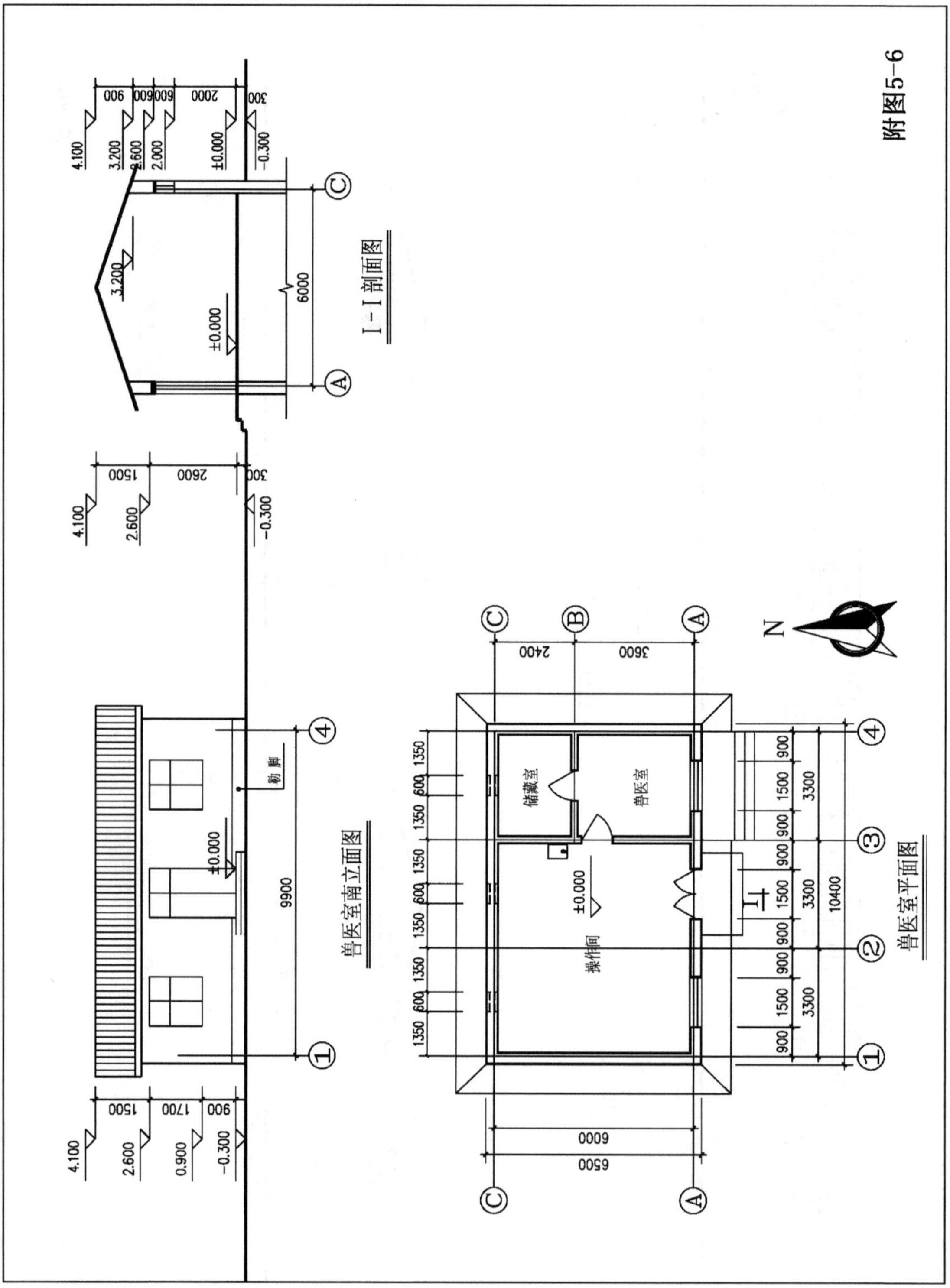

附图5-6

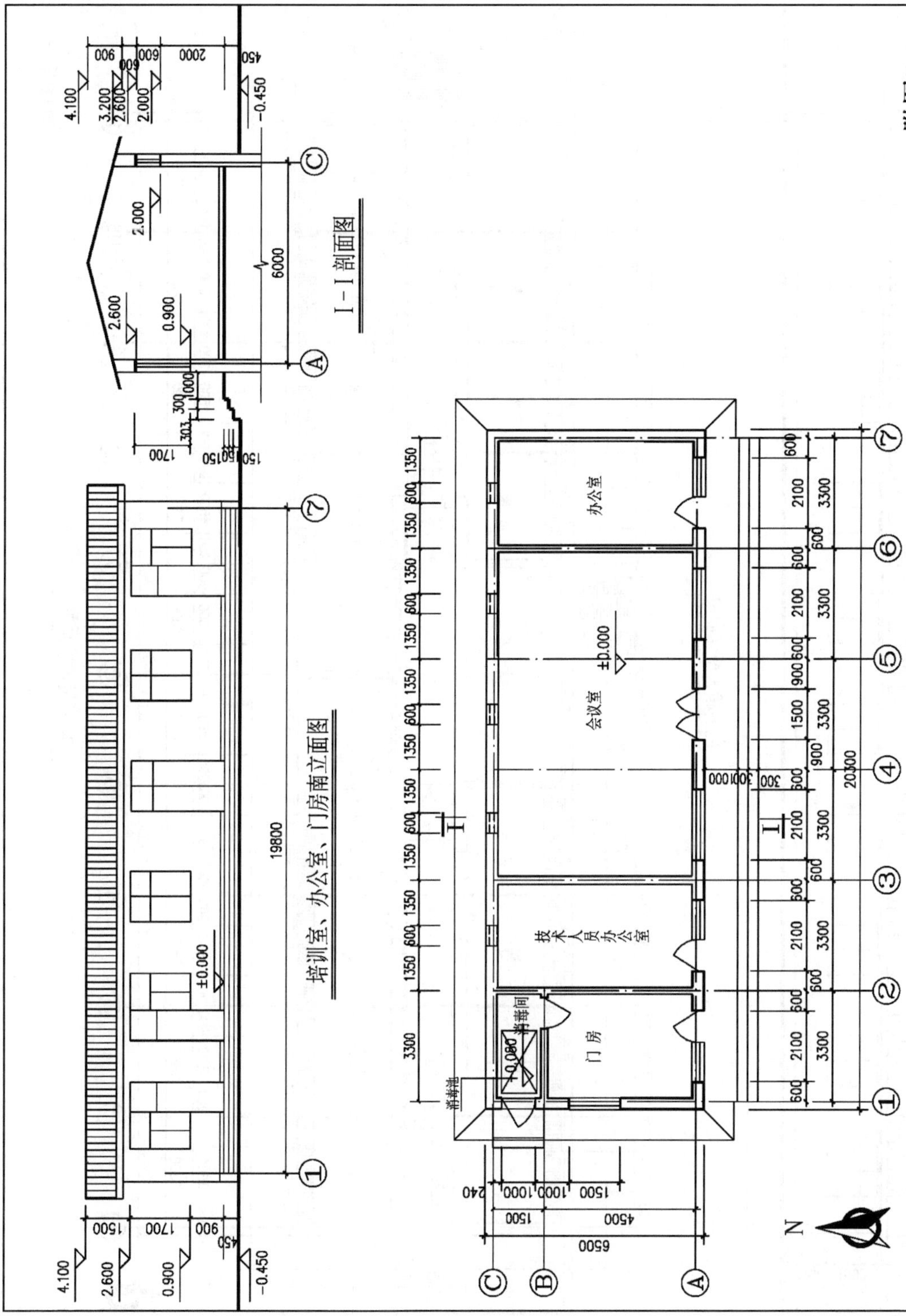

附图5－7

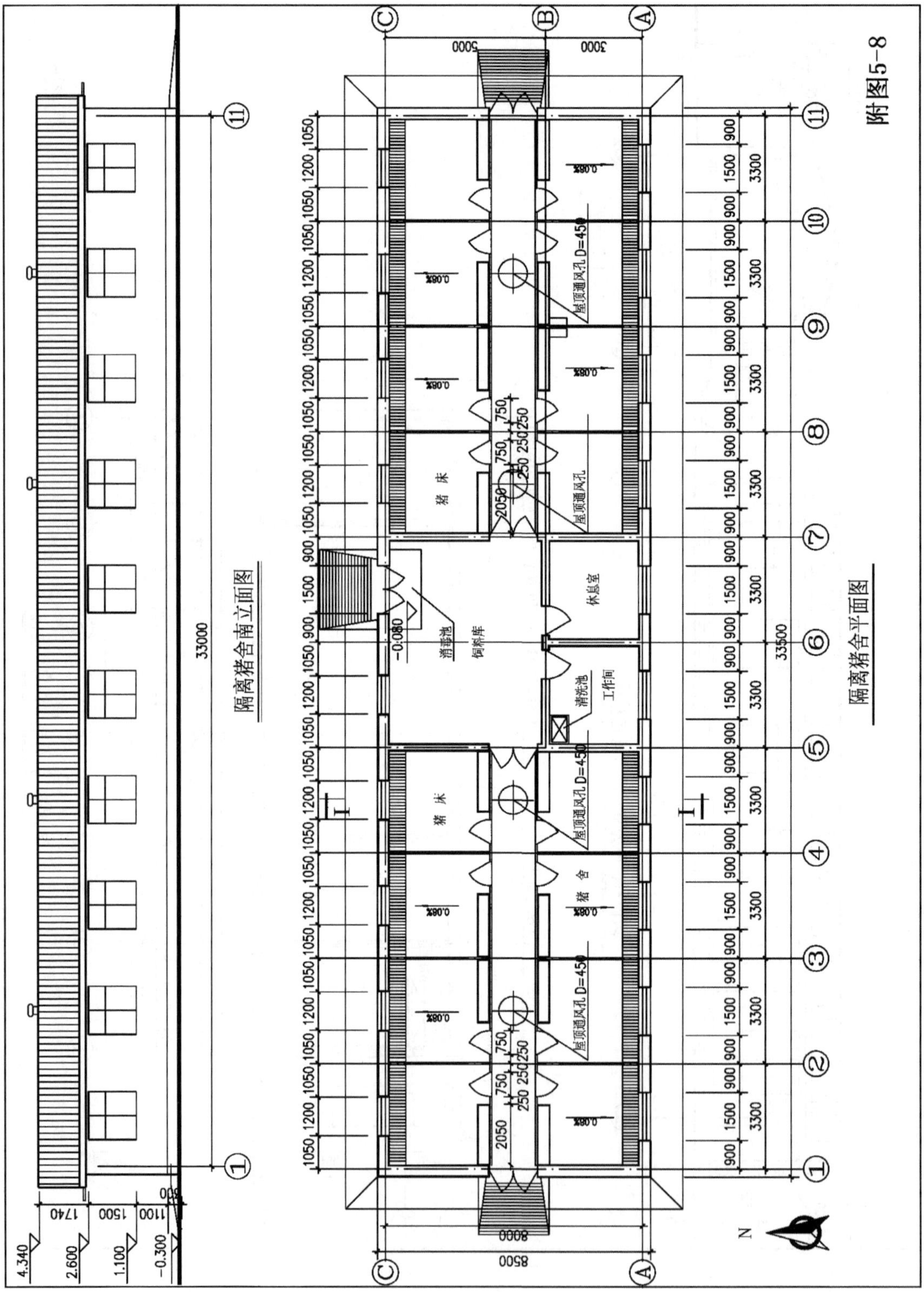
隔离猪舍南立面图
隔离猪舍平面图
33000
33500
8500
8000
5000
3000
4.340
2.600
1.100
-0.300
饲料库
消毒池
休息室
工作间
清洗池
猪床
猪舍
屋顶通风孔 D=450
-0.080
N

附图5-8

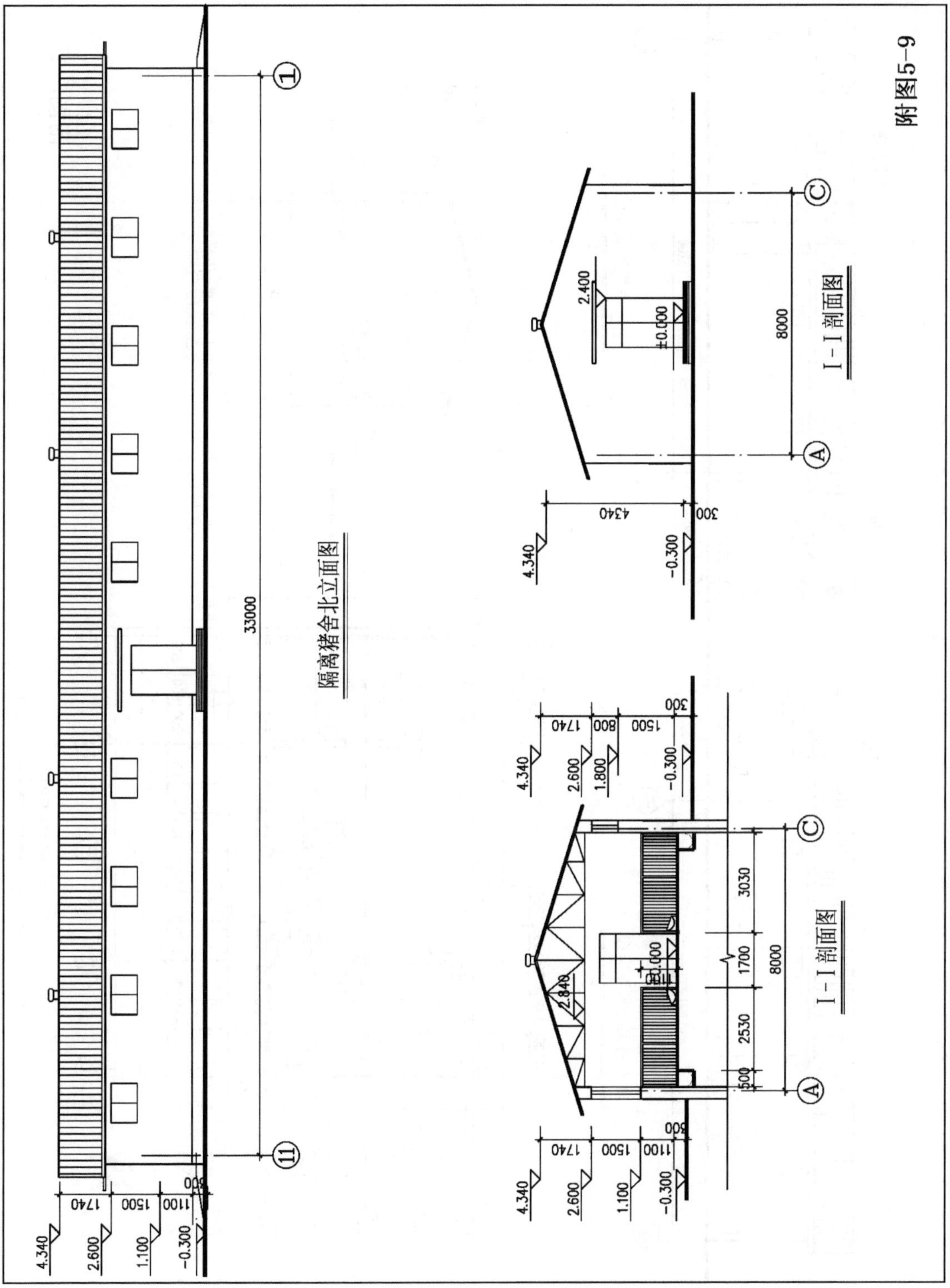
隔离猪舍北立面图
I-I剖面图
I-I剖面图
33000
8000
3030
1700
2530
500
4340
4.340
2.600
1.100
1.800
-0.300
±0.000
2.400
2.840
1740
1500
1100
800
300

附图5-9

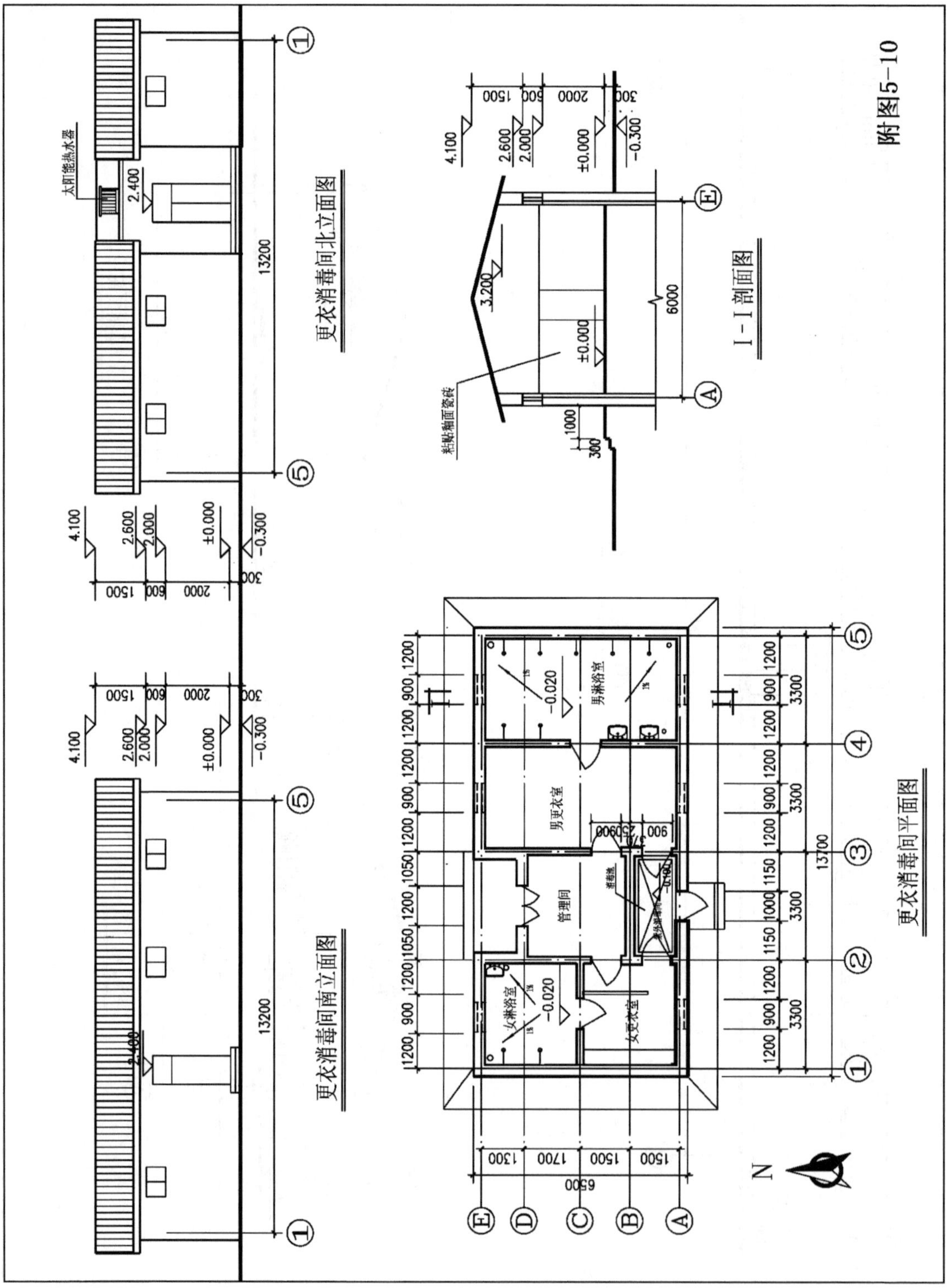
更衣消毒间北立面图
更衣消毒间南立面图
I－I剖面图
更衣消毒间平面图
太阳能热水器
粘贴釉面瓷砖
男淋浴室
男更衣室
管理间
女淋浴室
女更衣室
4.100
2.600
2.000
±0.000
−0.300
3.200
−0.020
13200
13700
6500
6000
N

附图5-10

附录 2　生猪标准化养殖小区建设管理规程

1　范围

本标准规定了生猪标准化养殖小区的术语与定义、养殖小区建设、猪群、饲料与日粮配置、饲养管理、繁殖、消毒与防疫、废弃物处理、组织管理、记录与档案管理。

本标准适用于存栏基础母猪 200 头左右的生猪标准化养殖小区的建设和管理，同等规模的生猪标准化养殖场（户）参照执行。

2　规范性引用文件

下列文件中的条款通过本标准的引用而成为本标准的条款。凡是注日期的引用文件，其随后所有的修改单（不包括勘误的内容）或修订版均不适用于本标准，然而，鼓励根据本标准达成协议的各方研究是否可使用这些文件的最新版本。凡是不注日期的引用文件，其最新版本适用于本标准。

GB 13078　饲料卫生标准

GB 16548　病害动物与病害动物产品生物安全处理规程

GB 16549　畜禽产地检疫规范

GB 16567　种畜禽调运检疫技术规范

GB/T 17823　中、小型集约化养猪场兽医防疫工作规程

GB/T 17824.1　规模猪场建设

GB/T 17824.2　规模猪场生产技术规程

GB/T 17824.3　规模猪场环境参数及环境管理

GB/T 18407.3 农产品安全质量 无公害畜禽肉产地环境要求

GB 18596　畜禽养殖业污染物排放标准

GB 22285　杜洛克猪种猪

GB/T 23238　种猪常温精液

GB 50052　供配电系统设计规范

GBJ 39　村镇建设设计防火规范

NY/T 65　猪饲养标准

NY/T 388　畜禽场环境质量标准

NY/T 636　猪人工授精技术规程

NY/T 682　畜禽场场区设计技术规范

NY/T 822　种猪生产性能测定规程

NY/T 1167　畜禽场环境质量与卫生控制规范

NY/T 1168　畜禽粪便无害化处理技术规范
NY 5027　无公害食品　畜禽饮用水水质
NY 5030　无公害食品　畜禽饲养兽药使用准则
NY 5031　无公害食品　生猪饲养兽医防疫准则
NY 5032　无公害食品　畜禽饲料和饲料添加剂使用准则
NY/T 5033　无公害食品　生猪饲养管理准则
SL 310　村镇供水工程技术规范
兽药国家标准和部分品种的停药期规定　中华人民共和国农业部公告第 278 号
畜禽标识和养植档案管理办法　中华人民共和国农业部令 2006 第 67 号
牲畜耳标技术规范　中华人民共和国农业部

3　术语与定义

下列术语和定义适用于本标准。

3.1　标准化养殖小区

指按照畜禽养殖场所与居民生活区分离的原则，由地方人民政府或村民委员会规划，以统一建设、统一管理、统一防疫、分户饲养为主要模式，布局合理、设施完善、功能齐全、高效安全的集中从事畜禽养殖活动的区域。

3.2　基础母猪

已经产出第一胎、处于正常繁殖周期的母猪。

3.3　净道

场区内用于健康猪群与饲料等洁净物品转运的专用道路。

3.4　污道

场区内用于垃圾、粪便、病死猪等非洁净物品出场的专用道路。

3.5　疫区

在发生严重的或当地新发现的动物传染病时，由县以上农牧行政部门划定，并经同级人民政府发布命令，实行封锁的地区。

3.6　两维持、三过渡

指维持原圈饲养、维持原料与饲养制度，搞好饲料、环境与饲养方式的过渡。

3.7　阶段饲养

按生理与生长特点，将生产周期分为不同日龄或几个生产阶段，实行不同的饲养管理方式。

4　养殖小区建设

4.1　选址

养殖小区应位于法律法规明确规定的禁养区以外，地势高燥、通风良好、交通便利、水电供应稳定、隔离条件良好的地域。

4.1.1　养殖小区应距离城镇居民点、学校、医院长年主导风向的下风向或侧风向 1 000m以外；距离干线公路、铁路 1 000m以上；周围 3 000m以内无大型化工厂、矿区、皮革厂、屠宰厂、肉品加工厂和其他畜牧场。

4.1.2　建设用地应水源充足、水质应符合 NY 5027。

4.1.3　地域大气环境质量应符合 GB/T 18407.3。

4.1.4　禁止在旅游区、自然保护区、水源保护区、环境公害和畜禽疾病污染严重的地区建设养殖小区。

4.1.5　占地面积

存栏基础母猪 200 头以上的生猪标准化养殖小区占地面积不少于 13 340m^2（20 亩）。

4.2　总平面布局

4.2.1　布局原则

以布局紧凑、节约用地、科学实用、便于管理、利于防疫和安全生产为原则，总体布局要符合 GB/T 17824.2 的要求。养殖小区内防火执行 GBJ 39。

4.2.2　养殖小区功能区划分为生活管理区、辅助生产区、生产区和隔离区。

4.2.2.1　生活管理区

包括门卫值班室、办公室、技术培训室、兽医室、业务洽谈室等，位于养殖小区的上风向区域。

4.2.2.2　辅助生产区

包括饲料库、饲料加工间、配电室、水泵房等，位于生产管理区的下风向或侧风向。

4.2.2.3　生产区

包括各类猪舍、运动场、人工授精室等，位于生活办公区与辅助生产区的下风向，入口处设人员消毒更衣室和车辆消毒池。

4.2.2.4　隔离区

包括病猪隔离治疗舍、粪便处理场及沼气设施等，位于生产区下风向，与生产区保持 50m 以上的防疫距离或建于养殖小区外下风向区域。

4.3　建设

4.3.1　配套工程

4.3.1.1　养殖小区给排水管线工程参照 GB/T 17824.1 与 SL 310 设计。电力供应执行 GB 50052，并自备发电机组。

4.3.1.2　养殖小区内建筑朝向与间距、环境绿化，按照 NY/T 682 执行。

4.3.1.3　消毒池设在大门口及生产区出入口，消毒液使用 2% 烧碱，每 3 ~ 7d 更换一次。人行通道设在消毒间内，在消毒间安装紫外线灯或喷雾消毒设施，并设计洗手池和更衣柜。

4.3.1.4　养殖小区内净道与污道分设。

4.3.2　猪舍建筑

4.3.2.1　方位与平面布置

猪舍朝向须南北向方位，偏东或偏西不超过 30°，保持猪舍纵向轴线与当地常年主导风向呈 30° ~ 60°角，猪舍分为双列式或单列式建筑。

4.3.2.2　猪舍环境

应具备良好的保温隔热、通风、排湿以及采光性能，按照 GB/T 17824.3、NY/T 388 执行，建筑层高 2.2 ~ 2.4m。

4.3.2.3　建设面积

猪只占栏面积、饲养密度执行 GB/T 17824.1。

生长肥育猪实行群养，每栏 10 头；空怀母猪实行小群饲养，每栏 3 头；妊娠母猪实行限位饲养；泌乳母猪采取高床限位饲养；保育仔猪断奶后原栏饲养。

4.3.2.4　猪栏

猪栏高度公猪 120cm、母猪 100cm、保育栏 60cm（不含地脚高 30 ~ 40cm）、产床仔猪区 40cm、生长肥育栏 100cm。

4.3.2.5　食槽与饮水器

生长肥育猪栏相邻两栏使用六孔自动落料槽 1 个，或用水泥食槽 2.4m，每栏配套鸭嘴式饮水器 1 个；配种妊娠猪使用水泥食槽，每栏配鸭嘴式饮水器 1 个；保育床与产仔床两用，母猪限位架为插结式，配套保温箱套，每栏配小大号饮水器各 1 个，食槽为仔猪哺乳保育两用活动式；公猪使用水泥食槽，每栏配套饮水器 1 个。

4.3.2.6　通道

喂料与清污通道宽度不应小于 1m。

4.3.2.7　窗户

猪舍窗台高度为 1m，窗户规格要符合 GB/T 17824.3 要求。

4.3.2.8　门

猪舍门高 2.2m、宽 1.2m。

4.3.3　饲料加工车间

养殖小区可直接外购商品饲料进行饲喂，也可以建小型饲料加车间一座，设计能力为单班加工猪全价配合饲料 2t。饲料加工间规格 9.9m × 8.5m，层高 4m；原料与成品库规格 19.8m × 8.5m；配套加工机组 1 套。

4.3.4　兽医室

养殖小区内兽医室规格 10.4m × 6.5m，内设诊疗室、药品间等。

4.3.5　隔离猪舍

养殖小区建设隔离猪舍一栋，按 60 头设计，规格为 33.5m × 8.5m，备小区公用。

4.3.6　粪尿沟

位于猪床与清粪走道之间，宽 40cm 左右，深 5 ~ 20cm，向排水降口倾斜，坡度 1.5% ~ 2%。降口处设下水篦栏。

4.3.7　堆粪场

建议养殖小区采用干清粪模式清理猪舍粪便，建设无渗漏 400m^2 堆粪场 1 处。粪便和污水处理设施须与猪舍同步设计、同期施工、同时投产，建在距供水水源 200m 以上，处理能力按存栏猪全群平均每天每头产粪和尿各 3kg 设计。

4.3.8　养殖小区管理办公室、培训室等执行 GB/T 17824.1 建设。

5　猪群

5.1　饲养模式

实行以自繁自养为主的生产方式。

5.2 猪群引入

饲养品种应为全国畜禽品种遗传资源委员会审定的品种。建议公猪饲养杜洛克猪，基础母猪饲养长大、大长或本地培育品种。杜洛克种猪质量要符合 GB 22285。

严禁从疫区引种，种猪调运、检疫、隔离要执行 GB 16549 和 GB 16567。

6 饲料与日粮配制

6.1 原料选用与贮存

原料选用与贮存执行 NY 5032，卫生标准执行 GB 13078。

6.2 日粮配制

根据生猪不同生长时期和生理阶段猪的营养需求，配制不同配合饲料，营养水平不低于 NY/T 65 要求。

7 饲养管理

7.1 日常管理

生猪日常管理参照 NY/T 5033，兽药使用参照 NY 5030。

7.2 公猪

7.2.1 饲养

提供充足的蛋白质、维生素 A、维生素 E 等营养物质，日喂 2 次，配种期每头每天喂料 2.5 ~3.0kg，并在喂料前每天补喂鸡蛋 1 枚，其他时期饲喂量以体重不增加为宜。

7.2.2 管理

单栏饲养，每天舍外运动 30 分钟。公猪首配时间不得早于 7.5 月龄、晚于 8 月龄。公猪采精每 3d1 次；自然交配配种频率以 1d2 次，连用 2d 休息 1d。公猪每年至少驱虫 2 次，外寄生虫感染严重的猪场，每季用药 1 次。保持猪舍干燥、通风、光照充足、环境清洁；定期检查公猪精液品质。淘汰与配母猪受胎率低、产仔少、性欲低、配种能力差、有肢蹄病、体型过大、精液品质差、攻击工作人员、连续两个月精液检查不合格的公猪。

7.3 母猪

7.3.1 空怀母猪

7.3.1.1 饲养

母猪断奶当天停止喂料，适当控制饮水，2 ~3d 内日喂量以 2 ~3kg，日喂二餐。7d 内不发情的断奶母猪日喂 3 ~4kg。配种后 21d 内每天每头饲喂低能饲料 2kg。

7.3.1.2 管理

后备母猪首配时间以第二个发情期、月龄在 7 月以上为宜，配种前进行驱虫。做好母猪发情鉴定。配种 21d 后返情检查、28d 妊娠诊断。确定妊娠的母猪转入妊娠栏饲养。

及时淘汰第 1、第 2 窝窝均活产仔猪数少于 6 头的青年母猪；两个情期以上不发情的；连续二次、累计三次妊娠期习惯性流产的；配种后复发情连续两次以上的；累计三窝窝均活产仔猪少于 6 头的经产母猪；连续二窝、累计三窝哺乳仔猪成活率低于 60%，以及泌乳能力差、咬仔、经常难产的经产母猪；产 7 窝以上且 7 窝的窝均活产仔数少于 8 头的经产母猪；发生普通病连续治疗两个疗程而不能康复的种猪；发生严重传染病的种猪；由于其他原因而失去使用价值的种猪。

7.3.2　妊娠母猪

7.3.2.1　饲养

妊娠22~60d每天每头2.5kg；妊娠61~107d每天每头3kg。产前1个月改用泌乳母猪料，并适当减少饲喂量，每天饲喂2次。

7.3.2.2　管理

做好保胎与促进胎儿发育工作。分娩前10d进行体内外驱虫，分娩前7~10d清洗消毒后，转入分娩舍。

7.3.3　泌乳母猪

7.3.3.1　饲养

产后第1天不喂食，第2~3d不宜太多，产后5~7d逐渐过渡到自由采食直到断奶。根据母猪需要量2kg、哺乳1头仔猪0.4kg计算日均饲喂量，日喂3~4次。各阶段日饲喂量建议第1周从1kg逐渐增加到2.5kg；第2周从3kg逐渐增加到6kg；第3周起饲喂量保持不变。

7.3.3.2　管理

临产母猪分娩前3d，每天进舍后、出舍前检查乳房是否有乳溢出，最后一对乳头出乳后打开仔猪保温箱加热灯加热；根据母猪体长插好母猪限位调节杆；准备接产工具，分娩前用1‰高锰酸钾液擦洗乳房、阴门。当两侧乳头外张，最后一对乳头能挤出乳汁，呼吸急促时准备接产。预防乳房炎发生，注意水的供应，保障泌乳。

7.4　仔猪

7.4.1　哺乳仔猪

7.4.1.1　饲养

初产仔猪确保吃好初乳。3d补铁、补硒，7d开食补料。乳猪料要适口性好、营养浓度高、易消化、具有保健性，粗蛋白水平18%~22%，赖氨酸水平1.2%~1.5%。

7.4.1.2　管理

仔猪脱离母猪产道出生后，扒开脐带，在距腹部肚3cm处将脐带向腹部捋血数次，掐断、打结，并用2%碘酒立即消毒；擦干身上与口腔黏液，放进有32~35℃的保温区；及时清理产圈，保持环境卫生；进行剪耳编号、称重，登记；用消毒过的平钳剪剪除八颗尖锐牙齿（犬齿）的2/3；做好保温防压、奶头固定与超前免疫工作。当仔猪体重达6kg、日采食量达体重的5%时，实施断奶。

7.4.2　保育仔猪

7.4.2.1　饲养

使用哺乳仔猪饲料1周，逐渐使用断奶仔猪饲料，先限饲后敞饲，日喂4~5次。

7.4.2.2　管理

采用高床培育。条件较好的猪场采用21日龄或28日龄断奶；条件稍差的猪场采用35日龄断奶，做好断奶仔猪的“两维持、三过渡”工作。刚断奶时圈舍温度不低于22℃，降低应激，及时治疗腹泻拉稀病。断奶5d进行驱虫。

7.5　生长肥育猪

7.5.1　饲养

不使用影响猪肉品质的饲料，实行分阶段群养，日喂量2.3~3.3kg，饲喂3次。

7.5.2　管理

50～60kg 时进行驱虫，及时出栏，出栏猪休药期执行 NY 5030 和农业部《兽药国家标准和部分品种的停药期规定》。

8　繁殖

8.1　生猪生产采用常年均衡生产

8.2　后备猪选留

8.2.1　后备公猪选留

根据公猪年更新 30% 的比例选留更新种公猪。

8.2.2　后备母猪选留

根据母猪年更新 25%～30% 的比例选留更新母猪繁殖群。

8.3　发情鉴定

母猪查情应在喂料半小时后进行，采用“一看、二听、三算、四按背”的母猪发情综合鉴定法，鉴定母猪发情。

8.4　人工授精

8.4.1　人工授精操作规程应执行 NY/T 636，常温精液质量应符合 GB/T 23238。

8.4.2　经产母猪上午发情，下午配种，次日上下午各配一次；下午发情，次日早配种，第三日上下午各配一次，两日内配完。断奶后 7d 以上发情的母猪与复发情的母猪，要发情即配。初产母猪当日发情，次日配种，随后每间隔 8～12h 配第 2 次、第 3 次，两日内配完。8.5 月龄以上发情的后备母猪，发情即配。

8.5　妊娠诊断

8.5.1　诊断方法

采用外形观察法与超声波诊断法进行妊娠诊断。

8.5.2　预产期计算

预产期按配种月份加 4，日期减 6，再减大月数，过 2 月加 2d 的方法推算。

8.6　分娩与护理

8.6.1　接产与助产

分娩前对母猪乳腺区进行高锰酸钾消毒。

8.6.2　产后监护

接产后及时清理排泄物。

9　消毒与防疫

9.1　消毒

创建良好的生产环境条件，搞好卫生控制，参照 NY/T 1167。

9.2　防疫

猪群防疫、防治执行 GB/T 17823、NY 5031、NY 5030。

10　废弃物处理

10.1　病害物处理

病害物处理执行 GB 16548。

10.2 粪便处理与排放

粪便无害化处理采用 NY/T 1168，污染物排放执行 GB 18596。

11 组织管理

11.1 组织形式

建立具有法人资质的组织机构，对养殖小区进行统一管理。

11.2 管理模式

实行统分结合的管理运行模式。统一建设、统一品种、统一防疫、统一服务、统一无害化处理、统一销售，分户饲养。

11.3 人员管理

11.3.1 从业人员

配备与生产规模相适应的畜牧、兽医技术人员。

从业人员应身体健康，并定期进行健康检查，有传染病患者应及时调出。

11.3.2 技术培训

根据生产需要制定培训计划，定期聘请畜牧兽医专家对入区养殖户进行技术培训。

11.4 制度建设

建立完善的规章制度，包括生产管理制度、物品管理制度、出入场管理制度、兽药和疫苗购进使用管理制度、饲料加工使用管理制度、各项技术操作规程、卫生防疫制度、卫生消毒制度、档案制度、病死猪无害化处理制度、疫情监测报告制度、技术培训制度等。

12 记录与档案管理

12.1 根据农业部颁布的《畜禽标识与养殖档案管理办法》建立生猪日常生产记录，配备记录员和档案管理员，负责档案记录与保管，资料应保存 3 年以上。

12.2 记录内容包括引种、配种、产仔、哺乳、断奶、转群、饲料消耗等日常生产记录；种猪来源、特征、主要生产性能记录；饲料来源、配方及各种添加剂使用记录；免疫、用药、发病和治疗记录；生猪销售记录等。

12.3 分析汇总按照 NY/T 822 对猪的繁殖性能与肥育性能的统计分析。

附录3　无公害食品　生猪饲养管理准则

1　范围

本标准规定了无公害生猪生产过程中引种、环境、饲养、消毒、免疫、废弃物处理等涉及生猪饲养管理的各环节应遵循的准则。

本标准适用于生产无公害生猪猪场的饲养与管理。也可供其他养猪场参照执行。

2　规范性引用文件

下列文件中的条款通过本标准的引用而成为本标准的条款。凡是注日期的引用文件，其随后所有的修改单（不包括勘误的内容）或修订版均不适用于本标准，然而，鼓励根据本标准达成协议的各方研究是否可使用这些文件的最新版本。凡是不注日期的引用文件，其最新版本适用于本标准。

GB 8471　猪的饲养标准

GB 16548　畜禽病害肉尸及其产品无害化处理规程

GB 16549　畜禽产地检疫规范

GB 16567　种畜禽调运检疫技术规范

NY/T 388　畜禽场环境质量标准

NY 5027　无公害食品 畜禽饮水水质

NY 5030　无公害食品 生猪饲养兽药使用准则

NY 5031　无公害食品 生猪饲养兽医防疫准则

NY 5032　无公害食品 生猪饲养饲料使用准则

3　术语和定义

下列术语和定义适用于本标准

3.1　净道 non-pollution road

猪群周转、饲养员行走、场内运送饲料的专用道路。

3.2　污道 pollution road

粪便等废弃物、外销猪出场的道路。

3.3　猪场废弃物 pig farm waste

主要包括猪粪、尿、污水、病死猪、过期兽药、残余疫苗和疫苗瓶。

3.4　全进全出制 all-in all-out sysytem

同一猪舍单元只饲养同一批次的猪，同批进、出的管理制度。

4 猪场环境与工艺

4.1 猪舍应建在地势高燥、排水良好、易于组织防疫的地方，场址用地应符合当地土地利用规划的要求。猪场周围 3km 无大型化工厂、矿厂、皮革、肉品加工、屠宰场或其他畜牧场污染源。

4.2 猪场距离干线公路、铁路、城镇、居民区和公共场所 1 km 以上，猪场周围有围墙或防疫沟，并建立绿化隔离带。

4.3 猪场生产区布置在管理区的上风向或侧风向处，污水粪便处理设施和病死猪处理区应在生产区的下风向或侧风向处。

4.4 场区净道和污道分开，互不交叉。

4.5 推荐实行小单元式饲养，实施“全进全出制”饲养工艺。

4.6 猪舍应能保温隔热，地面和墙壁应便于清洗，并能耐酸、碱等消毒药液清洗消毒。

4.7 猪舍内温度、湿度环境应满足不同生理阶段猪的需求。

4.8 猪舍内通风良好，空气中有毒有害气体含量应符合 NY/T 388 的要求。

4.9 饲养区内不得饲养其他畜禽动物。

4.10 猪场应设有废弃物储存设施，防止渗漏、溢流、恶臭对周围环境造成污染。

5 引种

5.1 需要引进种猪时，应从具有种猪经营许可的种猪场引进，并按照 GB16567 进行检疫。

5.2 只进行育肥的生产场，引进仔猪时，应首先从达到无公害标准的猪场引进。

5.3 引进的种猪，隔离观察 15 ~ 30d，经兽医检查确定为健康合格后，方可供繁殖使用。

5.4 不得从疫区引进猪种。

6 饲养条件

6.1 饲料和饲料添加剂

6.1.1 饲料原料和添加剂应符合 NY 5032 的要求。

6.1.2 在猪的不同生长时期和生理阶段，根据营养需求，配制不同的配合饲料。营养水平不低于 GB 8471 要求，不应给肥育猪使用高铜、高锌日粮，建议参考使用饲养品种的饲养手册标准。

6.1.3 禁止在饲料中额外添加 β-兴奋剂、镇静剂、激素类、砷制剂。

6.1.4 使用含有抗生素的添加剂时，在商品猪出栏前，按有关准则执行休药期。

6.1.5 不使用变质、霉败、生虫或被污染的饲料。不应使用未经无害处理的泔水、其他畜禽副产品。

6.2 饮水

6.2.1 经常保持有充足的饮水、水质符合 NY 5027 的要求。

6.2.2 经常清洗消毒饮水设备，避免细菌滋生。

6.3　免疫

6.3.1　猪的免疫符合 NY 5031 的要求。

6.3.2　免疫用具在免疫前后应彻底消毒。

6.3.3　剩余或废弃的疫苗以及使用过的疫苗瓶要做无害化处理，不得乱扔。

6.4　兽药使用

6.4.1　保持良好的饲养管理，尽量减少疾病的发生，减少药物的使用量。

6.4.2　仔猪、生长猪必须治疗时，药物的使用要符合 NY 5030 的要求。

6.4.3　育肥后期的商品猪，尽量不使用药物，必须治疗时，根据所用药物执行停药期，达不到停药期的不能作为无公害生猪上市。

6.4.4　发生疾病的种公猪、种母猪必须用药疗时，在治疗期或达不到停药期的不能作为食用淘汰猪出售。

7　卫生消毒

7.1　消毒剂

消毒剂要选择对人和猪安全、没有残留毒性、对设备没有破坏、不会在猪体内产生有害积累的消毒剂。选用的消毒剂应符合 NY 5030 的规定。

7.2　消毒方法

7.2.1　喷雾消毒

用一定浓度的次氯酸盐、有机碘混合物、过氧乙酸、新洁尔灭等，用喷雾装置进行喷雾消毒，主要用于猪舍清洗完毕后的喷洒消毒、带猪消毒、猪场道路和周围、进入场区的车辆。

7.2.2　浸液消毒

用一定浓度的新洁尔灭、有机碘混合物或煤酚的水溶液，进行洗手、洗工作服或胶靴。

7.2.3　熏蒸消毒

每立方米用福尔马林（40% 甲醛溶液）42ml、高锰酸钾 21g，21℃以上温度、70% 以上相对湿度，封闭熏蒸 24h。甲醛熏蒸猪舍应在进猪前进行。

7.2.4　紫外线消毒

在猪场入口、更衣室，用紫外线灯照射，可以起到杀菌效果。

7.2.5　喷撒消毒

在猪舍周围、入口、产床和培育床下面撒生石灰或火碱可以杀死大量细菌或病毒。

7.2.6　火焰消毒

用酒精、汽油、柴油、液化气喷灯，在猪栏、猪床猪只经常接触的地方，用火焰依次瞬间喷射，对产房、培育舍使用效果更好。

7.3　消毒制度

7.3.1　环境消毒

猪舍周围环境每 2 ~ 3 周用 2% 火碱消毒或撒生石灰 1 次；场周围及场内污水池、排粪坑、下水道出口，每月用漂白粉消毒 1 次。在大门口、猪舍入口设消毒池，注意定期更换消毒液。

7.3.2　人员消毒

工作人员进入生产区净道和猪舍要经过洗澡、更衣、紫外线消毒。

严格控制外来人员，必须进生产区时，要洗澡，更换场区工作服和工作鞋，并遵守场内防疫制度，按指定路线行走。

7.3.3　猪舍消毒

每批猪只调出后，要彻底清扫干净，用高压水枪冲洗，然后进行喷雾消毒或熏蒸消毒。

7.3.4　用具消毒

定期对保温箱、补料槽、饲料车、料箱、针管等进行消毒，可用0.1%新洁尔灭或0.2%～0.5%过氧乙酸消毒，然后在密闭的室内进行熏蒸。

7.3.5　带猪消毒

定期进行带猪消毒，有利于减少环境中的病原微生物。可用于带猪消毒的消毒药有：0.1%新洁尔灭，0.3%过氧乙酸，0.1%次氯酸钠。

8　饲养管理

8.1　人员

8.1.1　饲养员应定期进行健康检查，传染病患者不得从事养猪工作。

8.1.2　场内兽医人员不准对外诊疗猪及其他动物的疾病，猪场配种人员不准对外开展猪的配种工作。

8.2　饲喂

8.2.1　饲料每次添加量要适当，少喂勤添，防止饲料污染腐败。

8.2.2　根据饲养工艺进行转群时，按体重大小强弱分群，分别进行饲养，饲养密度要适宜，保证猪只有充足的躺卧空间。

8.2.3　每天打扫猪舍卫生，保持料槽、水槽用具干净，地面清洁。经常检查饮水设备，观察猪群健康状态。

8.3　灭鼠、驱虫

8.3.1　定期投放灭鼠药，及时收集死鼠和残余鼠药，并做无害化处理。

8.3.2　选择高效、安全的抗寄生虫药进行寄生虫控制，控制程序符合NY 5031的要求。

9　运输

9.1　商品猪上市前，应经兽医卫生检疫部门根据GB 16549检疫，并出具检疫证明，合格者方可上市屠宰。

9.2　运输车辆在运输前和使用后要用消毒液彻底消毒。

9.3　运输途中，不应在疫区、城镇和集市停留、饮水和饲喂。

10　病、死猪处理

10.1　需要淘汰、处死的可疑病猪，应采取不会把血液和浸出物散播的方法进行扑杀，传染病猪尸体应按GB 16548进行处理。

10.2 猪场不得出售病猪、死猪。

10.3 有治疗价格的病猪应隔离饲养，由兽医进行诊治。

11 废弃物处理

11.1 猪场废弃物处理实行减量化、无害化、资源化原则。

11.2 粪便经堆积发酵后应作农业用肥。

11.3 猪场污水应经发酵、沉淀后才能作为液体肥使用。

12 资料记录

12.1 认真做好日常生产记录，记录内容包括引种、配种、产仔、哺乳、断奶、转群、饲料消耗等。

12.2 种猪要有来源、特征、主要生产性能记录。

12.3 做好饲料来源、配方及各种添加剂使用情况的记录。

12.4 兽医人员应做好免疫、用药、发病和治疗情况记录。

12.5 每批出场的猪应有出场猪号、销售地记录，以备查询。

12.6 资料应尽可能长期保存，最少保留 2 年。

附录 4　NY5032 无公害食品　生猪饲养饲料使用准则

1　范围

本标准规定了生产无公害生猪所需饲料原料、饲料添加剂、添加剂预混合饲料、浓缩饲料、配合饲料和饲料加工过程的要求、试验方法、检验规则、判定规则、标签、包装、贮藏、运输的规范。

本标准适用于生产无公害生猪所需的商品配合饲料、浓缩饲料、添加剂预混合饲料和生产无公害生猪的养殖场自配饲料。

2　规范性引用文件

下列文件中的条款通过本标准的引用而成为本标准的条款。凡是注日期的引用文件，其随后所有的修改单（不包括勘误的内容）或修订版均不适用于本标准，然而，鼓励根据本标准达成协议的各方研究是否可使用这些文件的最新版本。凡是不注日期的引用文件，其最新版本适用于本标准。

GB/T 6432　饲料中粗蛋白测定方法
GB/T 6436　饲料中钙的测定方法
GB/T 6437　饲料总磷的测定方法　光度法
GB/T 8381　饲料中黄曲霉毒素 B_1 的测定
GB/T 10647　饲料工业通用术语
GB 10648　饲料标签
GB 13078　饲料卫生标准
GB/T 13079　饲料中总砷的测定
GB/T 13080　饲料中铅的测定方法
GB/T 13081　饲料中贡的测定方法
GB/T 13082　饲料中镉的测定方法
GB/T 13083　饲料中氟的测定方法
GB/T 13084　饲料中氰化物的测定方法
GB/T 13085　饲料中亚硝酸盐的测定方法
GB/T 13086　饲料中游离棉酚的测定方法
GB/T 13087　饲料中异硫氰酸酯的测定方法
GB/T 13090　饲料中六六六、滴滴涕的测定
GB/T 13091　饲料中沙门氏菌的检验方法

GB/T 13092　饲料中霉菌的检验方法

GB/T 13885　饲料中细菌总数的测定方法

GB/T 13093　饲料中铁、铜、锰、锌、镁的测定方法　原子吸收光谱法

GB/T 14699.1　饲料采样方法

GB/T 16764.1　配合饲料企业卫生规范

NY 438　饲料中盐酸克伦特罗的测定

饲料和饲料添加剂管理条例

3　术语和定义

GB/T 10647 中确立的以及下列术语和定义适用于本标准。

3.1　饲料 feed

经工业化加工、制作的供动物食用的饲料，包括单一饲料、添加剂预混合饲料、浓缩饲料、配合饲料和精料补充料。

[《饲料和饲料添加剂管理条例》第二条]

3.2　饲料添加剂 feed additive

在饲料加工、制作、使用过程中添加的少量或者微量物质，包括营养性添加剂和一般性饲料添加剂。

[《饲料和饲料添加剂管理条例》第二条]

3.3　营养性饲料添加剂 nutritive feed additive

用于补充饲料营养成分的少量或者微量物质，包括饲料级氨基酸、维生素、矿物质微量元素、酶制剂、非蛋白氮等。

[《饲料和饲料添加剂管理条例》第三十条]

3.4　一般性饲料添加剂 general feed additive

为保证或者改善饲料品质、提高饲料利用率而掺入饲料中的少量或者微量物质。

[《饲料和饲料添加剂管理条例》第三十条]

3.5　药物饲料添加剂 medical feed additive

为预防、治疗动物疾病而掺入载体或者稀释剂的兽药的预混物，包括抗球虫药类、驱虫剂类、抑菌促生长类等。

[《饲料和饲料添加剂管理条例》第三十条]

3.6　饲料原料 feedstuff

除饲料添加剂以外的用于生产配合饲料和浓缩饲料的第一饲料成分，包括饲料谷物、粮食加工副产品、油脂工业副产品、发酵工业副产品、动物性蛋白质饲料、饲用油脂等。

4　要求

4.1　饲料原料

4.1.1　感官要求：色泽新鲜一致，无发酵、霉变、结块及异味、异嗅。

4.1.2　有害物质及微生物允许量应符合 GB 13078 的规定。

4.1.3　制药工业副产品不应作生猪饲料原料。

4.2　营养性饲料添加剂和一般性饲料添加剂

4.2.1　感官要求：具有该品种应有的色、嗅、味和组织形态特征，无异味、异嗅。

4.2.2　饲料中使用的营养性饲料添加剂和一般性饲料添加剂应是中华人民共和国农业部公布的《允许使用的饲料添加剂品种目录》所规定的品种（见附录A）和取得试生产产品批准文号的新饲料添加剂品种。

4.2.3　饲料中使用的饲料添加剂产品应是具有农业部颁发的饲料添加剂生产许可证的正规企业生产的、具有产品批准文号的产品。

4.2.4　饲料添加剂的使用应遵照饲料标签所规定的用法和用量。

4.3　药物饲料添加剂

4.3.1　药物饲料添加剂的使用应按照中华人民共和国农业部发布的《药物饲料添加剂使用规范》执行。允许在无公害猪饲料中使用的药物饲料添加剂见附录B。

4.3.2　无公害生猪饲料中不应添加氨苯砷酸、洛克沙胂等砷制剂类药物添加剂。

4.3.3　使用药物饲料添加剂应严格执行休药期制度。

4.3.4　生猪饲料中不应直接添加兽药。

4.3.5　生猪饲料中不应添加国家严禁使用的盐酸克伦特罗等违禁药物。

4.4　配合饲料、浓缩饲料和添加剂预混合饲料

4.4.1　感官要求：色泽一致，无发酵霉变、结块及异味、异嗅。

4.4.2　产品成分分析保证值应符合标签中所规定的含量。

4.4.3　生猪配合饲料中有害物质及微生物允许量应符合GB 13078的规定。

4.4.4　30kg体重以下猪的配合饲料中铜的含量应不高于250mg/kg；30～60kg体重猪的配合饲料中铜的含量应不高于150mg/kg；60kg体重以上猪的配合饲料中铜的含量应不高于25mg/kg。

4.4.5　浓缩饲料有害物质及微生物允许量和铜的含量按说明书的规定用量，折算成配合饲料中的含量计，不应超过本标准4.4.2和4.4.3中的规定。

4.4.6　添加剂预混合饲料中有害物质及微生物允许量见表1。

表1　添加剂预混合饲料中有害物质及微生物允许量（按日粮中添加比例1%计算）

项目	砷（以As计）	重金属（以Pb计）	沙门氏菌
仔猪、生长肥育猪微量元素预混合饲料（mg/kg）	≤10	≤30	不得检出
仔猪、生长肥育猪复合预混合饲料（mg/kg）	≤10	≤30	不得检出

4.5　饲料加工过程

4.5.1　饲料企业的工厂设计与设施卫生、工厂卫生管理和生产过程的卫生应符合GB/T 16764的要求。

4.5.2　配料

4.5.2.1　应定期对计量设备进行检验和正常维护，以确保其精确性和稳定性，其误差不应大于规定范围。

4.5.2.2　微量和极微量组分应进行预稀释，并且应用专门的配料室内进行。

4.5.2.3　配料室应有专人管理，保持卫生整洁。

4.5.3　混合

4.5.3.1　混合时间，按设备性能应不少于规定时间。

4.5.3.2　混合工序投料应按先大量、后小量的原则进行。投入的微量组分应将其稀释到配料称最大称量的5%以上。

4.5.3.3　生产含有药物饲料添加剂的饲料时，应根据药物类型，先生产药物含量低的饲料，再依次生产药物含量高的饲料。

4.5.3.4　同一班次应先生产不添加药物饲料添加剂的饲料，然后生产添加药物饲料添加剂的饲料。为防止加入药物饲料添加剂的饲料产品在生产过程中的交叉污染，在生产不同加入药物添加剂的饲料产品时，对所用的生产设备、工具、容器应进行彻底清理。

4.5.4　留样

4.5.4.1　新接受的饲料原料和各个批次生产的饲料产品均应保留样品。样品密封后留置专用样品室或样品柜内保存。样品室和样品柜应保持阴凉、干燥。采样方法按GB/T 14699执行。

4.5.4.2　留样应设标签，载明饲料品种、生产日期、批次、生产负责人和采样人等事项，并建立档案由专门人负责保管。

4.5.4.3　样品应保留至该批产品保质期满后3个月。

5　检测方法

5.1　饲料采样方法：按GB/T 14699执行。

5.2　盐酸克伦特罗：按NY 438 执行。

5.3　粗蛋白质：按GB/T 6432 执行。

5.4　钙：按GB/T 6436 执行。

5.5　总磷：按GB/T 6437 执行。

5.6　黄曲霉毒素 B_1：按GB/T 8381 执行。

5.7　总砷：按GB/T 13079 执行。

5.8　铅：按GB/T 13080 执行。

5.9　汞：按GB/T 13081 执行。

5.10　镉：按GB/T 13082 执行。

5.11　氟：按GB/T 13083 执行。

5.12　氰化物：按GB/T 13084 执行。

5.13　亚销酸盐：按GB/T 13085 执行。

5.14　游离棉酚：按GB/T 13086 执行。

5.15　异硫氰酸酯：按GB/T 13087 执行。

5.16　六六六、滴滴涕：按GB/T 13090 执行。

5.17　沙门氏菌：按GB/T 13091 执行。

5.18　霉菌：按GB/T 13092 执行。

5.19　细菌总数：按GB/T 13093 执行。

5.20　铜：按GB/T 13885 执行。

6 检验规则

6.1 感官要求，粗蛋白质、钙和总磷含量为出厂检验项目，其余均为型式检验项目。

6.2 在保证产品质量的前提下，生产厂可根据工艺、设备、配方、原料等的变化情况，自行确定出厂检验的批量。

6.3 试验测定值的双试验相对偏差，按相应标准的规定执行。

6.4 检测与仲裁判定各项指标合格与否时，应考虑允许误差。

7 判定规则

卫生指标、限用药物和违禁药物等为判定合格指标。如检验中有一项指标不符合标准，应重新取样进行复验，复验结果中有一项不合格即判定为不合格。

8 标签、包装、贮存和运输

8.1 标签

商品饲料应在包装物上附有饲料标签，标签应符合 GB 10648 中的有关规定。

8.2 包装

8.2.1 饲料包装应完整，无漏洞，无污染和异味。

8.2.2 包装材料应符合 GB/T 16764 的要求。

8.2.3 包装印刷油墨应无毒，不应向内容物渗漏。

8.2.4 包装物的重复使用应遵守《饲料和饲料添加剂管理条例》的有关规定。

8.3 贮存

8.3.1 饲料的贮存应符合 GB/T 16764 的要求。

8.3.2 不合格和变质饲料应做无害化处理，不应存放在饲料贮存场所内。

8.3.3 饲料贮存场所不应使用化学灭鼠药和杀鸟剂。

8.4 运输

8.4.1 运输工具应符合 GB/T 16764 的要求。

8.4.2 运输作业应防止污染，保持包装的完整性。

8.4.3 不应使用运输畜禽等动物的车辆运输饲料产品。

8.4.4 饲料运输工具和装卸场地应定期清洗和消毒。

附录 4A

（规范性附录）

允许使用的饲料添加剂品种目录

允许使用的饲料添加剂品种目录

类别	饲料添加剂名称
饲料级氨基酸（7 种）	L-赖氨酸盐酸盐，DL-蛋氨酸，DL-羟基蛋氨酸，DL-羟蛋氨酸钙，N-羟甲基蛋氨酸，L-色氨酸，L-苏氨酸
饲料级维生素（26 种）	β-胡萝卜素，维生素 A，维生素 A 乙酸酯，维生素 A 棕榈酸酯，维生素 D_3，维生素 E，维生素 E 乙酸酯，维生素 K_3（亚硫酸氢钠甲萘醌），二甲基嘧啶醇亚硫酸甲萘醌，维生素 B_1（盐酸硫胺），维生素 B_1（硝酸硫胺），维生素 B_2（核黄素），维生素 B_6，烟酸，烟酰胺，D・泛酸钙，DL-泛酸钙，叶酸，维生素 B_{12}（氰钴胺），维生素 C（L-抗坏血酸），L-抗坏血酸钙，L-抗坏血酸-2-磷酸酯，D-生物素，氯化胆碱，L-肉碱盐酸盐，肌醇
饲料级矿物质、微量元素（43 种）	硫酸钠，氯化钠，磷酸二氢钠，磷酸氢二钠，磷酸二氢钾，磷酸氢二钾，碳酸钙，氯化钙，磷酸氢钙，磷酸二氢钙，磷酸三钙，乳酸钙，七水硫酸镁，一水硫酸镁，氧化镁，氯化镁，七水硫酸亚铁，一水硫酸亚铁，三水乳酸亚铁，六水柠檬酸亚铁，富马酸亚铁，甘氨酸铁，蛋氨酸铁，五水硫酸铜，一水硫酸铜，蛋氨酸铜，七水硫酸锌，一水硫酸锌，无水硫酸锌，氧化锌，蛋氨酸锌，一水硫酸锰，氯化锰，碘化钾，碘酸钾，碘酸钙，六水氯化钴，一水氯化钴，亚硒酸钠，酵母铜，酵母铁、酵母猛、酵母硒、吡啶铬，烟酸铬，酵母铬
饲料级酶制剂（12 类）	蛋白酶（黑典霉，枯草芽孢杆菌），淀粉酶（地衣芽孢杆菌，黑曲霉），支链淀粉酶（嗜酸乳杆菌），果胶酶（黑曲霉），脂肪酶，纤维素酶（reesei 木霉）；麦芽糖酶（枯草芽孢杆菌），木聚糖酶（insolens 腐质霉），β-聚葡萄糖（枯草芽孢杆菌，黑曲霉），甘露聚糖酶（缓慢芽孢杆菌）；植酸酶（黑曲霉，米曲霉），葡萄糖氧化酶（青霉）
饲料级微生物添加剂（12 种）	干酪乳杆菌，植物乳杆菌，粪链球菌，乳酸片球菌，枯草芽孢杆菌，纳豆芽孢杆菌，嗜酸乳杆菌，乳链球菌，啤酒酵母菌，产朊假丝酵母，沼泽红假单胞菌
抗氧剂（4 种）	乙氧基喹啉，二丁基羟基甲苯（BHT），丁基羟基茴香醚（BHA），没食子酸丙酯
防腐剂，电解质平衡剂（25 种）	甲酸钙，甲酸铵，乙酸，双乙酸钠，丙酸，丙酸钙，丙酸钠、丙酸铵，丁酸，乳酸，苯甲酸，苯甲酸钠，山梨酸，山梨酸钠，山梨酸钾，富马酸，柠檬酸，酒石酸，苹果酸，磷酸，氢氧化钠，碳酸氢钠，氯化钾，氢氧化铵
着色剂（6 种）	β-阿朴-8’胡萝卜素醛，辣椒红，β-阿朴-8’胡萝卜素酸乙酯，虾青素，β-胡萝卜素-4，4-二酮（斑蝥黄），叶黄素（万寿菊提取物）
调味剂、香料[6 种（类）]	糖精钠，谷氨酸钠，5’-肌苷酸二钠，5’-鸟苷酸二钠，血根碱，食品用香料均可作饲料添加剂
黏结剂、抗结块剂和稳定剂[13 种（类）]	α-淀粉，海藻酸钠，羧甲基纤维素钠，丙二醇，二氧化硅，硅酸钙、三氧化二铝，蔗糖脂肪酸酯，山梨醇酐脂肪酸酯，甘油脂肪酸酯，硬脂酸钙，聚氧乙烯 20 山梨醇酐单油酸酯，聚丙烯树脂Ⅱ
其他（10 种）	糖萜素，甘露低聚糖，肠膜蛋白素，果寡糖，乙酰氧肟酸，天然类固醇萨洒皂角苷（YUCCA），大蒜素，甜菜碱，聚乙烯聚吡咯烷酮（PVPP）葡萄糖山梨醇

附录 4B

（规范性附录）

允许在无公害生猪饲料中使用的药物饲料添加剂

允许在无公害生猪饲料中使用的药物饲料添加剂

名　　称	含量规格	用法与用量（1 000kg 饲料中添加量）	休药期（d）	商品名
杆菌肽锌预混剂	10% 或 15%	4 ~ 40g（4 月龄以下），以有效成分计	0	
黄霉素预混剂	4% 或 8%	仔猪 10 ~ 20g，生长、肥育猪 5g，以有效成分计	0	富乐旺
维吉尼亚霉素预混剂	50%	20 ~ 50g	1	速大肥
蝰乙醇预混剂	5%	1 000 ~ 2 000g 禁用于体重超过 35kg 的猪	35	
阿美拉霉素预混剂	10%	4 月龄以内 200 ~ 400g，4 ~ 6 月龄 100 ~ 200g	0	效美素
盐霉素钠预混剂	5%，6%，10%，12%，45%，50%	25 ~ 75g，以有效成分计	5	优素赛可喜精
硫酸粘杆菌素预混剂	2%，4%，10%	仔猪 2 ~ 20g，以有效成分计	7	抗敌素
牛至油预混剂	2.5%	用于预防疾病 500 ~ 700g，用于治疗病 1 000 ~ 1 300g 连用 7d，用于促生长 50 ~ 500g		诺必达
杆菌肽锌、硫酸粘杆菌素预混制	杆菌肽锌 5% 硫酸粘杆菌素 1%	2 月龄以下 2 ~ 40g，4 月龄以下 2 ~ 20g，以有效成分计	7	万能肥素
土霉素钙	5%，10%，20%	10 ~ 50g（4 月龄以内），以有效成分计		
吉他霉素预混制	2.2%，11%，55%，95%	促生长：5 ~ 55g 防治疾病：80 ~ 330g 连用 5 ~ 7d，以有效成分计	7	
金霉素预混剂	10%，15%	25 ~ 75g（4 月龄以内），以有效成分计	7	
恩拉霉素预混剂	4%，8%	2.5 ~ 20g，以有效成分计	7	

注 1：表中所列的商品名是由相应产品供应商提供的产品商品名，给出这一信息是为了方便本标准的使用者，并不表示对该产品的认可。如果其他等效产品具有相同的效果，则可使用这些等效产品

注 2：摘自中华人民共和国农业部农牧发［2001］20 号“关于发布《饲料药物饲料添加剂使用规范》的通知”中《药物饲料添加剂使用规范》

附录 5　无公害食品　生猪饲养兽医防疫准则

1　范围

本标准规定了生产无公害食品的养猪场在疫病预防、监测、控制和扑灭方面的卫生防疫准则。

本标准适用于生产无公害食品养猪场的卫生防疫。

2　规范性引用文件

下列文件中的条款通过本标准的引用而成为本标准的条款。凡是注日期的引用文件，其随后所有的修改单（不包括勘误的内容）或修订版均不适用于本标准，然而，鼓励根据本标准达成协议的各方研究是否可使用这些文件的最新版本。凡是不注日期的引用文件，其最新版本适用于本标准。

GB 16548　畜禽病害肉尸及其产品无害化处理规程

GB/T 16569　畜禽产品消毒规范

GB/T 17832—1999 中、小型集约化养猪场兽医防疫工作规程

NY/T 388　畜禽场环境质量标准

NY 5027　无公害食品　畜禽饮用水水质

NY 5030　无公害食品　生猪饲养兽药使用准则

NY 5032　无公害食品　生猪饲养饲料使用准则

NY/T 5033　无公害食品　生猪饲养管理准则

中华人民共和国动物防疫法

3　术语和定义

下列术语和定义适用于本标准

3.1　*动物疫病* animal epidemic disease

动物的传染病和寄生虫病。

3.2　*病原体*　pathogen

能引起疫病的生物体，包括寄生虫和致病微生物。

3.3　*动物防疫*　animal epidemic prevention

动物疫病的预防、控制、扑灭和动物、动物产品的检疫

4 疫病预防

4.1 养猪场总体卫生要求

4.1.1 养猪场建设的防疫要求

4.1.1.1 环境质量

养猪场的污水、污物处理应符合国家环保要求，防止污染环境。环境卫生质量应达到NY/T 388 规定的要求。

4.1.1.2 选址

养猪场应距离交通要道、公共场所、居民区、城镇、学校 1 000m 以上；远离医院、畜产品加工厂、垃圾及污水处理场 2 000m 以上。周围应有围墙或其他有效屏障。

4.1.1.3 建筑布局

4.1.1.3.1 养猪场应严格执行生产区与生活区、行政区相隔离的原则。人员、动物和物资运转应采取单一流向，进料和出粪道严格分开，防止交叉污染和疫病传播。

4.1.1.3.2 根据防疫需求可建有消毒室、兽医室、隔离舍、病死猪无害化处理间等，应距离猪舍的下风向 50m 以上。

4.1.2 养猪场设施设备

4.1.2.1 猪场大门入口处要设置宽与大门相同，长等于进场大型机动车车轮一周半长的水泥结构消毒池。

4.1.2.2 养猪场应备有健全的清洗消毒设施，防止疫病传播，并对养猪场及相应设施如车辆等进行定期清洗消毒。

4.1.2.3 养猪场应配备对害虫和啮齿动物等的生物防护设施。

4.1.3 饲养管理要求和卫生制度

4.1.3.1 对饲养管理、饲料、饮水和兽药的要求

4.1.3.1.1 饲养管理：饲养管理按 NY/T 5033 执行。养猪场内严禁饲养禽、犬、猫及其他动物；养猪场食堂不得外购生鲜猪肉及副产品。

4.1.3.1.2 饲料及饲料添加剂使用；饲料使用按 NY 5032 执行。

4.1.3.1.3 生产和生活用水：养猪场生产和生活用水应符合 NY 5027 的规定。

4.1.3.1.4 兽药使用：兽药使用按 NY 5030 执行。

4.1.3.2 卫生制度

4.1.3.2.1 对人员的要求

4.1.3.2.1.1 工作人员应定期体检，取得健康合格证后方可上岗。

4.1.3.2.1.2 生产人员进入生产区时应淋浴消毒，更换衣鞋。工作服应保持清洁，定期消毒。

4.1.3.2.1.3 猪场兽医人员不准对外诊疗动物疾病；猪场配种人员不准对外开展猪的配种工作。

4.1.3.2.1.4 非生产人员一般不允许进入生产区。特殊情况下，非生产人员需经淋浴消毒，更换防护服后方可入场，并遵守场内的一切防疫制度。

4.1.3.2.2 环境消毒

定期对猪舍及其周围环境进行消毒；消毒程序和消毒药物的使用等按 NY/T 5033 的

规定执行。

4.1.3.2.3　引进猪只

坚持自养自繁的原则；必须引进猪只时，在引进前应调查产地是否为非疫区，并有产地检疫证明；猪只在装运及运输过程中没有接触过其他偶蹄动物，运输车辆应做过彻底清洗消毒；猪只引入后至少隔离饲养30d，在此期间进行观察、检疫，确认为健康者方可合群饲养。

4.2　疫病预防措施

4.2.1　免疫接种

养猪场应根据《中华人民共和国动物防疫法》及其配套法规的要求，结合当地实际情况，有选择地进行疫病的预防接种工作，并注意选择适宜的疫苗、免疫程序和免疫方法。

4.2.2　寄生虫控制

4.2.2.1　药物选择

驱虫药物的使用按本标准4.1.3.1.4规定执行。

4.2.2.2　驱虫程序

驱虫程序按GB/T 17823—1999的4.2条规定执行。

5　疫病监测

5.1　养猪场应依照《中华人民共和国动物防疫法》及其配套法规的要求，结合当地实际情况，制定疫病监测方案。

5.2　养猪场常规监测疫病的种类至少应包括：口蹄疫、猪水泡病、猪瘟、猪繁殖与呼吸综合征、伪狂犬病、乙型脑炎、猪丹毒、布鲁氏菌病、结核病、猪囊尾蚴病、旋毛虫病和弓形虫病。

除上述疫病外，还应根据当地实际情况，选择其他一些必要的疫病进行监测。

5.3　根据当地实际情况由动物疫病监测机构定期或不定期进行必要的疫病监督抽查，并将抽查结果报告当地畜牧兽医行政管理部门。

6　疫病控制和扑灭

养猪场发生疫病或怀疑发生疫病时，应依据《中华人民共和国动物防疫法》及时采取以下措施。

6.1　驻场兽医应及时进行诊断，并尽快向当地畜牧兽医行政管理部门报告疫情。

6.2　确诊发生口蹄疫、猪水泡病时，养猪场应配合当地畜牧兽医管理部门，对猪群实施严格的隔离、扑杀措施；发生猪瘟、伪狂犬病、结核病、布鲁氏菌病、猪繁殖与呼吸综合征等疫病时，应对猪群实施清群和净化措施；全场进行彻底的清洗消毒，病死或淘汰猪的尸体按GB 16548进行无害化处理，消毒按GB/T 16569进行。

7　记录

每群生猪都应有相关的资料记录，其内容包括：猪只来源，饲料消耗情况，发病率、死亡率及发病死亡原因，无害化处理情况，实验室检查及其结果，用药及免疫接种情况，猪只发运目的地。所有记录应在清群后保存两年以上。

附录6　中、小型集约化养猪场经济技术指标

1　范围

本标准规定了中、小型集约化养猪场的主要经济技术指标。

本标准适用于中、小型自繁、自养商品猪的综合性养猪场使用，亦可供种猪场和一般专业猪场参考。

2　猪场规模

按饲养成年生产母猪数量和年产商品猪出栏头数确定规模。

2.1　小型场

饲养生产母猪300头以下，年产商品肉猪5 000头以下。

2.2　中型场

饲养生产母猪300~600头，年产商品肉猪5 000~10 000头的养猪场。

3　猪群结构

猪群结构，依生产功能、工艺流程，可划分为如下部分。

3.1　成年公猪群

直接参与生产的公猪，组成成年公猪群。实行人工辅助（本交）配种的场，种公猪应占生产母猪群的2.0%~5.0%；实行人工授精配种的养猪场可降低到1.0%以下。

3.2　后备公猪群

由为更新成年种公猪而饲养的幼猪组成，占成年公猪群的30%~50%，一般选留比例为10：2。

3.3　生产母猪群

由已经产仔的母猪组成，占猪群总存栏量的10%~12%。

3.4　后备母猪群

由用于更新生产母猪的幼猪组成，占生产母猪群的25%~30%，选留比例为2：1。

3.5　仔猪群

系指出生到断奶的哺乳仔猪，占出栏猪数15%~17%。

3.6　保育猪群

系指断奶后仔猪，在网床笼内（一般指35~70日龄仔猪）或地面饲养，而后转入生长发育猪群。

3.7　生长发育（育成、肥育）猪群

经保育阶段以后，转入地面饲养，依体重可分为育成期（体重20~35kg）、育肥前期

（体重35～60kg）和育肥后期（体重60～100kg）。

4 猪群存栏头数与结构

中小型集约化养猪场，在正常运营的情况下，以出栏商品猪头数计算猪群结构划分四种规模（表1）。

表1 猪群结构表

规模与群别	1 000	3 000	5 000	10 000
成年种公猪	2～3	7～8	11～12	22～25
后备公猪	1～2	2～4	4～6	8～10
规模与群别	1 000	3 000	5 000	10 000
生产母猪	56～60	170～200	280～300	560～600
后备母猪	17～20	50～60	83～90	167～200
哺乳仔猪	100以上	320以上	530以上	1 000以上
保育猪	100以上	310以上	510以上	1 000以上
生长发育猪	300以上	930以上	1 540以上	3 000以上
合计存栏	590以上	1 800以上	2 960以上	5 900以上
年产商品肉猪	1 000以上	3 000以上	5 000以下	10 000以下

5 主要经济技术指标

5.1 繁殖指标

具体见表2。

表2 生产母猪繁殖指标

项　　目	指　　标
生产母猪平均年产仔窝数（窝）	2.0以上
平均每窝产仔猪数（头）	11.0以上
平均窝产活仔猪数（头）	10.0以上
仔猪断奶日龄（d）	35.0以上
哺育率（%）	95.0以上
每头母猪年产幼猪数（头）	19.0以上

5.2 生长发育猪生长指标（见表3）。

表3 生产发育指标

项　　目	指　　标
断奶时（35日龄）体重（kg）	7.00以上
保育期（70日龄）体重（kg）	22.0以上
育成率（%）	96.0以上
生长肥育期（22～90kg）平均日增重（g）	600以上
达体重90kg日龄（d）	180以下
肥育率（%）	98.0以上
平均每头生产母猪年产商品肉猪（头）	18.0以上

5.3 饲料报酬指标

本标准只规定了商品肉猪从体重25~90kg，每增长1kg直接消耗饲料和带全群即含种公猪、种母猪以及后备公、母猪等非直接生产猪群消耗饲料两项指标（表4）。

表4 饲料消耗指标

项　目	每千克增重耗料
商品肉猪每千克增重消耗饲料（kg）	3.3以下
商品肉猪每千克增重带全群消耗料（kg）	4.0以下

5.4 综合评定指标

以商品猪出栏率来表达，不应小于表5的要求。

表5 综合评定

项　目	数　值
商品肉猪出栏率（%）	160以上

6 主要经济技术指标的计算方法

6.1 实际饲养头数的计算

表1所列各种猪群的头数，为每天平均实际饲养头数，按式（1）计算：

$$年实际饲养头数=\frac{总饲养头日}{365(d)} \tag{1}$$

6.2 生产母猪年平均产仔窝数

表2所列繁殖指标中生产母猪平均年产仔窝数，按式（2）计算：

$$生产母猪年均产仔窝数=\frac{总产仔窝数}{年实际饲养母猪头数} \tag{2}$$

注：不计流产头数。

6.3 仔猪哺育率

系指断奶时育活仔猪头数和初生活仔猪头数之比，按式（3）计算：

$$仔猪哺育率(\%)=\frac{断奶成活仔猪头数}{初生时窝产活仔数}\times 100 \tag{3}$$

6.4 仔猪保育率

系指仔猪于保育期末成活头数与断奶时仔猪头数之比，按式（4）计算：

$$仔猪保育率(\%)=\frac{保育期末(70日龄)仔猪成活数}{断奶时仔数头数}\times 100 \tag{4}$$

6.5 育成、育肥率

系指育成、育肥期末（肥猪出栏、种猪出售）和保育期幼猪头数之比，按式（5）计算：

$$育成、育肥率(\%)=\frac{育成、育肥猪头数}{保育期幼猪数}\times 100 \tag{5}$$

6.6　总育成率

系指总产活仔猪数和育成育肥总猪数之比，按式（6）计算：

$$总育成率(\%) = \frac{总育成期商品猪数}{总产活仔猪头数} \times 100 \quad (6)$$

6.7　出栏率

指全年出栏商品猪数与年初存栏猪数之比，按式（7）计算：

$$出栏率(\%) = \frac{全年出栏商品猪数}{年初存栏猪数} \times 100 \quad (7)$$

附录7　猪病免疫推荐方案（试行）

一、总体要求

为了有效预防控制猪病发生与流行，保障畜牧业持续健康发展、畜产品安全和人民身体健康，特制定本方案。

国家对口蹄疫实行强制免疫，对猪瘟实行全面免疫，免疫密度达到100%。各地结合当地饲养特点和疫病流行情况，对其他猪病实行免疫。同时应及时开展免疫效果监测，并根据免疫抗体消长情况调整免疫程序，以确保免疫质量。

各地依据本方案，结合当地实际情况，可制定相应的免疫方案。

二、免疫病种

本方案包括的免疫病种为：口蹄疫、猪瘟、高致病性猪蓝耳病、猪伪狂犬病、猪流行性乙型脑炎、猪细小病毒病、猪传染性胃肠炎、猪流行性腹泻、猪肺疫、猪丹毒、猪链球菌病、猪大肠杆菌病、仔猪副伤寒、猪喘气病、猪传染性萎缩性鼻炎和猪传染性胸膜肺炎等。

三、推荐的免疫程序

（一）商品猪免疫程序

详见表1。

表1　商品猪免疫程序

免疫时间	使用疫苗
1日龄	猪瘟弱毒疫苗②
7日龄	猪喘气病灭活疫苗③
20日龄	猪瘟弱毒疫苗
21日龄	猪喘气病灭活疫苗③
23～25日龄	高致病性猪蓝耳病灭活疫苗 猪传染性胸膜肺炎灭活疫苗③ 链球菌Ⅱ型灭活疫苗③
28～35日龄	口蹄疫灭活疫苗 猪丹毒疫苗、猪肺疫疫苗或猪丹毒—猪肺疫二联苗③ 仔猪副伤寒弱毒疫苗③ 传染性萎缩性鼻炎灭活疫苗③

续表

免疫时间	使用疫苗
55 日龄	猪伪狂犬基因缺失弱毒疫苗 传染性萎缩性鼻炎灭活疫苗③
60 日龄	口蹄疫灭活疫苗 猪瘟弱毒疫苗
70 日龄	猪丹毒疫苗、猪肺疫疫苗或猪丹毒—猪肺疫二联苗③

备注：①猪瘟弱毒疫苗建议使用脾淋疫苗；②在母猪带毒严重，垂直感染引发哺乳仔猪猪瘟的猪场实施；③根据本地疫病流行情况可选择进行免疫

（二）种母猪免疫程序

具体见表2。

表2　种母猪免疫程序

免疫时间	使用疫苗
每隔 4～6 个月	口蹄疫灭活疫苗
初产母猪配种前	猪瘟弱毒疫苗 高致病性猪蓝耳病灭活疫苗 猪细小病毒灭活疫苗 猪伪狂犬基因缺失弱毒疫苗
经产母猪配种前	猪瘟弱毒疫苗 高致病性猪蓝耳病灭活疫苗
产前 4～6 周	猪伪狂犬基因缺失弱毒疫苗 大肠杆菌双价基因工程苗④ 猪传染性胃肠炎、流行性腹泻二联苗④

注：①种猪 70 日龄前免疫程序同商品猪；②乙型脑炎流行或受威胁地区，每年 3～5 月份（蚊虫出现前 1～2 月），使用乙型脑炎疫苗间隔一个月免疫两次；③猪瘟弱毒疫苗建议使用脾淋疫苗；④根据本地疫病流行情况可选择进行免疫

（三）种公猪免疫程序

具体见表3。

表3　种公猪免疫程序

免疫时间	使用疫苗
每隔 4～6 个月	口蹄疫灭活疫苗
每隔 6 个月	猪瘟弱毒疫苗 高致病性猪蓝耳病灭活疫苗 猪伪狂犬基因缺失弱毒疫苗

注：①种猪 70 日龄前免疫程序同商品猪；②乙型脑炎流行或受威胁地区，每年 3～5 月份（蚊虫出现前 1～2 月），使用乙型脑炎疫苗间隔一个月免疫两次；③猪瘟弱毒疫苗建议使用脾淋疫苗

四、技术要求

1. 必须使用经国家批准生产或已注册的疫苗，并做好疫苗管理，按照疫苗保存条件进行贮存和运输。

2. 免疫接种时应按照疫苗产品说明书要求规范操作，并对废弃物进行无害化处理。

3. 免疫过程中要做好各项消毒，同时要做到“一猪一针头”，防止交叉感染。

4. 经免疫监测，免疫抗体合格率达不到规定要求时，尽快实施一次加强免疫。

5. 当发生动物疫情时，应对受威胁的猪进行紧急免疫。

6. 建立完整的免疫档案。

第六章　商品蛋鸡标准化规模养殖

一、商品蛋鸡标准化养殖园区（小区）基础设施建设

（一）场址选择

蛋鸡标准化养殖园区（小区）建设用地要符合环境保护要求和动物防疫条例，经当地环保部门和畜牧兽医行政管理部门审批合格后，方可建设。

1. 自然条件

地形：空旷、开阔，可利用面积充分，便于各类建筑物的科学布局和合理配置。

地势：高燥平坦，背风向阳，高于历史最高洪水警戒线，应稍有坡度，便于污水汇集处理和排放利用。

水源：水源充足，水质良好，符合 NY 5027—2001《无公害食品　畜禽饮用水水质》（附件 1）要求，同时取用方便，便于防护。

土质：以沙壤土最为理想，沼泽、潮湿地要根据生产要求建设鸡舍时采取相应措施。

2. 周边环境条件

蛋鸡标准化养殖园区（小区）应选择位于居民生活区的下风向，与居民集中生活区的直线距离应大于 500m，与居民饮用水源地及学校、医院的直线距离应大于 1 000m，距铁路 1 500m 以上，距主要交通干道 500m 以上，距次要公路 200m 以上。

园区（小区）周围 3km 以内不得有皮革厂、动物屠宰场、垃圾处理场、化工厂、动物医院等污染源。

园区（小区）需要修建专门的道路与主要公路干线相连，交通便利，物料运送便捷。

园区（小区）建设地要求距村镇电网较近，电力资源供应充分，且架设方便。

园区（小区）建设地址要求周边饲料原料（如玉米、麸皮等）丰富、运输方便。

禁止在旅游区、自然保护区、水源保护区和环境公害污染严重的地区建园区（小区）。

禁止在旧鸡场上扩建或新建蛋鸡标准化养殖园区（小区）。

园区（小区）建设应满足防疫、排污、防火三方面的要求，园区（小区）间距为不小于鸡舍高度的8～10 倍。

（二）商品蛋鸡标准化规模养殖用地及主要设施

建设用地应在满足生产工艺条件下，要节约用地，尽量用沙荒地、废弃地，少占或不占耕地。园区（小区）建设规模以园区（小区）养殖规模而定。

蛋鸡标准化养殖园区（小区）建筑内容主要有：各类鸡舍，鸡蛋库，全价配合饲料加工与贮存间，门卫室，消毒池，管理办公室，紫外线消毒室，技术培训室，兽医室，贮粪场，旱厕等。

蛋鸡标准化养殖园区（小区）入住10户，共饲养产蛋鸡30 000只，总占地23.15亩，总建筑面积5 297m^2。其中鸡舍建筑面积为4 548m^2。

1. 蛋鸡标准化养殖园区（小区）内各功能区的划分及布局

（1）功能区的划分

生产区：主要为各类鸡舍建筑。

辅助生产区：主要为饲料加工与贮存间、鸡蛋库，建于鸡舍附近，以饲料和鸡蛋的存入与取用方便为原则。

管理区：包括管理办公室、门卫、消毒池、技术培训室等。

隔离区：主要为兽医室、病死鸡处理室、粪便处理场等。

（2）建筑要求与布局

蛋鸡标准化养殖园区（小区）内部布局要科学、合理。遵循两个原则：一要符合生产最佳联系；二要符合防疫、防火安全。

生产区周围设置围墙或铁丝网，围墙高度一般不低于2.5m，使生产区与相邻的工业区或附近的居民区隔开，形成一个独立的、可控制的区域。鸡场入口设置脚踏消毒垫、紫外线消毒灯和消毒更衣设施，各栋鸡舍的入口设置脚踏消毒垫或消毒地槽（长1m，宽与鸡舍门相等）或消毒盆。鸡舍、饲料库的通风口、通风窗均应安置铁丝网，避免野鸟及其他啮齿动物的进入。

养殖园区（小区）内应设有净道和污道。净道供人员行走和运送健康鸡只及饲料；污道供运输粪便和死鸡。净道作为养殖园区（小区）的主干道，宽度不小于4m，污道宽度不小于3m。

两栋以上单排鸡舍的布局要遵循：东西走向，南北朝向；净道向东，污道朝西；横向南通风，纵向西换气。

两栋以上双排鸡舍的布局要遵循：东西走向，南北朝向；净道在中间，污道分两边；横向南通风，纵向污道行。

鸡舍间距，在节约用地的前提下，应满足防疫、排污及防火三方面的要求，一般鸡舍间距不小于鸡舍高度的3～5倍。

辅助生产区：建于鸡舍附近，以饲料和鸡蛋的存入与取用方便为原则。

管理区：设置于园区（小区）的上风向。

隔离区：建于园区（小区）的下风向，与生产区保持一定的距离。

整体布局要求是：管理区在上风向，依次是辅助生产区、生产区和隔离区，隔离区在下风向，并与生产区要有一定的间隔距离。

蛋鸡标准化养殖园区（小区）应有一定的绿化面积，场区四周有条件的地区种植隔离绿化带，设置沟渠及防护林带；各栋鸡舍之间种植低矮灌木或草坪，以期达到改善园区（小区）气候，吸尘灭菌、净化空气的效果。

在坡度较大的地块建鸡场时，可考虑根据需要依地势人为制造若干平台，并以由上而下的顺序建设生活管理区，辅助生产区，生产区（综合鸡舍），隔离区等，这不仅可以有效降低土方工程量，而且对于整个鸡场的防疫将具有积极的意义。

蛋鸡标准化养殖园区（小区）建设的总体布局见附图 6－1。

2. 商品蛋鸡标准化养殖园区（小区）主要建设内容

以养殖规模定建筑规模。蛋鸡标准化养殖园区（小区）以户为单元入驻，每一园区（小区）10 户，每户自己育雏、育成后转入产蛋鸡舍饲养，分两阶段饲养，达到“同源引种，全进全出”，每户饲养产蛋鸡 3 000只，每个园区（小区）总饲养规模 30 000只。占地面积约 23. 15 亩，其中鸡舍总建筑面积约 4 548. 0m^2。

（1）育雏、育成舍/产蛋鸡舍

育雏、育成舍/产蛋鸡舍：每一个养殖户，鸡舍建设按成年产蛋鸡 3 000只的饲养规模统一设计为综合式鸡舍，即：育雏育成鸡舍和产蛋舍连接成一体，从外观看为一栋建筑，建筑里面分为两个区，一区为育雏、育成区，此区饲养雏鸡 9～12 周后转入下一区——产蛋区，达到两阶段饲养。

园区（小区）所有饲养户同期育雏、育成，同期饲养产蛋鸡，达到“全进全出”。即产蛋鸡舍的净道侧延长一间，作为育雏育成舍、饲料预制间、更衣室和饲养员值班室（中间用墙隔开），育雏育成期间产蛋舍可作为饲料预制间。

育雏育成期间采用四层重叠式育雏、育成笼饲养，随着鸡龄的增长，饲养面积逐渐扩大，到 9～12 周龄后直接转入产蛋舍在产蛋笼饲养，育雏笼撤出，育雏、育成期采用暖风炉供暖，每栋育雏、育成鸡舍外安装一台暖风炉，每台暖风炉需占地 1～3m^2。

建设规模：以一个生产单元鸡舍内存栏产蛋鸡 3 000只为模式。

饲养舍建筑面积：（包括饲料预制间、值班室），长 53. 50m，宽 8. 5m 鸡舍砖墙高 2. 0m，砖墙以上打 20cm 高混凝土圈梁以承重，檐高大于 3. 5m，建筑面积 454. 8m^2 左右。园区（小区）容纳 10 户，建鸡舍 10 栋，总面积 4 548. 0m^2。

蛋鸡舍长 33. 25m，育雏、育成鸡舍的长 16m，饲料预制间、蛋库、更衣室和饲养员值班室长为 4. 25m。育雏、育成鸡舍每平方米饲养 60～25 只，四层立体笼养，每组鸡笼长 3. 0m、宽 1. 4m、高 1. 74m，共 8 组鸡笼；蛋鸡舍蛋鸡每平方米饲养 15～17 只，3 层阶梯式笼养，2 列 3 通道，每组鸡笼的总宽度为 2. 2m，长为 1. 9m，高为 1. 625m，每门饲养 4 只，共饲养 96 只鸡。粪沟宽一般为 1. 80m 左右（即鸡笼的三角宽），高 30cm，使用刮粪板清粪，刮粪板可定作，饲喂通道宽 1. 1m。

一个养殖单元鸡舍建筑面积为 454. 8m^2，（附图 6－2、附图 6－3）

（2）管理室

建于园区（小区）的上风向，用于园区（小区）管理和养殖技术培训，建筑面积 114m^2 左右（附图6－8）。

(3) 门卫室、消毒通道、消毒池

门卫值班室和消毒通道建于园区（小区）出入口道路的一侧，面积 $18m^2$ 左右，内部分别设立人员消毒通道、车辆消毒通道和值班室，人员消毒通道设立紫外线消毒和脚踏消毒垫通道，大门口设立车辆消毒池，宽 4m，长 6m 以上，深 8 ~ 10cm（附图 6 - 8）。

(4) 技术兽医室

距鸡舍直线距离 50m 以上。建筑面积 $68m^2$ 左右，内设兽医值班室、疫苗药品器械间（附图 6 - 4）。

(5) 饲料加工间

饲料加工间，建于园区（小区）内或园区（小区）附近方便车辆通行处，内部设立原料库、成品库以及饲料加工车间。建筑面积 $257m^2$ 左右（附图 6 - 6、附图 6 - 7）。

(6) 更衣淋浴室

用于进生产区的工作人员的消毒，建筑面积是 $89m^2$（附图 6 - 8）。

(7) 堆粪发酵场和隔离舍

堆粪发酵场和隔离舍建于园区（小区）内下风向，距鸡舍直线距离 50m 以上。亦可设于园区（小区）以外。堆粪发酵场建筑面积为 $400m^2$，可分成 10 个单元，要求挖成地沟状，周边高度达 1m，顶部掩盖或封顶进行发酵消毒灭菌，也可建设简易沼气设施。隔离舍的建筑面积为 $189m^2$。

(8) 饮水设施

蛋鸡园区（小区）饮水采用自来水或水深井水，另园区（小区）内要备有水塔或水池，以防万一，保证蛋鸡随时饮用清洁饮水，并节约水源。鸡舍内设自来水龙头和水箱，方便清洗消毒鸡舍和临时给药。

(9) 电力配套设施

鸡舍内外部除设照明电源外，饲料加工间和鸡舍内还要求架设三相动力电源，方便加工饲料和三相动力风机。

(10) 旱厕

养殖园区（小区）的公共厕所，面积 $15m^2$。

二、商品蛋鸡标准化养殖园区（小区）的生产技术要点及参数

1. 蛋鸡标准化养殖园区（小区）规模

商品蛋鸡标准化养殖园区（小区）总规模为 30 000 只产蛋鸡，入驻 10 个单元户，每单元户需购入蛋雏鸡 3 120 只左右，转入产蛋鸡舍 3 000 只左右。

2. 蛋鸡标准化养殖园区（小区）生产技术管理要点

(1) 蛋鸡标准化养殖园区（小区）生产管理

采用"同源引种，全进全出"制：即蛋鸡园区（小区）全部从一个固定的优秀种鸡场购买雏鸡，签订全年供雏合同，任何情况不允许从两个不同的鸡场购买雏鸡，避免疾病传播。并实行"全进全出"的饲养制度，"全进全出"可采用以下表 6 - 1 和表 6 - 2 两种方式。

表 6－1　理想型的“全进全出”

项目	饲养期			空舍期	饲养期			空舍期	饲养期			空舍期
鸡群 1												
鸡群 2												
鸡群 3												

表 6－2　扩展型的“全进全出”

项目	空舍期	饲养期					空舍期	饲养期					空舍期
鸡群 1													
鸡群 2													
鸡群 3													

（2）准备洁净的育雏舍

①育雏舍及器具设备消毒程序：彻底清扫→冲洗→药液喷雾→空舍至少 2 周→入舍前七天熏蒸消毒。熏蒸：21g/42ml（高锰酸钾/甲醛）/立方米空间。

②设备检查与维修，检查供暖，供水系统。准备育雏料及药品。入雏前 24h 升温，一般不低于 24℃。

（3）品种的选择

现代蛋鸡品种分为白壳蛋鸡、褐壳蛋鸡。从适应性强、成活率高、高产稳产、饲料报酬高等几个方面考虑，首选海兰、新罗曼、海赛克斯、、伊沙褐。

（4）健雏八标准

①健雏应符合本品种特征；②雏鸡体重 35g 以上，且大小、色泽均匀；③绒毛洁净，松而长，带有光泽；④眼睛圆而亮，行动机敏，活泼；⑤脐部愈合良好无感染；⑥肛门附近干净无粘粪；⑦脚皮要光亮如蜡，不呈干燥，脆弱状；⑧喙、眼、腿、爪无畸形。

（5）鸡舍的温度

①0～1 周龄 35～32℃；②1～2 周龄 32～29℃；③2～3 周龄 29～27℃；④3～4 周龄 27～24℃；⑤4 周龄以后 21℃。

（6）湿度适宜

①1 周龄：湿度 70%～80%；②2 周龄：湿度 65%～70%；③3 周龄：湿度 60%～65%；④4 周龄：湿度 55%～65%。

室内过于干燥，造成雏鸡脱水现象，生长发育受阻，且灰尘多，易引起呼吸道疾病，雏鸡口渴，饮水量增加，采食少，易引起下痢；而湿度过大，又诱发球虫病。

（7）通风

要确保鸡场内经常通风换气，除去有害气体。冬季严禁用煤炉取暖，以防引起一氧化碳中毒。通风要做到循序渐进，窗户在早、晚凉时小敞，中午热时大敞；有风时小敞，无风时大敞。当进入鸡舍，感觉气味刺鼻时，要及时敞开通风，同时注意保证室内温度。饲养前期要做到以保温为主，兼顾通风；后期以通风为主，兼顾保温。

（8）正确的饮水与开食

最好饮温开水，水温保持与室温一致。先饮水，后开食，坚决禁止只投料不放水或先投料后放水的错误操作。1 日龄，水中加糖 3% ~5% 和青霉素（100ml 加 20 万单位）；1 ~3 日龄，水中加万分之一的高锰酸钾、电解多维，以利蛋黄消化、清理肠道、排除胎粪。饮水器的高度与雏鸡背部平行为宜，保证 2cm/只的位置。开食时间在 12 ~24h 内，不能超过 36h。每天饲喂 8 ~12 次，5 ~6 [g/（只·d）]，掌握有 90% 以上的雏鸡达八成饱即可。夜间最后一次让鸡吃饱，保证鸡只维持旺盛的食欲。

（9）光照

原则：①培育期千万不能增加光照（时间和强度），通常采用恒定给光法或递减给光法；②产蛋期千万不能减少光照（时间和强度）；③补充光照开关灯要及时，且需在早晚两次进行。

蛋鸡光照控制程序建议①：鸡舍前 3d 采用 24h 光照，便于雏鸡采食饲料，防止鼠害。以后每天光照 23h。光照强度：前 3d 光照强度为 20lx 或 5.4W/m^2，3d 后可通过减少灯泡功率或数量，将光照强度减至 2.5 ~5lx 或 6 ~1.2W/m^2。要尽量选用多个低功率灯泡，以保证光照均匀，还要定期进行光照强度检测。2 ~18 周龄恒定为 8 ~9h，19 周龄开始渐增至 14 ~16h，产蛋期光照时间 16 ~17h，光照强度：2.7W/m^2。

蛋鸡光照程序建议见表 6 –3。

表 6 –3　蛋鸡光照程序

禽种	阶段	光照时间（h/d）	光照强度（lx）	每平方米功率（W）	在灯泡高度为 2m，灯与灯之间的距离为 2.5m 的情况下建议用灯泡瓦数）
蛋鸡	1 周龄	23	20	4	60
	2 ~6 周龄	每周降低 2h	5 ~10	3	40
	7 ~9 周龄	每周降低 1h	5 ~10	3	40
	10 ~17 周龄	10	5 ~10	2	15
	18 ~30 周龄	每周增加 0.5h	10 ~15	3.5 ~4.0	40
	31 周龄以后	16	10 ~15	3.5 ~4.0	40

（10）育雏育成期每平方米饲养数量

①1 ~2 周龄：60 只；②3 ~4 周龄：40 只；③5 ~7 周龄：34 只；④8 ~11 周龄；24 只；⑤12 ~20 周龄；14 只。

注意育雏期间，尽量减少转群，采取逐步扩大育雏面积为妥，防止应激。

（11）适时断喙

一般在 7 ~10 日龄进行。使用三孔切嘴器（中孔），刀片呈樱桃红色。上喙保留 1/2，下喙保留 2/3，由喙尖至鼻孔前缘至少留 2mm；尽量保持切口平齐；断喙后增加饲料的厚度，而且在料中添加 VK_3 防止出血。另外，不要同时搞免疫，减少应激强度和影响免疫效果。

（12）及时淘汰公鸡，随时淘汰病、弱残鸡

(13) 抓好限制饲喂，适时上笼转群

(14) 锻炼胃肠

10~12周龄是内脏器官发育的主要阶段，在饲料中添加砂砾（1%~3%）有助于增强胃肠消化功能，每半月一次。

(15) 更换饲料要逐渐过渡

换料一定要有3~7d的适应期，不能“一刀切”急速换料，防“应激”带来产蛋量下降、产软壳蛋等不良反应。

(16) 清洁的饮水

饮水与健康关系密切：清洁的饮水能减少疫病，鸡饮水中大肠杆菌数不超过50个/ml。含有硫酸盐/镁盐会导致腹泻；水管中有黏质细菌会产蛋轻微下降/腹泻。

(17) 带鸡消毒

用0.3%~0.5%的过氧乙酸或0.3%~0.6%菌毒净，冬季150~200g/m^2，喷雾高度距鸡体60~80cm。每周1次，有疫情时2次/周，浓度适当降低。免疫前后1d停止消毒。

(18) 做好详尽的生产记录

(19) 蛋鸡产蛋率突然下降可能有以下的原因

①鸡高峰期体重不足，出现小蛋，高峰低于正常或高峰期很快下跌的现象。

②传染性疫病的侵袭最为显著（如感染了强毒型、温和型新城疫、变异性传支、禽流感、呼吸道综合征等），以及寄生虫的侵袭。

③鸡舍内温度、压力和通风的改变（如热应激-气温超过27℃，氨气蓄积等）。

④由供水装置故障或开放饮水中水深度不够造成饮水不足。

⑤饲料一致性的改变或饲料营养成分不够导致采食量下降。

⑥母鸡受到突然惊吓，免疫接种，光照改变。

⑦饲养人员、饲喂时间等日常管理改变。

⑧营养素缺乏或不平衡导致的下降。鸡不能耐受大多数营养素的长期缺乏，许多营养素（如能量、蛋白质、食盐、钙等）缺乏的影响仅数日就表现出来，而微量营养素缺乏的影响需要较长时间表现出来（大于7d）。例如粗蛋白水平实质性下降时，日产蛋量也随着降低。患有脂肪肝的鸡群。

⑨产蛋间歇同步化或记录失误。

⑩对策：创造相对稳定的产蛋环境；使用优质的全价配合饲料；预防各种疾病的感染和减少应激因素。

3. 商品蛋鸡标准化养殖园区（小区）生产技术参数

(1) 蛋鸡的生产性能指标

平均蛋重55~65g，开产周龄20~22周龄，达到高峰的周龄25~28周龄，高峰持续周龄10~15周或更长，高峰期的平均产蛋率为94%~96%，产蛋期的成活率为95%~96%，料蛋比2.1~2.4。

(2) 蛋鸡的饲养参数

体重及均匀度：确保育雏期（尤其6周末）体重达标（500~550g），鸡群的均匀度85%以上。育成期（尤其是18周末）体重达标（1 500~1 550g），鸡群的均匀度80%以上。

蛋鸡的耗料：蛋鸡全期分三个阶段（育雏、育成期，产蛋期）计算蛋鸡的饲料消耗量。

育雏期饲料（0～6周龄）：每只均日采食量25～30g，每只需要1～1.5kg全价颗粒配合饲料，每个养殖单元（户）每批需3～4.5t，标准化养殖园区（小区）每批共需雏鸡料总量30～45t。

育成期饲料（7～18周龄）：每只均日采食量60～65g，每只需要5～6kg全价配合饲料，每个养殖单元（户）每年需15～18t，标准化养殖园区（小区）每批共需育成鸡料总量150～180t。

产蛋期的饲料（18～72周龄）：每只均日采食量115～125g，每一只产蛋鸡需要全价配合饲料40～52kg，每一个养殖单元（户）每批需120～156t全价配合料，标区准化养殖园区（小区）每批共需产蛋鸡料1 200～1 560t。

标准化养殖园区（小区）蛋鸡全期饲喂优质全价配合饲料，根据蛋鸡在不同生长阶段对各种营养物质的需要，参考NY/T 33—2004蛋鸡饲养标准，自配各阶段的全价配合饲料；也可购买5%的优质预混料再加上蛋白饲料，能量饲料和常量矿物质饲料配制（参考配方见附表1），或直接购买优质浓缩饲料加能量饲料即可。但所使用的饲料原料、预混料、浓缩料和添加剂均应符合NY5042—2001《无公害食品　蛋鸡饲养饲料使用准则》。

（3）水

每个养殖单元（户）每年大约需水890t，园区（小区）每年需水总量为8 900t。

（4）排粪量

每个养殖单元每年产生鲜粪量约135t，园区（小区）每年产生鲜粪量1 350t；每个单元户折合干粪量40.5t；园区（小区）每年产干粪405t。

（5）饲养设备

饲料加工机组：购置一套时产1t的配合饲料加工机组。

换气设备：1台（9FJ14.0轴流式风机，实际排风量可达50 000m^3/h）或2台（直径是900，排风量是445m^3/min，外型尺寸是1 000×1 000×350）。

暖风炉：每户购置5万大卡的暖风炉设备一套。

饮水器：3kg真空饮水器60个（1～7日龄每50只鸡一个）。

自动乳头饮水器：共768个（每个单笼4个，并安装在两小笼之间）。

料槽（盘）：开食盘直径40cm，38个（1～7日龄每80只鸡一个）。

干湿温度计：5个（测温湿度用）；酒精温度计：（测温度用）10个。

大水箱：1个（容量1 000kg）；小水箱：12个；饮水管线：足够长。

鸡舍照明定时控制器：1个。

断喙器：1个。

冲洗鸡舍及消毒设备：高压冲洗机1台（冲刷鸡舍及环境消毒）；高压喷雾器1台（带鸡消毒用）；大铝锅（甲醛熏蒸消毒用）。

工作服：每人2套；拖鞋雨靴每人各1双。大塑料盆：鸡舍门口消毒用2个。

三、商品蛋鸡标准化养殖园区（小区）管理

（一）机构设置与人员管理

1. 机构设置及任务

蛋鸡标准化养殖园区（小区）由组建单位（乡政府、村委会、协会、经济合作组织或企业、大户）协调所有投资方，成立蛋鸡标准化养殖园区（小区）管理委员会，推选政治素质高，业务能力强的人员从事蛋鸡标准化养殖园区（小区）专职或兼职管理工作，负责制定、落实和维护养殖园区（小区）正常生产等工作。同时，负责蛋鸡标准化养殖园区（小区）内饲料原料的采购，加工和运营，以及兽医防治、技术培训、档案管理、门卫和消防等公共设施的正常运行。

2. 人员管理

（1）进入蛋鸡标准化养殖园区（小区）的工作人员必须经卫生部门体检合格；患有人畜共患病、顽固性皮肤疾病等有碍食品卫生疾病的人员不得进入园区（小区）从业；蛋鸡标准化养殖园区（小区）的工作人员要建立健康档案，定期对从事园区（小区）蛋鸡生产的工作人员进行健康检查。

（2）饲养员上岗应穿着工作服、鞋、帽，并定期清洗消毒。

（3）蛋鸡标准化养殖园区（小区）的从业人员必须经严格消毒后方可进入生产区工作。

（4）未经许可，蛋鸡标准化养殖园区（小区）谢绝外来人员参观。

（二）生产管理

1. 蛋鸡标准化养殖园区（小区）严格执行 NY/T 5043—2001《无公害食品　蛋鸡饲养管理准则》（附录6－1），NY 5042—2001《无公害食品　蛋鸡饲养饲料使用准则》（附录6－2）和 NY 5027《无公害食品　畜禽饮用水水质》（附件1）。禁止使用国家禁用的饲料、饲料添加剂和兽药。

2. 禁止使用农药、微生物污染的及发霉、变质、冰冻的饲料（预混料、浓缩料和全价料、饲料添加剂）。

3. 入驻蛋鸡标准化养殖园区（小区）的养殖户严格执行农业部《畜禽标识和养殖档案管理办法》相关规定，建档立案，做好各项记录（附件5）及《牲畜耳标技术规范》（附件6）。

（三）环境管理

1. 园区（小区）环境管理严格执行 NY/T 1167—2006《畜禽场环境质量与卫生控制规范》（附件2）的规定。

2. 园区（小区）内粪便不得随地堆集，污水不得随意排放。园区（小区）内的鸡粪要日产日清，及时运送到贮存场所。排污要遵循减量化、无害化和资源化原则，达到 GB 18596—2001《畜禽场污染物排放标准》（附件 8）和 GB 1168—2006《畜禽粪便无害化处理技术规范》（附件 9）的要求。

3. 园区（小区）内净道和污道要严格分开，且不得交叉。

4. 园区（小区）内要定期杀虫、灭鼠，保持区内洁净，以减轻昆虫和鼠类等对鸡群的危害。

5. 传染病致死的鸡及因病捕杀的死尸应按照 GB 16548—2006《病害动物和病害动物产品生物安全处理规程》（附件 10）的要求，在指定地点进行扑杀、处理，不得在养殖园区（小区）内外随意丢弃。

6. 禁止出售病、死鸡或者作为食品进行加工，有救治价值的鸡应隔离饲养，由兽医进行诊治。

7. 鸡场废弃物经无害化处理以后，可以作为农业用肥，不得作为其他动物的饲料。

（四）疫病防控

1. 所有进出蛋鸡标准化养殖园区（小区）的人员和车辆必须经过园区（小区）大门的消毒池或喷雾消毒设施进行消毒。

2. 蛋鸡标准化养殖园区（小区）内的鸡群严格执行 NY 5041—2001《无公害食品 蛋鸡饲养兽医防疫准则》（附录 6－3）的免疫程序进行免疫和疫病监测，发现疫情及时上报当地畜牧兽医主管部门，并按照有关规定及时处理。所应用的生物制品应是国家定点生产的，有正式批准文号的生物制品，不得应用任何中试产品；使用国外生物制品时，必须注意该产品是否在国家农业部注册，只有注册后才被允许使用。

3. 按《动物防疫法》和《兽药管理条例》的规定，根据蛋鸡生长不同时期，在兽医指导下，采用优质兽药进行疾病防治。所使用的药物应严格执行 NY 5030—2006《无公害食品　畜禽饲养兽药使用准则》（附件 7）。

（1）幼雏、中雏、育成期允许使用的兽药有：盐酸氨丙啉、盐酸氯丙啉-磺胺喹噁啉钠、越霉素 A、二硝托胺、芬苯哒唑、潮霉素 B，甲基盐霉素-尼卡巴嗪，盐酸氯苯胍、磺胺喹噁啉-二甲氧苄啶，硫酸安普霉素、亚甲基水杨酸杆菌肽、甲黄酸达氟沙星、盐酸二氟杀星、蒽诺沙星、硫氰酸红霉素、氟苯尼考、氟甲喹、吉他霉素、硫酸新霉素、牛至油、盐酸土霉素、盐酸沙拉沙星、磺胺喹噁啉钠-甲氧苄啶、复方磺胺嘧啶、延胡索酸泰乐菌素、酒石酸泰乐菌素等。

（2）产蛋期允许使用的兽药有：氟苯咪唑、土霉素、杆菌肽锌、牛至油、复方磺胺氯达嗪钠、妥曲珠利、维吉尼亚霉素。

除以上规定使用的兽药外，其他兽药不得用于园区（小区）蛋鸡的生产。

4. 商品蛋鸡标准化养殖园区（小区）禁止饲养其他畜禽，并禁止其他畜禽进入。

5. 商品代雏鸡应来自通过有关部门验收的父母代鸡场或专业孵化场，雏鸡不能带鸡白痢、禽白血病和霉形体病等蛋传疾病，不从疫区购买雏鸡。购入蛋雏鸡和运输淘汰鸡时必须向蛋鸡标准化养殖园区（小区）申报，严格执行 GB 16549—1996《畜禽产地检疫规范》（附件3）和GB 16567—1996《种畜禽调运检疫技术规范》（附件4），同时出据检疫合格证，并观察30d以上，确定为健康，方可入区进行正常生产。

6. 定期对鸡舍、走道、道路、器具和周围环境进行清扫和消毒；隔离观察区在使用前后必须清扫和消毒。

商品蛋鸡标准化养殖园区（小区）建设图

建筑设计总说明

一、设计依据

1. 标准化养殖园区（小区）建设规划
2. 蛋鸡养殖生产技术参数
3. 国家现行建筑设计规范、规定和标准

二、工程概况

1. 本设计为标准化蛋鸡养殖园区（小区）规划方案。
2. 小区占地面积15431m²，折合占地23.14亩，总建筑面积5296.5m²，建筑系数0.331。
3. 本工程为三类建筑，建筑物耐火等级为三级，火灾危险程度为一般。
4. 工程抗震设防烈度根据我国主要城镇抗震设防烈度确定，施工时建筑物须进行抗震设防。

三、设计说明

1. 本设计为建筑规划方案，不做为施工图指导施工。
2. 本设计未配套水、暖、电、电话等公共设施，建设方可根据养殖园区（小区）的实际情况配套公共设施。
3. 本设计单体结构方案为参考方案，建设方须进行施工图设计确定结构设计方案，并遵守国家现行规范、规定，特别是强制性规范。
4. 工程做法未作说明，建设方可本着经济、适用、美观的原则选择工程做法。
5. 其他图中未说明的部分可依据施工图设计或遵守国家现行规范、规定和标准。

四、采用标准

1. 《建筑设计资料集》、《05系列建筑标准设计图集》
2. 《村镇规划卫生标准》GB18055、《建筑设计防火规范》GB50016

图纸目录

序号	图别图号	图名	备注
1	附图6-1	总平面布置图、建筑物明细表、技术经济指标	
2	附图6-2、附图6-3	综合蛋鸡舍平立剖面图	
3	附图6-4	兽医室平立剖面图	
4	附图6-5	更衣淋浴间平立剖面图	
5	附图6-6、附图6-7	饲料加工间平立剖面图	
6	附图6-8	培训室、办公室、门房平立剖面图	

功能分区示意图

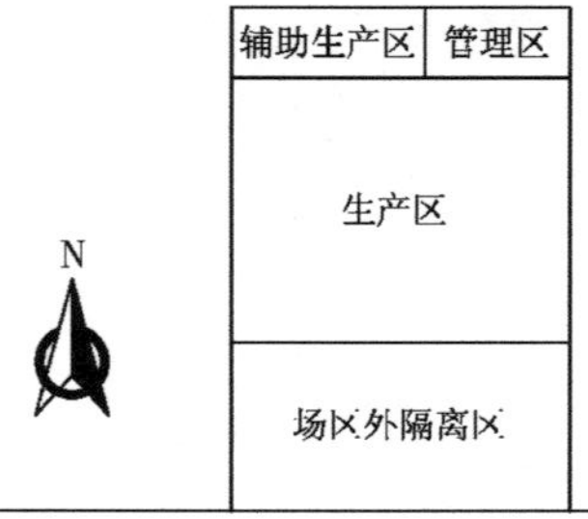

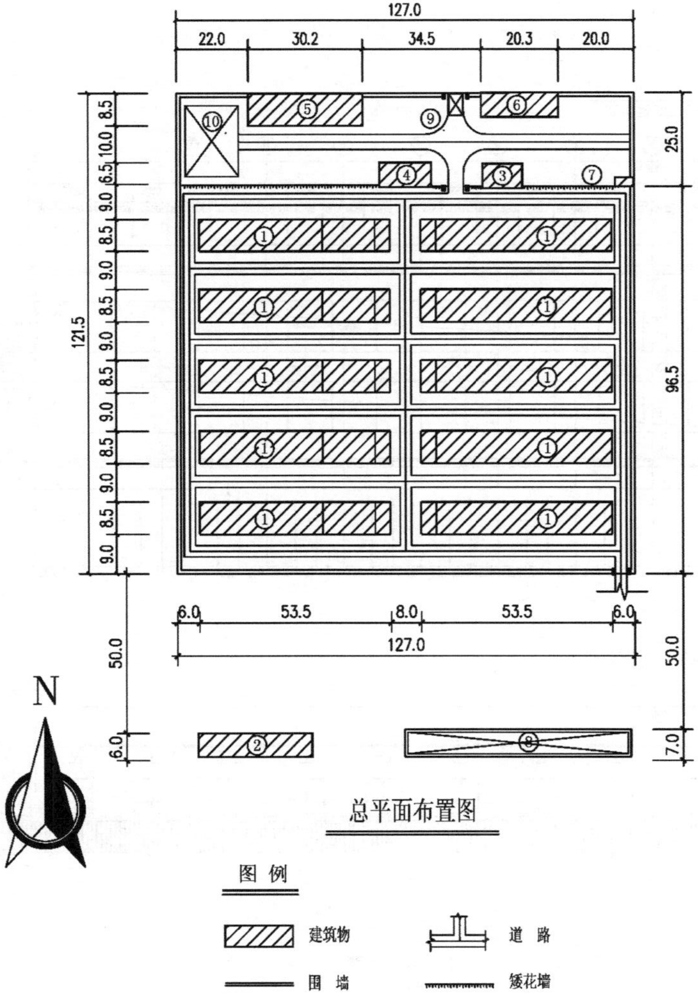

总平面布置图

建筑物明细表

序号	工程名称	建筑面积(m^2)	备注
①	综合蛋鸡舍	454.75X10=4547.5	
②	隔离鸡舍	188.7	
③	兽医室	67.6	
④	更衣淋浴间	89.05	
⑤	饲料加工间	256.7	
⑥	培训室、办公室、门房	131.95	
⑦	旱厕	15.0	
⑧	堆粪场		400
⑨	消毒池		24.0
⑩	晒场		300
	合计	总建筑面积5296.5m² 不包括隔离鸡舍的建筑面积 5107.8²	

技术经济指标列表

序号	技术经济指标	数量(m^2)	序号	技术经济指标	数量(m)
1	占地面积	15431 折合23.14亩	4	围墙	443.8
2	总建筑面积	5296.5	5	矮花墙	98
3	道路	3540	6	建筑系数	0.331

说明

1、尺寸标注单位为米。

2、建设单位可根据实际情况配套配电室、水泵房等公共设施。

3、本方案没有计算场地利用系数，场地利用系数等于建筑面积+构筑物面积+晒场等与占地面积的比。

3、隔离鸡舍和堆粪场应位于小区的下风向50m以外。

附图6-1

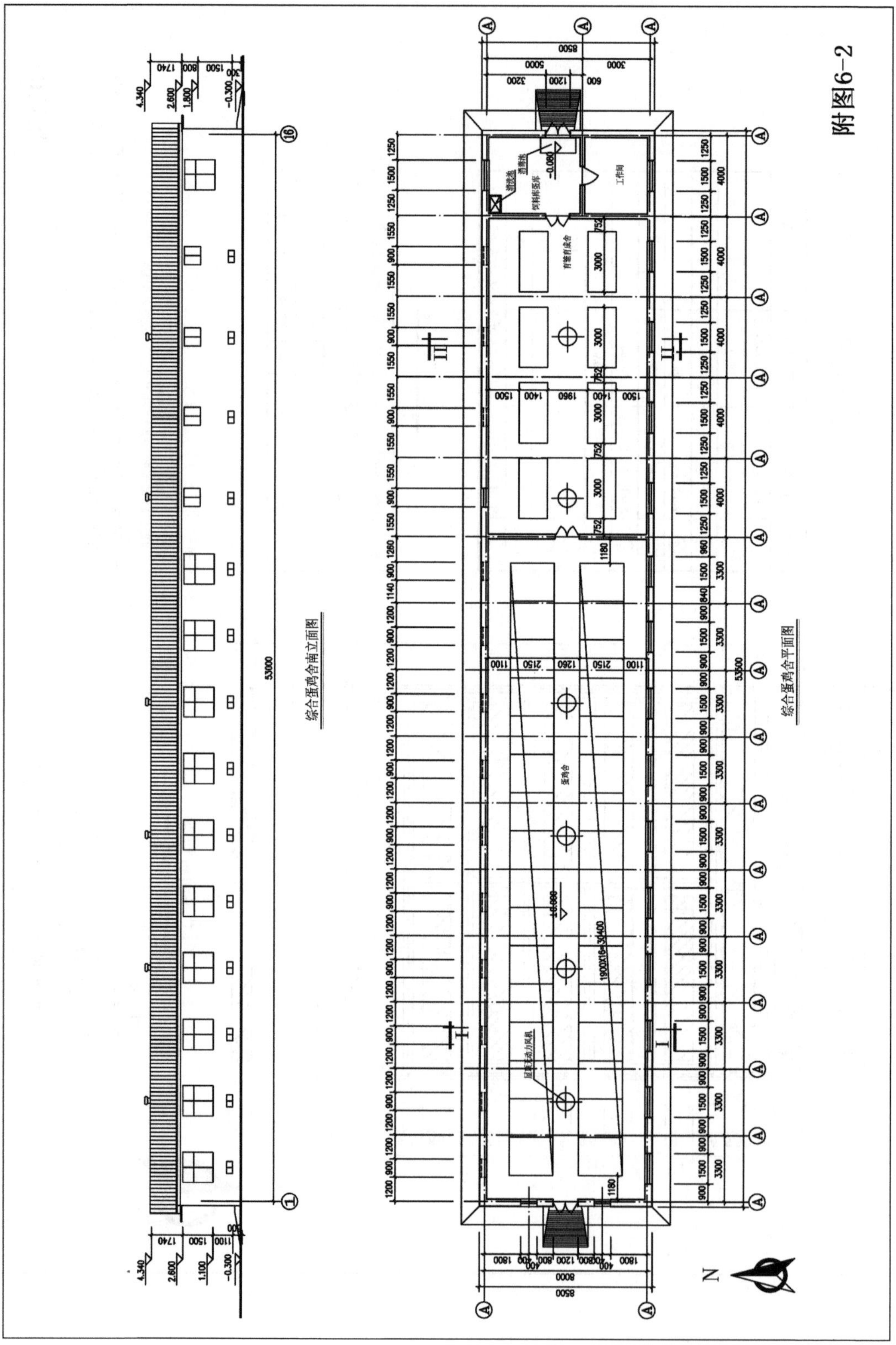
附图6-2
综合蛋鸡舍南立面图
综合蛋鸡舍平面图
53000
53500
8500
蛋鸡舍
育雏育成舍
工作间
N

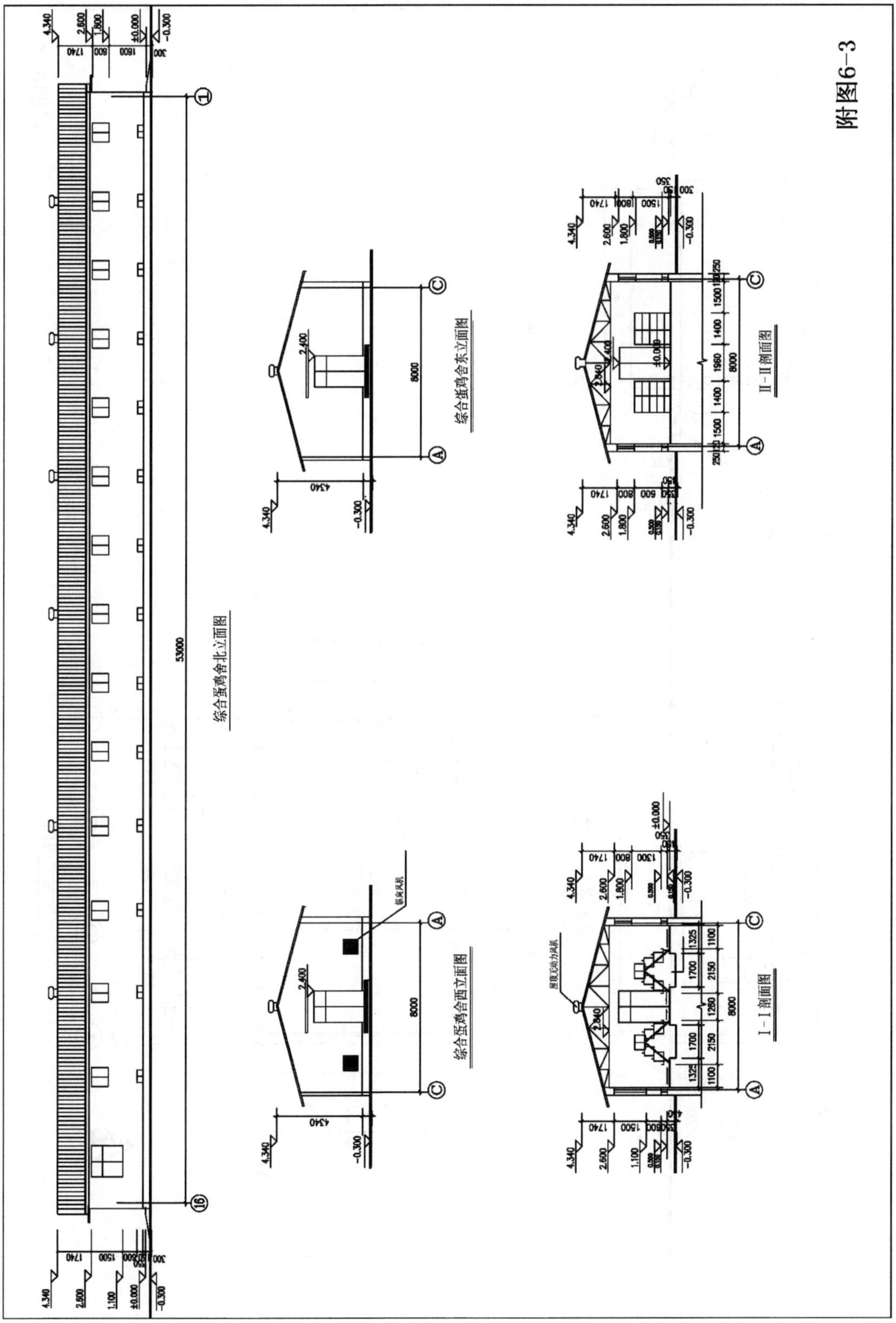

附图6-3

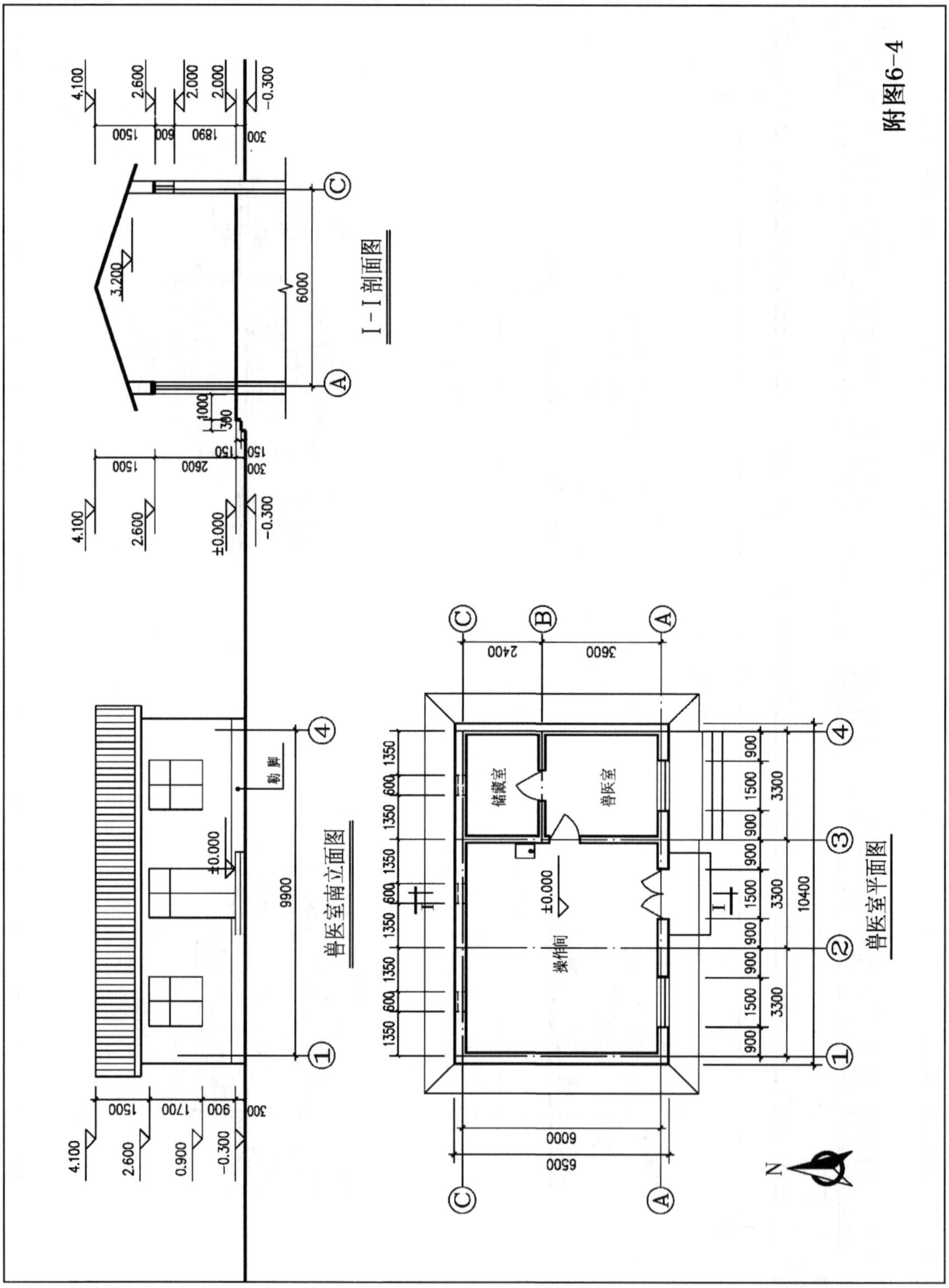
I-I 剖面图
兽医室南立面图
兽医室平面图
储藏室
兽医室
操作间
±0.000
4.100
2.600
-0.300
6000
6500
9900
10400
3300
2400
3600

附图6-4

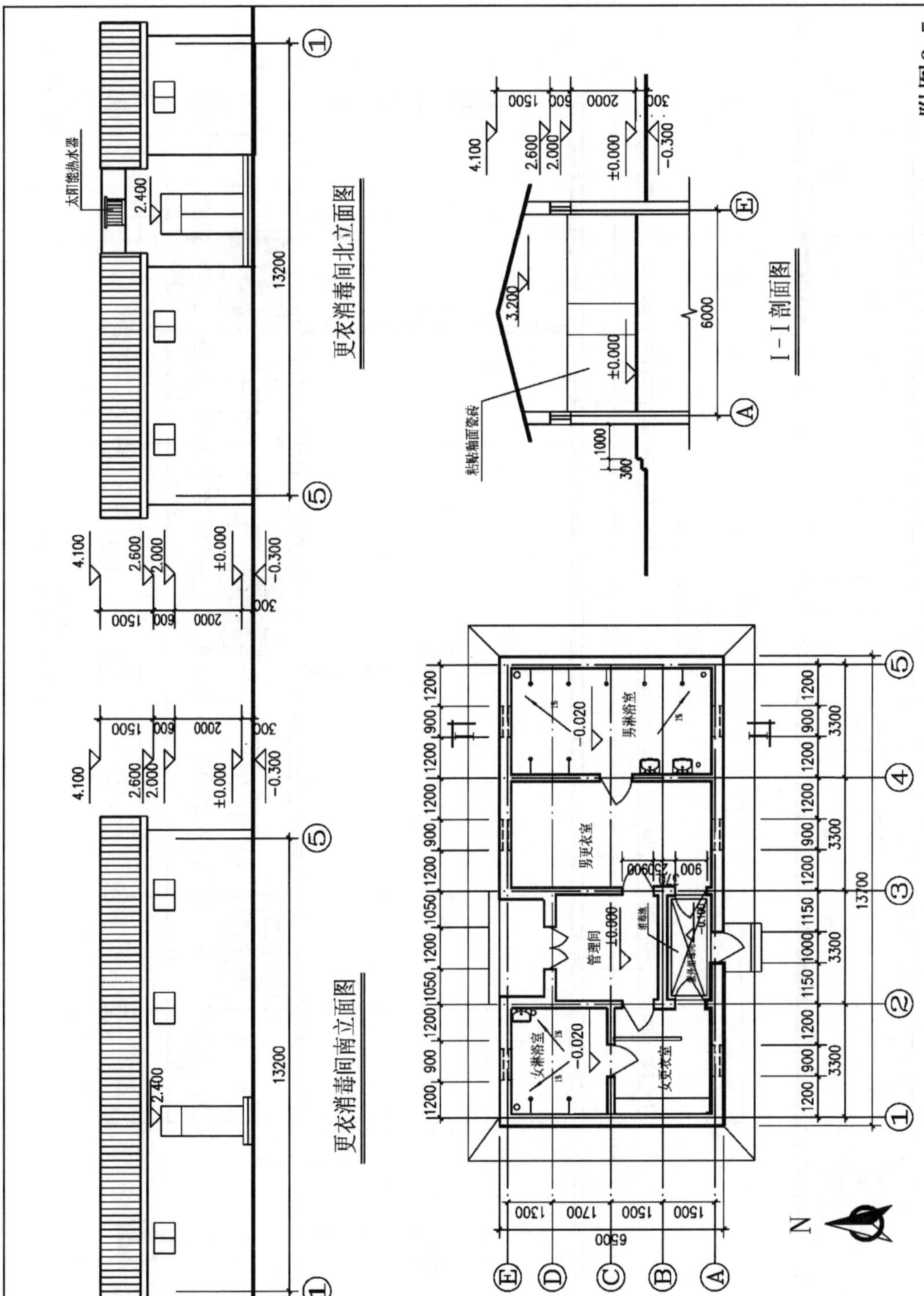
更衣消毒间北立面图
太阳能热水器
更衣消毒间南立面图
I－I 剖面图
粘贴釉面瓷砖
更衣消毒间平面图
男淋浴室
男更衣室
管理间
女淋浴室
女更衣室
13200
13700
6500
6000

附图6-5

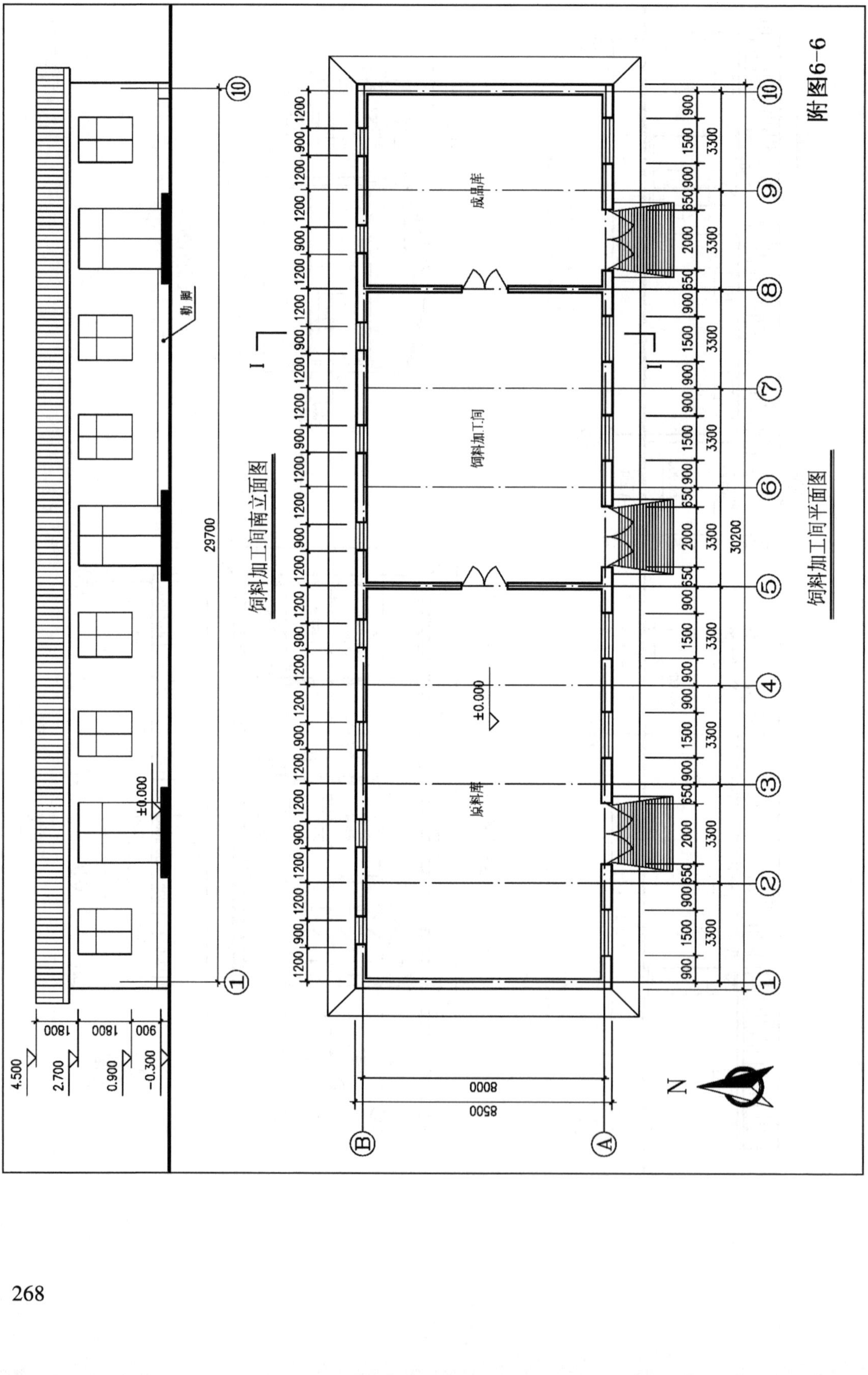
饲料加工间南立面图
饲料加工间平面图
成品库
饲料加工间
原料库
勒脚
±0.000
29700
30200
8000
8500
4.500
2.700
0.900
-0.300
N

附图6-6

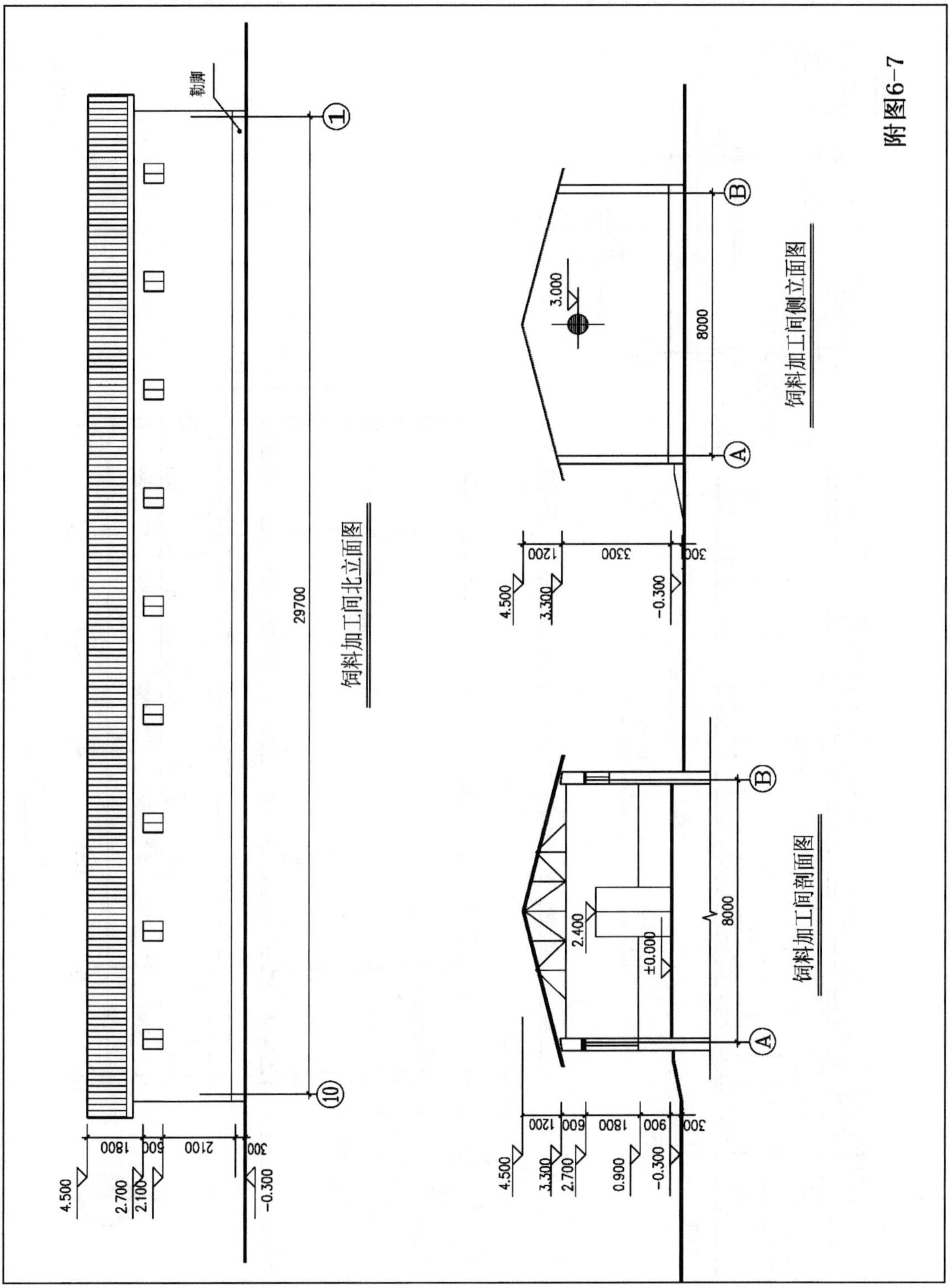

勒脚
29700
饲料加工间北立面图
4.500
2.700
2.100
-0.300
1800
600
2100
300
3.000
8000
饲料加工间侧立面图
3.300
1200
3300
2.400
±0.000
饲料加工间剖面图
0.900
900

附图6-7

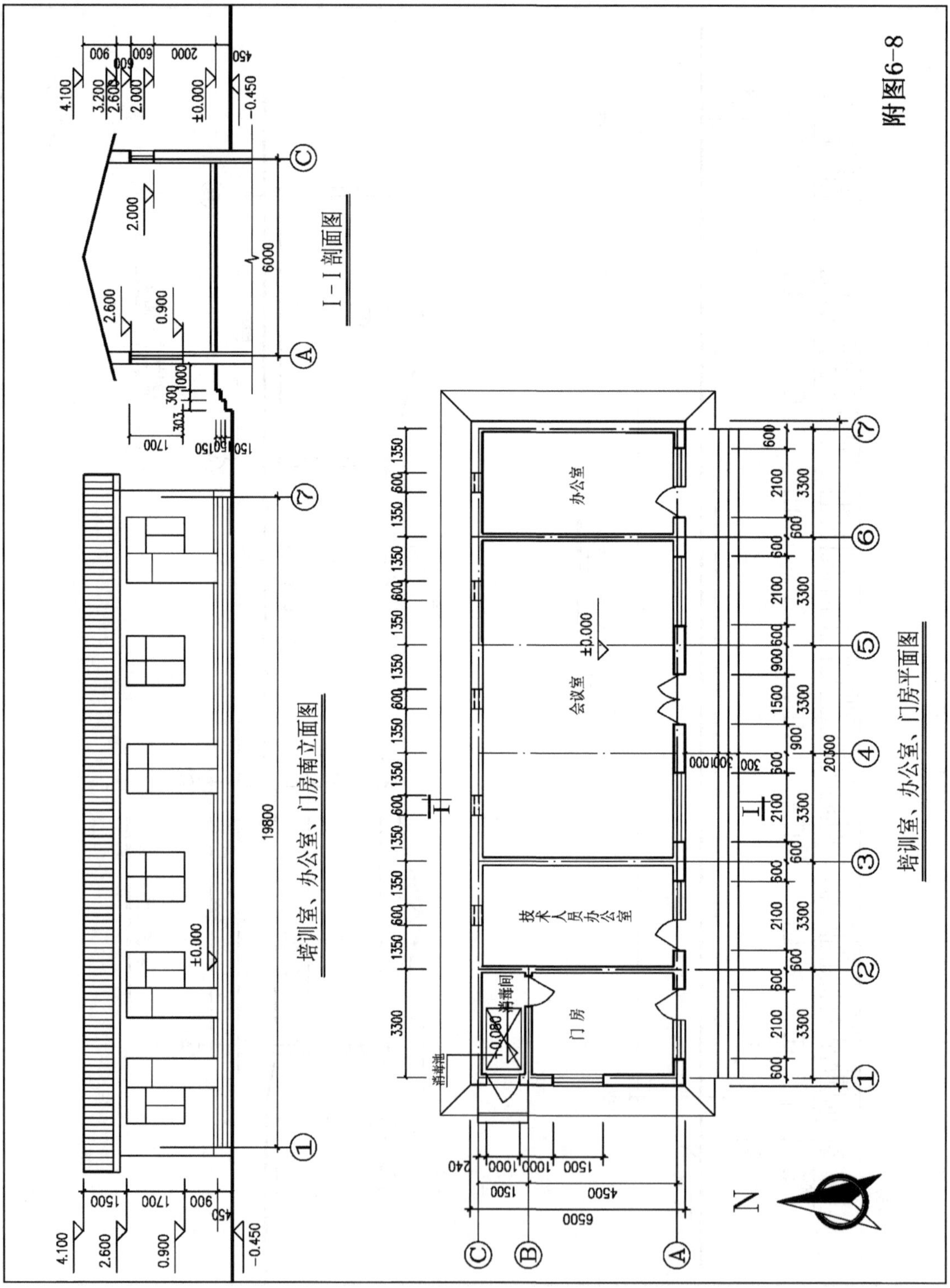
I－I剖面图
培训室、办公室、门房南立面图
培训室、办公室、门房平面图
办公室
会议室
技术人员办公室
门房
消毒间
消毒池
N

附图6-8

附录2 商品蛋鸡标准化养殖小区建设管理规程

1 范围

本标准规定了商品蛋鸡标准化养殖小区的术语与定义、养殖小区建设、鸡群、饲料与日粮配置、饲养管理、消毒与防疫、废弃物处理、组织管理、记录与档案管理。

本标准适用于存栏蛋鸡30 000只以上的蛋鸡标准化养殖小区的建设和管理，同等规模的蛋鸡养殖场（户）参照执行。

2 规范性引用文件

下列文件中的条款通过本标准的引用而成为本标准的条款。凡是注日期的引用文件，其随后所有的修改单（不包括勘误的内容）或修订版均不适用于本标准，然而，鼓励根据本标准达成协议的各方研究是否可使用这些文件的最新版本。凡是不注日期的引用文件，其最新版本适用于本标准。

GB 3095 环境空气质量标准

GB 13078 饲料卫生标准

GB 16548 病害动物与病害动物产品生物安全处理规程

GB 16549 畜禽产地检疫规范

GB 16567 种畜禽调运检疫技术规范

GB 18596 畜禽养殖业污染物排放标准

GB 50052 供配电系统设计规范

GBJ 39 村镇建设设计防火规范

NY/T 33 鸡饲养标准

NY/T 388 畜禽场环境质量标准

NY/T 682 畜禽场场区设计技术规范

NY/T 1167 畜禽场环境质量与卫生控制规范

NY/T 1168 畜禽粪便无害化处理技术规范

NY 5027 无公害食品 畜禽饮用水水质

NY 5030 无公害食品 畜禽饲养兽药使用准则

NY 5032 无公害食品 畜禽饲料和饲料添加剂使用准则

NY 5041 无公害食品 蛋鸡饲养兽医防疫准则

NY 5042 无公害食品 蛋鸡饲养饲料使用准则

NY/T 5043 无公害食品 蛋鸡饲养管理准则

SL 310 村镇供水工程技术规范

兽药国家标准和部分品种的停药期规定　中华人民共和国农业部公告第278号
畜禽标识和养殖档案管理办法　中华人民共和国农业部令2006第67号

3　术语和定义

下列术语和定义适用于本标准。

3.1　标准化养殖小区

指按照畜禽养殖场所与居民生活区分离的原则，由地方人民政府或村民委员会规划，以统一建设、统一管理、统一防疫、分户饲养为主要模式，布局合理、设施完善、功能齐全、高效安全的集中从事畜禽养殖活动的区域。

3.2　商品蛋鸡

主要是指用现代蛋用配套品系杂交所产的，不能用于繁殖后代，以产蛋性能高为主的鸡。

3.3　雏鸡

出壳到6周龄的蛋鸡。

3.4　育成鸡

7周龄到18周龄的蛋鸡。

3.5　产蛋鸡

19周龄到淘汰的蛋鸡。

3.6　净道

场区内用于健康鸡群和饲料等洁净物品转运的专用道路。

3.7　污道

场区内垃圾、粪便、病死鸡、淘汰鸡等非洁净物品出场的专用通道。

3.8　全进全出

同一批次鸡同时进出同一鸡舍单元的饲养管理制度。

3.9　阶段饲养

按照蛋鸡生理与生长的特点，将生产周期划分为不同年龄或几个生产阶段，并按各个阶段实行不同的饲养管理方式。

4　养殖小区建设

4.1　选址

养殖小区应位于法律法规明确规定的禁养区以外，地势高燥、通风良好、交通便利、水电供应稳定、隔离条件良好的地域。

4.1.1　养殖小区应距离城镇居民点、学校、医院长年主导风向的下风向或侧风向1 000m以外；距离干线公路、铁路1 000m以上；周围3 000m以内无大型化工厂、矿区、皮革厂、屠宰厂、肉品加工厂和其他畜牧场。

4.1.2　建设用地应水源充足、水质应符合NY 5027。

4.1.3　地域大气环境质量应符合GB 3095。

4.1.4　禁止在旅游区、自然保护区、水源保护区、环境公害和畜禽疾病污染严重的地区建设养殖小区。

4.1.5　占地面积

存栏30 000只产蛋鸡的蛋鸡标准化养殖小区占地面积不少于15 341m^2（23亩）。

4.2　总平面布局

4.2.1　布局原则

以布局紧凑、节约用地、科学实用、便于管理、利于防疫和安全生产为原则。养殖小区内防火执行GBJ 39。

4.2.2　养殖小区功能区划分为生活管理区、辅助生产区、生产区和隔离区。

4.2.2.1　生活管理区

包括门卫值班室、办公室、技术培训室、兽医室、业务洽谈室等，位于养殖小区的上风向区域。

4.2.2.2　辅助生产区

包括饲料加工间、饲料库、锅炉房、配电室、水泵房等，位于生产管理区的下风向或侧风向。

4.2.2.3　生产区

包括各类鸡舍等，位于生活管理区与辅助生产区的下风向。鸡舍间距应为鸡舍高度的3～5倍，入口处设消毒更衣室和车辆消毒池。

4.2.2.4　隔离区

包括病鸡隔离治疗舍、粪便处理场等，位于生产区下风向，与生产区保持50m以上的防疫距离或建于养殖小区外下风向区域。

4.3　建设

4.3.1　配套工程

4.3.1.1　养殖小区给排水管线工程参照SL 310设计。电力供应执行GB 50052，并自备发电机组。

4.3.1.2　养殖小区内建筑朝向与间距、环境绿化，参照NY/T 682执行。

4.3.1.3　消毒池设在大门口以及生产区进出口，消毒液使用2%烧碱，每3～7d更换一次。人行通道设在消毒间内，在消毒间的顶棚安装紫外线消毒或喷雾消毒设施，并设计洗手池和更衣柜。

4.3.1.4　养殖小区内净道与污道分设。

4.3.2　鸡舍建筑

4.3.2.1　方位与平面布置

鸡舍朝向须南北向方位，偏东或偏西不超过30°，保持鸡舍纵向轴线与当地常年主导风向呈30°～60°角。根据饲养规模，舍内笼具可布置为双列式、三列式或四列式。

4.3.2.2　鸡舍环境

应具备良好的保温隔热、通风、排湿以及采光性能，参照NY/T 388执行。

鸡舍以自然通风为主，辅助纵向机械通风。

4.3.2.3 建设面积

鸡只平均建筑面积0.06～0.08m^2。

4.3.2.4 育雏舍建设

饲养0～6周龄雏鸡，建造要求是防寒保暖、坚固、防鼠害。

水泥地面，平整光滑且有1%～2%的坡度，墙面水泥砂浆抹面。

鸡舍外门宽1.5～2m，高2.0m，内门宽0.7m、高1.8m。每栋鸡舍至少有两个外门，设在两端墙上，正对通道。

南北设窗，窗户要等距分布，窗间壁的宽度不应大于窗宽的2倍，窗台距地面是1.4～1.6m，北窗总面积约为南窗的70%。南窗户设为立式窗户，北窗设为卧式窗户。窗户安装防鸟铁纱窗，可推拉或外开，不可内开，并结合光照制度采取一定遮光措施。

采用四层重叠式立体鸡笼笼养，料车道及抽粪板一侧的通道宽度为1.0～1.2m。

檐口高度2.0m，舍内净高不小于2.4m，屋面坡度不大于1：3，总高度3.5～4.0m。

4.3.2.5 育成、蛋鸡鸡舍建设

育成鸡舍饲养7～19周龄蛋鸡，蛋鸡舍饲养19周龄直至淘汰的蛋鸡。

采用三层全阶梯式笼养，根据饲养规模设两列、三列或四列平面布置方式，舍内通道净宽1.0～1.2m。

鸡笼下设粪沟，粪沟深0.3m，且有1%～3%的坡度，并要求地面光滑平整。

南北设窗，窗台距地面1.4～1.6m。南北可开地窗，地窗安装防鼠铁丝网，开启方式为上悬，其他同育雏鸡舍。

4.3.3 设备

舍内应配置笼具、断喙器、饮水设备、供料设备、清粪设备、通风设备、供暖设备、光照设备、饲料加工设备。

4.3.3.1 笼具

育雏笼为四层重叠式立体鸡笼，每笼面积为1.4m×0.7m，层与层之间有0.7m×0.7m的粪盘，全笼总高度为1.725m，四个笼为一组，每组饲养100只雏鸡。

产蛋鸡笼为三层全阶梯式鸡笼，可采用396型或390型。

4.3.3.2 断喙器

采用台式自动断喙器或脚踏式断喙器。

4.3.3.3 饮水设备

饮水器常用的有槽式饮水器、真空饮水器和乳头式饮水器。

水线的前端应配备过滤器和自动加药器。

4.3.3.4 供料设备

开食盘用于7日龄之前的雏鸡采食。料槽设置高度应使槽上缘与鸡背同高。

4.3.3.5 清粪设备

刮板式清粪机用于阶梯式笼养蛋鸡舍的清粪。

4.3.3.6 通风设备

推荐使用型号为9FJ1400轴流式风机。

4.3.3.7 供暖设备

采用燃煤热风炉供暖，热风炉进风口应装备报警温控仪，热风炉的顶部制做水箱一个，并与饮水系统相连。

4.3.3.8 光照设备

人工光照通常使用白炽灯，并装配光照控制器

4.3.3.9 饲料加工设备

根据养殖规模配置饲料加工机组。

5 鸡群

5.1 饲养模式

采用“同源引种，全进全出”的饲养模式。

5.2 鸡群引入

蛋鸡品种应选择海兰白（褐、灰）、海赛克斯白（褐）、新罗曼白（褐），也可选择京红1号、京粉1号、京白、农大3号节粮小型蛋鸡。

严禁从疫区引种。鸡群调运、检疫、隔离要执行GB 16549和GB 16567。

6 饲料与日粮配置

6.1 原料选用

执行GB 13078、NY 5030、NY 5032和NY 5042，卫生标准执行GB 13078。

6.2 全价饲料配制

根据蛋鸡不同生长阶段的营养需要，参照NY/T 33配置日粮。

也可使用复合预混料或浓缩饲料，按饲料企业的推荐配方配制饲料。

7 饲养管理

7.1 蛋鸡日常管理参照NY/T 5043，兽药使用参照NY 5030。

7.2 鸡舍准备

入舍前7d熏蒸消毒，密闭鸡舍24h以上，然后开窗通风2d以上。熏蒸剂按每立方米21g高锰酸钾、42ml甲醛配制。

7.3 雏鸡饲养与管理

7.3.1 饲养

鸡只日均采食0.025～0.03kg全价配合饲料。鸡只日均饮水量为0.05～0.09kg。

7.3.2 管理

7.3.2.1 饮水与开食

先饮温水，后开食。雏鸡前3d的饮水中需按比例添加电解多维和抗菌药物。

7.3.2.2 鸡舍温度

0～7日龄32～35℃，8～14日龄29～32℃，15～21日龄27～29℃，22～28日龄24～27℃，29日龄以后21℃。

7.3.2.3 鸡舍湿度

1～7日龄70%～75%，8～14日龄65%～70%，15～21日龄60%～65%，22～28日龄55%～65%。

7.3.2.4　鸡群密度

1～14日龄60只/m^2，15～28日龄40只/m^2，29～49日龄34只/m^2。

7.3.2.5　光照

前3d采用24h光照，以后遵守恒定给光法或递减给光法的光照原则。

7.3.2.6　适时断喙

在7～10日龄进行断喙，上喙保留1/2，下喙保留2/3，保持切口平齐。断喙前后3d在料中添加电解多维或维生素C，断喙后增加饲料的厚度，且在料中添加维生素K_3，但不能同时搞免疫。

7.3.2.7　适时转群

定时监测体重、均匀度，适时上笼转群。同时淘汰公鸡、病弱残鸡。

7.4　育成鸡饲养与管理

7.4.1　饲养

每只育成鸡平均日采食0.06～0.065kg全价配合饲料。鸡只日均饮水量为0.12～0.195kg。

7.4.2　管理

7.4.2.1　鸡群密度

24只/m^2左右。

7.4.2.2　光照

采用恒定给光法或递减给光法制定光照制度。此期绝对不能增加光照时间和光照强度。

7.4.2.3　适时转群

定时监测体重、均匀度，适时上笼转群。

7.5　产蛋鸡饲养与管理

7.5.1　饲养

每只产蛋鸡平均日采食0.115～0.125kg全价配合饲料。鸡只日均饮水量为0.23～0.375kg。

7.5.2　管理

7.5.2.1　鸡群密度

14只/m^2左右。

7.5.2.2　光照

采用恒定递增给光法制定光照制度。此期绝对不能减少光照时间和光照强度。

7.5.2.3　休药期

休药期执行NY 5030和农业部《兽药国家标准和部分品种的停药期规定》。

8　消毒与防疫

8.1　消毒

创建良好的生产环境条件，搞好卫生控制，参照NY/T 1167。

8.2　防疫

鸡群防疫、防治参照NY 5041、NY 5030。

9　废弃物处理

9.1　病害物处理

病害物处理执行 GB 16548。

9.2　粪便处理与排放

粪便无害化处理采用 NY/T 1168，污染物排放执行 GB 18596。

10　组织管理

10.1　组织形式

建立具有法人资质的组织机构，对养殖小区进行统一管理。

10.2　管理模式

实行统分结合的管理运行模式。统一建设、统一品种、统一防疫、统一服务、统一无害化处理、统一销售，分户饲养。

10.3　人员管理

10.3.1　从业人员

配备与生产规模相适应的畜牧、兽医技术人员。

从业人员应身体健康，并定期进行健康检查，有传染病患者应及时调出。

10.3.2　技术培训

根据生产需要制定培训计划，定期聘请畜牧兽医专家对入区养殖户进行技术培训。

10.4　制度建设

建立完善的规章制度，包括生产管理制度、物品管理制度、出入场管理制度、兽药和疫苗购进使用管理制度、饲料加工使用管理制度、各项技术操作规程、卫生防疫制度、卫生消毒制度、档案制度、病死鸡无害化处理制度、疫情监测报告制度、技术培训制度等。

11　记录与档案管理

11.1　根据农业部颁布的《畜禽标识与养殖档案管理办法》建立商品蛋鸡标准化养殖生产档案，配备记录员和档案管理员，负责档案记录与保管，每批鸡的记录资料保存 3 年以上。

11.2　记录内容包括品种、数量、蛋鸡来源、进出场时间、饲料、饲料添加剂、疫苗、兽药等投入品的来源、名称、使用对象及用量以及免疫、发病和治疗情况、死淘数、日产蛋数、平均蛋重、鸡蛋的销售等情况。

11.3　根据原始记录，定期进行统计、分析和总结，及时指导生产。

附录3　无公害食品　蛋鸡饲养管理准则

1　范围

本标准规定了生产无公害鸡蛋过程中引种、环境、饲料、用药、免疫、消毒、鸡蛋收集、废弃物处理各环节的控制。

本标准适用于商品代蛋鸡场，种鸡场出售商品鸡蛋可参照本标准执行。

2　规范性引用文件

下列文件中的条款通过本标准的引用而成为本标准的条款。凡是注日期的引用文件，其随后所有的修改单（不包括勘误的内容）或修订版均不适用于本标准，然而，鼓励根据本标准达成协议的各方研究是否可使用这些文件的最新版本。凡是不注日期的引用文件，其最新版本适用于本标准。

GB 2748　蛋卫生标准

GB 16548　畜禽病害肉尸及其产品无害化处理规程

SB/T 10277　鲜鸡蛋

NY/T 388　畜禽场环境质量标准

NY 5027　无公害食品　畜禽饮用水水质

NY 5040　无公害食品　蛋鸡饲养兽药使用准则

NY 5041　无公害食品　蛋鸡饲养兽医防疫准则

NY 5042　无公害食品　蛋鸡饲养饲料使用准则

3　术语

下列术语和定义适用于本标准。

3.1　无精蛋　non-fertilized eggs

没有受精的种蛋。

3.2　死精蛋　dead fertilized eggs

在孵化初期胚胎死亡的种蛋。

3.3　净道　non-pollution road

运送饲料、鸡蛋和人员进出的道路。

3.4　污道　pollution road

粪便、淘汰鸡出场的道路。

3.5　鸡场废弃物　poultry farm waste

主要包括鸡粪（尿）、死鸡和孵化厂废弃物（蛋壳、死胚等）。

3.6　全进全出制　all-in all-out system

同一鸡舍或同一鸡场只饲养同一批次的鸡，同时进场、同时出场的管理制度。

4　引种

4.1　商品代雏鸡应来自通过有关部门验收的父母代种鸡场或专业孵化厂。

4.2　雏鸡不能带鸡白痢、禽白血病和霉形体病等蛋传疾病要严格控制。

4.3　不得从疫区购买雏鸡。

5　鸡场环境与工艺

5.1　鸡场环境

鸡场周围环境、空气质量除符合 NY/T 388 外，还应符合以下条件。

5.1.1　鸡场周围 3km 内无大型化工厂、矿厂或其他畜牧场等污染源。

5.1.2　鸡场距离干线公路 1km 以上。鸡场距离村、镇居民点至少 1km。

5.1.3　鸡场不得建在饮用水源、食品厂上游。

5.2　禽舍环境

5.2.1　鸡舍内的温度、湿度环境应满足鸡不同阶段的需求，以降低鸡群发生疾病的机会。

5.2.2　鸡舍内空气中有毒有害气体含量应符合 NY/T 388 的要求。

5.2.3　鸡舍内空气中灰尘控制在 $4mg/m^3$ 以下，微生物数量应控制在 25 万/m^3 以下。

5.3　工艺布局

5.3.1　鸡场净道和污道要分开。

5.3.2　鸡场周围要设绿化隔离带。

5.3.3　全进全出制度，至少每栋鸡舍饲养同一日龄的同一批鸡。

5.3.4　鸡场生产区、生活区分开，雏鸡、成年鸡分开饲养。

5.3.5　鸡舍应有防鸟设施。

5.3.6　鸡舍地面和墙壁应便于清洗，并能耐酸、碱等消毒药液清洗消毒。

6　饲养条件

6.1　饮水

6.1.1　水质符合 NY 5027 的要求。

6.1.2　经常清洗消毒饮水设备，避免细菌孳生。

6.2　饲料和饲料添加剂

6.2.1　使用符合无公害标准的全价饲料，建议参考使用饲养品种饲养手册提供的营养标准。

6.2.2　额外添加预防应激的维生素添加剂、矿物质添加剂应符合 NY 5042 的要求。

6.2.3　不应在饲料中额外添加增色剂，如砷制剂、铬制剂、蛋黄增色剂、铜制剂、活菌制剂、免疫因子等。

6.2.4　不应使用霉败、变质、生虫或被污染的饲料。

6.3 兽药使用

6.3.1 雏鸡、育成鸡前期为预防和治疗疾病使用的药物，应符合 NY 5040 的要求。

6.3.2 育成鸡后期（产蛋前）停止用药，停药时间取决于所用药物，但应保证产蛋开始时药物残留量符合要求。

6.3.3 产蛋阶段正常情况下禁止使用任何药物，包括中草药和抗菌素。

6.3.4 产蛋阶段发生疾病应用药治疗时，从用药开始到用药结束后一段时间内（取决于所用药物，执行无公害食品蛋鸡饲养用药规范）产的鸡蛋不得作为食品蛋出售。

6.4 免疫

鸡群的免疫要符合 NY 5041 的要求。

7 卫生消毒

7.1 消毒剂

消毒剂要选择对人和鸡安全、对设备没有破坏性、没有残留毒性、消毒剂的任一成分都不会在肉或蛋里产生有害积累的消毒剂。所用药物要符合 NY 5040 的规定。

7.2 消毒制度

7.2.1 环境消毒

鸡舍周围环境每 2～3 周用 2% 火碱液消毒或撒生石灰 1 次；场周围及场内污水池、排粪坑、下水道出口，每 1～2 个月用漂白粉消毒 1 次。在大门口设消毒池，使用 2% 火碱或煤酚皂溶液。

7.2.2 人员消毒

工作人员进入生产区要经过洗澡、更衣和紫外线消毒。

7.2.3 鸡舍消毒

进鸡或转群前将鸡舍彻底清扫干净，然后用高压水枪冲洗，再用 0.1% 的新洁尔灭或 4% 来苏水或 0.2% 过氧乙酸或次氯酸盐、碘附等消毒液全面喷洒，然后关闭门窗用福尔马林熏蒸消毒。

7.2.4 用具消毒

定期对蛋箱、蛋盘、喂料器等用具进行消毒，可先用 0.1% 新洁尔灭或 0.2%～0.5% 过氧乙酸消毒，然后在密闭的室内用福尔马林熏蒸消毒 30min 以上。

7.2.5 带鸡消毒

定期进行带鸡消毒，有利于减少环境中的微生物和空气中的可吸入颗粒物。常用于带鸡消毒的消毒药有 0.3% 过氧乙酸、0.1% 新洁尔灭、0.1% 的次氯酸钠等。带鸡消毒要在鸡舍内无鸡蛋的时候进行，以免消毒剂喷洒到鸡蛋表面。

8 饲养管理

8.1 饲养员

饲养员应定期进行健康检查，传染病患者不得从事养殖工作。

8.2 加料

饲料每次添加量要合适，尽量保持饲料新鲜，防止饲料霉变。

8.3 饮水

饮水系统不能漏水，以免弄湿垫料或粪便。定期清洗消毒饮水设备。

8.4 鸡蛋收集

8.4.1 盛放鸡蛋的蛋箱或蛋托应经过消毒。

8.4.2 集蛋人员集蛋前要洗手消毒。

8.4.3 集蛋时将破蛋、砂皮蛋、软蛋、特大蛋、特小蛋单独存放，不作为鲜蛋销售，可用于蛋品加工。

8.4.4 鸡蛋在鸡舍内暴露时间越短越好，从鸡蛋产出到蛋库保存不得超过2h。

8.4.5 鸡蛋收集后立即用福尔马林熏蒸消毒，消毒后送蛋库保存。

8.4.6 鸡蛋应符合蛋卫生标准 GB 2748 和鲜鸡蛋 SB/T 10277 的要求。

8.5 灭鼠

定期投放灭鼠药，控制啮齿类动物。投放鼠药要定时、定点，及时收集死鼠和残余鼠药并做无害化处理。

8.6 杀虫

防止昆虫传播传染病，常用高效低毒化学药物杀虫。喷洒杀虫剂时避免喷洒到鸡蛋表面、饲料中和鸡体上。

9 鸡蛋包装运输

9.1 鸡蛋可用一次性纸蛋盘或塑料蛋盘盛放。盛放鸡蛋的用具使用前应经过消毒。

9.2 纸蛋托盛放鸡蛋应用纸箱包装，每箱 10 盘或 12 盘。纸箱可重复使用，使用前要用福尔马林熏蒸消毒。

9.3 运送鸡蛋的车辆应使用封闭货车或集装箱，不得让鸡蛋直接暴露在空气中进行运输。车辆事先要用消毒液彻底消毒。

10 资料

每批鸡要有完整的记录资料。记录内容应包括引种、饲料、用药、免疫、发病和治疗情况、饲养日记，资料保存期 2 年。

11 病、死鸡处理

11.1 传染病致死的鸡及因病扑杀的死尸应按 GB 16548 要求进行无公害处理。

11.2 鸡场不得出售病鸡、死鸡。

11.3 有救治价值的病鸡应隔离饲养，由兽医进行诊治。

12 废弃物处理

12.1 鸡场废弃物经无害化处理后可以作为农业用肥。处理方法有堆积生物热处理法、鸡粪干燥处理法。

12.2 鸡场废弃物经无害化处理后不得作为其他动物的饲料。

12.3 孵化厂的副产品无精蛋不得作为鲜蛋销售，可以作为加工用蛋。

12.4 孵化厂的副产品死精蛋可以用于加工动物饲料，不得作为人类食品加工用蛋。

附录4　无公害食品　蛋鸡饲养饲料使用准则

1　范围

本标准规定了生产无公害鸡蛋所需的蛋鸡用配合饲料、浓缩饲料、添加剂预混合饲料、饲料添加剂和饲料原料的技术要求、及其加工过程、包装、贮存和运输的基本准则。

本标准适用于生产无公害鸡蛋所需的蛋鸡用配合饲料、浓缩饲料、添加剂预混合饲料、饲料添加剂和饲料原料以及生产无公害鸡蛋养殖场的自配饲料。

2　规范性引用文件

下列文件中的条款通过本标准的引用而成为本标准的条款。凡是注日期的引用文件，其随后所有的修改单（不包括堪误的内容）或修订版均不适用于本标准，然而，鼓励根据本标准达成协议的各方研究是否可使用这些文件的最新版本。凡是不注日期的引用文件，其最新版本适用于本标准。

GB/T 6432　饲料中粗蛋白测定方法

GB/T 6436　饲料中钙的测定方法

GB/T 6437　饲料中总磷的测定方法　光度法

GB/T 8381　饲料中黄曲霉毒素 B_1 的测定方法

GB/T 10647　饲料工业通用术语

GB 10648　饲料标签

GB 13078　饲料卫生标准

GB/T 13079　饲料中总砷的测定方法

GB/T 13080　饲料中铅的测定方法

GB/T 13081　饲料中汞的测定方法

GB/T 13082　饲料中镉的测定方法

GB/T 13083　饲料中氟的测定方法

GB/T 13084　饲料中氰化物的测定方法

GB/T 13085　饲料中亚硝酸盐的测定方法

GB/T 13086　饲料中游离棉酚的测定方法

GB/T 13087　饲料中异硫氰酸酯的测定方法

GB/T 13089　饲料中噁唑烷硫酮的测定方法

GB/T 13090　饲料中六六六、滴滴涕残留量的测定

GB/T 13091　饲料中沙门氏菌的检验方法

GB/T 13092　饲料中霉菌检验方法

GB/T 13093 饲料中细菌总数的测定方法

GB/T 14699 饲料采样方法

GB/T 16764 配合饲料企业卫生规范

饲料和饲料添加剂管理条例

允许使用的饲料添加剂品种目录（中华人民共和国农业部公告第 105 号）

3 术语和定义

GB/T 10647 中确立的以及下列术语和定义适用于本标准。

3.1 饲料 feed

经工业化加工、制作的供动物食用的饲料，包括单一饲料、添加剂预混合饲料、浓缩饲料、配合饲料和精料补充料。

3.2 饲料原料 feedstnff，single feed

除饲料添加剂以外的用于生产配合饲料和浓缩饲料的单一饲料成分，包括饲用谷物、粮食加工副产品、油脂工业副产品、发酵工业副产品、动物性蛋白质饲料、饲用油脂等。

3.3 饲料添加剂 feed additive

在饲料加工、制作、使用过程中添加的少量或者微量物质，包括营养性饲料添加剂和一般性饲料添加剂。

3.4 营养性饲料添加剂 nutritive feed additive

用于补充饲料营养成分的少量或者微量物质，包括饲料级氨基酸、维生素、矿物质微量元素、酶制剂、非蛋白氮等。

3.5 一般性饲料添加剂 general feed additive

为了保证或者改善饲料品质、提高饲料利用率而掺入饲料中的少量或者微量物质。

3.6 药物饲料添加剂 medical feed additive

为预防、治疗动物疾病并掺入载体或者稀释剂的兽药的预混物，包括抗球虫药类、驱虫剂类、抑菌促生长类等。

4 要求

4.1 饲料原料

4.1.1 感官要求：应具有一定的新鲜度，具有该品种应有的色、嗅、味和组织形态特征，无发霉、变质、结块及异味异嗅。

4.1.2 有害物质及微生物允许量应符合 GB 13078 及相关标准的要求。

4.1.3 饲料原料中若加入饲料添加剂时，应做相应的说明。

4.1.4 应以玉米、豆饼粕为蛋鸡饲料的主要原料，使用杂饼粕时用量不宜过大。

4.1.5 制药工业副产品不应用作蛋鸡饲料原料。

4.2 饲料添加剂

4.2.1 感官要求：具有该品种应有的色、嗅、味和组织形态特征，无异味、异嗅。

4.2.2 有害物质及微生物允许量应符合 GB 13078 及相关标准的要求。

4.2.3 饲料中使用的营养性饲料添加剂和一般性饲料添加剂产品应是附录 A 所规定的品种和农业部公布的允许使用的新饲料添加剂。

4.2.4 饲料中使用的饲料添加剂产品应是取得饲料添加剂产品生产许可证的企业生产的，取得产品批准文号的产品。

4.2.5 饲料添加剂的使用应遵照产品饲料标签所规定的用法、用量使用。

4.2.6 产蛋期及开产前5周鸡饲料中不应使用药物饲料添加剂（中草药有特殊规定的除外）。

4.3 配合饲料、浓缩饲料和添加剂预混合饲料

4.3.1 感官要求：色泽应一致，无霉变、结块及异味、异嗅。

4.3.2 有害物质及微生物允许量应符合 GB 13078 及相关标准的要求。

4.3.3 不应使用违禁药物。

4.3.4 不应使用药物饲料添加剂。

4.3.5 产品成分分析保证值应符合标签和相应标准所规定的含量。

4.3.6 使用时应遵照产品饲料标签所规定的用法、用量使用。

4.3.7 宜使用植酸酶减少无机磷的用量。

4.4 饲料加工过程

4.4.1 卫生要求

饲料企业的工厂设计与设施卫生、工厂卫生管理和生产过程的卫生应符合 GB/T 16764 的要求。

4.4.2 配料

4.4.2.1 定期对计量设备进行检验和正常维护，以确保其精确性和稳定性，其误差不应大于规定范围。

4.4.2.2 微量和极微量组分应进行预稀释，并且应在专门的配料室内进行。

4.4.2.3 配料室应有专人管理，保持卫生整洁。

4.4.3 混合

4.4.3.1 混合时间，按设备性能不应少于规定时间。

4.4.3.2 混合工序投料应按先大量、后小量的原则进行。投入的微量组分应将其稀释到配料称最大称量的5%以上。

4.4.3.3 生产含有药物饲料添加剂的饲料时，应根据药物类型，先生产药物含量低的饲料，再依次生产药物含量高的饲料。

4.4.3.4 同一班次应先生产不添加药物饲料添加剂的饲料，然后生产添加药物饲料添加剂的饲料，为防止加入药物饲料添加剂的饲料产品生产过程中的交叉污染，在生产不同加入药物添加剂的饲料产品时，对所用的生产设备、工具、容器应进行彻底清理。

4.4.4 留样

4.4.4.1 新接受的饲料原料和各个批次生产的饲料产品均应保留样品。样品密封后留置专用样品室或样品柜内保存。样品室和样品柜应保持阴凉、干燥，采样方法按 GB/T 14699 执行。

4.4.4.2 留样应设标签，载明饲料品种、生产日期、批次、生产负责人和采样人等事项，并建立档案由专人负责保管。

4.4.4.3 样品应保留至该批产品保质期满后3个月。

5　测定方法

5.1　粗蛋白：按 GB/T 6432 执行。
5.2　钙：按 GB/T 6436 执行。
5.3　总磷：按 GB/T 6437 执行。
5.4　黄曲霉毒素 B_1：按 GB 8381 执行。
5.5　总砷：按 GB/T 13079 执行。
5.6　铅：按 GB/T 13080 执行。
5.7　汞：按 GB/T 13081 执行。
5.8　镉：按 GB/T 13082 执行。
5.9　氟：按 GB/T 13083 执行。
5.10　氰化物：按 GB/T 13084 执行。
5.11　亚硝酸盐：按 GB/T 13085 执行。
5.12　游离棉酚：按 GB/T 13086 执行。
5.13　异硫氰酸酯：按 GB/T 13087 执行。
5.14　噁唑烷硫酮：按 GB/T 13089 执行。
5.15　六六六、滴滴涕：按 GB/T 13090 执行。
5.16　沙门氏菌：按 GB/T 13091 执行。
5.17　霉菌：按 GB/T 13092 执行。
5.18　细菌总数：按 GB/T 13093 执行。
5.19　饲料采样方法：按 GB/T 14699 执行。

6　检验规则

6.1　感官要求、粗蛋白含量、钙含量、总磷含量为出厂检验项目，其余为型式检验项目。

6.2　在保证产品质量的前提下，生产厂可根据工艺、设备、配方、原料等的变化情况，自行确定出厂检验的批量。

6.3　试验测定值的双试验相对偏差按相应标准规定执行。

6.4　检测与仲裁判定各项指标合格与否时，应考虑允许误差。

7　判定规则

卫生指标、限用药物、禁用药物等为判定合格指标。如检验中有一项指标不符合标准，应重新取样进行复验，复验结果中有一项不合格即判定为不合格。

8　标签和包装

8.1　标签

商品饲料应在包装物上附有饲料标签，标签应符合 GB 10648 中的有关规定。

8.2　包装

8.2.1　饲料包装应完整、无漏洞、无污染和异味。

8.2.2　包装材料应符合 GB/T 16764 的要求。

8.2.3　包装印刷油墨无毒，不应向内容物渗漏。

8.2.4　包装物的重复使用应遵守《饲料和饲料添加剂管理条例》的有关规定。

8.3　贮存

8.3.1　饲料的贮存应符合 GB/T 16764 的要求。

8.3.2　不合格和变质饲料应做无害化处理，不应存放在饲料贮存场所内。

8.3.3　饲料贮存场地不应使用化学灭鼠药和杀鸟剂。

8.4　运输

8.4.1　运输工具应符合 GB/T 16764 的要求。

8.4.2　运输作业应防止污染，保持包装的完整性。

8.4.3　不应使用运输畜禽等动物的车辆运输饲料产品。

8.4.4　饲料运输工具和装卸场地应定期清洗和消毒。

附录 4A

（规范性附录）

允许使用的饲料添加剂品种目录

允许使用的饲料添加剂品种目录

类别	饲料添加剂名称
饲料级氨基酸（7种）	L-赖氨酸盐酸盐，DL-蛋氨酸，DL-羟基蛋氨酸，DL-羟基蛋氨酸钙，N-羟甲基蛋氨酸，L-色氨酸，L-苏氨酸
饲料级维生素（26种）	β-胡萝卜素，维生素A，维生素A乙酸酯，维生素A棕磷酸酯，维生素D_3，维生素E，维生素E乙酸酯，维生素K_3（亚硫酸氢钠甲萘醌），二甲基嘧啶醇亚硫酸甲萘醌，维生素B_1（盐酸硫胺），维生素B_1（硝酸硫胺），维生素B_2（核黄素），维生素B_6，烟酸，烟酰胺，D-泛酸钙，DL-泛酸钙，叶酸，维生素B_{12}（氰钴胺），维生素C（L-抗坏血酸），L-抗坏血酸钙，L-抗坏血酸-2-磷酸酯，D－生物素，氯化胆碱，L-肉碱盐酸盐，肌醇
饲料级矿物质，微量元素（46种）	硫酸钠，氯化钠，磷酸二氢钠，磷酸氢二钠，磷酸二氢钾，磷酸氢二钾，碳酸钙，氯化钙，磷酸氢钙，磷酸二氢钙，磷酸三钙，乳酸钙，七水硫酸镁，一水硫酸镁，氧化镁，氯化镁，七水硫酸亚铁，一水硫酸亚铁，三水乳酸亚铁，六水柠檬酸亚铁，富马酸亚铁，甘氨酸铁，蛋氨酸铁，五水硫酸铜，一水硫酸铜，蛋氨酸铜，七水硫酸锌，一水硫酸锌，无水硫酸锌，氧化锌，蛋氨酸锌，一水硫酸锰，氯化锰，碘化钾，碘酸钾，碘酸钙，六水氯化钴，一水氯化钴，亚硫酸钠，酵母铜，酵母铁，酵母锰，酵母硒，烟酸铬，甲基吡啶铬，酵母铬
饲料级酶制剂（12类）	蛋白酶（黑曲霉，枯草芽孢杆菌），淀粉酶（地衣芽孢杆菌，黑曲霉），支链淀粉酶（嗜酸乳杆菌），果胶酶（黑曲霉），脂肪酶，纤维素酶（reesei 木霉），麦芽糖酶（枯草芽孢杆菌），木聚糖酶（insolens 腐质霉），β-聚葡糖酶（枯草芽孢杆菌，黑曲霉），甘露聚糖酶（缓慢芽孢杆菌），植酸霉（黑曲霉，米曲霉），葡萄糖氧化酶（青霉）
饲料级微生物添加剂（11种）	于酪乳杆菌，植物乳杆菌，粪链球菌，乳酸片球菌，枯草芽孢杆菌，纳豆芽孢杆菌，嗜酸乳杆菌，乳链球菌，啤酒酵母菌，产朊假丝酵母，沼泽红假单胞菌
抗氧剂（4种）	乙氧基喹啉，二丁基羟基甲苯（BHT），丁基羟基茴香醚（BHA），没食子酸丙酯
防腐剂、电解质平衡剂（25种）	甲酸，甲酸钙，甲酸铵，乙酸，双乙酸钠，丙酸、丙酸钙、丙酸钠，丙酸铵，丁酸，乳酸，苯甲酸，苯甲酸钠，山梨酸，山梨酸钠，山梨酸钾，富马酸，柠檬酸，酒石酸，苹果酸，磷酸，氢氯化钠，碳酸氢钠，氯化钾，氯氧化铵

续表

类别	饲料添加剂名称
着色剂（6种）	β-阿朴-8'-胡萝卜素醛，辣椒红，β-阿朴-8'-胡萝卜素酸乙酯，虾青素，β-β-胡萝卜素-4，4-二铜（斑蝥黄），叶黄素（万寿菊花提取物）
黏结剂，抗结块剂和稳定剂［13种（类）］	α-淀粉，海藻酸钠，羟甲基纤维素钠，丙二醇，二氧化硅，硅酸钙，三氧化二铝，蔗糖脂肪酸脂，山梨醇酐脂肪酸酯，甘油脂肪酸酯，硬脂酸钙，聚氧乙烯20山梨醇酐单油酸酯，聚丙烯酸树酯I
其他（10种）	糖萜素，甘露低聚糖，肠膜蛋白素，果寡糖，乙酰氯肟酸，天然类固醇萨酒皂角苷（YUCCA），大蒜素，甜菜碱，聚乙烯聚吡咯烷酮（PVPP），葡萄糖山梨醇

注：摘自《允许使用的饲料添加剂品种目录》

附录5　无公害食品　蛋鸡饲养兽医防疫准则

1　范围

本标准规定了生产无公害食品的蛋鸡场在疫病预防、监测、控制及扑灭方面的兽医防疫准则。

本标准适用于生产无公害食品蛋鸡场的卫生防疫。

2　规范性引用文件

下列文件中的条款通过本标准的引用而成为本标准的条款。凡是注日期的引用文件，其随后所有的修改单（不包括勘误的内容）或修订版均不适用于本标准，然而，鼓励根据本标准达成协议的各方研究是否可使用这些文件的最新版本。凡是不注日期的引用文件，其最新版本适用于本标准。

GB 16548　病害动物与病害动物产品生物安全处理规程
GB/T 16569　畜禽产品消毒规范
NY/T 388　畜禽场环境质量标准
NY 5027　无公害食品　畜禽饮用水水质
NY 5040　无公害食品　蛋鸡饲养兽药使用准则
NY 5042　无公害食品　蛋鸡饲养饲料使用准则
NY/T 5043　无公害食品　蛋鸡饲养管理准则
中华人民共和国动物防疫法

3　术语和定义

下列术语和定义适用于本标准。

3.1　*动物疫病*　animal epidemic disease

动物的传染病和寄生虫病。

3.2　*病原体*　pathogen

能引起疾病的生物体，包括寄生虫和致病微生物。

3.3　*动物防疫*　animal epidemic prevention

动物疫病的预防、控制、扑灭和动物、动物产品的检疫。

4 疫病预防

4.1 蛋鸡场的总体卫生要求

4.1.1 蛋鸡场的选址、设施设备、建筑布局、环境卫生等都应符合 NY/T 5043 和 NY/T 388 的要求。

4.1.2 蛋鸡场应坚持“全进全出”的原则；引进的鸡只应来自健康种鸡场，每批鸡出栏后，对整个鸡场进行彻底清洗、消毒。

4.1.3 蛋鸡场内的禽饮用水应符合 NY 5027 的要求。

4.1.4 蛋鸡的饲养管理应符合 NY/T 5043 的要求；所使用的饲料应符合 NY 5042 的要求。

4.1.5 蛋鸡场的消毒和病害肉尸的无害化处理应符合 GB/T 16569 和 GB 16548 的要求。

4.2 兽药和疫苗的要求

在蛋鸡整个生长发育及产蛋过程中所使用的兽药、疫苗应符合 NY 5040 的要求，并定期进行监督检查。

4.3 寄生虫控制

每年春秋两季对全群进行驱虫，用药应符合 NY 5040 的要求。

4.4 工作人员的要求

工作人员应定期进行体检，取得健康合格证后方可上岗，并在工作期间严格按照 NY/T 5043 的要求进行操作。

4.5 免疫接种

蛋鸡场应根据《中华人民共和国动物防疫法》及其配套法规的要求，结合当地实际情况，有选择地进行疫病的预防接种工作，并注意选择适宜的疫苗、免疫程序和免疫方法。

5 疫病监测

5.1 蛋鸡场应依照《中华人民共和国动物防疫法》及其配套法规的要求，结合当地实际情况，制定疫病监测方案。

5.2 蛋鸡场常规监测的疫病至少应包括：高致病性禽流感、鸡新城疫、禽白血病、禽结核病、鸡白痢与伤寒。

除上述疫病外，还应根据当地实际情况，选择其他一些必要的疫病进行监测。

5.3 根据当地实际情况由疫病监测机构定期或不定期进行必要的疫病监督抽查，并将抽查结果报告当地畜牧兽医行政管理部门。

6 疫病控制和扑杀

蛋鸡场发生疫病或怀疑发生疫病时，应依据《中华人民共和国动物防疫法》及时采取以下措施：

6.1 驻场兽医应及时进行诊断，并尽快向当地畜牧兽医行政管理部门报告疫情。

6.2 确诊发生高致病性禽流感时，蛋鸡场应配合当地畜牧兽医管理部门，对鸡群实施严格的隔离、扑杀。

措施：发生鸡新城疫、禽白血病、禽结核病等疫病时，应对鸡群实施清群和净化措施；全场进行彻底的清洗消毒，病死或淘汰鸡的尸体按 GB 16548 进行无害化处理，消毒按 GB/T 16569 进行。

6.3 蛋中不应检出以下病原体：高致病性禽流感、大肠杆菌 0157、李氏杆菌、结核分支杆菌、鸡白痢与伤寒沙门氏菌；经检疫检验不合格的鸡所产的蛋应按照 GB 16548 的规定进行处理。

7 记录

每群蛋鸡都应有相关的资料记录，其内容包括：鸡只品种、来源、饲料消耗情况、生产性能、发病情况、死亡率及死亡原因、无害化处理情况、实验室检查及其结果、用药及疫苗免疫情况。所有记录应在清群后保存两年以上。

第七章　商品肉鸡标准化规模养殖

一、商品肉鸡标准化养殖园区（小区）基础设施建设

（一）场址选择

肉鸡标准化养殖园区（小区）建设用地要符合环境保护要求和动物防疫条例，经当地环保部门和畜牧兽医行政管理部门审批合格后，方可建设。

1. 自然条件

地形：空旷、开阔，可利用面积充分，便于各类建筑物的科学布局和合理配置。

地势：高燥平坦，背风向阳，高于历史最高洪水警戒线，应稍有坡度，便于污水汇集处理和排放利用。

水源：水源充足，水质良好，符合 NY 5027－2001《无公害食品　畜禽饮用水水质》（附件 1）的要求，同时取用方便，便于防护。

土质：以沙壤土最为理想，沼泽、潮湿地要根据生产要求建设鸡舍时采取相应措施。

2. 周边环境条件

商品肉鸡标准化养殖园区（小区）应选择位于居民生活区的下风向，与居民集中生活区的直线距离应大于 500m，与居民饮用水水源地及学校、医院的直线距离应大于 1 000m，距铁路 1 500m 以上，距主要交通干道 500m 以上，距次要公路 200m 以上。园区（小区）周围 3km 以内不得有皮革厂、动物屠宰场、垃圾处理场、化工厂、动物医院等污染源。

园区（小区）需要修建专门的道路与主要公路干线相连，交通便利，物料运送便捷。

园区（小区）建设地要求距村镇电网较近，电力资源供应充分，且架设方便。

园区（小区）建设地址要求周边饲料原料（如玉米、麸皮等）丰富、运输方便。

禁止在旧鸡场上扩建或新建肉鸡标准化养殖园区（小区）；园区（小区）间间距不得小于鸡舍高度的 8～10 倍。

（二）肉鸡标准化养殖园区（小区）建设用地及主要设施

建设用地应在满足生产工艺条件下，要节约用地，尽量用沙荒地、废弃地，少占或不占耕地。园区（小区）建设规模以园区（小区）养殖规模而定。

商品肉鸡标准化养殖园区（小区）建筑内容主要有肉鸡舍，配合饲料加工与贮存间、门卫室、消毒池、管理办公室、紫外线消毒室、技术培训室、兽医室、病死鸡处理室、贮粪场、旱厕等。

商品肉鸡标准化养殖园区（小区）入驻 10 个单元户，每户每批饲养 3 000只肉鸡，标准化养殖园区（小区）每批共饲养肉鸡 30 000只。园区（小区）共占地 18.34 亩，鸡舍建筑面积 3 833m²。

1. 商品肉鸡标准化养殖园区（小区）内各功能区的划分及布局

（1）功能区的划分

生产区：主要为鸡舍建筑。

辅助生产区：主要为饲料加工及贮存间。

管理区：包括管理办公室、门卫室、消毒池、技术培训室等。

隔离区：主要为兽医室、病死鸡处理区、粪便处理场等。

（2）主要建筑布局与要求

肉鸡标准化养殖园区（小区）内部布局要科学、合理。遵循两个原则：一要符合生产最佳联系，二要符合防疫、防火安全。

生产区周围设置围墙或铁丝网，围墙高度一般不低于 2.5m，使生产区与相邻的工业区或附近的居民区隔开，形成一个独立的、可控制的区域。鸡场入口设置脚踏消毒垫、紫外线消毒灯和消毒更衣设施，各栋鸡舍的入口设置脚踏消毒垫或消毒地槽（长 1m，宽与鸡舍门相等）或消毒盆。鸡舍、饲料库的通风口、通风窗均应安置铁丝网，避免野鸟及其他啮齿动物的进入。

标准化养殖园区（小区）内应设有净道和污道。净道供人员行走和运送健康鸡只及饲料；污道供运输粪便和死鸡。净道作为标准化养殖园区（小区）的主干道，宽度不小于 4m，污道宽度不小于 3m。

两栋以上单排鸡舍的布局要遵循：东西走向，南北朝向；净道向东，污道朝西；横向南通风，纵向西换气。

两栋以上双排鸡舍的布局要遵循：东西走向，南北朝向；净道在中间，污道分两边；横向南通风，纵向污道行。

鸡舍间距，在节约用地的前提下，应满足防疫、排污及防火三方面的要求，一般鸡舍间距不小于鸡舍高度的 3 ~ 5 倍。

辅助生产区：建于鸡舍附近，以饲料的取用方便为原则。

管理区：设置于园区（小区）的上风向。

隔离区：建于园区（小区）的下风向，与生产区保持一定的距离。

整体布局要求是：管理区在上风向，依次是辅助生产区、生产区和隔离区，隔离区在下风向，并与生产区要有一定的间隔距离。

商品肉鸡标准化养殖园区（小区）应有一定的绿化面积，场区四周有条件的地区种植隔离绿化带，设置沟渠及防护林带；各栋鸡舍之间种植低矮草坪，以期达到改善园区（小区）气候，吸尘灭菌、净化空气的效果。

商品肉鸡标准化养殖园区（小区）建设的总体布局见附图 7－1。

2. 商品肉鸡标准化养殖园区（小区）主要建设内容

以养殖规模定建筑规模。肉鸡标准化养殖园区（小区）以户为单元入驻，每一园区（小区）10户，每户自己育雏、育成肉鸡，达到“同源引种，全进全出”，每户年养殖5.7批，每批饲养肉鸡3 000只，每个园区（小区）年出栏肉鸡17 100只。园区（小区）总占地面积18.34亩，总建筑面积4 582m^2，其中鸡舍总建筑面积约3 833m^2。

（1）肉小/中/大鸡舍

生产区内每一养殖单元户建育雏、育成、育肥综合式鸡舍一栋，采用“地面平养，全进全出”的方式饲养。

肉鸡舍建设：按每户年饲养5.7批，每批3 000只肉鸡，统一设计为双列式鸡舍，同期饲养肉雏鸡，地面铺锯末垫料平养，用暖风炉或火道取暖，达到“全进全出”。在肉鸡舍的净道侧延长一间，作为饲料预制间、更衣室和饲养员值班室（中间用墙隔开）。

建设规模：以一个生产单元鸡舍内存栏肉鸡3 000只为模式。

饲养舍建筑面积：（包括饲料预制间、值班室），每栋鸡舍长36.5m，宽10.5m，鸡舍砖墙高2.0m，砖墙以上打20cm高混凝土圈梁以承重，檐高大于3.5m，其中，鸡舍长32.5m，饲料预制间、值班室长4m，建筑面积共383.3m^2左右。园区（小区）容纳10户，建鸡舍10栋，总面积3 833m^2。

一个养殖单元鸡舍建筑面积为383.3m^2（附图7－2、附图7－3）。

（2）管理室

建于园区（小区）的上风向，用于园区（小区）管理和养殖技术培训，建筑面积113.95m^2左右（附图7－8）。

（3）门卫室、消毒通道、消毒池

门卫值班室和消毒通道建于园区（小区）出入口道路的一侧，面积18m^2左右，内部分别设立人员消毒通道、车辆消毒通道和值班室（附图7－8）。人员消毒通道设立紫外线消毒和脚踏消毒垫通道，大门口设立车辆消毒池，宽4m，长6m以上，深8～10cm。

（4）饲料加工间

饲料加工间，建于园区（小区）内或园区（小区）附近方便车辆通行处，内部设立原料库、成品库以及饲料加工车间。建筑面积256.7m^2左右，（附图7－6、附图7－7）。

（5）技术兽医室

距鸡舍直线距离50m以上。建筑面积67.6m^2左右，内设兽医值班室、疫苗药品器械间（附图7－4）。

（6）更衣淋浴室

用于进生产区的工作人员的消毒，建筑面积89m^2（附图7－5）。

（7）堆粪发酵场

堆粪场及化粪池设于园区（小区）下风向，距鸡舍直线距离50m以上。亦可设于园区（小区）以外。堆粪发酵场面积为400m^2，也可分成10个单元，要求挖成地沟状，周边高度达1m，顶部掩盖或封顶进行发酵消毒灭菌，也可建设简易沼气设施。

（8）饮水设施

肉鸡园区（小区）饮水采用自来水或水井饮水，另园区（小区）内要备有水塔或水池，以防万一，保证肉鸡随时饮用清洁饮水，并节约水源。鸡舍内设自来水龙头、水箱和水线，方便清洗消毒鸡舍和临时给药。

(9) 电力配套设施

鸡舍内外部除设照明电源外，鸡舍内还要求架设三相动力电源，方便饲料加工机组和三相动力风机。

(10) 旱厕

养殖园区（小区）的公共厕所，面积 $15m^2$。

二、商品肉鸡标准化养殖园区（小区）的生产技术要点及参数

1. 商品肉鸡标准化养殖园区（小区）规模

总规模为30 000只肉鸡，入驻10个单元户，每户每年饲养5.7批，每批每单元户饲养肉鸡3 000只。

2. 商品肉鸡标准化养殖园区（小区）生产技术要点

(1) 商品肉鸡标准化养殖园区（小区）生产管理

采用“同源引种，全进全出”制，即肉鸡园区（小区）全部从一个固定的优秀种鸡场购买雏鸡，签订全年供应合同，任何情况不允许从两个不同的鸡场购买雏鸡，避免疾病传播。并实行“全进全出”的饲养制度，全进全出可采用以下表7－1和表7－2两种方式。

表7－1　理想状态的“全进全出”

项目	饲养期			空舍期	饲养期			空舍期	饲养期			空舍期
鸡群1												
鸡群2												
鸡群3												

表7－2　扩展型“全进全出”

项目	空舍期	饲养期					空舍期	饲养期					空舍期
鸡群1													
鸡群2													
鸡群3													

(2) 饲养方式

采用地面平养，逐渐扩大饲养面积。地面平养是我国农村目前最普遍的饲养方式，就是鸡舍内地面铺上一定厚度的垫料。垫料要求松软、新鲜、干燥、吸水性强、不发霉。用垫料饲养的方式有两种：一种是经常松动垫料，必要时更换新鲜垫料；另一种是根据垫料的污染程度连续性加厚，等出售鸡后一次性清除干净，常用的垫料有稻壳、花生壳、碎刨

花、碎稻草、碎麦秸、玉米秸、细沙等。育雏时用塑料布遮挡一小半鸡舍，随着鸡龄的增长，所遮挡的塑料布逐渐向另一侧移动，扩展鸡舍的面积，扩群前要提前铺好垫料，挂好料桶和饮水器，添好饲料，同时，相应地提高所扩鸡舍部分之温度。扩满全舍的时间：冬季 28 日龄，夏季 21 日龄。应根据鸡群生长情况，每 7d 左右扩一次群。当扩充到整个鸡舍后，拆除塑料布。

(3) 品种的选择

最好选羽白色，体大，产肉多，生长速度快，抗病力强，饲料转化率高，适合集约化饲养，肉细嫩多汁，易于加工、烹调方便，适合快餐业的快大型白羽肉鸡爱拨益加（Arbor Acres 简称 AA）、爱维茵、科宝 500（COBB500）、哈巴德（Hubbard）、罗斯 308 肉鸡。

(4) 健雏七标准

优良的雏鸡应符合本品种特征。

① 雏鸡体重 35g 以上，且大小、色泽均匀；

② 绒毛洁净，松而长，带有光泽；

③眼睛圆而亮，行动机敏，活泼；

④脐部愈合良好无感染；

⑤肛门附近干净无粘粪；

⑥脚皮要光亮如蜡，不呈干燥、脆弱状；

⑦喙、眼、腿、爪无畸形。

(5) 进雏前的准备

①环境、道路、鸡舍地面要彻底冲刷、消毒；

②彻底清洁和消毒养鸡设备（饮水器、料桶）；

③隔离育雏间：用塑料布挡严，以利于保温；

④清洁垫料的准备，禁用花生壳、锯末粉；

⑤提前 7 天熏蒸鸡舍，密闭鸡舍 24h 以上，然后开窗通风 2d 以上；

⑥调好暖风炉，提前 12～24h 预温（30℃）；

⑦真空饮水器、开食盘要均匀摆放，便于雏鸡饮水、采食；

⑧备好凉开水、电解多维、抗菌素、葡萄糖和雏鸡料。

(6) 肉鸡舍的温度

育雏头 3d 育雏温度保持在 33～35℃（指雏鸡背部水平线温度），室温 28℃（离墙壁 1m、离地面 0.5m 处），以后每天下降 0.5℃，直至 21℃左右时脱温。

根据鸡对温度的热反应程度来调节温度：鸡群远离热源，张口呼吸，频频饮水，表示温度偏高；紧靠热源扎堆，发出喳喳叫声，表示温度偏低；雏鸡在热源周围均匀分布，呈满天星状，体态舒展，表示温度适宜。

(7) 肉鸡舍的湿度

①1 周龄：70%～75%；②2～3 周龄：65%～70%；③4～7 周龄：55%～65%。

若鸡舍高温高湿，如同在洗浴室内，雏鸡体热不易散失，采食量降低，导致生长缓慢、抵抗力减弱。夏季高温高湿时，通过加强通风，降低温度和湿度。若高温低湿，鸡舍高温干燥，导致鸡体水分大量散失，蛋黄吸收受阻，绒毛干燥变脆，脚趾干瘪，眼睛发干，形体瘦弱，俗称“伤热”，易引发呼吸道疾病。改进办法：加强带鸡消毒或在火炉上放置水盆，让水蒸发加湿；若低温高湿，鸡舍又潮又冷，雏鸡易患感冒和消化道疾病。改进办法：加温除湿。

（8）密度

非封闭式鸡舍：冬、春、秋季10.8～13.5只/m^2，夏季9～10.8只/m^2

封闭式鸡舍：11～12只/m^2。

（9）光照

1～3日龄每天光照24h，4～7日龄23h，光照强度2.5～3W/m^2，2周龄至少14h，3周龄，全日光照缩短为22～20h，光照强度为1～1.5W/m^2。4周龄至出售，光照时间为20～22h，光照强度减为0.75～1W/m^2，使鸡群活动降至最低限度。鸡舍内安装灯泡要均匀分布，悬挂高度离地面2m，等距为3～4m。1～4日龄安装60W灯泡，5日龄至出售换成15W的灯泡。以上的光照程序要灵活掌握，根据具体情况进行调整。

（10）通风

在不影响舍温的前题下，尽量多通风。炎热的季节使用纵向负压通风系统效果较好。其原理是鸡舍一端为进风口，另一端安装风机，空气穿过整个鸡舍，带走热量和污浊气体、尘埃，借用“风制冷”的效果用于降温。若结合喷雾或湿帘等水蒸发系统可使鸡只感到舒适。

（11）正确的饮水与开食

1～2日龄细心调教，先饮水，后开食，每100羽鸡日供水量不少于10L、水中可加3%～5%葡萄糖和0.1%电解多维，还可加少量的氟哌酸，预防白痢病。3～4日龄，饮水中按2万单位/只的剂量加青霉素，限2h内饮完，防治球虫病。日喂料8～10次，每次30分钟；5～7日龄，日喂料6～8次。

（12）清洁的饮水

全程提供充足、清洁的生产饮用水，饮水质量达到NY 5027—2001《无公害食品　畜禽饮用水水质标准》要求。经常清理、消毒饮水设施，避免细菌滋生。

3. 商品肉鸡标准化养殖园区（小区）生产技术参数

（1）快大型肉鸡的生产性能指标

AA商品代肉鸡公母混养5周龄，6周龄，7周龄的体重分别为1.81kg，2.44kg，3.04kg，饲料转化率相应为1.56，1.72，1.89；

艾维茵商品肉鸡6、7周龄的平均体重分别为1 979g、2 920g，饲料转化率为1.72和1.96。

哈伯特肉鸡主要有：①哈伯德精典：49日龄料肉比1.90，平均体重可达3.08kg以上；②哈伯德广富来：49日龄料肉比1.85，平均体重可达2.93kg以上。

罗斯308肉鸡：增重快，7周末平均体重可达3.05kg，可以提早出栏，大大降低了肉鸡饲养后期的风险；饲料转化率高，42日龄料肉比1.7，49日龄肉比1.82；出肉率高。

（2）肉鸡的饲料消耗量

分三个阶段（育雏期、育成期、育肥期）饲养，计算肉鸡全期的饲料消耗量。

育雏期饲料（0～21 日龄）：每只需要 1.25kg 全价颗粒配合饲料，每个养殖单元（户）每批需 3.75t，标准化养殖园区（小区）每批共需雏鸡料 37.5t。

育成期饲料（21～42 日龄）：每只需要 3.6kg 全价配合饲料，每个养殖单元（户）每批需 10.8t，标准化养殖园区（小区）每批共需育成鸡料总量 108t。

育肥期饲料（43～49 日龄）：每只需要全价配合饲料 1.15kg，每一个养殖单元（户）每批需 3.45t 全价配合料，标准化养殖园区（小区）每批共需育肥料 34.5t。

标准化养殖园区（小区）商品肉鸡全期饲喂优质全价配合饲料，根据肉鸡在不同生长阶段对各种营养物质的需要，参考 NY/T 33—2004 肉鸡饲养标准，自配各阶段的全价配合饲料；也可购买 5% 的优质肉鸡预混料再加上蛋白质饲料，能量饲料和常量矿物质饲料配制（参考配方见附表 2），或直接购买优质肉鸡浓缩饲料加能量饲料即可。但所使用的饲料原料、预混料、浓缩料和添加剂均应符合 NY 5037—2001《无公害食品 肉鸡饲养饲料使用准则》。

（3）水

每个养殖单元（户）每批大约需水 90t，园区（小区）每年需水总量为 5 130t。

（4）排粪量

每个养殖单元每批产生鲜粪量约 26t，园区（小区）每年产生鲜粪量约 1 482t；每个单元户每批产生折合干粪量 7.8t；园区（小区）每年产干粪量 445t。

（5）饲养设备

饲料加工机组：购置一套时产 1t 的配合饲料加工机组。

换气设备：配直径为 60cm 排风扇 1 个和 120cm 排风扇 1 个。（参照蛋鸡鸡舍通风量计算方法）

饮水器：3kg 真空饮水器 60 个（1～7 日龄每 50 只鸡一个）；普拉松饮水器 50 个（8 日龄至出栏每 60～70 只鸡一个）。注意：更换饮水器要逐渐过渡。

料槽（盘）：开食盘直径 40cm 38 个（1～7 日龄每 80 只鸡一个）；大料桶（10kg）75 个（8 日龄至出栏每 35～40 只鸡一个）。

温度计：干湿温度计 3 个（测温湿度用）；酒精温度计（测温度用）5 个。

暖风炉：1 台（10 万大卡）。

水箱：容量 750kg 1 个。

饮水管线：足够长。

水缸：容量是 250kg（育雏及饮水免疫用）。

冲洗鸡舍及消毒设备：高压冲洗机 1 台（冲刷鸡舍及环境消毒）；高压喷雾器 1 台（带鸡消毒用）；大铝锅（甲醛熏蒸消毒用）。

工作服：每人 2 套；拖鞋雨靴每人各 1 双。大塑料盆：鸡舍门口消毒用 2 个。

4. 肉鸡群的结构与周转

每单元每批饲养 3 000只商品肉鸡，整个园区（小区）每批共饲养 30 000只，饲养至 49 日龄全部出栏。每单元每年共饲养 5.7 批快大型肉鸡。每户年出栏肉鸡 17 100只，标准化养殖园区（小区）年出栏肉鸡 171 000万只。

三、商品肉鸡标准化养殖园区（小区）管理

（一）机构设置及人员管理

1. 机构设置及任务

肉鸡标准化养殖园区（小区）由组建单位（乡政府、村委会、协会、经济合作组织或企业、大户），协调所有投资方，成立肉鸡标准化养殖园区（小区）管理委员会，推选政治素质高，业务能力强的人员从事肉鸡标准化养殖园区（小区）专职或兼职管理工作，负责制定、落实和维护标准化养殖园区（小区）正常生产的规章制度。同时，负责标准化养殖园区（小区）内饲料加工及运营管理，以及兽医防疫、技术培训、档案管理、门卫和消防等公共设施的正常运行，维护标准化养殖园区（小区）的安全、高效生产。

2. 人员管理

1）进入肉鸡标准化养殖园区（小区）的工作人员必须经卫生部门体检合格；患有人畜共患病、顽固性皮肤疾病等有碍食品卫生疾病的人员不得进入园区（小区）从业；肉鸡标准化养殖园区（小区）的工作人员要建立健康档案，定期对园区（小区）从事肉鸡生产的工作人员进行健康检查。

2）饲养员上岗应穿着工作服、鞋、帽，并定期清洗消毒。

3）肉鸡标准化养殖园区（小区）的从业人员必须经严格消毒后方可进入生产区工作。

4）未经许可，肉鸡标准化养殖园区（小区）谢绝外来人员参观。

（二）生产管理

1. 肉鸡标准化养殖园区（小区）严格执行 NY/T 5038—2001《无公害食品　肉鸡饲养管理准则》（附录 7-1）、NY 5037—2001《无公害食品　肉鸡饲养饲料使用准则》（附录 7-2）和 NY 5027《无公害食品　畜禽饮用水水质》（附件 1）的规定。

2. 禁止使用农药、微生物污染的及发霉、变质、冰冻的饲料（预混料、浓缩料和全价料、饲料添加剂）。

3. 入驻肉鸡标准化养殖园区（小区）的养殖户严格执行农业部《畜禽标识和养殖档案管理办法》相关规定，建档立案，做好各项记录（附件 5）及《牲畜耳标技术规范》（附件 6）。

（三）环境管理

1. 园区（小区）环境管理严格执 NY/T 1167—2006《畜禽场环境质量与卫生控制规范》（附件 2）的规定。

2. 园区（小区）内粪便不得随地堆集，污水不得随意排放。园区（小区）内的鸡粪要及时运送到贮存场所。排污要遵循减量化、无害化和资源化原则，执行 GB 18596—

2001《畜禽养殖业污染物排放标准》（附件8）和GB 1168—2006《畜禽粪便无害化处理技术规范》（附件9）的规定，进行无害化处理。

3. 净道和污道要严格分开，且不得交叉。

4. 园区（小区）内要定期杀虫、灭鼠，保持区内洁净，以减轻昆虫和鼠类等对鸡群的危害。

5. 因传染病或其他原因的死鸡或需处死的鸡，应按照GB 16548—2006《病害动物和病害动物产品生物安全处理规程》（附件10）的规定，在指定地点进行捕杀、处理，不得在养殖园区（小区）内外随意丢弃。

6. 禁止出售病死鸡尸体或者作为食品进行加工，有救治价值的鸡应隔离饲养，由兽医进行诊治。

7. 鸡场废弃物经无害化处理以后，可以作为农业用肥，不得作为其他动物的饲料。

（四）疫病防控

1. 所有进出肉鸡标准化养殖园区（小区）的人员和车辆必须经过园区（小区）大门的消毒池或喷雾消毒设施进行消毒。

2. 商品肉鸡标准化养殖园区（小区）内饲养的肉鸡群严格执行NY 5036—2001《无公害食品　肉鸡饲养兽医防疫准则》（附录7-3）的免疫程序进行免疫和疫病监测，发现疫情及时上报当地畜牧兽医主管部门，并按照有关规定及时处理。所应用的生物制品应是国家定点生产的，有正式批准文号的生物制品，不得应用任何中试产品；使用国外生物制品时，必须注意该产品是否在国家农业部注册，只有注册后才被允许使用。

3. 按《动物防疫法》和《兽药管理条例》的规定，根据肉鸡生长不同时期，在兽医指导下，采用优质兽药进行疾病防治，所使用的药物严格执行NY 5030—2006《无公害食品　畜禽饲养兽药使用准则》（附件7）的规定。

肉鸡允许使用的兽药有：盐酸氨丙啉、盐酸氯丙啉—磺胺喹噁啉钠、越霉素A、潮霉素B、二硝托胺、芬苯哒唑、甲基盐霉素—尼卡巴嗪，盐酸氯苯胍、磺胺喹噁啉—二甲氧苄啶，硫酸安普霉素、亚甲基水杨酸杆菌肽、甲黄酸达氟沙星、盐酸二氟杀星、蒽诺沙星、硫氰酸红霉素、氟苯尼考、氟甲喹、吉他霉素、硫酸新霉素、牛至油、盐酸土霉素、盐酸沙拉沙星、磺胺喹噁啉钠—甲氧苄啶、复方磺胺嘧啶、延胡索酸泰乐菌素、酒石酸泰乐菌素等。

除以上规定使用的兽药外，其他兽药不得用于园区（小区）肉鸡的生产。

4. 商品肉鸡标准化养殖园区（小区）禁止饲养其他畜禽，并禁止其他畜禽进入。

5. 商品代肉雏鸡应来自通过有关部门验收的父母代鸡场或专业孵化场，雏鸡不能带鸡白痢、禽白血病和霉形体病等蛋传疾病，不从疫区购买雏鸡。购入雏鸡和运输淘汰鸡时必须向肉鸡标准化养殖园区（小区）申报，严格执行GB 16549—1996《畜禽产地检疫规范》（附件3）和GB 16567—1996《种畜禽调运检疫技术规范》（附件4），同时出据检疫合格证，并观察30d以上，确定为健康，方可入区进行正常生产。

6. 定期对鸡舍、走道、道路、器具和周围环境进行清扫和消毒；隔离观察区在使用前后必须清扫和消毒。

附表 1　商品肉鸡预混料推荐配方

原料 各阶段	原料添加量（kg / 1 000kg）									
	玉米	豆粕	麦麸	棉粕	菜粕	石粉	磷酸氢钙	食盐	植物油	预混料
肉小鸡	605	326	20	—	—	12	15	2	10	10
肉中鸡	625	300	—	17	—	11	14	3	20	10
肉大鸡	650	285	—	—	—	10	12	3	30	10
肉小鸡	600	340	—	—	—	—	—	—	10	50
肉中鸡	615	315	—	—	—	—	—	—	20	50
肉大鸡	655	265	—	—	—	—	—	—	30	50

附表 2　商品蛋鸡预混料推荐配方

原料 各阶段	原料添加量（kg / 1 000kg）							
	玉米	豆粕	麦麸	棉粕	石粉	磷酸氢钙	食盐	预混料
蛋小鸡	655	285	20	—	12	15	3	10
蛋中鸡	650	172	110	30	11	14	3	10
产蛋鸡	632	225	—	30	85	15	3	10
蛋小鸡	660	270	20	—	—	—	—	50
蛋中鸡	650	170	110	20	—	—	—	50
产蛋鸡	600	240	—	25	85	—	—	50

相关数据单位说明

序　号	单位代号	单　位	序　号	单位代号	单　位
1	km	千米，公里	11	d	天
2	m^2	平方米	12	h	小时
3	m^3	立方米	13	°	度
4	m	米	14	℃	摄氏度
5	cm	厘米	15	W	瓦特
6	mm	毫米	16	w	周
7	t	吨	17	L	升
8	kg	千克，公斤	18	ml	毫升
9	g	克	19	lx	勒
10	mg	毫克			

商品肉鸡标准化养殖园区（小区）建设图

建筑设计总说明

一、设计依据

1．标准化养殖园区（小区）建设规划

2．肉鸡养殖生产技术参数

3．国家现行建筑设计规范、规定和标准

二、工程概况

1．本设计为标准化肉鸡养殖园区（小区）规划方案。

2．小区占地面积12230m²，折合占地18.34亩，总建筑面积4581.5m²，建筑系数0.374。

3．本工程为三类建筑，建筑物耐火等级为二级，火灾危险程度为一般。

4．工程抗震设防烈度根据我国主要城镇抗震设防烈度确定，施工时建筑物须进行抗震 设防。

三、设计说明

1．本设计为建筑规划方案，不做为施工图指导施工。

2．本设计未配套水、暖、电、电话等公共设施，建设方可根据养殖园区（小区）的实际情况配套公共设施。

3．本设计单体结构方案为参考方案，建设方须进行施工图设计确定结构设计方案，并遵守国家现行规范、规定，特别是强制性规范。

4．工程做法未作说明，建设方可本着经济、适用、美观的原则选择工程做法。

5．其他图中未说明的部分可依据施工图设计或遵守国家现行规范、规定和标准。

四、采用标准

1．《建筑设计资料集》、《05系列建筑标准设计图集》

2．《村镇规划卫生标准》GB18055、《建筑设计防火规范》GB50016

图纸目录

序号	图别图号	图名	备注
1	附图7-1	总平面布置图、建筑物明细表、技术经济指标	
2	附图7-2、附图7-3	综合肉鸡舍平立剖面图	
3	附图7-4	兽医室平立剖面图	
4	附图7-5	更衣淋浴间平立剖面图	
5	附图7-6、附图7-7	饲料加工间平立剖面图	
6	附图7-8	培训室、办公室、门房平立剖面图	

功能分区示意图

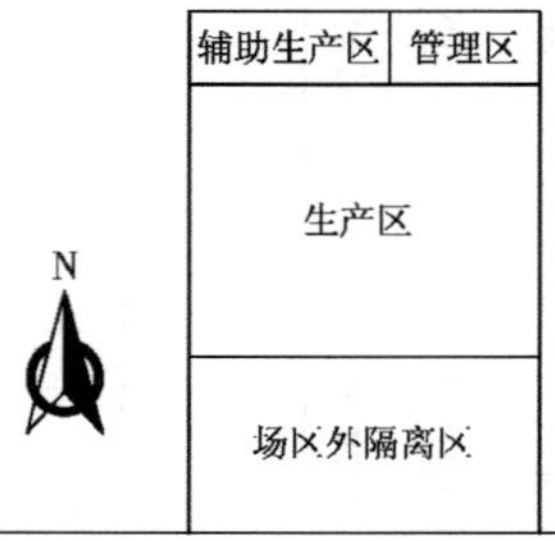

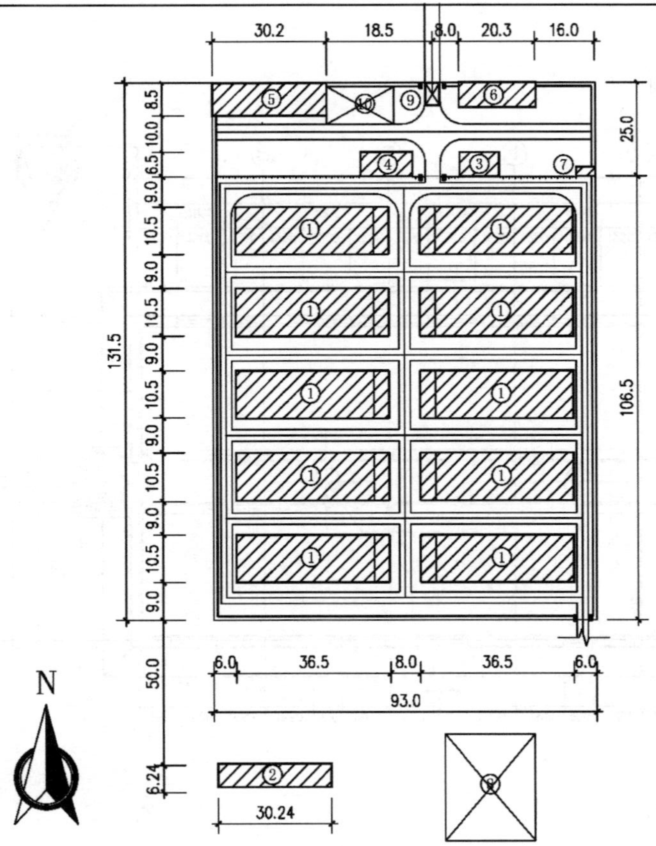

总平面布置图

图 例

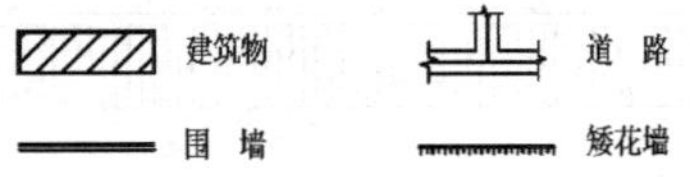

建筑物明细表

序 号	工 程 名 称	建筑面积(m²)	备 注
①	肉鸡舍	383.25X10=3832.5	
②	隔离鸡舍	188.7	
③	兽医室	67.6	
④	更衣淋浴间	89.05	
⑤	饲料加工间	256.7	
⑥	培训室、办公室、门房	131.95	
⑦	旱 厕	15.0	
⑧	堆粪场		400
⑨	消毒池		24.0
⑩	晒 场		120
	合 计	总建筑面积 4581.5m² 不包括隔离鸡舍的建筑面积 4392.8m²	

技术经济指标列表

序号	技术经济指标	数 量 (m²)	序号	技术经济指标	数 量 (m)
1	占地面积	12230 折合 18.34 亩	4	围 墙	390.0
2	总建筑面积	4581.5	5	矮花墙	68.8
3	道 路	3000	6	建筑系数	0.374

说明

1、尺寸标注单位为米。

2、建设单位可根据实际情况配套配电室、水泵房等公共设施。

3、本方案没有计算场地利用系数，场地利用系数等于建筑面积+构筑物面积+晒场等与占地面积的比。

3、隔离鸡舍和堆粪场应位于小区的下风向50m以外。

附图7-1

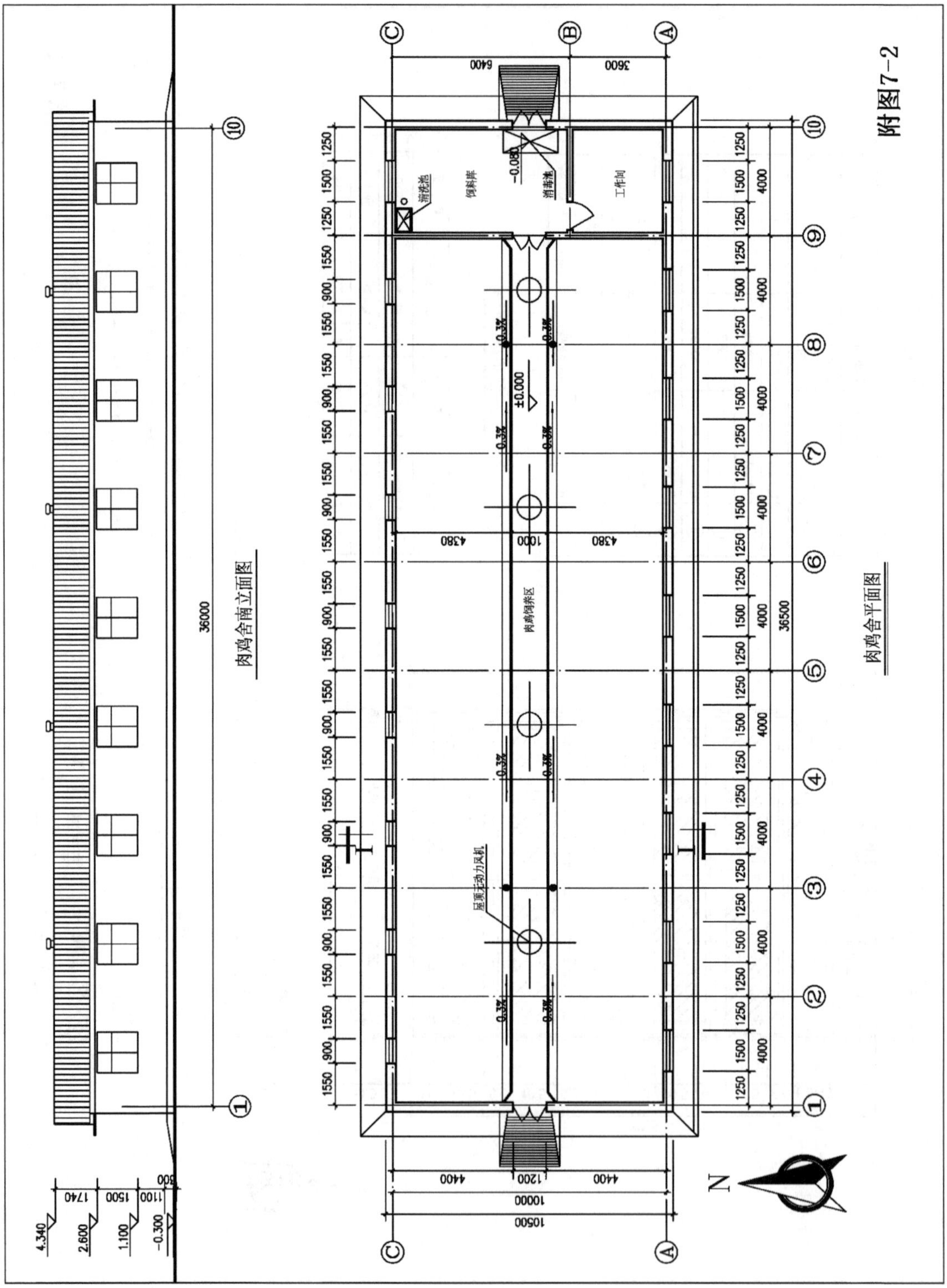
肉鸡舍南立面图
肉鸡舍平面图
饲料库
消毒池
工作间
肉鸡饲养区
屋顶无动力风机
36000
36500
10500
10000
N

附图7-2

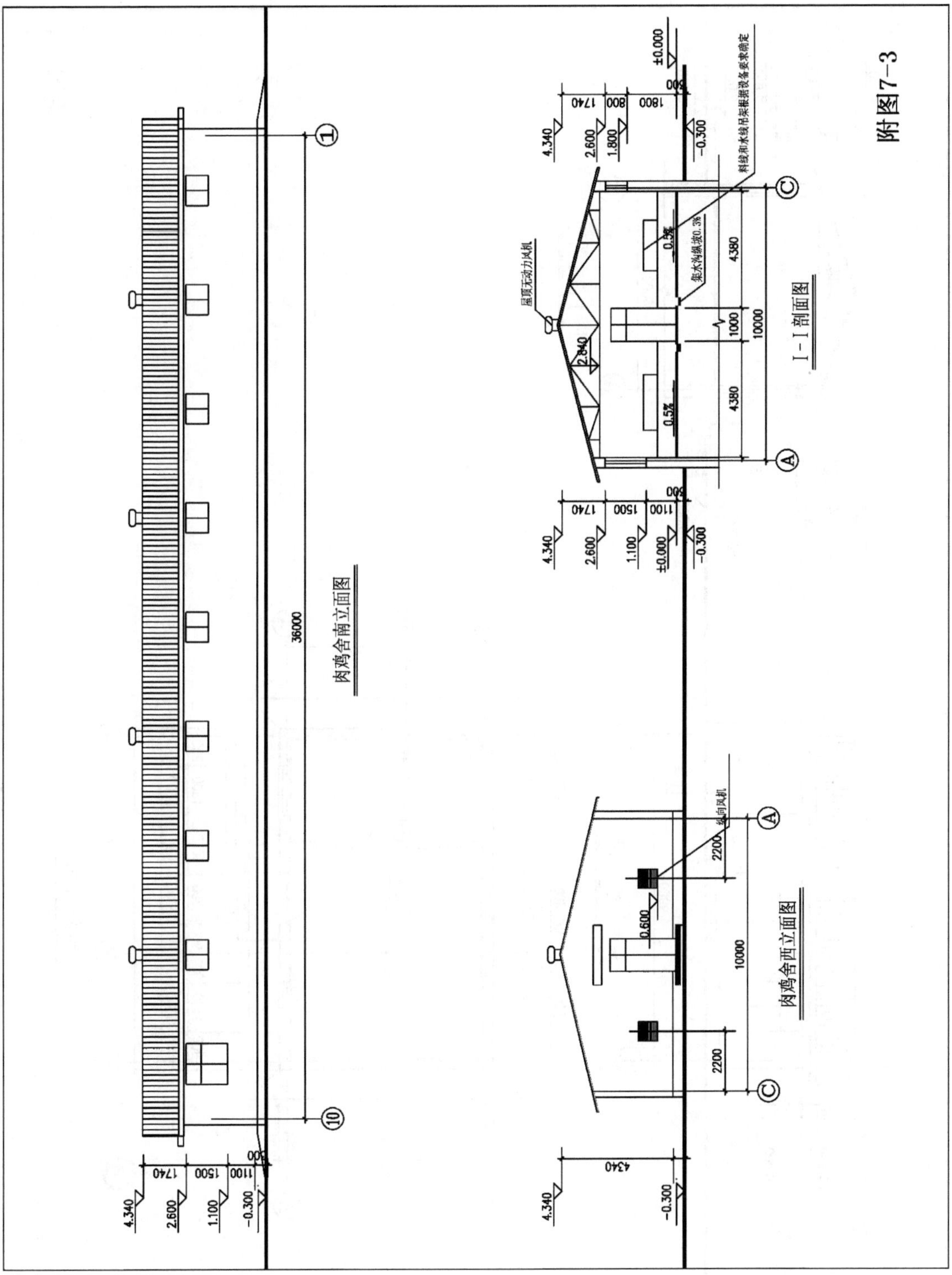
肉鸡舍南立面图
36000
4.340
2.600
1.100
-0.300
1740
1500
1100
I-I剖面图
屋顶无动力风机
集水沟纵坡0.3%
料线和水线吊架根据设备要求确定
4380
1000
10000
±0.000
1.800
800
1800
肉鸡舍西立面图
纵向风机
2200
0.600
4340

附图7-3

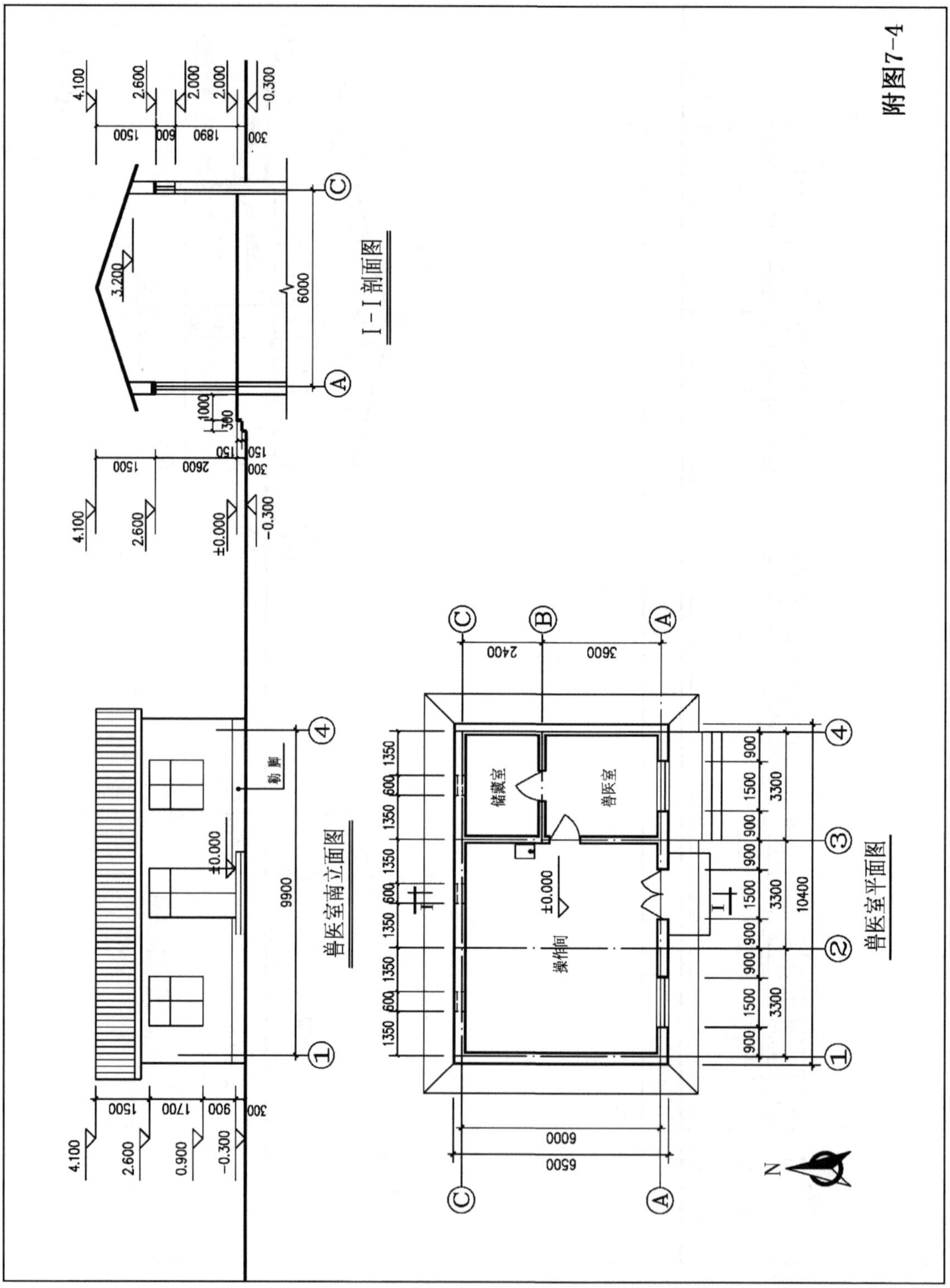
I-I剖面图
兽医室南立面图
兽医室平面图
储藏室
兽医室
操作间
勒脚
N
4.100
2.600
2.000
±0.000
-0.300
3.200
6000
9900
10400
6500
3300
2400
3600

附图7-4

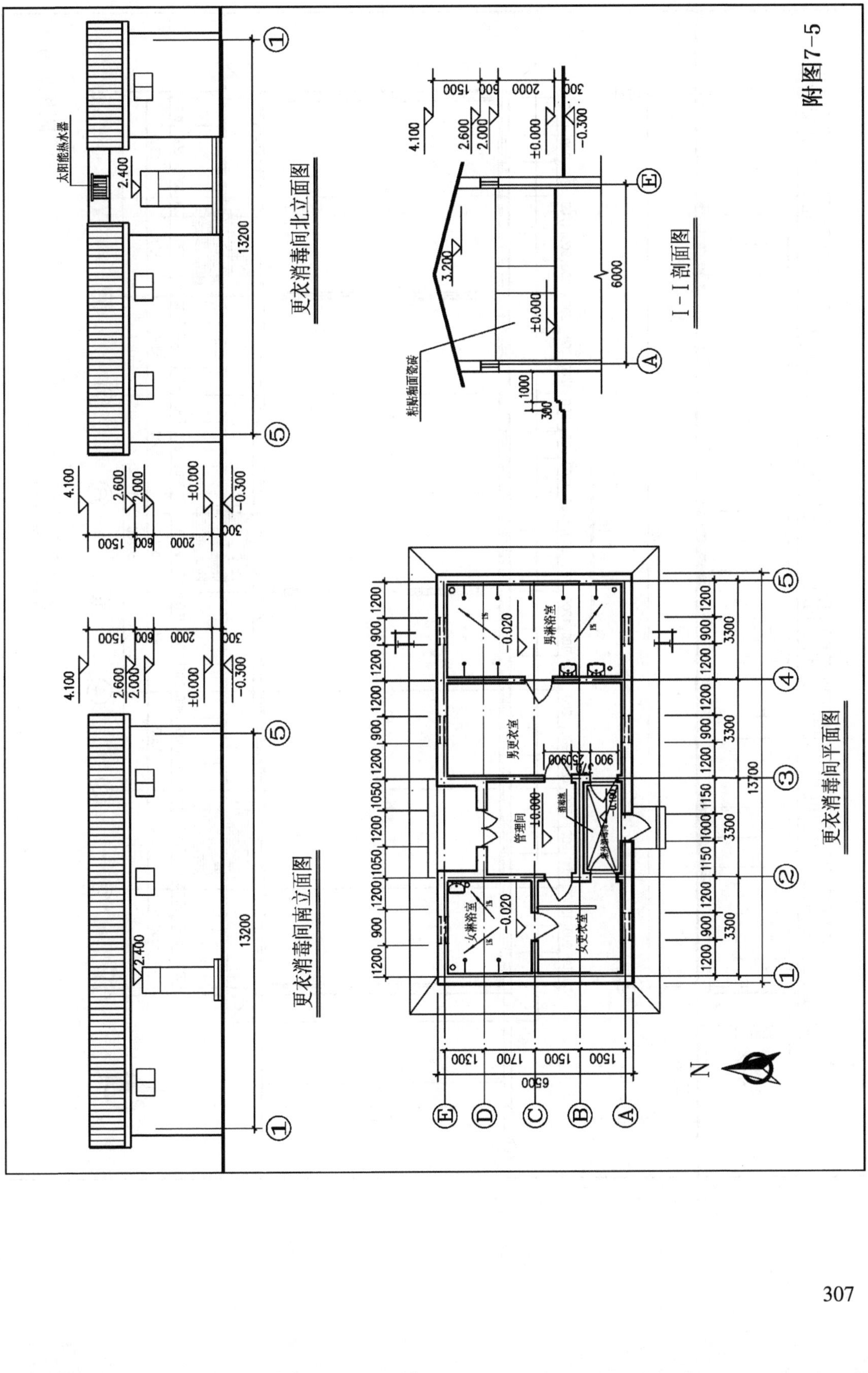
更衣消毒间北立面图
太阳能热水器
更衣消毒间南立面图
I－I剖面图
粘贴釉面瓷砖
更衣消毒间平面图
男淋浴室
男更衣室
管理间
女淋浴室
女更衣室
13200
13700
6500

附图7-5

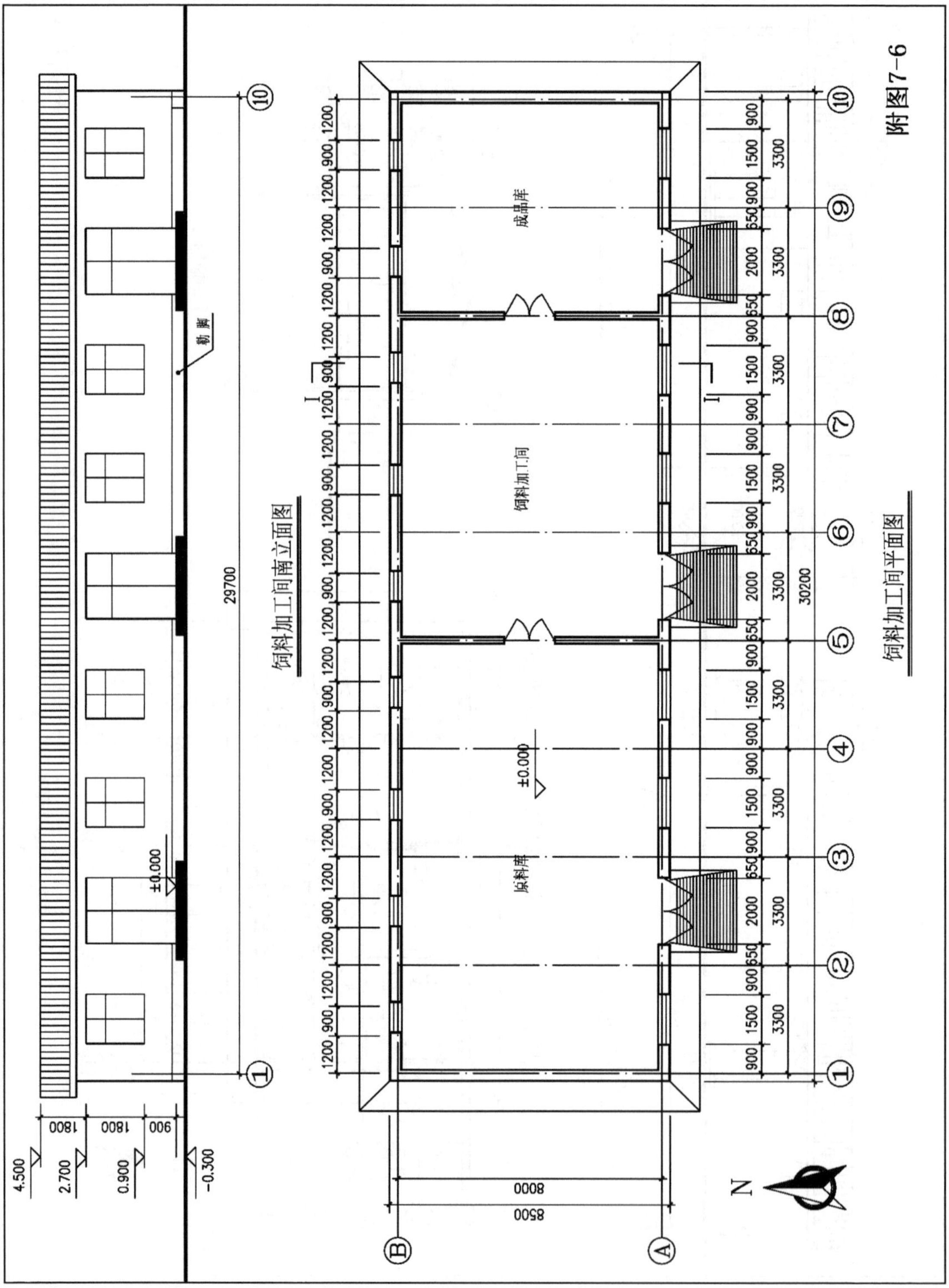
饲料加工间南立面图
勒脚
±0.000
29700
4.500
2.700
0.900
-0.300
饲料加工间平面图
成品库
饲料加工间
原料库
30200
8000
8500
N

附图7-6

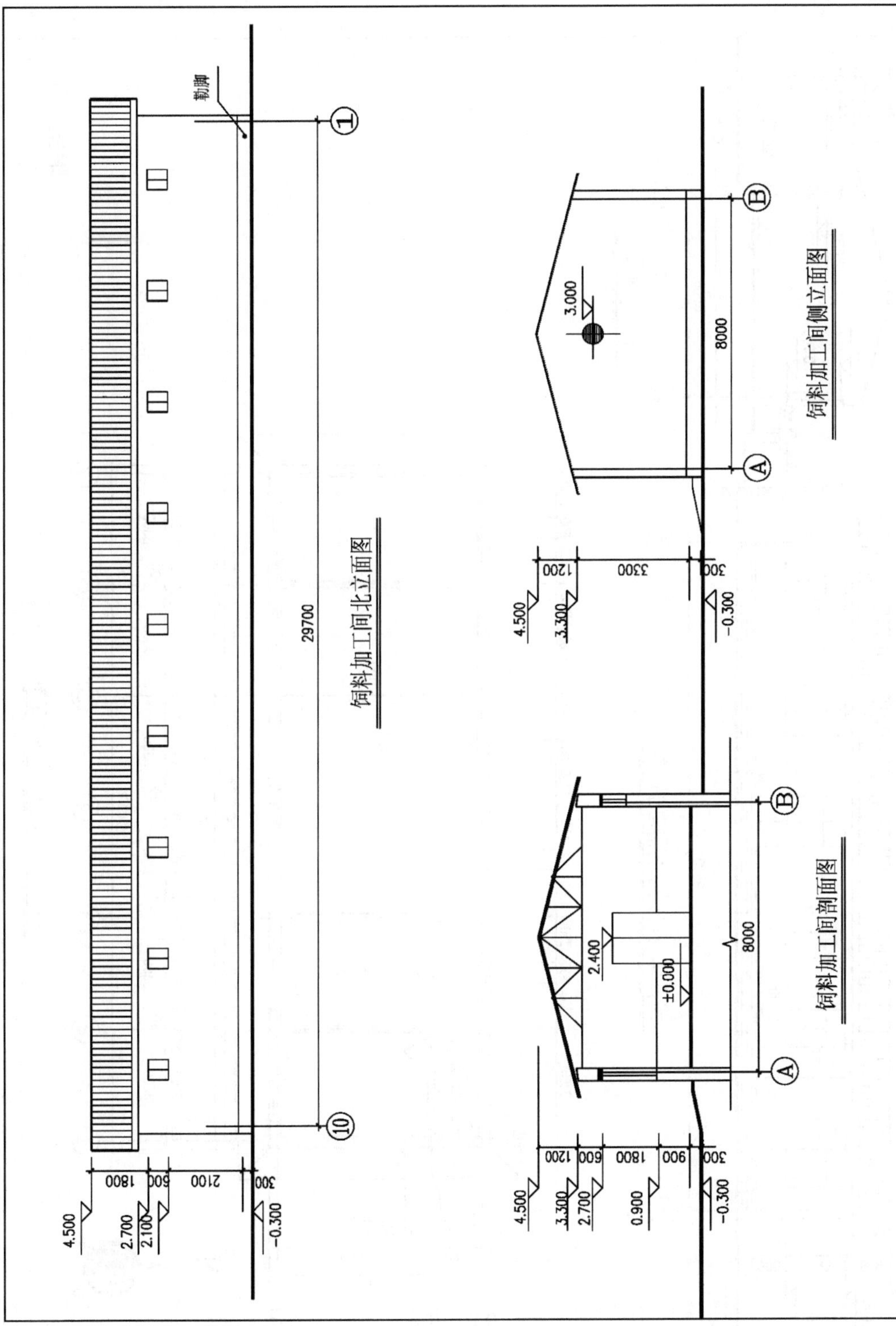
勒脚
饲料加工间北立面图
29700
4.500
2.700
2.100
-0.300
1800
600
2100
300
饲料加工间侧立面图
8000
3.000
3.300
1200
3300
饲料加工间剖面图
2.400
±0.000
0.900
900

附图7-7

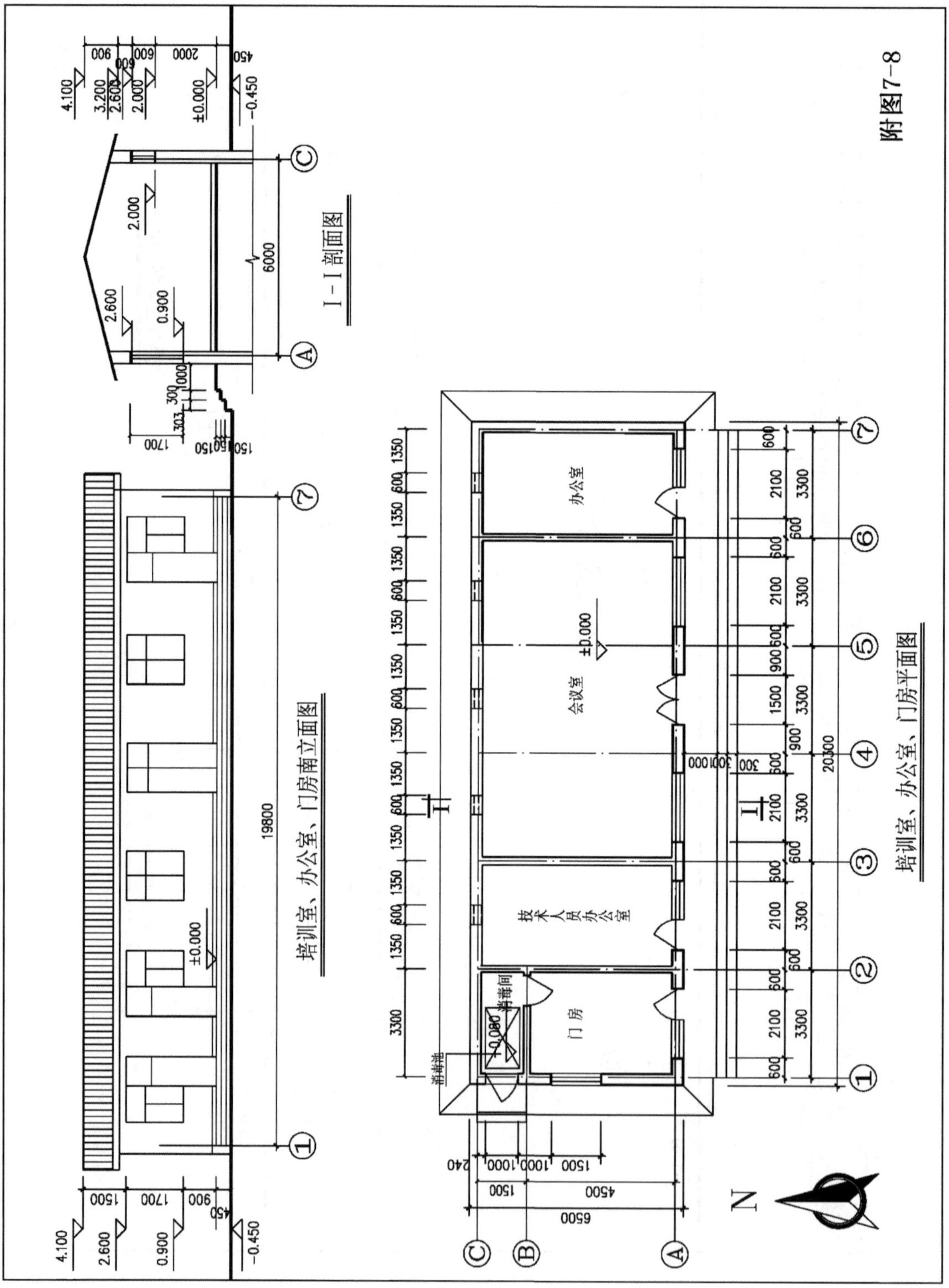

附图7-8

附录 2　商品肉鸡标准化养殖小区建设管理规程

1　范围

本标准规定了商品肉鸡标准化养殖小区的术语与定义、养殖小区建设、鸡群、饲料与日粮配置、饲养管理、消毒与防疫、废弃物处理、组织管理、记录与档案管理。

本标准适用于年出栏肉鸡 150 000 只以上的肉鸡标准化养殖小区的建设和管理，同等规模的肉鸡养殖场（户）参照执行。

2　规范性引用文件

下列文件中的条款通过本标准的引用而成为本标准的条款。凡是注日期的引用文件，其随后所有的修改单（不包括勘误的内容）或修订版均不适用于本标准，然而，鼓励根据本标准达成协议的各方研究是否可使用这些文件的最新版本。凡是不注日期的引用文件，其最新版本适用于本标准。

GB 3095　环境空气质量标准

GB 13078　饲料卫生标准

GB 16548　病害动物与病害动物产品生物安全处理规程

GB 16549　畜禽产地检疫规范

GB 16567　种畜禽调运检疫技术规范

GB 18596　畜禽养殖业污染物排放标准

GB 50052　供配电系统设计规范

GBJ 39　村镇建设设计防火规范

NY/T 33　鸡饲养标准

NY/T 388　畜禽场环境质量标准

NY/T 682　畜禽场场区设计技术规范

NY/T 1167　畜禽场环境质量与卫生控制规范

NY/T 1168　畜禽粪便无害化处理技术规范

NY 5027　无公害食品　畜禽饮用水水质

NY 5030　无公害食品　畜禽饲养兽药使用准则

NY 5032　无公害食品　畜禽饲料和饲料添加剂使用准则

NY 5036　无公害食品　肉鸡饲养兽医防疫准则

NY 5037　无公害食品　肉鸡饲养饲料使用准则

NY/T 5038　无公害食品　肉鸡饲养管理准则

SL 310　村镇供水工程技术规范

兽药国家标准和部分品种的停药期规定　中华人民共和国农业部公告第278号

畜禽标识和养殖档案管理办法　中华人民共和国农业部令2006第67号

3　术语和定义

下列术语和定义适用于本标准。

3.1　标准化养殖小区

指按照畜禽养殖场所与居民生活区分离的原则，由地方人民政府或村民委员会规划，以统一建设、统一管理、统一防疫、分户饲养为主要模式，布局合理、设施完善、功能齐全、高效安全的集中从事畜禽养殖活动的区域。

3.2　商品肉鸡

指用现代肉用配套品系杂交所产的，不能用于繁殖后代，饲喂7～9周龄屠宰上市的鸡。

3.3　肉小鸡

出壳到21日龄的鸡。

3.4　肉中鸡

从22日龄到42日龄的鸡。

3.5　肉大鸡

从43日龄到出栏的鸡。

3.6　阶段饲养

按肉鸡生理与生长的特点，将生产周期划分为不同年龄或几个生产阶段，并按各个阶段实行不同营养供给的措施。

3.7　净道

是指场区内用于健康鸡群和饲料等洁净物品转运的专用道路。

3.8　污道

是指场区内垃圾、粪便、病死鸡、淘汰鸡等非洁净物品出场的专用通道。

3.9　全进全出制

同一批次鸡同时进、出同一鸡舍单元的饲养管理制度。

4　养殖小区建设

4.1　选址

养殖小区应位于法律法规明确规定的禁养区以外，地势高燥、通风良好、交通便利、水电供应稳定、隔离条件良好的地域。

4.1.1　养殖小区应距离城镇居民点、学校、医院长年主导风向的下风向或侧风向1 000m以外；距离干线公路、铁路1 000m以上；周围3 000m以内无大型化工厂、矿区、皮革厂、屠宰厂、肉品加工厂和其他畜牧场。

4.1.2　建设用地应水源充足，水质应符合NY 5027。

4.1.3　地域大气环境质量应符合GB 3095。

4.1.4　禁止在旅游区、自然保护区、水源保护区、环境公害和畜禽疾病污染严重的地区建设养殖小区。

4.1.5　占地面积

年出栏150 000只肉鸡的肉鸡标准化养殖小区占地面积不少于12 000m^2（18亩）。

4.2　总平面布局

4.2.1　布局原则

以布局紧凑、节约用地、科学实用、便于管理、利于防疫和安全生产为原则，养殖小区内防火执行CBJ 39。

4.2.2　养殖小区功能区划分为生活管理区、辅助生产区、生产区和隔离区。

4.2.2.1　生活管理区

包括门卫值班室、办公室、技术培训室、兽医室、业务洽谈室等，位于养殖小区的上风向区域。

4.2.2.2　辅助生产区

包括饲料加工间、饲料库、锅炉房、配电室、水泵房等，位于生产管理区的下风向或侧风向。

4.2.2.3　生产区

包括各类鸡舍等，位于生活管理区与辅助生产区的下风向。鸡舍间距为鸡舍高度的3～5倍，入口处设消毒更衣室和车辆消毒池。

4.2.2.4　隔离区

包括病鸡隔离治疗舍、粪便处理场等，位于生产区下风向，与生产区保持50m以上的防疫距离或建于养殖小区外下风向区域。

4.3　建设

4.3.1　配套工程

4.3.1.1　养殖小区给排水管线工程参照SL 310设计。电力供应执行GB 50052，并自备发电机组。

4.3.1.2　养殖小区内建筑朝向与间距、环境绿化，参照NY/T 682执行。

4.3.1.3　消毒池设在大门口以及生产区进出口，消毒液使用2%烧碱，每3～7d更换一次。人行通道设在消毒间内，在消毒间的顶棚安装紫外线消毒或喷雾消毒设施，并设计洗手池和更衣柜。

4.3.1.4　养殖小区内净道与污道分设。

4.3.2　鸡舍建筑

4.3.2.1　方位与平面布置

鸡舍朝向须南北向方位，偏东或偏西不超过30°，保持鸡舍纵向轴线与当地常年主导风向呈30°～60°角，采用地面平养的饲养方式。

4.3.2.2　鸡舍环境

应具备良好的保温隔热、通风、排湿以及采光性能，参照NY/T 388执行。

鸡舍以自然通风为主，辅助纵向机械通风。

4.3.2.3　建设面积

鸡只平均建筑面积0.12m^2。

4.3.2.4 鸡舍建设

肉鸡舍建造要求防寒保暖、通风向阳、干燥、防鼠害。

水泥地面，要求平整光滑且有1%～2%的坡度，坡向地漏；墙面水泥砂浆抹面，保证舍内不积灰。

鸡舍外门宽1.5～2m，高2.0m。内门宽0.7m、高1.8m。每栋鸡舍至少有两个外门，设在两端墙上，正对通道。

窗户应考虑采光系数，成年鸡舍为1∶10～1∶12，雏鸡舍则应为1∶7～1∶9。南北设窗，窗户要等距分布，北窗面积约为南窗的70%，窗间壁的宽度不应大于窗宽的2倍。

舍内人行通道宽度为1.0～1.2m。檐口高度2.0m，舍内净高不小于2.4m，屋面坡度不大于1∶3，总高度3.5～4.0m。

4.3.3 设备

舍内应配置通风设备、饮水设备、供料设备、供暖设备，饲料加工设备。

4.3.3.1 通风设备

推荐使用型号为9FJ1400轴流式风机。

4.3.3.2 饮水设备

饮水器常用真空饮水器、普拉松饮水器或乳头饮水器。

4.3.3.3 供料设备

采用开食喂料盘、料桶、喂料斗等。

4.3.3.4 供暖设备

采用燃煤热风炉供暖，热风炉进风口应装备报警温控仪，热风炉的顶部制做水箱一个，与饮水系统相连。

4.3.3.5 饲料加工设备

根据饲养规模配置饲料加工机组。

5 鸡群

5.1 饲养模式

采取“同源引种，全进全出”的饲养模式。采用地面垫料平养，全年饲养多批肉鸡，每批“三阶段一转群”饲养。

5.2 鸡群引入

肉鸡品种应选快大型白羽肉鸡——爱拔益加、艾维茵、科宝500、哈巴德、罗斯308肉鸡。严禁从疫区引种。鸡群调运、检疫、隔离要执行GB 16549和GB 16567。

6 饲料与日粮配置

6.1 原料选用

原料选用执行GB 13078、NY 5030、NY 5032和NY 5037，卫生标准执行GB 13078。

6.2 全价饲料配制

根据蛋鸡不同生长阶段的营养需要，参照NY/T 33配置日粮。

也可使用复合预混料或浓缩饲料，按饲料企业的推荐配方配制饲料。

7　饲养管理

7.1　日常管理参照 NY/T 5038，兽药使用参照 NY 5030。

7.2　饲养

鸡只日均采食量 0.10 ~ 0.12kg 全价配合饲料，自由采食。平均日饮水量0.30 ~ 0.36kg。

7.3　管理

7.3.1　鸡舍准备

入舍前 7d 熏蒸消毒，密闭鸡舍 24h 以上，然后开窗通风 2d 以上。熏蒸剂按每立方米 21g 高锰酸钾、42ml 甲醛配制。

7.3.2　饮水与开食

先饮温水，后开食。雏鸡前 3d 的饮水中需按比例添加电解多维和抗菌药物。

前 4d 用真空饮水器和开食盘，5 ~7 日龄为过渡阶段，8 日龄起全部用普拉松饮水器和料桶。

7.3.3　鸡舍温度

前 3d 育雏的温度保持在 33 ~35℃，以后每天下降 0.5℃，直至 21℃左右时脱温。

7.3.4　鸡舍的湿度

1 ~7 日龄 70% ~75%，8 ~21 日龄 65% ~70%，22 ~49 日龄 55% ~65%。

7.3.5　鸡群密度

半封闭式鸡舍冬、春、秋季 10.8 ~13.5 只/m^2，夏季 9 ~10.8 只/m^2。全封闭式鸡舍 11 ~12 只/m^2。

7.3.6　鸡舍通风

要求 1 ~21 日龄以保温为主，适当通风换气，但要保持氨气的浓度小于 10mg/L，无烟雾、粉尘；28 日龄以上以通风换气为主，保持适宜的温度，氨气浓度应小于 20mg/L。

7.3.7　鸡舍光照制度

第一周可采取每天 22h 光照，2h 关灯的方法。第二周以后实行晚上间断照明，即开灯喂料，采食后熄灯。光照强度头 3d 以 10lx 为宜，即 2.5 ~3.0W/m^2，第 4d 以后逐渐减弱到 1.0 ~1.5W/m^2，4 周龄至出售为 0.75 ~1.0W/m^2。

1 ~4 日龄安装 60W 的灯泡，5 日龄至出售换成 15W 的灯泡，灯泡距垫料的高度为 2m，等距为 3 ~4m。

7.3.8　适时扩群

据鸡群的生长状况，每 7d 左右扩群一次，扩满全舍的时间冬季 28 日龄，夏季 21 日龄。

7.3.9　适时出栏

饲喂到 7 ~9 周龄的肉鸡应及时出栏。休药期执行 NY 5030 和农业部《兽药国家标准和部分品种的停药期规定》。

7.3.10　垫料管理

常用的垫料有稻壳、碎刨花、碎稻草、碎麦秸、玉米秸等。垫料要求干燥、清洁、柔软、吸水性强、不发霉、无尖硬杂物。禁用锯末粉。要求垫料铺平，厚度在 5 ~10cm，防止露出地面。

8 消毒与防疫

8.1 消毒

创建良好的生产环境条件，搞好卫生控制，参照 NY/T 1167。

8.2 防疫

鸡群防疫、防治参照 NY 5036、NY 5030。

9 废弃物处理

9.1 病害物处理

病害物的处理执行 GB 16548。

9.2 粪便处理与排放

粪便无害化处理采用 NY/T 1168，污染物排放执行 GB 18596。

10 组织管理

10.1 组织形式

建立具有法人资质的组织机构，对养殖小区进行统一管理。

10.2 管理模式

实行统分结合的运行管理模式。统一建设、统一品种、统一防疫、统一服务、统一无害化处理、统一销售，分户饲养。

10.3 人员管理

10.3.1 从业人员

配备与生产规模相适应的畜牧、兽医技术人员。

从业人员应身体健康，并定期进行健康检查，有传染病患者应及时调出。

10.3.2 技术培训

根据生产需要制定培训计划，定期聘请畜牧兽医专家对入区养殖户进行技术培训。

10.4 制度建设

建立完善的规章制度，包括生产管理制度、物品管理制度、出入场管理制度、兽药和疫苗购进使用管理制度、饲料加工使用管理制度、各项技术操作规程、卫生防疫制度、卫生消毒制度、档案制度、病死鸡无害化处理制度、疫情监测报告制度、技术培训制度等。

11 记录与档案管理

11.1 根据农业部颁布的《畜禽标识与养殖档案管理办法》建立商品肉鸡标准化养殖生产档案，配备记录员和档案管理员，负责档案记录与保管，每批鸡的记录资料保存 3 年以上。

11.2 记录品种、数量、肉鸡来源、进出场时间、饲料、饲料添加剂、疫苗、兽药等投入品的来源、名称、使用对象、用量以及免疫、发病和治疗情况、死淘数、肉鸡的销售等情况。

11.3 根据原始记录，定期进行统计、分析和总结，及时指导生产。

附录3　无公害食品　肉鸡饲养管理准则

1　范围

本标准规定了无公害食品肉鸡的饲养管理条件，包括产地环境、引种来源、大气环境质量、水质量、禽舍环境、饲料、兽药、免疫、消毒、饲养管理、废弃物处理、生产记录、出栏和检验。

本标准适用于肉用仔鸡、优质肉鸡及地方土杂鸡的饲养。

2　规范性引用文件

下列文件中的条款通过本标准的引用而成为本标准的条款。凡是注日期的引用文件，其随后所有的修改单（不包括勘误的内容）或修订版均不适用于本标准，然而，鼓励根据本标准达成协议的各方研究是否可使用这些文件的最新版本。凡是不注日期的引用文件，其最新版本适用于标准。

GB 3095　环境空气质量标准

GB 16548　病害动物与病害动物产品生物安全处理规程

GB 16549　畜禽产地检疫规范

NY/T 388　畜禽场环境质量标准

NY 5027　无公害食品　畜禽饮用水水质

NY 5035　无公害食品　肉鸡饲养兽药使用准则

NY 5036　无公害食品　肉鸡饲养兽医防疫准则

NY 5037　无公害食品　肉鸡饲养饲料使用准则

中华人民共和国兽药典

3　术语和定义

下列术语和定义适用于本标准。

全进全出制 all-in all-out system

同一鸡舍或同一鸡场只饲养同一批次的鸡，同时进场、同时出场的管理制度。

4　总体要求

4.1　产地环境

大气质量应符合 GB 3095 标准的要求。

4.2 引种来源

雏鸡应来自有种鸡生产许可证，而且无鸡白痢、新城疫、禽流感、支原体、禽结核、白血病的种鸡场，或由该类场提供种蛋所生产的经过产地检疫的健康雏鸡，一栋鸡舍或全场的所有鸡只应来源于同一种鸡场。

4.3 饮水质量

水质应符合 NY 5027 的要求。

4.4 饲料质量

饲料应符合 NY 5037 的要求。

4.5 兽药使用

饮水或拌料方式添加兽药应符合 NY 5035 的要求。

4.6 防疫

肉鸡防疫应符合 NY 5036 的要求。

4.7 病害肉尸的无害化处理

应符合 GB 16548 标准的要求。

4.8 环境质量

鸡舍内环境卫生应符合 NY/T 388 标准的要求。鸡场排放的废弃物实行减量化、无害化、资源化原则处理。

5 禽舍设备卫生条件

5.1 鸡舍选址应在地势高燥、采光充足和排水良好，隔离条件好的区域，还应符合以下条件。

5.1.1 鸡场周围 3km 内无大型化工厂、矿厂等污染源，距其他畜牧场至少 1km 以上。

5.1.2 鸡场距离干线公路、村和镇居民点至少 1km 以上。

5.1.3 鸡场不应建在饮用水水源、食品厂上游。

5.2 鸡场应严格执行生产区和生活区相隔离的原则。

5.3 鸡舍建筑应符合卫生要求，内墙表面应光滑平整，墙面不易脱落、耐磨损和不含有毒有害物质。还应具备良好的防鼠、防虫和防鸟设施。

5.4 设备应具备良好的卫生条件并适合卫生检测。

6 饲养管理卫生条件

6.1 每批肉鸡出栏后应实施清洗、消毒和灭虫、灭鼠，消毒剂建议选择符合《中华人民共和国兽药典》规定的高效、低毒和低残留消毒剂，且必须符合 NY 5035 的规定；灭虫、灭鼠应选择符合农药管理条例规定的菊酯类杀虫剂和抗凝血类杀鼠剂。

6.2 鸡舍清理完毕到进鸡前空舍至少 2 周，关闭并密封鸡舍防止野鸟和鼠类进入鸡舍。

6.3 鸡场所有入口处应加锁并设有“谢绝参观”标志。鸡场门口设消毒池和消毒间，进出车辆经过消毒池，所有进场人员要脚踏消毒池，消毒池选用 2% ~5% 漂白粉澄清溶液或2%～4%氢氧化钠溶液，消毒液定期更换。进场车辆建议用表面活性剂消毒液进行喷雾，进场人员经过紫外线照射的消毒间。外来人员不应随意进出生产区，特定情况下，参观人员在淋浴和消毒后穿戴保护服才可进入。

6.4 工作人员要求身体健康，无人畜共患病。工作人员进鸡舍前要更换干净的工作服和工作鞋。鸡舍门口设消毒池或消毒盆供工作人员鞋消毒用。舍内要求每周至少消毒1次，消毒剂选用符合《中华人民共和国兽药典》规定的高效、无毒和腐蚀性低的消毒剂，如卤素类、表面活性剂等。

6.5 坚持全进全出制饲养肉鸡，同一养禽场不能饲养其他禽类。

7 饲养管理要求

7.1 饲养方式

可采用地面散养和离地饲养（网上平养和笼养），地面平养选择刨花或稻壳作垫料，垫料要求一定要干燥、无霉变、不应有病原菌和真菌类微生物群落。

7.2 饮水管理

利用自由饮水，确保饮水器不漏水，防止垫料和饲料霉变。饮水器要求每天清洗、消毒，消毒剂建议选择符合《中华人民共和国兽药典》规定的百毒杀、漂白粉和卤素类消毒剂。水中可以添加葡萄糖、电解质和多维类添加剂。

7.3 喂料管理

自由采食和定期饲喂均可。饲料中可以拌入多种维生素类添加剂。强调上市前7d，饲喂不含任何药物及药物添加剂的饲料，一定要严格执行停药期。每次添料根据需要确定。尽量保持饲料新鲜、防止饲料发生霉变。随时清除散落的饲料和喂料系统中的垫料。饲料存放在干燥的地方，存放时间不能过长，不应饲喂发霉、变质和生虫的饲料。

7.4 防止鸟和鼠害

控制鸟和鼠进入鸡舍，饲养场院内和鸡舍经常投放诱饵灭鼠和灭蝇。鸡舍内诱饵注意投放在鸡群不易接触的地方。

7.5 防疫和病禽治疗

对病情较轻，可以治疗的肉鸡应隔离饲养，所用药物应符合 NY 5035 的要求。

7.6 废弃物处理

使用垫料的饲养场，采取肉鸡出栏后一次性清理垫料，饲养过程中垫料过湿要及时清出，网上饲养户应及时清理粪便。清出的垫料和粪便在固定地点进行高温堆肥处理。堆肥池应为混凝土结构，并有房顶。粪便经堆积发酵后应作农业用肥。

7.7 生产记录

建立生产记录档案，包括进雏日期、进雏数量、雏鸡来源、饲养员；每日的生产记录包括：日期、肉鸡日龄、死亡数、死亡原因、存栏数、温度、湿度、免疫记录、消毒记录、用药记录、喂料量、鸡群健康状况、出售日期、数量和购买单位。记录应保存两年以上。

7.8 肉鸡出栏

肉鸡出栏前6～8h停喂饲料，但可以自由饮水。

8 检验

肉鸡出售前要做产地检疫、按 GB 16549 标准进行。检疫合格肉鸡可以上市，不合格肉鸡按 GB 16548 处理。

9 运输

运输设备应洁净，无鸡粪和化学品遗弃物。

附录4　无公害食品　肉鸡饲养饲料使用准则

1　范围

本标准规定了生产无公害肉鸡所需的配合饲料、浓缩饲料、添加剂预混合饲料、饲料原料、饲料添加剂的使用要求，以及饲料加工过程、饲料包装、贮存和运输的基本准则。

本标准适用于生产无公害肉鸡所需的商品配合饲料、浓缩饲料、添加剂预混合饲料、饲料原料、饲料添加剂和生产无公害肉鸡的养殖场自配饲料。

2　规范性引用文件

下列文件中的条款通过本标准的引用而成为本标准的条款。凡是注日期的引用文件，其随后所有的修改单（不包括勘误的内容）或修订版均不适用于本标准，然而，鼓励根据本标准达成协议的各方研究是否可使用这些文件的最新版本。凡是不注日期的引用文件，其最新版本适用于本标准。

GB/T 6432　饲料中粗蛋白的测定方法

GB/T 6436　饲料中钙的测定方法

GB/T 6437　饲料中总磷量的测定方法　光度法

GB/T 8381　饲料中黄曲霉毒素 B_1 的测定方法

GB/T 10647　饲料工业通用术语

GB 10648　饲料标签

GB 13078　饲料卫生标准

GB/T 13079　饲料中总砷的测定方法

GB/T 13080　饲料中铅的测定方法

GB/T 13081　饲料中汞的测定方法

GB/T 13082　饲料中镉的测定方法

GB/T 13083　饲料中氟的测定方法

GB/T 13084　饲料中氰化物的测定方法

GB/T 13085　饲料中亚硝酸盐的测定方法

GB/T 13086　饲料中游离棉酚的测定方法

GB/T 13087　饲料中异硫氰酸酯的测定方法

GB/T 13089　饲料中噁唑烷硫酮的测定方法

GB/T 13090　饲料中六六六、滴滴涕的测定方法

GB/T 13091　饲料中沙门氏菌的检验方法

GB/T 13092　饲料中霉菌的检验方法
GB/T 13093　饲料中细菌总数的检验方法
GB/T 14699　饲料采样方法
GB/T 16764　配合饲料企业卫生规范
饲料和饲料添加剂管理条例

3　术语和定义

GB/T 10647 中确立的以及下列术语和定义适用于本标准。

3.1　饲料 feed

经工业化加工、制作的供动物食用的饲料，包括单一饲料、添加剂预混合饲料、浓缩饲料、配合饲料和精料补充料。

3.2　饲料原料 feedstuff，single feed

除饲料添加剂以外的用于生产配合饲料和浓缩饲料的单一饲料成分，包括饲用谷物、粮食加工副产品、油脂工业副产品、发酵工业副产品、动物性蛋白质饲料、饲用油脂等。

3.3　饲料添加剂 feed additive

在饲料加工、制作、使用过程中添加的少量或者微量物质，包括营养性饲料添加剂和一般饲料添加剂。

3.4　营养性饲料添加剂 nutrictive feed additive

用于补充饲料营养成分的少量或者微量物质，包括饲料级氨基酸、维生素、矿物质微量元素、酶制剂、非蛋白氮等。

3.5　一般性饲料添加剂 general feed additive

为保证或者改善饲料品质、提高饲料利用率而掺入饲料中的少量或者微量物质。

3.6　药物饲料添加剂 medical feed additive

为预防、治疗动物疾病而掺入载体或者稀释剂的兽药的预混物，包括抗球虫药、驱虫剂类、抑菌促生长类等。

4　要求

4.1　饲料原料

4.1.1　感官要求：应具有一定的新鲜度，具有该品种应有的色、嗅、味和组织形态特征，无发霉、变质、结块、异味及异嗅。

4.1.2　饲料原料中有害物质及微生物允许量应符合 GB 13078 的要求。

4.1.3　饲料原料中含有饲料添加剂的应做相应说明。

4.1.4　制药工业副产品不应用作肉鸡饲料原料。

4.2　饲料添加剂

4.2.1　感官要求：应具有该品种应有的色、嗅、味和形态特征，无发霉、变质、异味及异嗅。

4.2.2　有害物质及微生物允许量应符合 GB 13078 及相关标准的要求。

4.2.3　饲料中使用的营养性饲料添加剂和一般性饲料添加剂产品应是《允许使用的饲料添加剂品种目录》（见附录 A）所规定的品种，或取得试生产产品批准文号的新饲料添加剂品种。

4.2.4 药物饲料添加剂的使用应按照《药物饲料添加剂使用规范》（见附录 B）执行。

4.2.5 氨苯砷酸和洛克沙胂不应用作肉鸡饲料添加剂。

4.2.6 饲料中使用的饲料添加剂产品应是取得饲料添加剂产品生产许可证的正规企业生产的、具有产品批准文号的产品。

4.2.7 饲料添加剂产品的使用应遵照产品标签所规定的用法、用量使用。

4.3 配合饲料、浓缩饲料和添加剂预混合饲料

4.3.1 感官要求：应色泽一致，无发酵霉变、结块及异味、异嗅。

4.3.2 有害物质及微生物允许量应符合 GB 13078 及相关标准的要求。

4.3.3 产品成分分析保证值应符合标签中所规定的含量。

4.3.4 肉鸡配合饲料，浓缩饲料和添加剂预混合饲料中不应使用违禁药物。

4.4 饲料加工过程

4.4.1 饲料企业的工厂设计与设施卫生、工厂卫生管理和生产过程的卫生应符合 GB/T 16764 的要求。

4.4.2 配料

4.4.2.1 定期对计量设备进行检验和正常维护，以确保其精确性和稳定性，其误差不应大于规定范围。

4.4.2.2 微量和极微量组分应进行预稀释，并且应在专门的配料室内进行。

4.4.2.3 配料室应有专人管理 ，保持卫生整洁。

4.4.3 混合

4.4.3.1 混合时间，按设备性能不应少于规定时间。

4.4.3.2 混合工序投料应按先大量、后小量的原则进行。投入的微量组分应将其稀释到配料秤最大称量的 5% 以上。

4.4.3.3 生产含有药物饲料添加剂的饲料时，应根据药物类型，先生产药物含量低的饲料，再依次生产药物含量高的饲料。

4.4.3.4 同一班次应先生产不添加药物饲料添加剂的饲料，然后生产添加药物饲料添加剂的饲料。为防止加入药物饲料添加剂的饲料产品生产过程中的交叉污染，在生产不同加入药物添加剂的饲料产品时，对所用的生产设备、工具、容器应进行彻底清理。

4.4.4 制粒

更换品种时，必须用少量单一谷物原料清洗制粒系统。

4.4.5 留样

4.4.5.1 新接受的饲料原料和各个批次生产的饲料产品均应保留样品。样品密封后留置专用样品室或样品柜内保存。样品室和样品柜应保持阴凉、干燥。采样方法按 GB/T 14699 执行。

4.4.5.2 留样应设标签，载明饲料品种、生产日期、批次、生产负责人和采样人等事项，并建立档案由专人负责保管。

4.4.5.3 样品应保留至该批产品保质期满后 3 个月。

5 检测方法

5.1 饲料采样方法：按 GB/T 14699 执行。

5.2 粗蛋白：按 GB/T 6432 执行。

5.3 钙：按 GB/T 6436 执行。

5.4 总磷：按各 GB/T 6437 执行。

5.5 总砷：按 GB/T 13079 执行。

5.6 铅：按 GB/T 13080 执行。

5.7 汞：按 GB/T 13081 执行。

5.8 镉：按 GB/T 13082 执行。

5.9 氟：按 GB/T 13083 执行。

5.10 氰化物：按 GB/T 13084 执行。

5.11 亚硝酸盐：按 GB/T 13085 执行。

5.12 游离棉酚：按 GB/T 13086 执行。

5.13 异硫氰酸酯：按 GB/T 13087 执行。

5.14 噁唑烷硫酮：按 GB/T 13089 执行。

5.15 六六六、滴滴涕：按 GB/T 13090 执行。

5.16 沙门氏菌：按 GB/T 13091 执行。

5.17 霉菌：按 GB/T 13092 执行。

5.18 细菌总数：按 GB/T 13093 执行。

5.19 黄曲霉毒素 B_1：按 GB/T 8381 执行。

5.20 霉菌：按 GB/T 13092 执行。

5.21 细菌总数：按 GB/T 13093 执行。

6 检验规则

6.1 感官要求，粗蛋白质、钙和总磷含量为出厂检验项目，其余为形式检验项目。

6.2 在保证产品质量的前提下，生产厂可根据工艺、设备、配方、原料等的变化情况，自行确定出厂检验的批量。

6.3 试验测定值的双试验相对偏差按相应标准规定执行。

6.4 检测与仲裁判定各项指标合格与否时，应考虑允许误差。

7 判定规则

卫生指标、限用药物和违禁药物等为判定合格指标。如检验中有一项指标不符合标准，应重新取样进行复验，复验结果中有一项不合格即判定为不合格。

8 标签、包装、贮存和运输

8.1 标签

商品饲料应在包装物上附有饲料标签，标签应符合 GB 10648 中的有关规定。

8.2　包装

8.2.1　饲料包装应完整，无漏洞，无污染和异味。

8.2.2　包装材料应符合 GB/T 16764 的要求。

8.2.3　包装印刷油墨无毒，不应向内容物渗漏。

8.2.4　包装物的重复使用应遵守《饲料和饲料添加剂管理条例》的有关规定。

8.3　贮存

8.3.1　饲料的贮存应符合 GB/T 16764 的要求。

8.3.2　不合格和变质饲料应做无害化处理，不应存放在饲料贮存场所内。

8.3.3　饲料贮存场地不应使用化学灭鼠药剂和杀鸟剂。

8.4　运输

8.4.1　运输工具应符合 GB/T 16764 的要求。

8.4.2　运输作业应防止污染，保持包装的完整。

8.4.3　不应使用运输畜禽等动物的车辆运输饲料产品。

8.4.4　饲料运输工具和装卸场地应定期清洗和消毒。

附录 4A
（规范性附录）
允许使用的饲料添加剂品种目录

允许使用的饲料添加剂品种目录

类别	饲料添加剂名称
饲料级氨基酸（7 种）	L－赖氨酸盐酸盐，DL－蛋氨酸，DL－羟基蛋氨酸，DL－羟基蛋氨酸钙，N－羟甲基蛋氨酸，L－色氨酸，L－苏氨酸
饲料级维生素（26 种）	β－胡萝卜素，维生素 A，维生素 A 乙酸酯，维生素 A 棕榈酸酯，维生素 D_3，维生素 E，维生素 E 乙酸酯，维生素 K_3（亚硫酸氢钠甲萘醌），二甲基嘧啶醇亚硫酸甲萘醌、维生素 B_1（盐酸硫胺），维生素 B_1（硝酸硫胺），维生素 B_2（核黄素），维生素 B_6、烟酸、烟酰胺，D－泛酸钙，DL－泛酸钙，叶酸，维生素 B_{12}（氰钴胺），维生素 C（L－抗坏血酸），L－抗坏血酸钙，L－抗坏血酸 2－磷酸酯，D－生物素，氯化胆碱，L－肉碱盐酸盐，肌醇
饲料级矿物质、微量元素（46 种）	硫酸钠，氯化钠，磷酸二氢钠，磷酸氢二钠，磷酸二氢钾，磷酸氢二钾，碳酸钙，氯化钙，磷酸氯钙，磷酸二氢钙，磷酸三钙，乳酸钙，七水硫酸镁，一水硫酸镁，氧化镁，氯化镁，七水硫酸亚铁，一水硫酸亚铁，三水乳酸亚铁，六水柠檬酸亚铁，富马酸亚铁，甘氨酸铁，蛋氨酸铁，五水硫酸铜，一水硫酸铜，蛋氨酸铜，七水硫酸锌，一水硫酸锌，无水硫酸锌，氧化锌，蛋氨酸锌，一水硫酸锰，氯化锰，碘化钾，碘酸钾，碘酸钙，六水氯化钴，一水氯化钴，亚硒酸钠，酵母铜，酵母铁，酵母锰，酵母硒，酵母铬，甲基吡啶铬，烟酸铬
饲料级酶制剂（12 类）	蛋白酶（黑曲霉、枯草芽孢杆菌），淀粉酶（地衣芽孢杆菌，黑曲霉），支链淀粉酶（嗜酸乳杆菌），果胶酶（黑曲霉），脂肪酶，纤维素酶（reesei 木霉），麦芽糖酶（枯草芽孢杆菌），木聚糖酶（insolens 腐质霉），β－聚葡糖酶（枯草芽孢杆菌，黑曲霉），甘露聚糖酶（缓慢芽孢杆菌），植酸酶（黑曲霉，米曲霉），葡萄糖氧化酶（青霉）
饲料级微生物添加剂（11 种）	干酪乳杆菌，植物乳杆菌，粪链球菌，乳酸片球菌，枯草芽孢杆菌，纳豆芽孢杆菌，嗜酸乳杆菌，乳链球菌，啤酒酵母菌，产朊假丝酵母，沼泽红假单胞菌
抗氧剂（4 种）	乙氧基喹啉，二丁基羟基甲苯（BHT），丁基羟基茴香醚（BHA），没食子酸丙酯

续表

类别	饲料添加剂名称
防腐剂，电解质平衡剂（25种）	甲酸，甲酸钙，甲酸铵，乙酸，双乙酸钠，丙酸，丙酸钙，丙酸钠，丙酸铵，丁酸，乳酸，苯甲酸，苯甲酸钠，山梨酸，山梨酸钠，山梨酸钾，富马酸，柠檬酸，酒石酸，苹果酸，磷酸，氢氧化钠，碳酸氢钠，氯化钾，氢氧化铵
着色剂（6种）	β－阿朴－8'－胡萝卜素醛，辣椒红，β－阿朴－8'－胡萝卜素酸乙酯，虾青素，β，β－胡萝卜素－4，4－二酮（斑蝥黄），叶黄素（万寿菊花提取物）
调味剂，香料[6种（类）]	糖精钠，谷氨酸钠，5'－肌苷酸二钠，5'－鸟苷酸二钠，血根碱，食品用香料均可作饲料添加剂
黏结剂、抗结块剂和稳定剂[13种（类）]	α－淀粉，海藻酸钠，羧甲基纤维素钠，丙二醇，二氧化硅，硅酸钙，三氧化二铝，蔗糖脂肪酸酯，山梨醇酐脂肪酸酯，甘油脂肪酸酯，硬脂酸钙，聚氧乙烯20山梨醇酐单油酸酯，聚丙烯酸树脂Ⅰ
其他（10种）	糖萜素，甘露低聚糖，肠膜蛋白素，果寡糖，乙酸氧肟酸，天然类固醇萨洒皂角苷（YUCCA），大蒜素，甜菜碱，聚乙烯聚吡咯烷酮（PVPP）葡萄糖山梨醇

附录 4B

（规范性附录）

药物饲料添加剂使用规范

药物饲料添加剂使用规范

品名	商品名	规格	用量	休药期(d)	其他注意事项
二硝托胺预混剂	球痢灵	0.25%	每吨饲料添加本品500g	3	
马杜霉素铵预混剂	抗球王加福	1%	每吨饲料添加本品500g	5	无球虫病时，含百万分之六以上马杜霉素铵盐的饲料对生长有明显的抑制作用，也不改善饲料报酬
尼卡巴嗪预混剂	杀球宁	20%	每吨饲料添加本品100～125g	4	高温季节慎用
尼卡巴嗪、乙氧酰胺苯甲酯预混剂	球净	尼卡巴嗪25%～16%乙氧酰胺苯甲酯	每吨饲料添加本品500g	9	高温季节慎用
甲基盐霉素预混剂	禽安	10%	每吨饲料添加本品600～800g	5	禁止与泰妙菌素、竹桃霉素并用，防止与人眼接触
甲基盐霉素，尼卡巴嗪预混剂	猛安	8%甲基盐霉素+尼卡巴嗪8%	每吨饲料添加本品310～560g	5	禁止与泰妙菌素、竹桃霉素并用，高温季节慎用
拉沙洛西钠预混剂	球安	15%～45%	每吨饲料添加75～125g（以有效成分计）	3	
氢溴酸常山酮预混剂	速丹	0.6%	每吨饲料添加本品500g	5	
盐酸氯苯胍预混剂		10%	每吨饲料添加本品300～600g	5	
盐酸氨丙啉、乙氧酰胺苯甲酯预混剂	加强安保乐	25%盐酸氨丙啉+1.6%乙氧酰胺苯甲酯	每吨饲料添加本品500g	3	每1 000kg饲料中维生素B_1大于10g时明显拮抗

续表

品名	商品名	规格	用量	休药期(d)	其他注意事项
盐酸氨丙啉、乙氧酰胺苯甲酯、磺胺喹噁啉预混剂	百球清	20% 盐酸氨丙啉+1%乙氧酰胺苯甲酯+12%磺胺喹噁啉	每吨饲料添加本品500g	7	每1 000kg 中维生素 B_1 大于10g时明显拮抗
氯羟吡啶预混剂		25%	每吨饲料添加本品500g	5	
海南霉素钠预混剂		1%	每吨饲料添加本品500~750g	7	
赛杜霉素钠预混剂	禽旺	5%	每吨饲料添加本品500g	5	
地克珠利预混剂		0.2%或0.5%	每吨饲料添加1g(以有效成分计)		
莫能菌素钠预混剂	欲可胖	5%，10%或20%	每吨饲料添加90~110g（以有效成分计）	5	禁止与泰妙菌素、竹桃霉素并用；搅拌配料时禁止与人的皮肤、眼睛接触
杆菌肽锌预混剂		10%或15%	每吨饲料添加4~40g（以有效成分计）		
黄霉素预混剂	富乐旺	4%或8%	每吨饲料添加5g(以有效成分计)		
维吉尼亚霉素预混剂	速大肥	50%	每吨饲料添加本品10~40g	1	
那西肽预混剂		0.25%	每吨饲料添加本品1 000g	3	
阿美拉霉素预混剂	效美素	10%	每吨饲料添加本品50~100g		
盐霉素钠预混剂	优素精、赛可喜	5%，6%，10%，12%，45%，50%	每吨饲料添加50~70g（以有效成分计）	5	禁止与泰妙菌素、竹桃霉素并用
硫酸黏杆菌素预混剂	抗敌素	2%，4%，10%	每吨饲料添加2~20g（以有效成分计）	7	
牛至油预混剂	诺必达	每1 000g中含5-甲基-2-异丙基苯酚和2-甲基-5-异丙基苯酚25g	每吨饲料添加本品450g（用于促生长）或50~500g（用于治疗）		

续表

品名	商品名	规格	用量	休药期(d)	其他注意事项
杆菌肽锌、硫酸黏杆菌素预混剂	万能肥素	5% 杆菌肽 + 1% 黏杆菌素	每吨饲料添加2～20g（以有效成分计）	7	
上霉素钙		5%，10%，20%	每吨饲料添加10～50g（以有效成分计）		
吉他霉素预混剂		2.2%，11%，55%，95%	每吨饲料添加5～11g（用于促生长）或100～330g（用于防治疾病），连用5～7d。以上均以有效成分计	7	
金霉素（饲料级）预混剂		10%，15%	每吨饲料添加20～50g（以有效成分计）	7	
恩拉霉素预混剂		4%，8%	每吨饲料添加1～10g（以有效成分计）	7	
磺胺喹噁啉、二甲氧苄啶预混剂		20% 磺胺喹噁啉 + 4% 二甲氧苄啶	每吨饲料添加本品500g	10	连续用药不得超过5d
越霉素 A 预混剂	得利肥素	2%，5%，50%	每吨饲料添加5～10g（以有效成分计）	3	
濒霉素 B 预混剂	效高素	1.76%	每吨饲料添加8～12g（以有效成分计）	3	避免与人皮肤、眼睛接触
地美硝唑预混剂		20%	每吨饲料添加本品400～2 500g	3	连续用药不得超过10d
磷酸泰乐菌素预混剂		2%，8.8%，10%，22%	每吨饲料添加1～50g（以有效成分计）	5	
盐酸林可霉素预混剂	可肥素	0.88%，11%	每吨饲料添加2.2～4.4g（以有效成分计）	5	
环丙氨嗪预混剂	蝇得净	1%	每吨饲料添加本品500g		
氟苯咪唑预混剂	弗苯诺	5%，50%	每吨饲料添加30g（以有效成分计）	14	

续表

品名	商品名	规格	用量	休药期(d)	其他注意事项
复方磺胺嘧啶预混剂	立可灵	12.5%磺胺嘧啶+2.5%甲氧苄啶	每千克体重每日添加本品0.17~0.2g	1	
硫酸新霉素预混剂	新肥素	15.4%	每吨饲料添加本品500~1 000g	5	
磺胺氯吡嗪钠可溶性粉	三字球虫粉	30%	每吨饲料添加600mg（以有效成分计）	1	

注1：表中所列的商品名是由相应产品供应商提供的产品的商品名，给出这一信息是为了方便本标准的使用者，并不表示对该产品的认可。如果其他等效产品具有相同的效果，则可使用这些等效产品。

注2：摘自中华人民共和国农业部公布的《药物饲料添加剂使用规范》。

附录 4C

（资料性附录）

引用的政府令和公告

C. 1　中华人民共和国农业部公告（第 105 号）《允许使用的饲料添加剂品种目录》（1999）

C. 2　中华人民共和国农业部文件农牧发［2001］20 号“关于发布《饲料药物添加剂使用规范》的通知”

附录5　无公害食品　肉鸡饲养兽医防疫准则

1　范围

本标准规定了生产无公害食品的肉鸡场在疫病预防、监测、控制和扑灭方面的兽医防疫准则。

本标准适用于生产无公害食品肉鸡场的卫生防疫。

2　规范性引用文件

下列文件中的条款通过本标准的引用而成为本标准的条款。凡是注日期的引用文件，其随后所有的修改单（不包括勘误的内容）或修订版均不适用于本标准，然而，鼓励根据本标准达成协议的各方研究是否可使用这些文件的最新版本。凡是不注日期的引用文件，其最新版本适用于标准。

GB 16548　病害动物与病害动物产品生物安全处理规程

GB/T 16569　畜禽产品消毒规范

NY/T 388　畜禽场环境质量标准

NY 5027　无公害食品　畜禽饮用水水质

NY 5035　无公害食品　肉鸡饲养兽药使用准则

NY 5037　无公害食品　肉鸡饲养饲料使用准则

NY/T 5038　无公害食品　肉鸡饲养管理准则

中华人民共和国动物防疫法

3　术语和定义

下列术语和定义适用于本标准。

3.1　*动物疫病* animal epidemic disease

动物的传染病和寄生虫病。

3.2　*病原体* pathogen

能引起疾病的生物体，包括寄生虫和致病微生物。

3.3　*动物防疫* animal epidemic prevention

动物疫病的预防、控制、扑灭和动物、动物产品的检疫。

4 疫病预防

4.1 环境卫生条件

4.1.1 肉鸡饲养场的环境质量应符合 NY/T 388 的要求，污水、污物处理应符合国家环保要求。

4.1.2 肉鸡饲养场的选址：新建肉鸡饲养场不可位于传统的新城疫和高致病性禽流感疫区内。

4.1.3 建筑布局：应严格执行生产区和生活区相隔离的原则。人员、动物和物品运转应采取单一流向、防止污染和疫病传播。

4.1.4 肉鸡饲养场的消毒和病害肉尸的无害化处理：应按照 GB/T 16569 和 GB 16548 进行。

4.2 饲料、饮水和兽药的要求

4.2.1 饲料的使用应符合 NY 5037 的要求。

4.2.2 饮水应符合 NY 5027 的要求。

4.2.3 兽药的使用应符合 NY 5035 的要求。

4.3 饲养管理

4.3.1 肉鸡饲养应坚持“全进全出”原则。引进鸡只应来自健康种鸡，来自不同种鸡场的鸡苗经隔离观察和检疫，确认无传染病后方可并群饲养。每批肉鸡出栏后应实施清洗、消毒措施。生产过程中的饲养管理应符合 NY/T 5038 的要求。

4.3.2 肉鸡场应具有严格的卫生管理制度：工作人员应定期进行体检，取得健康合格证方可上岗。工作人员进入生产区应消毒并穿戴洁净工作服；鸡场应尽量做到“谢绝参观”，特定情况下，参观人员在消毒后穿戴防护服方可进入。

4.4 免疫接种

肉鸡场应根据《中华人民共和国动物防疫法》及其配套法规的要求，结合当地实际情况，有选择地进行疫病的预防接种工作，并注意选择适宜的疫苗、免疫程序和免疫方法。

5 疫病监测

5.1 肉鸡场应依照《中华人民共和国动物防疫法》及其配套法规的要求，结合当地实际情况，制定疫病监测方案。

5.2 肉鸡场常规监测的疾病至少应包括：高致病性禽流感、鸡新城疫、鸡白痢与伤寒，除上述疫病外，还应根据当地实际情况，选择其他一些必要的疫病进行监测。

5.3 根据当地实际情况由动物疫病监测机构定期或不定期进行必要的疫病监督抽查，并将抽查结果报告当地畜牧兽医行政管理部门。

6 疫病控制和扑灭

肉鸡场发生疫病或怀疑发生疫病时，应依据《中华人民共和国动物防疫法》及时采取以下措施：

6.1 驻场兽医应及时进行诊断，并尽快向当地畜牧兽医行政管理部门报告疫情。

6.2　确诊发生高致病性禽流感时，肉鸡场应配合当地畜牧兽医管理部门，对鸡群实施严格的隔离、捕杀措施；发生鸡新城疫、禽结核病等疫病时，应对鸡群实施清群和净化措施；全场进行彻底的清洗消毒，病死或淘汰鸡的尸体按 GB 16548 进行无害化处理，消毒按 CB/T 16569 进行。

7　记录

每群肉鸡都应有相关的资料记录，其内容包括：鸡只来源，饲料消耗情况，发病率、死亡率及发病死亡原因，无害化处理情况，实验室检查及其结果，用药及免疫接种情况，鸡只发运目的地。所有记录应在清群后保存两年以上。

附件1　无公害食品　畜禽饮用水水质

1　范围

本标准规定了生产无公害畜禽产品养殖过程中畜禽饮用水水质要求和配套的检测方法。

本标准适用于生产无公害食品的集约化畜禽养殖场、畜禽养殖区和放牧区的畜禽饮用水水质。

2　规范性引用文件

下列文件中的条款通过本标准的引用而成为本标准的条款。凡是注日期的引用文件，其随后所有的修改单（不包括勘误的内容）或修改版本均不适用于本标准，然而，鼓励根据本标准达成协议的各方研究是否可使用这些文件的最新版本。凡是不注日期的引用文件，其最新版本适用于本标准。

GB /T 5750　生活饮用水标准检验法

GB /T 6920　水质　pH 值的测定　玻璃电极法

GB /T 7467　水质　六价铬的测定　二苯碳酰二肼分光光度法

GB /T 7468　水质　总汞的测定　冷原子分光光度法

GB /T 7475　水质　铜、锌、铅、锡的测定　原子吸收分光光谱法

GB /T 7480　水质　硝酸盐氮的测定　酚二磺酸分光光度法

GB /T 7483　水质　氟化物的测定　茜素磺酸锆目视分光光度法

GB /T 7485　水质　总砷的测定　二乙基二硫代氨基甲酸银分光光度法

GB /T 7486　水质　氰化物的测定　第一部分：总氰化物的测定

GB /T 7492　水质　六六六和滴滴涕的测定　气相色谱法

GB /T 11896　水质　氯化物的测定　硝酸银滴定法

GB /T 13192　水质　有机磷农药的测定　气相色谱法

GB 14878　食品中百菌清残留量的测定方法

GB /T 17331　食品中有机磷和氨基甲酸酯类农药多种残留的测定

3　术语和定义

下列术语和定义适用于本标准。

3.1　集约化畜禽养殖场 intensive animal production farm

进行集约化经营的养殖场。集约化养殖是指在较小的场地内，投入较多的生产资料和

劳动，采用新的工艺与技术措施，进行专业化管理的饲养方式。

3.2　畜禽养殖区 animal production zone

多个畜禽养殖个体集中生产的区域。

3.3　畜禽放牧区 pasturing area

采用放牧的饲养方式，并得到省部、级有关部门认可的牧区。

4　水质要求

4.1　畜禽饮用水水质不应大于表 1 的规定。

4.2　当水源中含有农药时，其浓度不应大于附录 A 的限量。

表 1　畜禽饮用水水质标准

项目			标准值	
			畜	禽
感官性状及一般化学指标	色，（°）	≤	色度不超过 30°	
	浑浊度，（°）	≤	不超过 20°	
	臭和味	≤	不得有异臭、异味	
	肉眼可见物	≤	不得含有	
	总硬度（以 $CaCO_3$ 计），mg/L	≤	1 500	
	pH 值		5.5～9	6.4～8.0
	溶解性总固体，mg/L	≤	4 000	2 000
	氯化物（以 Cl^- 计），mg/L	≤	1 000	250
	硫酸盐（以 SO_4^{2-} 计），mg/L	≤	500	250
细菌学指标	总大肠菌群，个/100ml	≤	成年畜 10，幼畜和禽 1	
毒理学指标	氟化物（以 F^- 计），mg/L	≤	2.0	2.0
	氰化物，mg/L	≤	0.2	0.05
	总砷 L，mg/L	≤	0.2	0.2
	总汞，mg/L	≤	0.01	0.001
	铅，mg/L	≤	0.1	0.1
	铬（六价），mg/L	≤	0.1	0.05
	镉，mg/L	≤	0.05	0.01
	硝酸盐（以 N 计），mg/L	≤	30	30

5　检验方法

5.1　色：按 GB/T 5750 执行。

5.2　浑浊度：按 GB/T 5750 执行。

5.3　臭和味：按 GB/T 5750 执行。

5.4　肉眼可见物：按 GB/T 5750 执行。

5.5　总硬度（以 $CaCO_3$ 计）：按 GB/T 5750 执行。

5.6　溶解性总固体：按 GB/T 5750 执行。

5.7　硫酸盐（以 SO_4^{2-} 计）：按 GB/T 5750 执行。

5.8　总大肠菌群：按 GB/T 5750 执行。

5.9　pH 值：按 GB/T 6920 执行。

5.10　铬（六价）：按 GB/T 7467 执行。

5.11　总汞：按 GB/T 7468 执行。

5.12　铅：按 GB/T 7475 执行。

5.13　镉：按 GB/T 7475 执行。

5.14　硝酸盐：按 GB/T 7480 执行。

5.15　氟化物（以 F^- 计）：按 GB/T 7483 执行。

5.16　总砷：按 GB/T 7485 执行。

5.17　氰化物：按 GB/T 7486 执行。

5.18　氯化物（以 Cl^- 计）：按 GB/T 11896 执行。

附录 A
（规范性附录）
畜禽饮用水中农药限量与检验方法

A. 1　当畜禽饮用水中含有农药时，农药含量不能超过表中的规定。

畜禽饮用水中农药限量指标

项　目	限　值（mg/L）
马拉硫磷	0. 25
内吸磷	0. 03
甲基对硫磷	0. 02
对硫磷	0. 003
乐果	0. 08
林丹	0. 004
百菌清	0. 01
甲萘威	0. 05
2,4 – D	0. 1

A. 2　畜禽饮用水中农药限量检验方法如下：

A. 2. 1　马拉硫磷：按 GB/T 13192 执行。

A. 2. 2　内吸磷参照《农药污染物残留分析方法汇编》中的方法执行。

A. 2. 3　甲基对硫磷：按 GB/T 13192 执行。

A. 2. 4　对硫磷：按 GB/T 13192 执行。

A. 2. 5　乐果：按 GB/T 13192 执行。

A. 2. 6　林丹：按 GB/T 7492 执行。

A. 2. 7　百菌清参照 GB 14878 执行。

A. 2. 8　甲萘威（西维因）参照 GB/T 17331 执行。

A. 2. 9　2,4 – D 参照《农药分析》中的方法执行。

附录 B
（资料性附录）

参考文献

[1] 张乔．农药污染物残留分析方法汇编［M］．北京：化学工业出版社，1990，141～144

[2] 中国农业科学院植物保护研究所等．农药分析［M］．北京：化学工业出版社，1990，479～484

附件 2　畜禽场环境质量及卫生控制规范

1　范围

本标准规定了畜禽场生态环境质量及卫生指标、空气环境质量及卫生指标、土壤环境质量及卫生指标、饮用水质量及卫生指标和相应的畜禽场质量及卫生控制措施。

本标准适用于规模化畜禽场的环境质量管理及环境卫生控制。

2　引用标准

下列文件中的条款通过本标准的引用而成为本标准的条款。凡是注日期的引用文件，其随后所有的修改单（不包括勘误的内容）或修订版均不适用于本标准，然而，鼓励根据本标准达成协议的各方研究是否可使用这些文件的最新版本。凡是不注日期的引用文件，其最新版本适用于本标准。

GB 18596　畜禽养殖业污染物排放标准

GB/T 19525. 2　畜禽场环境质量评价准则

NY/T 388　畜禽场环境质量标准

NY 5027　无公害食品　畜禽饮用水水质标准

3　术语和定义

下列术语和定义适用于本标准

3. 1　畜禽场　livestock and poultry farms

按养殖规模，本标准规定：鸡 5 000 只，母猪存栏≥75 头，牛≥25 头为畜禽场，该场应设置有舍区、场区和缓冲区。

3. 2　舍区　house of livestock and poultry farm

畜禽所处的半封闭的生活区域，即畜禽直接的生活环境区。

3. 3　场区　playground of livestock and poultry farm

畜禽场围栏或院墙以内、舍区以外的区域。

3. 4　缓冲区　buffer area of livestock and poultry farm

在畜禽场外周围，沿场院向外≤500m 范围内的保护区，该区具有保护畜禽场免受外界污染的功能。

3. 5　土壤　soil

指畜禽场陆地表面能够生长绿色植物的疏松层。

3. 6　恶臭污染物　effluvium pollution

指一切刺激嗅觉器官，引起人们不愉快及损害生活环境的气体物质。

3.7　环境质量及卫生控制　environment quality and sanitary control

指为达到环境质量及卫生要求所采取的作业技术和活动。

4　畜禽场场址的选择和场内区域布局

4.1　正确选址

按照 GB 19525.2 的要求对畜禽养殖场环境质量和环境影响进行评价，摸清当地环境质量现状以及畜禽养殖场、养殖园区（小区）建成后对当地环境质量将产生的影响。

4.2　合理布局

住宅区、生活管理区、生产区、隔离区分开，且依次处于场区常年主导风向的上风向。

5　畜禽场生态环境质量及卫生控制

5.1　畜禽场舍区生态环境质量及卫生指标参见 NY/T 388

5.2　畜禽场舍区生态环境质量及卫生控制措施

5.2.1　温度、湿度

在建设畜禽饲养场时，必须保证畜禽舍的保温隔热性能，同时合理设计通风和采光设施，可采用天窗或导风管，使畜禽舍温度、湿度满足上述标准的要求，也可采用喷淋与喷雾等方式降温。

5.2.2　风速

畜禽舍采用机械通风或自然通风，通风时保证气流均匀分布，尽量减少通风死角，舍外运动场上设凉棚，使舍内风速满足畜禽场环境质量标准的要求。

5.2.3　照度

安装采光设施或设计天窗，并根据畜种、日龄和生产过程确定合理的光照时间和光照强度。

5.2.4　噪声

5.2.4.1　正确选址，避免外界干扰；

5.2.4.2　选择、使用性能优良，噪声小的机械设备；

5.2.4.3　在场区、缓冲区植树种草，降低噪声。

5.2.5　细菌、微生物的控制措施

5.2.5.1　正确选址，远离细菌污染源；

5.2.5.2　定时通风换气，破坏细菌生存条件；

5.2.5.3　在畜禽舍门口设置消毒池，工作人员进入畜禽舍时必须穿戴消毒过的工作服、鞋、帽等，并通过装有紫外线灯的通道：

5.2.5.4　对舍区、场区环境定期消毒；

5.2.5.5　在疾病传播时，采用隔离、淘汰病畜禽，并进行应急消毒措施，以控制病原的扩散。

6　畜禽场空气环境质量及卫生控制

6.1　畜禽场空气环境质量及卫生指标参见 NY/T 388

6.2　畜禽场舍内环境质量及卫生控制措施

6.2.1　舍内氨气、硫化氢、二氧化碳、恶臭的控制措施。

6.2.1.1　采取固液分离与干清粪工艺相结合的设施，使粪尿、污水及时排出，减少有害气体产生；

6.2.1.2　采取科学的通风换气方法，保证气流均匀，及时排除舍内的有害气体；

6.2.1.3　在粪便、垫料中添加各种具有吸附功能的添加剂，减少有害气体产生；

6.2.1.4　合理搭配日粮和在饲料中使用添加剂，减少有害气体产生。

6.2.2　舍内总悬浮颗粒物、可吸入颗粒物的控制措施

6.2.2.1　饲料车间、干草车间远离畜舍且处于畜舍的下风向；

6.2.2.2　提倡使用颗粒饲料或者拌湿饲料

6.2.2.3　禁止带畜干扫畜舍或刷拭畜禽，翻动垫料要轻，减少尘粒的产生；

6.2.2.4　适当进行通风换气，并在通风口设置过滤帘，保证舍内湿度，及时排出、减少颗粒物及有害气体。

6.3　畜禽场场区、缓冲区空气环境质量及卫生控制措施

6.3.1　绿化

在畜禽场的场区、缓冲区内种植环保型的树木、花草，减少尘粒的产生，净化空气。家畜养殖场绿化覆盖率应在30%以上。

6.3.2　消毒

在场门和舍门处设置消毒池，人员和车辆进入时经过消毒池以杀死病原微生物。对工作人员的衣、帽、鞋等经常性的消毒，对圈舍及设备用具进行定期消毒。

7　畜禽场土壤环境质量及卫生控制

7.1　畜禽场土壤环境质量及卫生指标见表1

表1　畜禽场土壤环境质量及卫生指标

序　号	项　目	单　位	缓冲区	场　区	舍　区
1	镉	mg/kg	0.3	0.3	0.6
2	砷	mg/kg	30	25	20
3	铜	mg/kg	50	100	100
4	铅	mg/kg	250	300	350
5	铬	mg/kg	250	300	350
6	锌	mg/kg	200	250	350
7	每克含细菌总数	万个	1	5	—
8	大肠杆菌	g/L	2	50	—

7.2 畜禽场土壤环境质量及卫生控制措施

7.2.1 土壤中镉、砷、铜、铅、铬、锌的控制措施

7.2.1.1 正确选址，使土壤背景值满足畜禽场土壤环境质量标准的要求；

7.2.1.2 科学合理选择和使用兽药、饲料，降低土壤中重金属元素的残留；

7.2.2 土壤中细菌总数、总大肠杆菌的控制措施

7.2.2.1 避免粪尿、污水排放及运送过程中的跑、冒、滴、漏；

7.2.2.2 采用紫外等方式对排放、运送前的粪尿进行杀菌消毒，避免运输过程微生物污染土壤；

7.2.2.3 粪尿作为有机肥施于场内草、树地前，对其进行无害化处理，且根据植物的不同品种合理掌握使用量；

7.2.2.4 畜禽粪便堆场建在畜禽饲养场内部的，要做好防渗、防漏工作，避免粪污中镉、砷、铜、铅、铬、锌以及各种致病微生物污染场内的土壤环境。

8 畜禽饮用水质量及卫生控制

8.1 畜禽饮用水质量及卫生指标参见 NY 5027

8.2 畜禽饮用水质量及卫生控制措施

8.2.1 自来水

定期清洗畜禽饮用水传送管道，保证水质传送途中无污染。

8.2.2 自备井

应建在畜禽场粪便堆放场等污染源的上方和地下水位的上游，水量丰富，水质良好，取水方便，避免在低洼沼泽或容易积水的地方打井。水井附近 30m 范围内，不得建有渗水的厕所、渗水坑、粪坑、垃圾堆等污染源。

8.2.3 地表水

地面水是暴露在地表面的水源，受污染的机会多，含有较多的悬浮物和细菌，如果作为畜禽的饮用水，必须进行净化和消毒，使之满足畜禽饮用水水质标准。净化的方法有混凝沉淀法和过滤法；消毒方法有物理消毒法（如煮沸消毒）和化学消毒法（如氯化消毒）。

9 监测与评价

9.1 对畜禽场的生态环境、空气环境以及接受畜禽粪便和污水的土壤环境和畜禽饮用水进行定期监测，对环境质量现状进行定期评价，及时了解畜禽场环境质量及卫生状况，以便采取相应的措施控制畜禽场环境质量和卫生。

9.2 对畜禽场排放的污水进行定期监测，确保出水满足 GB 18596 的要求。

9.3 环境质量、环境影响评价

按照 GB/T 19525.2 的要求，根据监测结果，对畜禽场的环境质量、环境影响进行定期评价。

9.4 在畜禽场排污口设置国家环境保护总局统一规定的排污口标志。

9.5 监测分析方法

本规范项目的监测分析方法按表 2 执行。

表2 畜禽场环境卫生控制规范选配监测分析方法

序号	项目	分析方法	方法来源
1	温度	温度计测定法	GB/T 13195—1991
2	相对湿度	湿度计测定法1)	
3	风速	风速仪测定法1)	
4	照度	照度计测定法1)	
5	噪声	声级计测定法	GB/T 14623
6	粪便含水率	重量法	GB/T 3543. 2—1995
7	NH_3	纳氏试剂比色法	GB/T 14668—93
8	H_2S	碘量法	GB/T 11060. 1—1998
9	CO_2	滴定法2)	
10	PM_{10}	重量法	GB 6921—86
11	TSP	重量法	GB 15432—1995
12	空气　细菌总数	沉降法	GB 5750—85
13	恶臭	三点比较式嗅袋法	GB/T 14675—93
14	水质　细菌总数	平板法	GB 5750—85
15	水质　大肠杆菌	多管发酵法	GB 5750—85
16	pH 值	玻璃电极法	GB 6920—86
17	总硬度	EDTA 滴定法	GB 7477—87
18	溶解性总固体	重量法	GB 5750—85
19	铅	原子吸收分光光度法	GB 7475—87
20	铬（六价）	二苯碳酰二肼分光光度法	GB 7467—87
21	生化需氧量	稀释与接种法	GB 7488—87
22	化学需氧量	重铬酸钾法	GB 11914—89
23	溶解氧	碘量法	GB 7489—87
24	蛔虫卵	堆肥蛔虫卵检查法	GB 7959—87
25	氟化物	离子选择电极法	GB 7484—87
26	总锌	原子吸收分光光度法	GB 7475—87
27	土壤　镉	石墨炉原子吸收分光光度法	GB/T 17141—1997
28	土壤　砷	二乙基二硫代氨基甲酸银分光光度法	GB/T 17134—1997
29	土壤　铜	火焰原子吸收分光光度法	GB/T 17138—1997
30	土壤　铅	石墨炉原子吸收分光光度法	GB/T 17141—1997
31	土壤　铬	火焰原子吸收分光光度法测定	GB/T 17137—1997

续表

序号	项目	分析方法	方法来源
32	土壤　锌	火焰原子吸收分光光度法	GB/T 17138—1997
33	土壤　细菌总数	与水的卫生检验方法相同3)	
34	土壤　大肠杆菌	与水的卫生检验方法相同3)	

注：1)、2)、3）暂采用下列分析方法，待国家标准发布后，执行国家标准；

1）畜禽场相对湿度、照度、风速的监测分析方法，是结合畜禽场环境监测现状，对国家气象局《地面气象观测》(1979）中相关内容进行改进形成的，经过农业部批准并且备案；

2）暂采用国家环境保护总局《水和废水监测分析方法》（第三版）中国环境出版社，1989；

3）土壤中细菌总数、大肠杆菌的检测分析方法与水的卫生检验方法相同，见中国环境科学出版社《环境工程微生物检验手册》，1990 年出版

附件3　畜禽产地检疫规范

中华人民共和国国家标准

畜禽产地检疫规范

Quarantine requirement for livestock
and poultry at the places of production

1　主题内容与适用范围

本标准规定了畜禽产地检疫内容和临床健康检查的技术规范。
本标准适用于离开饲养产地之前的畜禽检疫。

2　术语

疫区：在发生严重的或当地新发现的动物传染病时，由县以上农牧行政部门划定，并经同级人民政府发布命令，实行封锁的地区。

3　疫情调查

了解当地疫情，确定动物是否来自疫区。

4　查验免疫证明

检查按国家或地方规定必须强制预防接种的项目，动物必须处在免疫有效期内。

5　临床健康检查

5.1　畜禽的群体检查

5.1.1　静态

检查精神状况、外貌、营养、立卧姿势、呼吸、反刍状态，羽、冠、髯。

5.1.2　动态

检查运动时头、颈、腰、背、四肢的运动状态。

5.1.3　食态

检查饮食、咀嚼、吞咽时反应状态。同时应检查排便时姿势，粪尿的质度、颜色、含混物、气味。

5.2　畜禽的个体检查

个体检查包括群体检查时发现的异常个体或抽样检查（5%～20%）的个体。

5.2.1　视诊

检查精神外貌、营养状况、起卧运动姿势、反刍以及皮肤、被毛、羽毛、冠、髯、呼吸、可视黏膜、天然孔、鼻镜、粪、尿等。

5.2.2　触诊

触摸皮肤（耳根）温度、弹性，胸廓、腹部敏感性，体表淋巴结的大小、形状、硬度、活动性、敏感性等，嗉囊内容物性状。必要时进行直肠检查。

5.2.3　叩诊

叩诊心、肺、胃、肠、肝区的音响、位置和界限，胸、腹部敏感程度。

5.2.4　听诊

听叫声、咳嗽声、心音、肺泡气管呼吸音、胃肠蠕动音等。

5.2.5　检查体温、脉搏、呼吸数。

5.2.6　检查渗出物、漏出物、分泌物、病理性产物的颜色、质度、气味等。

注：种、乳、实验、役用动物，按有关规定进行实验室检验，本标准中不另作规定。

6　其他

在产地检疫中检出畜禽传染病时，按有关兽医法规处理。

附加说明：

本标准由中华人民共和国农业部提出。

本标准由全国动物检疫标准化技术委员会归口。

本标准由农业部动物检疫所负责起草。

本标准主要起草人：郑志刚、杨承谕、仰惠芬。

附件 4　种畜禽调运检疫技术规范

中华人民共和国国家标准种畜禽调运检疫技术规范

Code of quarantine technology for the movement of breeding. livestock and poultry

GB 16567—1996

1　主题内容与适用范围

本标准规定了种畜禽调运中运前检疫、运输检疫和目的地检疫的技术规范。

本标准适用于国内种用家畜、家禽的调运。其他种用动物的调运可参照本标准执行。

2　引用标准

GB 16549—1996 畜禽产地检疫规范。

3.1　检疫时间

调出种畜禽于起运前 15 ~ 30d 内在原种畜禽场或隔离场进行检疫。

3.2　检疫项目和程序

调查了解该畜禽场近六个月内的疫情情况，若发现有一类传染病及炭疽、鼻疽、布鲁氏菌病、猪密螺旋体痢疾、绵羊梅迪/维斯钠病、鸡新城疫和兔病毒性出血症的疫情时，停止调运易感畜禽。

查看调出种畜禽的档案和预防接种记录，然后进行群体和个体检疫，并作详细记录。

3.2.1　群体检疫

按 GB 16549 执行。

3.2.2　个体检疫

按 GB 16549 执行。

3.2.3　应做临床检查和实验室检验的疫病

马驴：鼻疽、马传染性贫血病、马鼻腔肺炎。

牛：口蹄疫、布鲁氏菌病、蓝舌病、结核病、牛方性白血病、副结核病、牛传染性胸膜肺炎（牛肺疫）、牛传染性鼻气管炎、牛病毒性腹泻/黏膜病。

羊：口蹄疫、布鲁氏菌病、蓝舌病、山羊关节炎脑炎、绵羊梅迪/维斯纳病、羊痘、螨病。

猪：口蹄疫、猪瘟、猪水疱病、猪支原体性肺炎、猪密螺旋体病。

兔：兔病毒性出血症、魏氏梭菌病、兔螺旋体病、兔球虫病。

鸡：新城疫、雏白痢、禽白血病、禽支原体病、鸭瘟、小鹅瘟。

3.3　经以上 3.2.1 ~ 3.2.3 条检查确定为健康动物者，发给“健康合格证”，准予起运。

4 种畜禽运输时的检疫

4.1 种畜禽装运时，当地畜禽检疫部门应派员到现场进行监督检查。

4.2 运载种畜禽的车辆、船舶、机舱以及饲养用具等必须在装货前进行清扫、洗刷和消毒。经当地畜禽检疫部门检查合格，发给运输检疫证明。

4.3 运输途中，不准在疫区车站、港口、机场装填草料、饮水和有关物资。

4.4 运输途中，押运员应经常观察种畜禽的健康状况，发现异常及时与当地畜禽检疫部门联系，按有关规定处理。

5 种畜禽到达目的地后的检疫

5.1 种畜禽到场后，根据检疫需要，在隔离场观察 15～30d。

5.2 在隔离观察期内，须进行 3.2.1～3.2.3 条的检疫。

5.3 经检查确定为健康动物后，方可供繁殖、生产使用。

附加说明：

本标准由中华人民共和国农业部提出。

本标准由全国动物检疫标准化技术委员会归口。

本标准由农业部动物检疫所负责起草。

本标准主要起草人仰惠芬、杨承谕、郑志刚。

附件：出县境动物检疫合格证明

动物及动物产品运载工具消毒证明

附件5 畜禽标识和养殖档案管理办法

中华人民共和国农业部令

第67号

《畜禽标识和养殖档案管理办法》业经2006年6月16日农业部第14次常务会议审议通过，现予公布，自2006年7月1日起施行。2002年5月24日农业部发布的《动物免疫标识管理办法》（农业部令第13号）同时废止。

部　长：杜青林

二〇〇六年六月二十六日

畜禽标识和养殖档案管理办法

第一章　总　则

第一条　为了规范畜牧业生产经营行为，加强畜禽标识和养殖档案管理，建立畜禽及畜禽产品可追溯制度，有效防控重大动物疫病，保障畜禽产品质量安全，依据《中华人民共和国畜牧法》、《中华人民共和国动物防疫法》和《中华人民共和国农产品质量安全法》，制定本办法。

第二条　本办法所称畜禽标识是指经农业部批准使用的耳标、电子标签、脚环以及其他承载畜禽信息的标识物。

第三条　在中华人民共和国境内从事畜禽及畜禽产品生产、经营、运输等活动，应当遵守本办法。

第四条　农业部负责全国畜禽标识和养殖档案的监督管理工作。

县级以上地方人民政府畜牧兽医行政主管部门负责本行政区域内畜禽标识和养殖档案的监督管理工作。

第五条　畜禽标识制度应当坚持统一规划、分类指导、分步实施、稳步推进的原则。

第六条 畜禽标识所需费用列入省级人民政府财政预算。

第二章 畜禽标识管理

第七条 畜禽标识实行一畜一标，编码应当具有唯一性。

第八条 畜禽标识编码由畜禽种类代码、县级行政区域代码、标识顺序号共15位数字及专用条码组成。

猪、牛、羊的畜禽种类代码分别为1、2、3。

编码形式为：×（种类代码）－××××××（县级行政区域代码）－××××××××（标识顺序号）。

第九条 农业部制定并公布畜禽标识技术规范，生产企业生产的畜禽标识应当符合该规范规定。

省级动物疫病预防控制机构统一采购畜禽标识，逐级供应。

第十条 畜禽标识生产企业不得向省级动物疫病预防控制机构以外的单位和个人提供畜禽标识。

第十一条 畜禽养殖者应当向当地县级动物疫病预防控制机构申领畜禽标识，并按照下列规定对畜禽加施畜禽标识：

（一）新出生畜禽，在出生后30天内加施畜禽标识；30天内离开饲养地的，在离开饲养地前加施畜禽标识；从国外引进畜禽，在畜禽到达目的地10日内加施畜禽标识。

（二）猪、牛、羊在左耳中部加施畜禽标识，需要再次加施畜禽标识的，在右耳中部加施。

第十二条 畜禽标识严重磨损、破损、脱落后，应当及时加施新的标识，并在养殖档案中记录新标识编码。

第十三条 动物卫生监督机构实施产地检疫时，应当查验畜禽标识。没有加施畜禽标识的，不得出具检疫合格证明。

第十四条 动物卫生监督机构应当在畜禽屠宰前，查验、登记畜禽标识。

畜禽屠宰经营者应当在畜禽屠宰时回收畜禽标识，由动物卫生监督机构保存、销毁。

第十五条 畜禽经屠宰检疫合格后，动物卫生监督机构应当在畜禽产品检疫标志中注明畜禽标识编码。

第十六条 省级人民政府畜牧兽医行政主管部门应当建立畜禽标识及所需配套设备的采购、保管、发放、使用、登记、回收、销毁等制度。

第十七条 畜禽标识不得重复使用。

第三章 养殖档案管理

第十八条 畜禽养殖场应当建立养殖档案，载明以下内容：

（一）畜禽的品种、数量、繁殖记录、标识情况、来源和进出场日期；

（二）饲料、饲料添加剂等投入品和兽药的来源、名称、使用对象、时间和用量等有关情况；

（三）检疫、免疫、监测、消毒情况；

（四）畜禽发病、诊疗、死亡和无害化处理情况；

（五）畜禽养殖代码；

（六）农业部规定的其他内容。

第十九条　县级动物疫病预防控制机构应当建立畜禽防疫档案，载明以下内容：

（一）畜禽养殖场：名称、地址、畜禽种类、数量、免疫日期、疫苗名称、畜禽养殖代码、畜禽标识顺序号、免疫人员以及用药记录等。

（二）畜禽散养户：户主姓名、地址、畜禽种类、数量、免疫日期、疫苗名称、畜禽标识顺序号、免疫人员以及用药记录等。

第二十条　畜禽养殖场、养殖园区（小区）应当依法向所在地县级人民政府畜牧兽医行政主管部门备案，取得畜禽养殖代码。

畜禽养殖代码由县级人民政府畜牧兽医行政主管部门按照备案顺序统一编号，每个畜禽养殖场、养殖园区（小区）只有一个畜禽养殖代码。

畜禽养殖代码由6位县级行政区域代码和4位顺序号组成，作为养殖档案编号。

第二十一条　饲养种畜应当建立个体养殖档案，注明标识编码、性别、出生日期、父系和母系品种类型、母本的标识编码等信息。

种畜调运时应当在个体养殖档案上注明调出和调入地，个体养殖档案应当随同调运。

第二十二条　养殖档案和防疫档案保存时间：商品猪、禽为2年，牛为20年，羊为10年，种畜禽长期保存。

第二十三条　从事畜禽经营的销售者和购买者应当向所在地县级动物疫病预防控制机构报告更新防疫档案相关内容。

销售者或购买者属于养殖场的，应及时在畜禽养殖档案中登记畜禽标识编码及相关信息变化情况。

第二十四条　畜禽养殖场养殖档案及种畜个体养殖档案格式由农业部统一制定。

第四章　信息管理

第二十五条　国家实施畜禽标识及养殖档案信息化管理，实现畜禽及畜禽产品可追溯。

第二十六条　农业部建立包括国家畜禽标识信息中央数据库在内的国家畜禽标识信息管理系统。

省级人民政府畜牧兽医行政主管部门建立本行政区域畜禽标识信息数据库，并成为国家畜禽标识信息中央数据库的子数据库。

第二十七条　县级以上人民政府畜牧兽医行政主管部门根据数据采集要求，组织畜禽养殖相关信息的录入、上传和更新工作。

第五章　监督管理

第二十八条　县级以上地方人民政府畜牧兽医行政主管部门所属动物卫生监督机构具体承担本行政区域内畜禽标识的监督管理工作。

第二十九条　畜禽标识和养殖档案记载的信息应当连续、完整、真实。

第三十条　有下列情形之一的，应当对畜禽、畜禽产品实施追溯：

（一）标识与畜禽、畜禽产品不符；

（二）畜禽、畜禽产品染疫；

（三）畜禽、畜禽产品没有检疫证明；

（四）违规使用兽药及其他有毒、有害物质；

（五）发生重大动物卫生安全事件；

（六）其他应当实施追溯的情形。

第三十一条 县级以上人民政府畜牧兽医行政主管部门应当根据畜禽标识、养殖档案等信息对畜禽及畜禽产品实施追溯和处理。

第三十二条 国外引进的畜禽在国内发生重大动物疫情，由农业部会同有关部门进行追溯。

第三十三条 任何单位和个人不得销售、收购、运输、屠宰应当加施标识而没有标识的畜禽。

第六章 附 则

第三十四条 违反本办法规定的，按照《中华人民共和国畜牧法》、《中华人民共和国动物防疫法》和《中华人民共和国农产品质量安全法》的有关规定处罚。

第三十五条 本办法自2006年7月1日起施行，2002年5月24日农业部发布的《动物免疫标识管理办法》（农业部令第13号）同时废止。

猪、牛、羊以外其他畜禽标识实施时间和具体措施由农业部另行规定。

附件 6　牲畜耳标技术规范

1　范围

本规范规定了牲畜耳标的标准样式、生产、质量控制、加施和管理的技术要求。国家鼓励采用新技术、新工艺和新材料进行新标识的研究，并推广使用。

本规范适用于从事牲畜耳标生产、使用与管理等活动。

2　规范性引用文件

NY 534—2002　家畜耳标及固定器

NY/T 938—2005　动物防疫耳标规范

《畜禽标识和养殖档案管理办法》（2006 年农业部令第 67 号）

3　术语和定义

下列术语和定义适用于本规范。

3.1　牲畜耳标

加施于牲畜耳部，用于证明牲畜身份，承载牲畜个体信息的标志物。

3.2　耳标固定钳

将牲畜耳标固定于牲畜耳部的专用钳金属工具。

3.3　牲畜耳标编码

由畜禽种类代码、县级行政区域代码、标识顺序号共 15 位数字及专用条码组成。

4　牲畜耳标样式

4.1　耳标组成及结构

牲畜耳标由主标和辅标两部分组成。

4.1.1　主标

主标由主标耳标面、耳标颈、耳标头组成。

4.1.1.1　耳标面

主标耳标面的背面与耳标颈相连，主标耳标面的正面登载编码信息。

4.1.1.2　耳标颈

连接主标耳标面和耳标头的部分，固定时穿透牲畜耳部并留在穿孔内。

4.1.1.3　耳标头

位于耳标颈顶端的锥型体。用于穿透牲畜耳部、嵌入辅标、固定耳标。

4.1.2 辅标

辅标由辅标耳标面和耳标锁扣组成。

4.1.2.1 耳标面

辅标耳标面与主标耳标面相对应，辅标耳标面的正面登载牛、羊的编码信息。

4.1.2.2 耳标锁扣

耳标锁扣位于辅标耳标面背面圆柱状突起内部，与耳标头相扣，在锁孔作用下，起固定耳标的作用。

4.2 耳标形状与规格

4.2.1 猪耳标：圆形

4.2.1.1 主标耳标面

主标耳标面为圆形，直径30mm，中央孔外口径6mm，厚度2mm。

4.2.1.2 耳标颈

耳标颈为表面光滑的圆台体，圆台底外径6mm、内孔径3mm，圆台顶外径4.5mm、内孔径2mm，高度13mm。

4.2.1.3 耳标头

耳标头为密封的圆锥体，锥底直径7.5mm、高度8mm，锥顶实体高度4mm。

4.2.1.4 辅标耳标面

辅标耳标面为圆形，直径22mm，厚度2mm；中央孔外口径7.5mm，锁孔的孔径5mm，厚度2mm。

4.2.1.5 耳标锁扣

耳标锁扣为圆环型柱状体，直径11.6mm，内径7.6mm，壁厚2mm，高度10mm。

4.2.2 牛耳标：铲形

4.2.2.1 主标耳标面

主标耳标面为圆形，外径30mm，中央孔外口径6mm，厚度2mm。

4.2.2.2 耳标颈

耳标颈为表面光滑的圆台体，圆台底外径6mm、内孔径3mm，圆台顶外径4.5mm、内孔径2mm，高度13mm。

4.2.2.3 耳标头

耳标头为密封的圆锥体，锥底直径7.5mm、高度8mm，锥顶实体高度4mm，为金属材料。

4.2.2.4 辅标耳标面

辅标耳标面为铲形，锁孔外口径7.5mm，锁孔内孔径5mm，铲为直角长方形，宽36mm，长58mm。上端厚度2mm，下端厚度1.5mm。

4.2.2.5 耳标锁扣

耳标锁扣为圆环型柱状体，外径11.6mm，内径7.6mm，壁厚2mm，高度10mm。

4.2.3 羊耳标：半圆弧的长方形

4.2.3.1 主标耳标面

主标耳标面为圆形，直径30mm，中央孔外口径6mm，厚度2mm。

4.2.3.2 耳标颈

耳标颈为表面光滑的圆台体，圆台底外径 6mm、内孔径 3mm，圆台顶外径 4.5mm、内孔径 2mm，高度 13mm。

4.2.3.3 耳标头

耳标头为密封的圆锥体，锥底直径 7.5mm、高度 8mm，锥顶实体高度 4mm。

4.2.3.4 辅标耳标面

辅标耳标面为带半圆弧的长方形，锁孔外口径 7.5mm，锁孔内孔径 5mm，圆弧半径 8.5mm，宽 17mm，总长 52mm，厚度 2mm。

4.2.3.5 耳标锁扣

耳标锁扣为圆环型柱状体，直径 11.6mm，内径 7.6mm，壁厚 2mm，高度 10mm。

4.3 牲畜耳标颜色

猪耳标为肉色，牛耳标为浅黄色，羊耳标为橘黄色。

4.4 耳标编码

耳标编码由激光刻制，猪耳标刻制在主标耳标面正面，排布为相邻直角两排，上排为主编码，右排为副编码。牛、羊耳标刻制在辅标耳标面正面，编码分上、下两排，上排为主编码，下排为副编码。

专用条码由激光刻制在主、副编码中央。

4.4.1 主编码

主编码由 7 位数字组成，第一位代表牲畜种类，后 6 位是县（区）行政区域代码，主编码代表牲畜种类和产地。主编码字体为四号体。

4.4.2 副编码

副编码由 8 位字符构成，以县为单位的连续编码，代表牲畜个体；字体为四号体。

4.4.3 专用条码为农业部规定的二维码。

附录：A（规范性附录）猪耳标主标、辅标结构规格尺寸

B（规范性附录）牛耳标主标、辅标结构规格尺寸

C（规范性附录）羊耳标主标、辅标结构规格尺寸

D（规范性附录）耳标编码示意图

附录 A

（规范性附录）

猪标识主标、辅标结构规格尺寸

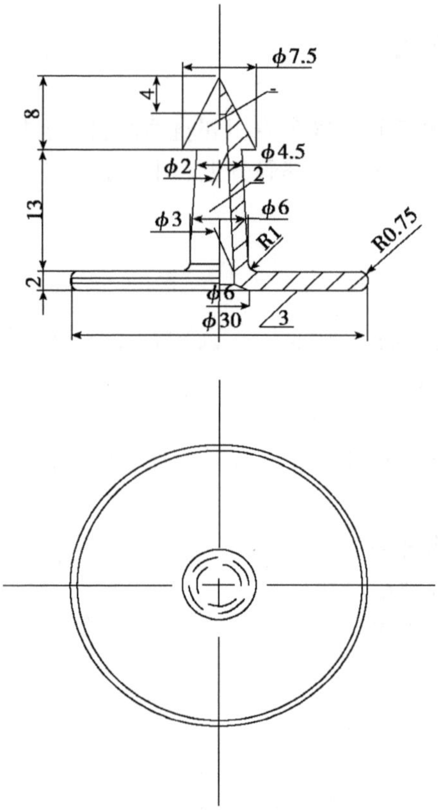

1.耳标头；2.耳标颈；3.耳标正面

A.1猪主耳标结构规格尺寸示意图（mm）

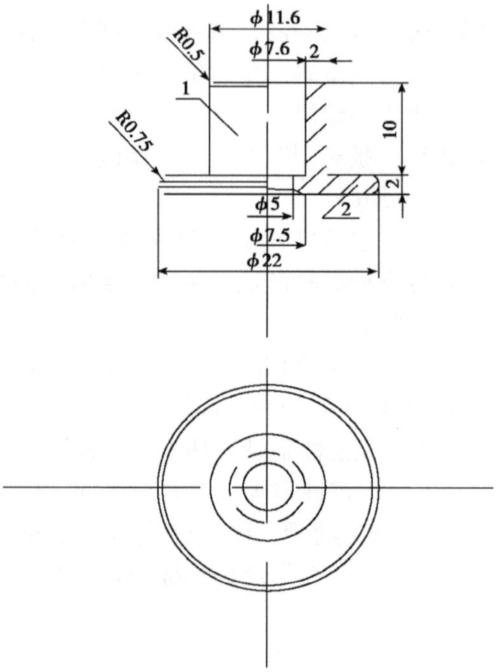

1.耳标锁扣；2.耳标副面

A.2猪辅耳标结构规格尺寸示意图（mm）

附录 B

（规范性附录）

牛标识主标、辅标结构规格尺寸

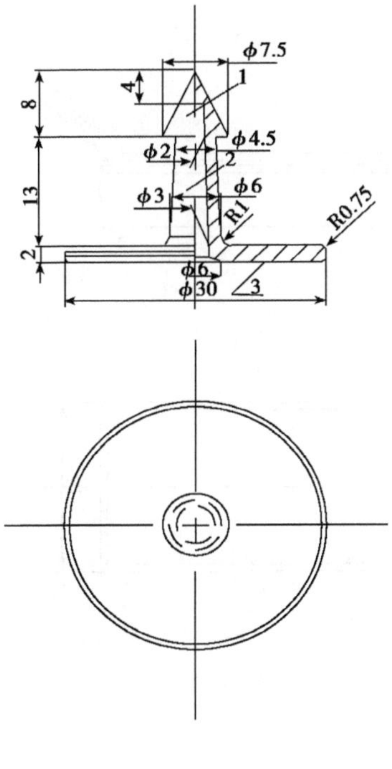

1.耳标头；2.耳标颈；3.耳标正面

B.1牛主耳标结构规格尺寸示意图（mm）

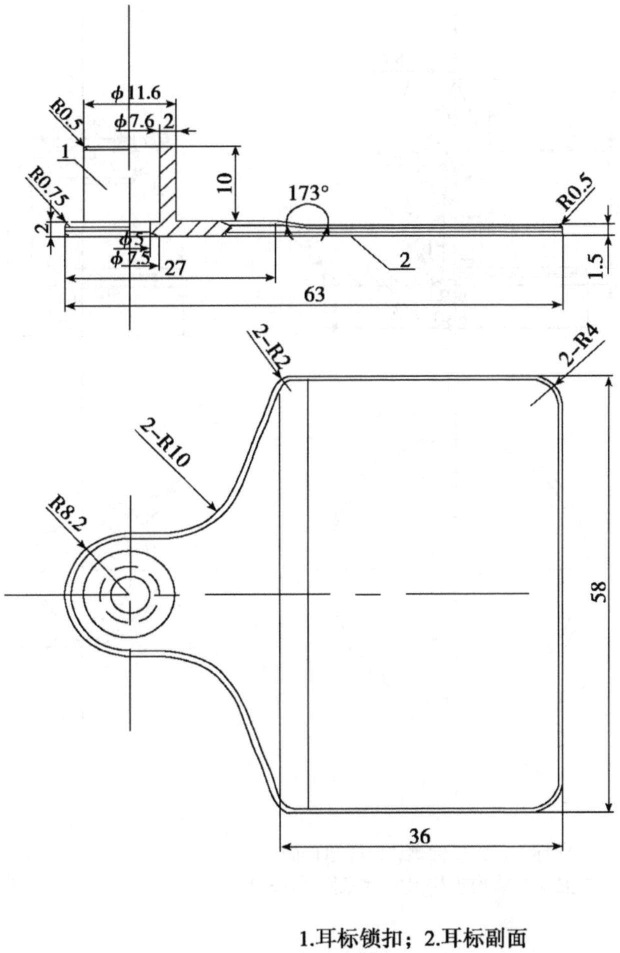

1.耳标锁扣；2.耳标副面

B.2牛辅耳标结构规格尺寸示意图（mm）

附录 C

（规范性附录）

羊标识主标、辅标结构规格尺寸

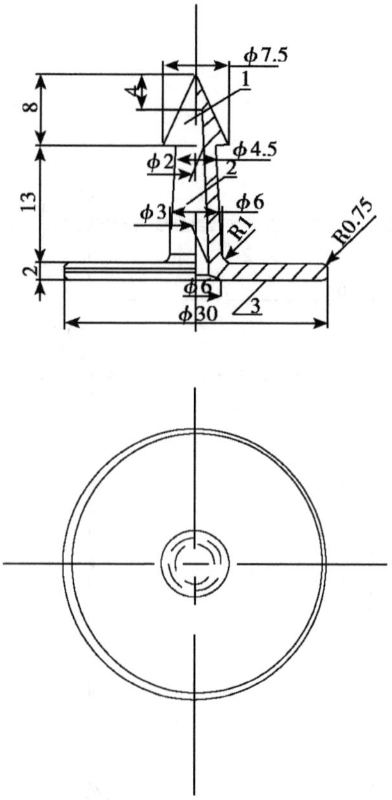

1.耳标头；2.耳标颈；3.耳标正面

C.1羊主耳标结构规格尺寸示意图（mm）

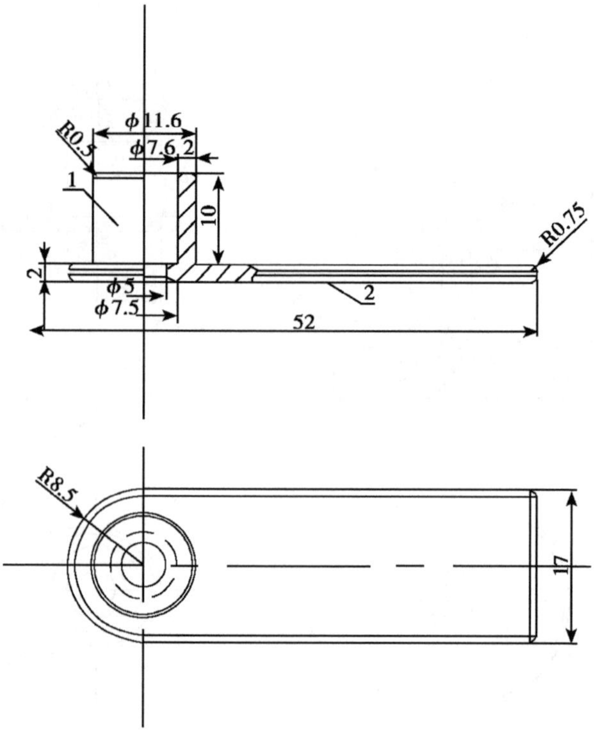

1.耳标锁扣；2.耳标副面

C.2羊辅耳标结构规格尺寸示意图（mm）

附录 D

（规范性附录）

耳标编码示意图

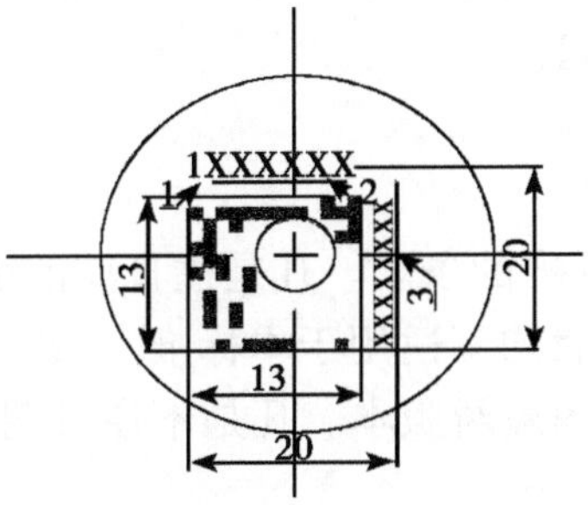

1.代表猪；2.县行政区划代码
3.动物个体连续码

D.1猪耳标编码示意图（mm）

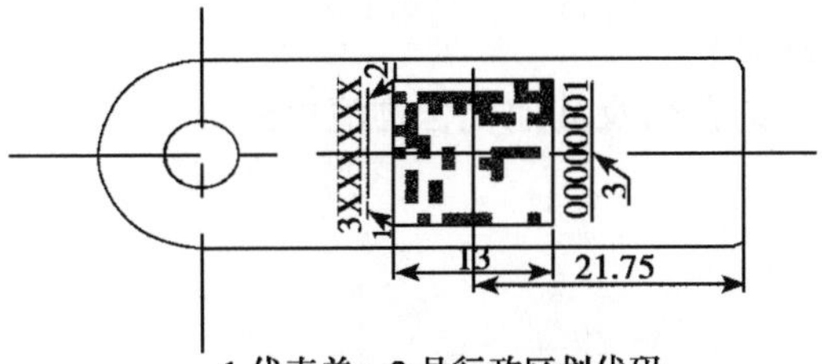

1.代表羊；2.县行政区划代码
3.动物个体连续码

D.3羊耳标编码示意图（mm）

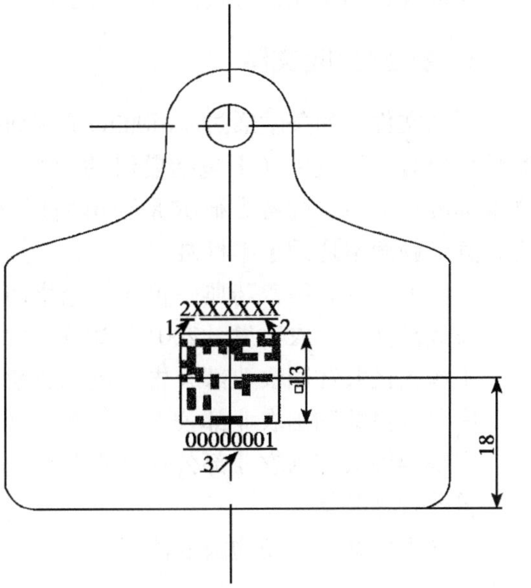

1.代表牛；2.县行政区划代码
3.动物个体连续码

D.2牛耳标编码示意图（mm）

附件 7　无公害食品　畜禽饲养兽药使用准则

1　范围

本标准规定了无公害食品畜禽饲养兽药使用要求，使用记录和不良反应报告。

本标准适用于无公害食品畜禽的生产、管理和认证。

2　规范性引用文件

下列文件中的条款通过本标准的引用而成为本标准的条款。凡是注日期的引用文件，其随后所有的修改单（不包括勘误的内容）或修订版均不适用于本标准，然而，鼓励根据本标准达成协议的各方研究是否可使用这些文件的最新版本。凡是不注日期的引用文件，其最新版本适用于本标准。

中华人民共和国兽药典—兽药使用指南

农业部文件　农牧发［2001］20 号《饲料药物添加剂使用规范》

中华人民共和国农业部公告《动物性食品中兽药最高残留限量》

中华人民共和国农业部公告《兽药停药期规定》

中华人民共和国农业部公告《食品动物禁用的兽药及其他化合物清单》

兽药管理条例

中华人民共和国动物防疫法

3　术语和定义

下列术语和定义适用于本标准。

3.1　*兽药* veterinary drugs

用于预防、治疗、诊断动物疾病或者有目的地调节其生理机能的物质（含药物饲料添加剂），主要包括：血清制品、疫苗、诊断制品、微生态制品、中药材、中成药、化学药品；抗生素、生化药品、放射性药品及外用杀虫剂、消毒剂等。

3.2　*兽用处方药* veterinary prescription drugs

凭兽医处方方可购买和使用的兽药：

3.3　*兽用非处方药* veterinary non-prescription drugs

由国务院兽医行政管理部门公布的、不需要凭兽医处方就可以自行购买并按照说明书使用的兽药。

3.4　*休药期（停药期）* withdrawal period

食品动物从停止给药到许可屠宰或其产品（肉、乳、蛋）许可上市的间隔时间。

3.5　最高残留限量 maximum residue limit (MRLs)

对食品动物用药后产生的允许存在于食物表面或内部的该兽药（或代谢产物）残留的最高含量或最高浓度（以鲜重计，表示为 μg/kg）。

4　兽药使用要求

4.1　临床兽医和畜禽饲养者应遵守《兽药管理条例》的有关规定使用兽药，应凭专业兽医开具的处方使用经国务院兽医行政管理部门规定的兽医处方药。禁止使用国务院兽医行政管理部门规定的禁用药品。

4.2　临床兽医和畜禽饲养者进行预防、治疗和诊断畜禽疾病所用的兽药应是来自具有《兽药生产许可证》，并获得农业部颁发《中华人民共和国兽药 GMP 证书》的兽药生产企业，或农业部批准注册进口的兽药，其质量均应符合相关的兽药国家质量标准。

4.3　临床兽医应严格按《中华人民共和国动物防疫法》的规定对畜禽进行免疫，防止畜禽发病和死亡。

4.4　临床兽医使用拟肾上腺素药、平喘药、抗胆碱药与拟胆碱药、糖肾上腺皮质激素类药和解热镇痛药，应严格按国务院兽医行政管理部门规定的作用用途和用法用量使用。

4.5　畜禽饲养者使用饲料药物添加剂应符合农业部《饲料药物添加剂使用规范》的规定。禁止将原料药直接添加到饲料及动物饮用水中或直接饲喂动物。

4.6　临床兽医应慎用经农业部批准的拟肾上腺素药、平喘药、抗胆碱药与拟胆碱药、糖肾上腺皮质激素类药和解热镇痛药。

4.7　非临床医疗需要，禁止使用麻醉药、镇痛药、镇静药、中枢兴奋药、雄性激素、雌性激素、化学保定药及骨骼肌松弛药。必须使用该类药物时，应凭专业兽医开具的处方用药。

5　兽药使用记录

5.1　临床兽医和畜禽饲养者使用兽药，应认真做好用药记录。用药记录至少应包括：用药的名称（商品名和通用名）、剂型、剂量、给药途径、疗程，药物的生产企业、产品的批准文号、生产日期、批号等。使用兽药的单位或个人均应建立用药记录档案，并保存1年（含1年）以上。

5.2　临床兽医和饲养者应严格执行国务院兽医行政管理部门规定的兽药休药期，并向购买者或屠宰者提供准确、真实的用药记录；应记录生产乳、蛋等畜禽产品的畜禽在休药期内时，其废弃产品的处理方式。

6　兽药不良反应报告

临床兽医和畜禽饲养者使用兽药，应对兽药的治疗效果、不良反应做观察记录；发生动物死亡时，应请专业兽医进行解剖，分析是药物原因或疾病原因。发现可能与兽药使用有关的严重不良反应时，应当立即向所在地人民政府兽医行政管理部门报告。

附录 A
（规范性附录）

食品动物禁用的兽药及其他化合物清单

序号	兽药及其他化合物名称	禁止用途	禁用动物
1	β-兴奋剂类：克仑特罗 Clenbuterol，沙丁胺醇 Salbutamol、西马特罗 Cunaterol 及其盐、酯及制剂	所有用途	所有食品动物
2	性激素类：己烯雌酚 Diethylstibestrol 及其盐、酯及制剂	所有用途	所有食品动物
3	具有雌激素样作用的物质：玉米赤霉醇 Zeranol、去甲雄三烯醇酮 Trenbolone、醋酸甲孕酮 Mengestrol，Acetate 及制剂	所有用途	所有食品动物
4	氯霉素 Chlorampheniod、及其盐、酯（包括：琥珀氯霉素 Chloramphenicol Succinate）及制剂	所有用途	所有食品动物
5	氨苯砜 Dapsone 及制剂	所有用途	所有食品动物
6	硝基呋喃类：呋喃唑酮 Furazolidone、呋喃它酮 Furaltadone、呋喃苯烯酸钠 Nifurstyrenate sodium 及制剂	所有用途	所有食品动物
7	硝基化合物：硝基酚钠 Sodim nimophenolate、硝呋烯腙 Nitrovin 及制剂	所有用途	所有食品动物
8	催眠、镇静类：安眠酮 Methaqualone 及制剂	所有用途	所有食品动物
9	林丹（丙体六六六）Linxlane	杀虫剂	水生食品动物
10	毒杀芬（氯化烯）Carnahechlor	杀虫剂、清塘剂	水生食品动物
11	呋喃丹（克百威）Carbofuran	杀虫剂	水生食品动物
12	杀虫脒（克死螨）Chlordimeform	杀虫剂	水生食品动物
13	双甲脒 Arnitraz	杀虫剂	水生食品动物
14	酒石酸锑钾 Antimonypotassiumtartrate	杀虫剂	水生食品动物
15	锥虫胂胺 Tryparsamide	杀虫剂	水生食品动物
16	孔雀石绿 Malachite green	抗菌、杀虫剂	水生食品动物
17	五氯酚酸钠 Pentachlorophenolsodium	杀螺剂	水生食品动物

续表

序号	兽药及其他化合物名称	禁止用途	禁用动物
18	各种汞制剂 包括：氯化亚汞（甘汞）Cakmel，硝酸亚汞 Mercurous nitrate、醋酸汞 Mcrcunxis acetate、吡啶基醋酸汞 Pyridyl mercurous acetate	杀虫剂	动物
19	性激素类：甲基睾丸酮 Methyltemosterone、丙酸睾酮 Testosterone Propionate、苯丙酸诺龙 Nandmlone Phenylpropionate、苯甲酸雌二醇 Estradiol Benzoate 及其盐、酯及制剂	促生长	所有食品动物
20	催眠、镇静类：氯丙嗪 Cblorpmnozine、地西泮（安定）Dizaepam 及其盐、酯及制剂	促生长	所有食品动物
21	硝基咪唑类：甲硝唑 Metronidazole、地美硝唑 Dimetronidazole 及其盐、酯及制剂	促生长	所有食品动物

注：食品动物是指各种供人食用或其产品供人食用的动物。

附件8　畜禽养殖业污染物排放标准

1　主题内容与适用范围

1.1　主题内容

本标准按集约化畜禽养殖业的不同规模分别规定了水污染物、恶臭气体的最高允许日均排放浓度、最高允许排水量，畜禽养殖业废渣无害化环境标准。

1.2　适用范围

本标准适用于全国集约化畜禽养殖场和养殖区污染物的排放管理，以及这些建设项目环境影响评价、环境保护设施设计、竣工验收及其投产后的排放管理。

1.2.1　本标准适用的畜禽养殖场和养殖区的规模分级，按表1和表2执行。

表1　集约化畜禽养殖场的适用规模（以存栏数计）

类别 规模分级	猪（头） （25kg以上）	鸡（只）		牛（头）	
		蛋鸡	肉鸡	成年奶牛	肉牛
Ⅰ级	≥3 000	≥100 000	≥200 000	≥200	≥400
Ⅱ级	500≤Q＜3 000	15 000≤ Q＜100 000	30 000≤ Q＜200 000	100≤Q＜200	200≤Q＜400

表2　集约化畜禽养殖区的适用规模（以存栏数计）

类别 规模分级	猪（头） （25kg以上）	鸡（只）		牛（头）	
		蛋鸡	肉鸡	成年奶牛	肉牛
Ⅰ级	≥6 000	≥200 000	≥400 000	≥400	≥800
Ⅱ级	3 000≤ Q＜6 000	100 000≤ Q＜200 000	200 000≤ Q＜400 000	200≤Q＜400	400≤Q＜800

注：Q表示养殖量

1.2.2　对具有不同畜禽种类的养殖场和养殖区，其规模可将鸡、牛的养殖量换算成猪的养殖量，换算比例为：30只蛋鸡折算成1头猪，60只肉鸡折算成1头猪，1头奶牛折算成10头猪，1头肉牛折算成5头猪。

1.2.3　所有Ⅰ级规模范围内的集约化畜禽养殖场和养殖区，以及Ⅱ级规模范围内且地处国家环境保护重点城市、重点流域和污染严重河网地区的集约化畜禽养殖场和养殖区，自本标准实施之日起开始执行。

1.2.4　其他地区Ⅱ级规模范围内的集约化养殖场和养殖区，实施标准的具体时间可由县级以上人民政府环境保护行政主管部门确定，但不得迟于 2004 年 7 月 1 日。

1.2.5　对集约化养羊场和养羊区，将羊的养殖量换算成猪的养殖量，换算比例为：3 只羊换算成 1 头猪，根据换算后的养殖量确定养羊场或养羊区的规模级别，并参照本标准的规定执行。

2　定义

2.1　集约化畜禽养殖场

进行集约化经营的畜禽养殖场。集约化养殖是指在较小的场地内，投入较多的生产资料和劳动，采用新的工艺与技术措施，进行精心管理的饲养方式。

2.2　集约化畜禽养殖区

距居民区一定距离，经过行政区划确定的多个畜禽养殖个体生产集中的区域。

2.3　废渣

养殖场外排的畜禽粪便、畜禽舍垫料、废饲料及散落的毛羽等固体废物。

2.4　恶臭污染物

一切刺激嗅觉器官，引起人们不愉快及损害生活环境的气体物质。

2.5　臭气浓度

恶臭气体（包括异味）用无臭空气进行稀释，稀释到刚好无臭时所需的稀释倍数。

2.6　最高允许排水量

在畜禽养殖过程中直接用于生产的水的最高允许排放量。

3　技术内容

本标准按水污染物、废渣和恶臭气体的排放分为以下三部分。

3.1　畜禽养殖业水污染物排放标准

3.1.1　畜禽养殖业废水不得排入敏感水域和有特殊功能的水域。排放去向应符合国家和地方的有关规定。

3.1.2　标准适用规模范围内的畜禽养殖业的水污染物排放分别执行表 3、表 4 和表 5 的规定。

表 3　集约化畜禽养殖业水冲工艺最高允许排水量

种类	猪 [m^3/（百头·d）]		鸡 [m^3/（千只·d）]		牛 [m^3/（百头·d）]	
季节	冬季	夏季	冬季	夏季	冬季	夏季
标准值	2.5	3.5	0.8	1.2	20	30

注：废水最高允许排放量的单位中，百头、千只均指存栏数。

春、秋季废水最高允许排放量按冬、夏两季的平均值计算。

表 4　集约化畜禽养殖业干清粪工艺最高允许排水量

种类	猪［m^3/（百头·d）］		鸡［m^3/（千只·d）］		牛［m^3/（百头·d）］	
季节	冬季	夏季	冬季	夏季	冬季	夏季
标准值	1.2	1.8	0.5	0.7	17	20

注：废水最高允许排放量的单位中，百头、千只均指存栏数。

春、秋季废水最高允许排放量按冬、夏两季的平均值计算。

表 5　集约化畜禽养殖业水污染物最高允许日均排放浓度

控制项目	五日生化需氧量（mg/L）	化学需氧量（mg/L）	悬浮物（mg/L）	氨氮（mg/L）	总磷（以 P 计）（mg/L）	粪大肠菌群数（个/100ml）	蛔虫卵（个/L）
标准值	150	400	200	80	8.0	1 000	2.0

3.2　畜禽养殖业废渣无害化环境标准

3.2.1　畜禽养殖业必须设置废渣的固定储存设施和场所，储存场所要有防止粪液渗漏、溢流措施。

3.2.2　用于直接还田的畜禽粪便，必须进行无害化处理。

3.2.3　禁止直接将废渣倾倒入地表水体或其他环境中。畜禽粪便还田时，不能超过当地的最大农田负荷量，避免造成面源污染和地下水污染。

3.2.4　经无害化处理后的废渣，应符合表 6 的规定。

表 6　畜禽养殖业废渣无害化环境标准

控制项目	指标
蛔虫卵	死亡率≥95%
粪大肠菌群数（个/kg）	≤10^5

3.3　畜禽养殖业恶臭污染物排放标准

集约化畜禽养殖业恶臭污染物的排放执行表 7 的规定。

表 7　集约化畜禽养殖业恶臭污染物排放标准

控制项目	标准值
臭气浓度（无量纲）	70

3.4　畜禽养殖业应积极通过废水和粪便的还田或其他措施对所排放的污染物进行综合利用，实现污染物的资源化。

4　监测

污染物项目监测的采样点的采样频率应符合国家环境监测技术规范的要求。污染物项目的监测方法按表 8 执行。

表 8　畜禽养殖业污染物排放配套监测方法

序号	项目	监测方法	方法来源
1	生化需氧（BOD_5）	稀释与接种法	GB/T 7488—1987
2	化学需氧（COD_{cr}）	重铬酸钾法	GB/T 11914—1989
3	悬浮物（SS）	重量法	GB/T 11901—1989
4	氨氧（NH_3-N）	纳氏试剂比色法 水杨酸分光光度法	GB/T 7479—1987 GB/T 7481—1987
5	总 P（以 P 计）	钼蓝比色法	1）
6	粪大肠菌群数	多管发酵法	GB/T 5750—1985
7	蛔虫卵	吐温 -80 柠檬酸缓冲液离心沉淀集卵法	2）
8	蛔虫卵死亡率	堆肥蛔虫卵检查法	GB 7959—1987
9	寄生虫卵沉降率	粪稀蛔虫卵检查法	GB 7959—1987
10	臭气浓度	三点式比较臭袋法	GB/T 14675

注：分析方法中，未列出国标的暂时采用下列方法，待国家标准方法颁布后执行国家标准
1）水和废水监测分析方法（第三版），中国环境科学出版社，1989
2）卫生防疫检验，上海科学技术出版社，1964

5　标准的实施

5.1　本标准由县级以上人民政府环境保护行政主管部门实施统一监督管理。

5.2　省、自治区、直辖市人民政府可根据地方环境和经济发展的需要，确定严于本标准的集约化畜禽养殖业适用规模，或制定更为严格的地方畜禽养殖业污染物排放标准，并报国务院环境保护行政主管部门备案。

附件9　畜禽粪便无害化处理技术规范

1　范围

本标准规定了畜禽粪便无害化处理设施的选址、场区布局、处理技术、卫生学控制指标及污染物监测和污染防治的技术要求。

本标准适用于规模化养殖场、养殖园区（小区）和畜禽粪便处理场。

2　规范性引用文件

下列文件中的条款通过本标准的引用而成为本标准的条款。凡是注日期的引用文件，其随后所有的修改单（不包括勘误的内容）或修订版均不适用于本标准，然而，鼓励根据本标准达成协议的各方研究是否可使用这些文件的最新版本。凡是不注日期的引用文件，其最新版本适用于本标准。

GB 5084　农田灌溉水质标准

GB 18596　畜禽养殖业污染物排放标准

GB 18877　有机—无机复混肥料

NY 525　有机肥料

NY/T 682　畜禽场场区设计技术规范

3　术语和定义

下列术语和定义适用于本标准。

3.1　粪便 manure

畜禽的粪尿排泄物。

3.2　规模化养殖场 concentrated animal operation

指在较小的场地内，养殖数量达到本标准规定存栏规模的饲养场：蛋鸡≥15 000只、肉鸡≥30 000只、猪≥500头、奶牛≥100头、肉牛≥200头、羊≥1 500只。

3.3　养殖园区（小区）animal park

在适合畜禽养殖的地域内，建立有一定规模的较为规范、严格管理的畜禽养殖基地，基地内养殖设施完备，技术规程及措施统一，只养一种畜禽，由多个养殖业主进行标准化养殖。

3.4　畜禽粪便处理场 centralized manure treatment facility

专业从事畜禽粪便处理、加工的企业和专业户。

3.5　堆肥 compost

将畜禽粪便等有机固体废物集中堆放并在微生物作用下使有机物发生生物降解，形成一种类似腐殖质土壤的物质的过程。

3.6　厌氧消化 anaerobic digest

利用厌氧菌或兼性厌氧菌在无氧状态下，将有机物质分解的处理方法。

3.7　无害化处理 non-hazardous treatment

利用高温、好氧或厌氧等技术杀灭畜禽粪便中病原菌、寄生虫和杂草种子的过程。

4　处理原则

4.1　畜禽养殖场或养殖园区（小区）应采用先进的工艺、技术与设备、改善管理、综合利用等措施，从源头削减污染量。

4.2　畜禽粪便处理应坚持综合利用的原则，实现粪便的资源化。

4.3　畜禽养殖场和养殖园区（小区）必须建立配套的粪便无害化处理设施或处理（置）机制。

4.4　畜禽养殖场、养殖园区（小区）或畜禽粪便处理场应严格执行国家有关的法律、法规和标准，畜禽粪便经过处理达到无害化指标或有关排放标准后才能施用和排放。

4.5　发生重大疫情畜禽养殖场粪便必须按照国家兽医防疫有关规定处置。

5　处理场地的要求

5.1　新建、扩建和改建畜禽养殖场或养殖园区（小区）必须配置畜禽粪便处理设施或畜禽粪便处理场。已建的畜禽场没有处理设施或处理场的，应及时补上。畜禽养殖场的选址禁止在下列区域内建设畜禽粪便处理场：

5.1.1　生活饮用水水源保护区、风景名胜区、自然保护区的核心区及缓冲区；

5.1.2　城市和城镇居民区，包括文教科研区、医疗区、商业区、工业区、游览区等人口集中地区；

5.1.3　县级人民政府依法划定的禁养区域；

5.1.4　国家或地方法律、法规规定需特殊保护的其他区域。

5.2　在禁建区域附近建设畜禽粪便处理设施和单独建设的畜禽粪便处理场，应设在5.1规定的禁建区域常年主导风向的下风向或侧风向处，场界与禁建区域边界的最小距离不得小于500m。

6　处理场地的布局

设置在畜禽养殖区域内的粪便处理设施应按照NY/T 682的规定设计，应设在养殖场的生产区、生活管理区的常年主导风向的下风向或侧风向处，与主要生产设施之间保持100m以上的距离。

7　粪便的收集

7.1　新建、扩建和改建畜禽养殖场和养殖园区（小区）应采用先进的清粪工艺，避免畜禽粪便与冲洗等其他污水混合，减少污染物排放量，已建的养殖场和养殖园区（小区）要逐步改进清粪工艺。

7.2　畜禽粪便收集、运输过程中必须采取防扬散、防流失、防渗漏等环境污染防治措施。

8　粪便的贮存

8.1　畜禽养殖场产生的畜禽粪便应设置专门的贮存设施。

8.2　畜禽养殖场、养殖园区（小区）或畜禽粪便处理场应分别设置液体和固体废弃物贮存设施，畜禽粪便贮存设施位置必须距离地表水体400m以上。

8.3　畜禽粪便贮存设施应设置明显标志和围栏等防护措施，保证人畜安全。

8.4　贮存设施必须有足够的空间来贮存粪便。在满足下列最小贮存体积条件下设置预留空间，一般在能够满足最小容量的前提下将深度或高度增加0.5m以上。

8.4.1　对固体粪便储存设施其最小容积为贮存期内粪便产生总量和垫料体积总和。

8.4.2　对液体粪便贮存设施最小容积为贮存期内粪便产生量和贮存期内污水排放量总和。对于露天液体粪便贮存时，必须考虑贮存期内降水量。

8.4.3　采取农田利用时，畜禽粪便贮存设施最小容量不能小于当地农业生产使用间隔最长时期内养殖场粪便产生总量。

8.5　畜禽粪便贮存设施必须进行防渗处理，防止污染地下水。

8.6　畜禽粪便贮存设施应采取防雨（水）措施。

8.7　贮存过程中不应产生二次污染，其恶臭及污染物排放应符合GB 18596的规定。

9　粪便的处理

9.1　禁止未经无害化处理的畜禽粪便直接施入农田。畜禽粪便经过堆肥处理后必须达到表1的卫生学要求。

表1　粪便堆肥无害化卫生学要求

项目	卫生标准
蛔虫卵	死亡率≥95%
粪大肠菌群数	$\leq 10^5$ 个/kg
苍蝇	有效地控制苍蝇滋生，堆体周围没有活的蛆、蛹或新羽化的成蝇

9.2　畜禽固体粪便宜采用条垛式、机械强化槽式和密闭仓式堆肥等技术进行无害化处理，养殖场、养殖园区（小区）和畜禽粪便处理场可根据资金，占地等实际情况选用。

9.2.1　采用条垛式堆肥，发酵温度45℃以上的时间不少于14d。

9.2.2　采用机械强化槽式和密闭仓式堆肥时，保持发酵温度50℃以上时间不少于7d，或发酵温度45℃以上的时间不少于14d。

9.3　液态畜禽粪便可以选用沼气发酵、高效厌氧、好氧、自然生物处理等技术进行无害化处理。处理后的上清液和沉淀物应实现农业综合利用，避免产生二次污染。

9.3.1　处理后的上清液、沉淀物作为肥料进行农业利用时，其卫生学指标应达到表2的要求。

表2　液态粪便厌氧无害化卫生学要求

项目	卫生标准
寄生虫卵	死亡率≥95%
血吸虫卵	在使用粪液中不得检出活的血吸虫卵
粪大肠菌群数	常温沼气发酵≤10 000 个/L，高温沼气发酵≤100 个/L
蚊子、苍蝇	有效地控制蚊蝇滋生，粪液中无孑孓，池的周围无活的蛆、蛹或新羽化的成蝇
沼气池粪渣	达到表1要求后方可用作农肥

9.3.2　处理后的上清液作为农田灌溉用水时，应符合 GB 5084 的规定。

9.3.3　处理后的污水直接排放时，应符合 GB 18596 的规定。

9.4　无害化处理后的畜禽粪便进行农田利用时，应结合当地环境容量和作物需求进行综合利用规划。

9.5　利用无害化处理后的畜禽粪便生产商品化有机肥和有机—无机复混肥，须分别符合 NY 525 和 GB 18877 的规定。

9.6　利用畜禽粪便制取其他生物质能源或进行其他类型的资源回收利用时，应避免二次污染。

10　对粪便处理场场区要求

畜禽粪便处理场场区臭气浓度应符合 GB 18596 的规定。

11　监督与管理

11.1　畜禽养殖场、养殖园区（小区）和畜禽粪便处理场按当地农业部门和环境保护行政主管部门要求，定期报告粪便产生量、粪便特性、贮存、处理设施的运行情况，并接受当地和上级农业部门和环境保护机构的监督与检测。

11.2　排污口标志应按国家环境保护总局有关规定设置。

附件 10　病害动物和病害动物产品生物安全处理规程

1　范围

本标准规定了病害动物和病害动物产品的销毁、无害化处理的技术要求。

本标准适用于国家规定的染疫动物及其产品、病死毒死或者死因不明的动物尸体、经检验对人畜健康有危害的动物和病害动物产品、国家规定的其他应该进行生物安全处理的动物和动物产品。

2　术语和定义

下列术语的定义适用于本标准。

生物安全处理 biosafety disposal

通过用焚毁、化制、掩埋或其他物理、化学、生物学等方法将病害动物尸体和病害动物产品或附属物进行处理，以彻底消灭其所携带的病原体，达到消除病害因素，保障人畜健康安全的目的。

3　病害动物和病害动物产品的处理

3.1　运送

运送动物尸体和病害动物产品应采用密闭、不渗水的容器，装前卸后必须要消毒。

3.2　销毁

3.2.1　适用对象

3.2.1.1　确认为口蹄疫、猪水泡病、猪瘟、非洲猪瘟、非洲马瘟、牛瘟、牛传染性胸膜肺炎、牛海绵状脑病、痒病、绵羊梅迪/维斯那病、蓝舌病、小反刍兽疫、绵羊痘和山羊痘、山羊关节炎脑炎、高致病性禽流感、鸡新城疫、炭疽，鼻疽、狂犬病、羊快疫、羊肠毒血症、肉毒梭菌中毒症、羊狡狙、马传染性贫血病、猪密螺旋体痢疾、猪囊尾蚴、急性猪丹毒、钩端螺旋体病（已黄染肉尸）、布鲁氏菌病、结核病、鸭瘟、兔病毒性出血症、野兔热的染疫动物以及其他严重危害人畜健康的病害动物及其产品。

3.2.1.2　病死、毒死或不明死因动物的尸体。

3.2.1.3　经检验对人畜有毒有害的、需销毁的病害动物和病害动物产品。

3.2.1.4　从动物体割除下来的病变部分。

3.2.1.5　人工接种病原微生物或进行药物试验的病害动物和病害动物产品。

3.2.1.6　国家规定的其他应该销毁的动物和动物产品。

3.2.2　操作方法

3.2.2.1 焚毁

将病害动物尸体、病害动物产品投入焚化炉或用其他方式烧毁碳化。

3.2.2.2 掩埋

本法不适用于患有炭疽等芽孢杆菌类疫病，以及牛海绵状脑病、痒病的染疫动物及产品、组织的处理。具体掩埋要求如下：

a）掩埋地应远离学校、公共场所、居民住宅区、村庄、动物饲养和屠宰场所、饮用水水源地、河流等地区；

b）掩埋前应对需掩埋的病害动物尸体和病害动物产品实施焚烧处理；

c）掩埋坑底铺2cm厚生石灰；

d）掩埋后需将掩埋土夯实。病害动物尸体的病害动物产品上层应距地表1.5cm以上；

e）焚烧后的病害动物尸体和病害动物产品表面，以及掩埋后的地表环境应使用有效消毒药喷洒消毒。

3.3 无害化处理

3.3.1 化制

3.3.1.1 适用对象

除3.2.1规定的动物疫病以外的其他疫病的染疫动物，以及病变严重、肌肉发生退行性变化的动物的整个尸体或胴体、内脏。

3.3.1.2 操作方法

利用干化、湿化机，将原料分类，分别投入化制。

3.3.2 消毒

3.3.2.1 适用对象

除3.2.1规定的动物疫病以外的其他疫病和染疫动物的生皮、原毛以及未经加工的蹄、骨、角、绒。

3.3.2.2 操作方法

3.3.2.2.1 高温处理法

适用于染疫动物蹄、骨和角的处理。

将肉尸作高温处理时剔出的骨、蹄、角放入高压锅内蒸煮至骨脱胶或脱脂时止。

3.3.2.2.2 盐酸食盐溶液消毒法

适用于被病原微生物污染或可疑被污染和一般染疫动物的皮毛消毒。

用2.5%盐酸溶液和15%食盐水溶液等量混合，将皮张浸泡在此溶液中，并使溶液温度保持在30℃左右，浸泡40h，$1m^2$的皮张用10L消毒液。浸泡后捞出沥干，放入2%氢氧化钠溶液中，以中和皮张上的酸，再用水冲洗后晾干。也可按100ml 25%食盐水溶液中加入盐酸1ml配制消毒液，在室温15℃条件下浸泡48h，皮张与消毒液之比为1∶4。浸泡后捞出沥干，再放入1%氢氧化钠溶液中浸泡，以中和皮张上的酸，再用水冲洗后晾干。

3.3.2.2.3 过氧乙酸消毒法

适用于任何染疫动物的皮毛消毒。

将皮毛放入新鲜配制的2%过氧乙酸溶液中浸泡30min，捞出，用水冲洗后晾干。

3.3.2.2.4 碱盐液浸泡消毒法

适用于被病原微生物污染的皮毛消毒。

将皮毛浸入5%碱盐液（饱和盐水内加5%氢氧化钠）中，室温（18～25℃）浸泡24h，并随时加以搅拌，然后取出挂起，待碱盐液流净，放入5%盐酸液内浸泡，使皮上的酸碱中和，捞出，用水冲洗后晾干。

3.3.2.2.5　煮沸消毒法

适用于染疫动物鬃毛的处理。

将鬃毛于沸水中煮沸2～2.5h。